LA CALLE SIN SOL

Una cierta mirada al cine español (1939-1950)

Jesús Fernández Vallejo

Serendipia

Edita: Serendipia Editorial
www.serendipiaeditorial.com
contacto@serendipiaeditorial.com

Jesús Fernández Vallejo

Diseño y maquetación: Sobrino, comunicación gráfica
Producción: Las Ideas del Ático

Fotografías: archivos particulares y creative commons

ISBN: 978-84-19793-58-4
Depósito legal: CR 325-2024

Primera edición: mayo 2024
Impreso en España - *Printed in Spain*

Para Ana

AGRADECIMIENTOS

A Ángel, Teresa, Paco, Leandro, Manoli y Jesús, por haberme dado consejos muy precisos, sinceros y generosos sobre la forma y el contenido de un libro escrito desde la pasión. He aprendido mucho, os lo aseguro. A Víctor, por buscarme afanosamente los libros que necesitaba. A José Luis, que me dijo ok una tarde de enero.

No entiendo la vida sin la amistad. A mis camaradas bogartianos: Sastre, Pochi, Colitas, los dos Jesuses. Por aguantar pacientemente mis charletas de cine, porque siempre tienen palabras de ánimo. Este libro se inició una larga y húmeda noche en mi casa de Villarrubia. A Ignacio y Milagros, los mejores.

A Marta y a Quique, por regalarme sonrisas. A Ana, por evocarme que es la vida es hermosa y por estar siempre a mi lado.

Estoy buscando una palabra
en el umbral de tu misterio.
Quién fuera Alí Babá.
Quién fuera el mítico Simbad.
Quién fuera un poderoso sortilegio.
Quién fuera encantador.
Estoy buscando una escafandra
al pie del mar de los delirios.
Quién fuera Nemo el capitán.
Quién fuera el batiscafo de tu abismo.
Quién fuera explorador.

Silvio Rodríguez

Una vida en sombras (Lorenzo Llobet Gràcia, 1949). M.ª Dolores Pradera y Fernando Fernán Gómez

Antes de los títulos de crédito, en penumbra, un primerísimo primer plano de un anciano, el viejo y entrañable actor Carlos Galván (José Sacristán); es el inicio de *El viaje a ninguna parte* (F. Fernán Gómez, 1986): «Recordar, hay que recordar».

El cine, en general, es una mezcla de arte e industria, pero el cine español es una mezcla de arte y falta de dinero.

José Isbert

El cine nacional, con militares, curas, reinas, coronas, gitanas, caballos, coplas y chisperos, no nos gustaba nada.

Francisco Umbral

ÍNDICE

Mercedes Vecino

Introducción

La herida bélica condicionó absolutamente el devenir del cine español en todos los sentidos y forzó a los cineastas más conscientes a un conflictivo combate, al menos cultural y a veces exitoso, con un régimen zafio y gris.

José Luis Castro de Paz

Confesiones críticas

Mi propósito al redactar este ensayo ha sido en todo momento el firme deseo de acercarme a uno de los períodos más oscuros, difíciles y menos conocidos de la historia del cine español. Una práctica fílmica que en muchas monografías se ha despachado a veces con juicios peyorativos, despectivos o, simplemente, con el más absoluto silencio. La intención ha sido, por lo tanto, doble: primero, acabar con ciertos tópicos que se han venido asumiendo sin apenas pestañear a lo largo de los años, y, por ende, reformular los juicios acerca de un tipo de cinematografía producida en tiempos muy turbulentos o extraños; segundo, reivindicar la obra de un grupo de cineastas españoles a partir de un modelo de *análisis fílmico textual*. Se parte, desde lo general, del esbozo de la trayectoria de directores pertenecientes a distintos grupos o generaciones, para, a un nivel más particular, plantear el estudio de los componentes constitutivos de una serie de películas representativas. Los criterios para escoger estos títulos son pura y sencillamente subjetivos: me gustan, sin más, he disfrutado al visionarlos en una sala de cine, o en un ciclo por TV. Con todo, he querido abarcar toda la década de los cuarenta quizás con una voluntad más didáctica. Se trata de un ejercicio de investigación histórica cuyo objeto principal es comprender la evolución tanto del cine español de posguerra como de la trayectoria profesional de los ocho cineastas seleccionados. Para lograr este propósito, he partido del análisis fílmico, profundizando en el *contenido* y en la *forma*. Esto me ha permitido ver unos *estilos*, unas constantes e incluso la existencia de un *cierto cine de autor*.

El ensayo se titula *Una cierta mirada al cine español* no solo porque es un homenaje a François Truffaut, de quien he aprendido tanto leyendo libros suyos como *Las películas de mi vida* o *El cine según Alfred Hitchcock*, sino también porque quería, ante todo, que mi mirada fuera desprejuiciada e inocente. Utilizo «cierta» no en el sentido primero del DRAE (versión digital 2020), «conocido como verdadero, seguro, indubitable», sino más bien apoyándome en las acepciones segunda («precediendo inmediatamente al sustantivo en sentido indeterminado») y tercera («poco, en pequeña cantidad o intensidad»). En definitiva, esta manera mía de proceder no deja de ser una forma de hacer memoria del cine español. La producción del cine franquista está condicionada por la historia, pero, asimismo, el tiempo histórico ha quedado reflejado en las imágenes de muchas películas; al estudioso del cine le corresponde buscar las huellas de ese *tiempo oscuro*. No se puede enjuiciar a un autor sin haber visto antes, con el rigor y el detenimiento que merecen, sus textos fílmicos. Se trata de huir de visionados superficiales, de enjuiciar aquello que no se ha visto; lo conveniente es adentrarse sin prejuicios en esta década de la cinematografía española. Efectivamente, no han faltado juicios severos, hiperbólicos o demasiado rigurosos, a la hora de hacer balance del cine español de la inmediata posguerra; casi siempre se trata de asertos tajantes, pero sin una apoyatura sustancial en lo que se refiere a ejemplos concretos:

«El intento de hacer un cine mínimamente digno no constituía ningún tipo de preocupación (...) un campo yermo, árido, quemado por el sol» (Castro, 1974); «[el cine] discurría, salvo excepciones, por el limbo, perdido entre risibles folletines de la más necia propaganda patriótica y lúgubres comedias de enredo que huelen a teatro polvoriento de dos décadas atrás» (Guarner, 1984); «La esclerosis del cine español de los años 40» (Sánchez Vidal, 1991); «La obra de la mayoría de los cineastas parece cortada por un mismo patrón, apenas hay lugar para la expresión personal» (Monterde, 1995); «El cine español, casi desde sus orígenes y hasta hace pocos años, ha sido uno de los más atrasados, torpes y faltos de interés del cine occidental. Y, desde luego, la década de los 40 se erige en la más extravagante, enloquecida, curiosa y patética de su propia historia» (Galán, 1997); «Tras la triste autarquía, el cine español dio un giro copernicano hacia temas sociales» (Caparrós, 2007).

Más acertados, ecuánimes o sensatos parecen, en cambio, los juicios de ciertos críticos que se apoyan en un análisis fílmico riguroso, en un visionado sin prejuicios, ni autocensuras:

> [aún] está por hacer un análisis y una historia de la escritura de guiones en España, pero merece la pena señalar las graves carencias de nuestro cine en este aspecto: las películas de los años 40 y 50 -y aún muchas más recientes- están llenas de personajes inmotivados, de otros que des-

> aparecen misteriosamente, de relatos en salto atrás que jamás vuelven al presente, de parlamentos explicativos en los que se detiene la acción, de cambios bruscos de tono, de historias mal estructuradas y descosidas, por no hablar de los diálogos ampulosos que, en lugar de formar parte de la acción, la cuentan. (Llinás, 1995)

Para Gómez Tarín, el mito de un cine autárquico dirigido, controlado por el sistema, es algo que «se desmorona rápidamente si se examina la producción de aquellos años». No se puede negar, en absoluto, la existencia de un cine de propaganda de los valores patrios, o de los ideales del nuevo Régimen, pero en realidad no hubo un control directo de la industria, con la excepción, eso sí, de la «férrea censura, tanto previa como posterior a los rodajes» (Fernández-Souto, 2001).

Por supuesto, no se puede seguir manteniendo el famoso pentagrama defendido por Juan A. Bardem en las míticas Conversaciones de Salamanca de 1955, organizadas por el cineclub del SEU salmantino y la revista *Objetivo*: «El cine español es políticamente ineficaz, socialmente falso, intelectualmente ínfimo, estéticamente nulo e industrialmente raquítico» (Bardem, 2002). Injustificadamente, la crítica posterior «interiorizó de manera inmediata» este dictamen, comenzó a pontificar sobre cine, sin hacer lo más importante: ver las películas. Si nos atenemos a lo que hemos visto, no podemos sino abrazar juicios tan certeros como estos:

> a estas alturas deberíamos estar acostumbrados a aceptar sin inmutarnos el hecho de que el cine español de las décadas (los cuarenta, los cincuenta) consideradas infaustas guarda en su interior no pocas sorpresas. Sorpresas que, como es lógico, solo pueden ser consideradas como tales a condición de orientar adecuadamente el punto de mira (hacia dónde mirar), limpiar de prejuicios los anteojos críticos (elegir con tino con qué instrumentos hacerlo) y acercar tanto como sea necesario las antiparras a los objetos en cuestión que constituyen el cine español de esos años. (Zunzunegui, 2018)

Son muchas y muy ricas las gotas de agua, pero también los escondidos rayos de sol que afloran en algunas calles de nuestro paisanaje cinematográfico. No todo fue tan esclerótico ni tan patético en el panorama cinematográfico del primer franquismo. Antes bien, me sitúo entre quienes defienden que «la gran riqueza textual del cine español debería ser estímulo y acicate para futuros investigadores» (Company, 1999). En esos oscuros y difíciles años hubo cineastas a los que no parece exagerado atribuirles un cierto estilo personal. Y no faltaron tampoco algunos intentos de aproximación a determinadas temáticas sociales difícilmente abordables en aquella época. Algo que a primera vista no tuvo que ser nada fácil ante la atenta y vigilante mirada de los censores del Régimen, dispuestos a suprimir las imágenes que reflejaran algunos de los temas más preocupantes de la realidad socioeconómica del país. La cultura de la disidencia apoyada en el realismo como registro expresivo no aparece de manera consciente e inequívoca hasta los años cincuenta. No es cierto que en toda la década de los cuarenta el cine español estuviera al margen de la realidad social. De esto trata en gran medida este libro, de ofrecer *una cierta mirada* o *una mirada cierta* al cine español de la inmediata posguerra. No todo fue supresión, distorsión o silencio en este largo *tiempo de destrucción*.

Un estado de la cuestión

No conviene empezar el trazado de este estudio crítico e historiográfico del periodo objeto de análisis sin antes realizar, aunque sea mínimamente, un estado de la cuestión sobre los estudios de la cinematografía en nuestro país. No es ni más ni menos que la base teórica sobre la que se apoya este ensayo. En líneas generales, se puede hablar de dos líneas de investigación predominantes: a) la corriente *esencialista* y b) la corriente *universalista*.

En la corriente *esencialista* hay que situar la obra crítica de ciertos estudiosos, profesores de universidad y críticos de cine sin los cuales no se entiende cabalmente este oscuro y vilipendiado momento de la cinematografía española. En este sentido, un hito esencial fue la aparición en 1997 de la imprescindible *Flor en la sombra. Antología crítica del cine español (1906-1995)*, dirigida por Pérez Perucha, que desde su publicación se convierte en un libro seminal para quienes se adentran por primera vez en el pantanoso terreno del cine español. En este volumen colectivo cuajaba por fin

> esa común idea *fuerte* de volver con nuevos ojos sobre la historia del cine español. Había llegado la hora de enfrentarse, con las armas del más sosegado y reflexivo análisis histórico y textual, al sinfín de penalidades que hasta entonces habían asediado a nuestra historiografía cinematográfica. Una nueva forma de pensar y escribir la historia del cine español. (Castro de Paz, 2021)

Los 45 autores se proponen recuperar el prestigio de algunos cineastas españoles y, sobre todo, rehabilitar películas a través de un modelo de *análisis textual* que les permite explicar aspectos temáticos y formales, teniendo en cuenta las intenciones de los directores y los principales condicionantes industriales, sociales o políticos con los que se lleva a cabo cada proyecto fílmico.

En esta línea se sitúa *La herida de las sombras. El cine español en los años 40*, publicado por la Academia de las Artes y las Ciencias Cinematográficas de España y la Asociación Española de Historiadores del cine con motivo del VIII Congreso de la AEHC, celebrado en Ourense en diciembre de 1999. Para sus principales responsables, el objetivo principal del evento era, por encima de todo, abordar etapas que en ocasiones han permanecido en el olvido, en especial la década de los años cuarenta. Se desarrollan con pormenor temas que mencionaré a lo largo del libro, pero en los que apenas puedo entrar: por ejemplo, el exilio cinematográfico español en Hispanoamérica, particularmente en México; la línea editorial entre 1940 y 1945 de *Primer Plano* (número uno: 20 de octubre de 1940); el impagable trabajo de los directores de fotografía de posguerra, con especial atención al caso de Alfredo Fraile; la labor propagandística del NO-DO; la política educativa del franquismo y su reflejo en la figura del Padre Manjón. Se cierra este volumen con un estudio fundamental sobre las «anomalías históricas y perversiones historiográficas» sufridas por el cine español a lo largo de su historia, pero muy especialmente en el periodo que nos ocupa.

En el *Diccionario del cine español* participan medio centenar de investigadores con el objetivo principal de que quede «memoria de las personas, los trabajos y las circunstancias que mejor contribuyeron a definir la trayectoria de la cinematografía española a lo largo del siglo»; su contenido es particularmente variado: «*voces* biográficas, voces relativas a instituciones y empresas, voces dedicadas a una película en particular y voces temáticas generales» (Borau, 1998). En este lugar, se debe citar el interesante trabajo *El cine español según sus directores*, «una especie de historia del cine español contada [con todo detalle] por sus [principales] protagonistas, fundamentalmente los directores de cine» (Gregori, 2009); el lector encontrará aquí una serie de entrevistas muy profundas a muchos de los cineastas de posguerra, que el autor agrupa bajo el marbete de «la generación de los 40».

Debo citar, de manera muy particular, algunos estudios sin los cuales quizás no me hubiera aventurado a emprender este incierto camino. En primer lugar, Castro de Paz, José Luis, Couto Cantero, Pilar y Paz Gago, José María (eds.) (1999): *Cien años de cine. Historia, Teoría y Análisis del texto fílmico*, volumen en donde, entre otros aspectos, se reivindica la necesidad de reconocer la existencia de enormes lagunas sobre la obra de directores, períodos históricos o géneros fílmicos. Otro trabajo fundamental es el volumen coordinado por Castro de Paz, Pérez Perucha y Zunzunegui (2005), *La nueva memoria. Historia(s) del cine español (1939-2000)*, vivero imprescindible para quien desee acercarse con rigor y ecuanimidad a la historia de nuestra cinematografía. Es, precisamente, Zunzunegui (2018) el autor del imprescindible artículo «La línea general o las vetas creativas del cine español», recogido, en edición revisada y ampliada, en *Historias de España. De qué hablamos cuando hablamos de cine español*, un libro penetrante, excepcional e imprescindible. Por último, resulta crucial el ensayo de Asier Aranzubia (2007) sobre el cine de Carlos Serrano de Osma.

Estos críticos defienden la premisa de que la parte más rica, original, sustancial o relevante del cine español ha partido de la labor emprendida por algunos cineastas de *revitalizar* una serie de *formas estéticas propias de la cultura popular*; a saber: el sainete castizo, el carnaval, el folclore regional, el drama y el melodrama rural, la zarzuela, *el género chico*, el esperpento, etc. Esta tradición sería una continuación en el tiempo de un arte genuinamente español: el realismo de Velázquez, el humor negro de Goya, la literatura picaresca, la ironía de Cervantes o la caricatura social de Quevedo...

Asimismo, otro elemento esencial del cine español más interesante sería la presencia de una importante escuela de intérpretes formados en este tipo de espectáculos. Por los films de los años cuarenta, independientemente de la trama narrativa, o de géneros o registros empleados, desfilan una inolvidable estirpe de actores excepcionales, tanto en los papeles protagonistas (Alfredo Mayo, Julio Peña, Antonio Casal, Rafael Durán, Fernán Gómez...), como en los inolvidables secundarios «genéricos», o actores «de reparto», como -los cito a vuela pluma- Joaquín Roa, José Orjas, Erasmo Pascual, Manolo Morán, Guadalupe Muñoz Sampedro, Xan das Bolas, Manolo Morán, Pepe Isbert, Félix Fernández, Antonio Riquelme, Valeriano León, José Calvo, Juan Espantaleón, Fernando Freyre de Andrade, Josita Hernán, Luchy Soto, Julia Caba Alba, Mary Santpere, Julia Lajos, Nicolás D. Perchicot, Camino Garrigó... Muchos no alcanzan la categoría de protagonistas, pero su presencia resulta inolvidable en el mejor cine español de posguerra. Se trata de un grupo numerosísimo de «segundos» actores, algunos de ellos con una gran experiencia teatral en la zarzuela, la comedia de enredo, el sainete u otros géneros populares. Para Luis García Berlanga, un director tan poco dado a elogios y homenajes, gracias a ellos se consolida una de las mejores épocas de nuestro cine, «menospreciada por algunos, pero amada, y con pasión, por tanta y tanta gente que entraba en las salas de entonces a evadirse, palabra que durante tantos años ha estado prohibida por la *inteligentsia* de turno» (García Berlanga, 1984).

Ciertamente, cada vez es más frecuente la aparición de interesantes trabajos en los que se analizan a fondo los aportes de algunas figuras de la escena cinematográfica española. Zunzunegui (2018) ha dedicado dos estudios -sin duda, obras seminales en este campo del análisis interpretativo- a Antonio Casal y a Alfredo Landa. Por distintas razones, resulta fundamental el trabajo de Aguilar y Cabrerizo (2021) para entender el lugar de Conchita Montes no solo como personaje protagonista en el cine de Edgar Neville, sino también por su relevante papel dentro de la *otra generación del 27*. Además de actuar en cine y teatro, la culta e inquieta Conchita Montes se convierte, desde una posición de absoluta independencia y modernidad, en crítica de cine, escritora, guionista, empresaria teatral, directora de escena, traductora y adaptadora de piezas dramáticas. Muy interesante es también -a veces, algo redundante- el análisis de la trayectoria de Pepe Isbert que llevan a cabo un numeroso grupo de críticos y cineastas, en donde no faltan textos extraídos de las memorias del afamado actor que aspiran a ser algo así como una especie de antología de opiniones y juicios suyos sobre asuntos tan variados como la vida, el cine español, la interpretación, o la política (Pérez Perucha, 1984). Isbert es muy distinto al resto de actores; nos creemos cualquier personaje suyo. Y, además, su presencia en pantalla salva de la rutina cualquier film ya que aporta siempre algo muy personal.

Resulta fundamental el abordaje teórico y crítico que propone Zunzunegui a la hora de estudiar la importancia del actor Antonio Casal en el cine español de los años cuarenta. Cualquier estudio de este tipo debe apoyarse necesariamente en dos premisas sustanciales: a) «no solo la capacidad de improvisación del actor o su mayor o menor capacidad para suscitar la complicidad del público», b) «sino hasta la singularidad de su prestación física, su manera de ocupar y gestionar el espacio, el peso específico de su corporeidad, en definitiva» (Zunzunegui, 2018). Un actor como Antonio Casal respondería de manera especial a este tipo de elementos definitorios del arte interpretativo. De formación autodidacta, pisa todo tipo de escenarios hasta acabar en los platós cinematográficos, convirtiéndose en una auténtica estrella, figura estelar de las mejores comedias de la época (sobre todo, las del primer Rafael Gil), desempeñando casi siempre el papel de galán enamoradizo, tímido, torpe, al tiempo que frágil, despistado, algo melancólico, rasgos que, sin duda, despiertan el interés del público. Otro perdedor más, zarandeado por unos y por otros, y perteneciente a la clase media e incluso humilde, muy en la línea de algunos de los papeles interpretados por el mencionado Pepe Isbert. Su particular voz rota o apagada –otra similitud con Isbert–, o su mirada despistada e incierta, así como el hecho de no ser un hombre especialmente atractivo, tuvieron que ser fundamentales para que cuajara ese hermoso idilio entre actor y público.

Recapitulemos. Este grupo de estudiosos del cine español de los cuarenta lleva a cabo un doble cometido: por una parte, contradecir a aquellos que han hablado de autarquía estética, o que simplemente han negado un cine de calidad, afirmando que hasta la década siguiente no aparecen los primeros films reivindicables; por otra parte, en este tipo de cine, en algunos casos alejado de las tendencias postuladas por los responsables franquistas, estos críticos han reconocido *fracturas* y hondas *heridas* por las que asomarían algunas miserias de la dura posguerra. Esto permite efectuar una atractiva *lectura metafórica* de algunos films que plantean como *leitmotiv* la pérdida irremediable del objeto amoroso y la soledad y la melancolía resultantes; estos textos fílmicos estarían hablando de «un país desolado, angustiado, poblado de agobiantes y sombríos recuerdos, soportando un complejo de culpa que brota incontrolable. Huellas de la guerra, pues, y heridas del deseo» (Castro de Paz, 2002).

En el otro extremo de la crítica cinematográfica se sitúa la corriente *universalista*, capitaneada por Vicente J. Benet, quien ha propuesto un modelo particular de investigación realizado desde la perspectiva de la *historia cultural*: «Se entiende la historia cultural como la parte de la historia dedicada a observar los procesos de cambio social a través de los productos culturales» (Benet, 2012).

En este sentido, el cine constituiría «una estrategia de acercamiento al pasado complementaria de la historia basada en materiales escritos», y las películas vendrían a ser «como *documentos*, como útiles para entender el modo en que cada sociedad *quería* reflejar su pasado». Benet defiende la tesis de que

> el cine español revela las tensiones de la instauración de la *modernidad* en nuestro país a lo largo del siglo XX. España vivió su transformación quizá con más dilaciones y retrocesos que otros países de su entorno, pero también de manera imparable.

Benet no comparte el enfoque *esencialista* («el realismo, el humor negro o los motivos picarescos y la caricatura social no son exclusivos de la cultura española»), antes bien, considera que son las corrientes internacionalistas de su tiempo las que mejor definen la auténtica dinámica de la modernidad. Por ello, a la hora de estudiar el cine español, él prefiere hablar de «convergencias», «imitaciones», «conexiones», «tráfico de ideas», «reelaboración» de soluciones narrativas y visuales, recursos técnicos, motivos, plagios, etc. Benet emplea el término «modernismo vernáculo» para referirse a la mezcla de elementos cosmopolitas de la modernidad con rasgos locales o fórmulas autóctonas concordantes en el tiempo. En otras palabras, en la época del cine mudo español se establece un *modelo cinematográfico* no muy distinto al de otros países, que se consolida en las décadas siguientes -y que el público urbano y moderno recibe entusiasmado- basado en dos referentes: a) «las transformaciones en el *estilo* cinematográfico a escala *internacional*» (Hollywood como modelo canónico dominante; y, como complementarios, otras prácticas estilísticas como el expresionismo alemán, el impresionismo francés, el cine constructivista soviético o las diferentes corrientes de vanguardia)»; y b) «una serie de tradiciones de entretenimiento, específicamente nacionales, que penetraron con éxito en el cine del momento y que configuraron unos referentes temáticos y estilísticos que pervivirán en el futuro» (la zarzuela y las formas escénicas populares del siglo XIX como el teatro por horas, el género ínfimo o sicalipsis, el cuplé y el sainete...). Benet no es partidario de argumentar la existencia de un genuino *cine nacional*, sino más bien de un *estilo internacional*, en donde no duda en incluir algunos textos fílmicos de directores considerados de manera despectiva como tradicionales o conservadores: *La aldea maldita* (1930), de Florián Rey, o *El negro que tenía el alma blanca* y *La condesa María* (1927), de Benito Perojo. Pues bien, en esta línea de trabajo dialogante con la historia del país habría que situar la obra de estudiosos del cine español como Román Gubern, Rafael Rodríguez Tranche o Vicente Sánchez-Biosca.

Pero no todo es tenebroso en el paisanaje de la historiografía cinematográfica; desde hace algunos años, empieza a verse la luz en este oscuro e incierto camino. Por fin, estas películas han entrado en las antologías críticas del cine español. A la cabeza se encuentra la *Antología Crítica del Cine Español 1906-1995*: de un ingente corpus de trescientas cinco películas seleccionadas, cincuenta y dos pertenecen al periodo comprendido entre 1939 y 1950 (1950, con ocho títulos; 1943, con siete; o 1948, con seis; 1940, sin representación). Los ocho cineastas a los que se dedica la segunda parte del ensayo quedan representados de la siguiente manera: a) pioneros (Florián Rey, un film; Benito Perojo, un film; Juan de Orduña, un film); b) la otra generación del 27 (Edgar Neville, dos); c) los oficiales (José Luis Sáenz de Heredia, Rafael Gil e Ignacio F. Iquino, con tres títulos cada uno); d) los telúricos (Carlos Serrano de Osma, uno).

Aun reconociendo de antemano el hecho de que toda selección es siempre subjetiva y discutible, el corpus de ocho títulos elaborado por Caparrós Lera, Crusell y España (2007) -de un total de setenta y seis cintas- se antoja corto y algo caprichoso (Sáenz de Heredia, con dos títulos; con uno, Antonio Román, Neville, Gil, Orduña, Llorenç Llobet-Gràcia y Julio Salvador); en este trabajo no están recogidos ni los pioneros (es verdad que Rey está representado con tres cintas -de un total de cuatro- en el período republicano), ni los renovadores (solo un título de José Antonio Nieves Conde de los años cincuenta). Desde luego, no se entiende la ausencia en «esta sencilla y sintética antología» de una película como *Un hombre va por el camino* (Manuel Mur Oti, 1949), o de algún título de Serrano de Osma. Por otra parte, es este un esfuerzo colectivo de análisis crítico e histórico muy encomiable, con el que los editores esperan que «no pueda afirmarse nunca más que nuestro cine no tiene personalidad, ni que es el fenómeno más anodino de la historia de España». Antes del comentario específico de cada film (el modelo de análisis es muy claro, profundo e interesante), los autores ofrecen un panorama histórico sobre el cine español. No dicen nada de los años cuarenta; solo apuntan -y coincido con ellos- que «el largo túnel del franquismo, los cuarenta años de dictadura, no fueron tan negros en materia cinematográfica».

No menos parcial es la muestra de Barroso y Gil-Delgado (2002): quince films de un total de cien, y prácticamente los mismos nombres, en algunos casos mejor representados (Sáenz de Heredia, con tres títulos; Gil, tres; Neville, tres; Orduña y Román, uno); se incluyen, con un film de cada uno, a Eduardo García Maroto, Rey y Nieves Conde. También se recoge un estudio de *Sierra de Teruel* (André Malraux, 1939). De nuevo, una selección muy desigual: alta representación de los cineastas «oficiales» afines al Régimen, injustificada ausencia del pionero Perojo, o de algún miembro de la otra generación del 27, además del imprescindible Neville; en fin, se quedan fuera Mur Oti y Antonio de Amo y los *telúricos*.

Poco a poco se está solucionando ese vacío bibliográfico con ensayos e investigaciones universitarias muy solventes sobre la obra cinematográfica de determinados cineastas españoles. Editoriales como Shangrila, T&B, Paidós, Cátedra, y sobre todo la Filmoteca Española y la Valenciana, se vienen ocupando de la trayectoria profesional de directores fundamentales del cine español, así como del análisis pormenorizado de décadas, periodos o movimientos artísticos.

En mi ensayo trato de recoger lo fundamental de ambas teorías. Es este, sobre todo, un libro de divulgación, o un manual, si se me permite una nomenclatura más tradicional, que intenta desmontar el generalizado tópico de la «esclerosis» del cine español de los cuarenta. Se sitúa, teórica y metodológicamente, en el marco de los recientes estudios sobre el *análisis textual* (o *análisis del film*), esto es, pretende ser un esbozo histórico de las formas fílmicas del primer cine de posguerra, partiendo de la importancia de la contextualización histórica, cultural y política, así como de la consideración de ciertos factores externos -en especial, industriales y tecnológicos- y su influencia en la producción cinematográfica. He analizado la evolución y la transformación de un tipo de cine en algunos casos muy afín al Régimen. Toda esta labor la he realizado apoyándome en un basamento esencial, un considerable corpus de películas producidas en esa década *oscura* del cine español.

Al final, el viaje ha sido más interesante de lo que uno esperaba: he visto con paciencia estas películas, dispuesto a comprobar cómo efectivamente existían algunas rugosidades, o ciertos puntos de sutura descompuestos, por los que en no pocas ocasiones se escapaba el buen cine. He vislumbrado ciertas contradicciones en esta dulce travesía: no todo era negro o blanco. Quizás algo tétrico, tenebroso.

El cine español durante el franquismo (1939-1950)

Don Quijote de la Mancha (Rafael Gil, 1947)

Tiempo de silencio, tiempo de destrucción

Después de la guerra no llega la paz. Llegan la ira, la tristeza, la enfermedad, el duelo y el odio. Incluso en tiempos de paz, la guerra sigue siendo una cosa viva, algo que sigue respirando. El proceso de sanación siempre es muy largo.

Velibor Čolić

El 1 de abril de 1939 Radio Nacional de Burgos emite el último parte de guerra; el encargado de leerlo es el actor Fernando Fernández de Córdoba: «En el día de hoy, cautivo y desarmado el Ejército Rojo, han alcanzado las tropas nacionales sus últimos objetivos militares. La guerra ha terminado». Se abre un siniestro período en la historia de España. No hay unanimidad entre los historiadores a la hora de calificar la naturaleza política del nuevo Régimen: ¿estado fascista, nacionalismo autoritario, dictadura militar, dictadura de concentración personal del poder o dictadura franquista? Muchos testimonios ofrecen imágenes estremecedoras de las consecuencias inmediatas de la Guerra Civil: por ciudades y pueblos pululan enjambres de huérfanos, mendigos y mutilados; en muchos sitios, aparecen cadáveres de los últimos fusilamientos. Los caminos fronterizos se colman de familias que huyen hacia no se sabe muy bien dónde.

El primer franquismo se convierte en un régimen totalitario con una gran carga de terror y represión. La obsesión principal de sus dirigentes gira en torno a la negación o abolición del reformismo republicano, en especial todo lo relacionado con la etapa del Frente Popular; se incentiva el afianzamiento de ciertos sectores sociales: el Régimen se define a sí mismo como nacionalcatólico. El ejército, el duro, cerrado e implacable organigrama burocrático (falangistas, fascistas y la propia jefatura del Estado) y la Iglesia se reparten el poder político. A partir de entonces, la historia de España *debe explicarse* con términos como «vencedores» y «vencidos», *exilio* exterior o interior...

La literatura, un espejo a lo largo del camino (I): Madrid, ese sepulcro, esa cucaña, esa colmena

Una *sinécdoque* muy especial se convierte en uno de los recursos más utilizados en la literatura española: un Madrid malherido, desnutrido y roto cae finalmente en manos del bando franquista. «"No pasarán", decían los marxistas. "No pasarán", gritaban por las calles. "Ya hemos *pasao*", decimos los facciosos. "Ya hemos *pasao*", gritamos los rebeldes», apuntaba el popular estribillo de Celia Gámez. La guerra civil española llegaba a su fin con la entrada de las tropas franquistas en Madrid el 28 de marzo de 1939 y la rendición de las fuerzas republicanas del coronel Segismundo Casado. Un chaval adolescente, alentado por su madre, ve llegar a los moros, a los legionarios, a «los curas pálidos que salían de sus escondrijos con enormes crucifijos», a «las chicas del Auxilio Social, repartiendo panecillos»; su padre -un conocido periodista- es uno de los primeros detenidos, encarcelado, juzgado y condenado a pena de muerte porque con sus escritos ha inducido «al pueblo a cometer los crímenes que estamos viendo» (Haro Tecglen, 1996). El 19 de mayo de 1939, 120 000 soldados desfilan victoriosamente en Madrid ante Franco, laureado en ese momento con la gran cruz de San Fernando, reputada condecoración militar. Para Tusell el dictador «era más simple de lo que aparentaba», «limitado», «elemental», «mediocre». Ante todo, un militar, sin ninguna aspiración intelectual (Tusell, 2007).

En el epílogo de la emotiva historia de perdedores *Las bicicletas son para el verano* (F. Fernán Gómez, 1977), un padre y un hijo caminan malamente por un Madrid en ruinas, triste e irreconocible; don Luis le dice a su hijo aquello de «no ha llegado la paz, Luisito: ha llegado la Victoria». En *Los girasoles ciegos* (Alberto Méndez, 2004) un capitán del ejército sublevado renuncia el mismo día de la Victoria a ganar la guerra y se entrega a los fieles defensores del Madrid republicano, «esa ciudad inmóvil, silenciosa, que había trazado sus límites al azar»; algún tiempo después un tribunal militar franquista lo juzga por haber traicionado al glorioso ejército nacional, condenándolo a morir fusilado.

Juan A. Zunzunegui, falangista y franquista de primera hora, ha ofrecido un testimonio impagable de la inmediata posguerra madrileña en su novela *Esa oscura desbandada* (1952). Una vez finalizada la Guerra Civil, un joven matrimonio regresa a su piso del barrio de Salamanca y encuentra que ha desaparecido todo el ajuar, que los muebles que quedan están «maltrechos», «revueltos en un estado lamentable». No tienen dinero para pagar al carpintero, al carbonero, al electricista, al fumista, al zapatero, a la lechera o al tendero. Ni les llega para la luz a fin de mes. No saben a qué tienda ir, porque ya no les fían en ninguna. No les queda más remedio que vender las joyas y los libros de su preciada biblioteca y realquilar algunas habitaciones del piso. No encuentran nada en los mercados y lo poco que hay «a unos precios prohibitivos». No le pueden dar a su niña el pan del racionamiento «porque se enfermaría». Al *cine*, ¿qué necesidad tienen de ir *al cine*?; «las películas españolas son, en su mayoría, estúpidas, y las extranjeras todas son iguales». El escritor vasco sabe reflejar como pocos las tensiones, esperanzas y miedos de la sociedad madrileña, más en concreto, el triste destino (miseria, hambre, salud) de los rentistas «modestos» en el marco histórico de los años cuarenta.

«Madrid es una ciudad sombría, llena de abrumaciones, entoldada por el palio de Franco» (Umbral, 1993). Madrid, esa ciudad de «más de un millón de cadáveres», en donde el yo poético del poema «Insomnio» se revuelve en la noche y se pudre desde hacía cuarenta y cinco años. Dámaso Alonso inaugura en 1944, con *Hijos de la ira*, la poesía desarraigada; los poetas de esta corriente ven el mundo como un caos angustioso, una búsqueda constante del porqué de la existencia humana, con un estilo desgarrado, expresivo y dramático.

Entre 1945 y 1950 Camilo José Cela escribe *La colmena*, pieza clave de la narrativa social de posguerra. En 1946 el autor ha presentado a la censura una primera versión más corta, pero es rechazada por «inmoral», «a veces pornográfica» e «irreverente». Por fin, la novela ve la luz en 1951 en la ciudad de Buenos Aires. El resultado no es otra cosa que un triste, poético y amargo ejemplo de novela colectiva: la vida de Madrid a finales de 1943. Dentro de la «geografía urbana» de la ciudad, destacan ciertos bares, cines, cafés, pensiones, casas de citas, viviendas particulares, comercios, etc. No son infrecuentes las alusiones políticas, como los insultos a los «rojos», la persecución policial, o la admiración por Hitler de algún que otro personaje. Cela ofrece una imagen desoladora, nada optimista, de la sociedad madrileña de posguerra, pero «muy lejos de cualquier denuncia política» (Mainer, 2006: 141). *Viaje a la Alcarria* (Cela, 1948), un libro de andar y ver nihilista, comienza también en las calles de Madrid: el viajero levanta acta de su paso por una humilde pensión antes de disponerse a coger el tren en Atocha. Su deseo es fotografiar un paisaje con figuras, fijar por escrito una época difícil, con el recuerdo muy presente de Antonio Machado: la Cibeles, el Paseo del Prado, Correos, el Jardín Botánico, la cuesta de Moyano. No faltan tampoco las alusiones (algo imprecisas o tibias) a la guerra civil española. En Brihuega se menciona de pasada un «memorable bombardeo»; hay restos, agujeros, en una lápida de mármol de un «metrallazo»; un viejo le relata al viajero que por aquí corrieron los italianos, aliados de Franco.

En una línea más existencial se sitúa *Nada* (Carmen Laforet, 1944). Andrea, de apenas dieciocho años, narra su amarga experiencia como estudiante de Filología en la Barcelona de la inmediata posguerra; las ilusiones de la joven se estrellan contra una realidad social caracterizada por el odio y el rencor, la hipocresía, el clasismo social y la falsedad moral... Laforet ofrece así una imagen sórdida (sinécdoque) sobre las ruinas de la España (familiar, social) del momento. Una parte de la literatura de esta década (la mejor, sin duda) revela lo angustioso de la situación social.

Historia de una escalera se localiza también en esta primera literatura de posguerra que se atreve a contar cosas que suceden en la calle; a saber, la pobreza (la luz, el carbón, la leche y las patatas, todo cada vez más caro, «los pobres nunca tienen un cuarto»), el hambre, la precariedad laboral (sueldos pequeños, recortes), el desempleo, el (des)amor, el proxenetismo de chulos despreciables, la prostitución, la frustración, el aniquilamiento y las penas. Pero también la solidaridad, la amistad, la esperanza. Uno no deja de plantearse (es una lectura *a fortiori*) si la triste historia de estos personajes, que viven en «un tramo con dos rellanos en una casa modesta de vecindad», a lo largo de treinta años, «sin que nada cambie», no es acaso una sinécdoque más de la oscura historia del franquismo. «Una escalera [sucia y pobre] que no conduce a ningún sitio» (Buero Vallejo, 1949).

Manu militari o el Holocausto español

Mucho se ha hablado de la violencia institucional orquestada por el nuevo Régimen. El infame general golpista Emilio Mola cree que es preciso «eliminar sin escrúpulos ni vacilación a todos los que no piensen como nosotros», que «la cárcel tiene que ser lugar de expiación». La vida de los vencidos en los años cuarenta se convierte en una auténtica lucha por sobrevivir al terror; son días de resistencia, de clandestinidad y de profunda tristeza. Durante los primeros años, Franco lleva a cabo duras e indiscriminadas medidas de represión contra todas aquellas personas que han desempeñado algún cargo político en la España del Frente Popular, han respaldado la República o, simplemente, sean sospechosos de profesar ideas izquierdistas (de «adhesión a la rebelión militar»; sí, ¡los rebeldes fueron los republicanos!). Y, por supuesto, por no haber defendido activamente el *glorioso* golpe militar o Movimiento Nacional («pasividad grave») o haberse opuesto a él con actos concretos («rebeldes» se les llamó). Una monstruosidad jurídica o la Justicia al revés: juicios *políticos*, sanciones económicas, depuración de funcionarios de la Administración, maestros de escuela, profesores universitarios, intelectuales, masones, médicos y abogados liberales, líderes de partidos políticos y sindicatos...

Cuánta sangre. Cuántas denuncias. Juicios, ejecuciones, cárceles, campos de concentración, batallones de castigo o de trabajos forzados. Cementerios de los vivos. España entera convertida en una enorme prisión. Delaciones, arrestos, interrogatorios, palizas y torturas. Fusilamientos. Garrote vil. Suicidios. Las ominosas «rubias»: los camiones de la muerte abarrotados de cadáveres, de presos esposados. Muchachos atrapados por la guerra a los que aguarda el pelotón de fusilamiento. Prisiones llenas, saturadas. Los familiares de los presos esperando horas y horas a las puertas del recinto penitenciario. Y el lema del Servicio Nacional de Prisiones: la disciplina de un cuartel, la seriedad de un banco, la caridad de un convento. Y abusos sexuales contra las reclusas. Campo de los Almendros, Campo de Albatera, Campo de Castuera, Campo de Nanclares de la Oca, Campo de Miranda de Ebro. Valle de los Caídos. Y la obligación de cantar el «Cara al Sol», el «Oriamendi» y la «Marcha Real», «¡Viva Franco! ¡Viva la Falange!» o aquello de «¡España, una; España, grande; España, libre!» con el brazo derecho estirado. Y las habituales sacas nocturnas. Y cuerpos abatidos entre las espadañas. Y refugiados que marchan a otros lugares después de la caída de Madrid. Y ordenanzas que proscriben la caricia. Y miles de miradas de recelo: vigilan, desconfían, amenazan. Y la impía Ley de Fugas. Y para las mujeres de izquierdas, el humillante corte de pelo o la ingesta de aceite de ricino y el posterior paseo por los lugares «liberados». Y un número llamativo de enlutadas. La temible Brigada Político-Social. Puerta del Sol, Vía Layetana, paseo María Agustín, el centro de detención en Chamartín de la Rosa. Y fugitivos que deambulan como fantasmas por la sierra o escondidos en sus propias casas. Y enfermedades como el piojo verde o la tuberculosis, o tisis que se decía antaño. Y prostitutas y homosexuales hacinados en campos de concentración.

Durante la Guerra Civil, cerca de 200 000 hombres y mujeres son asesinados en la retaguardia, judicialmente o a través de precarios procesos legales, y al menos 300 000 hombres pierden la vida en los frentes de batalla. Tras la victoria franquista, unos 20 000 republicanos son ejecutados; «la represión de los rebeldes fue aproximadamente tres veces superior a la de la zona republicana» (Preston, 2011). Los tribunales militares o consejos de guerra redoblan su actividad: arbitrariamente, resuelven entre doce y quince casos en una hora; a los encausados normalmente no se les permite defenderse, ni existe la posibilidad de apelar. Carme Molinero cifra en 150 000 las víctimas mortales de la represión franquista, muchas de la cuales aún no han sido localizadas todavía, «porque fueron enterradas en fosas comunes, campos abiertos, cunetas». Pero, además, deben incluirse alrededor de 400 000 hombres que pasan por campos de concentración y a los miles de presos en cárceles saturadas (a veces conventos, depósitos, aulas, etc.): 1939, 270 000; 1940, 280 000; 1942,

124 000; 1945, 43 000; 1950, 30 000. En líneas generales, «la cárcel franquista -más allá de recluir y por lo tanto de eliminar temporalmente potenciales enemigos- tenía como objetivo destruir la identidad del preso» (Molinero, 2006). En realidad, prisioneros son los que están presos, pero también los de fuera, los familiares que sufren sumisiones, humillaciones, vejaciones de todo tipo. En lo concerniente a las ejecuciones, estas se llevan a cabo preferentemente por la noche en sucesivas «sacas» con fusilamientos en las tapias de los cementerios. Hay gente que no para de dar nombres; cualquiera puede ser el chivato. España cuenta entonces con ciento cincuenta grandes cárceles; solo en Madrid funcionan ciento cincuenta tribunales, más tarde doscientos veintiséis. En los periódicos se soslayan este tipo de asesinatos: solo en algunos registros (los pocos que dejan) se menciona lo de «fallo cardíaco».

Asimismo, en marzo de 1939, alrededor de medio millón de personas comienzan su exilio, muchos de los cuales vuelven a España durante la Segunda Guerra Mundial; el exilio permanente será finalmente de unas 162 000 personas. El éxodo se produce mayoritariamente a través de la frontera de los Pirineos; las autoridades francesas hacinan a la gente en condiciones lamentables en campos de concentración, cárceles a cielo abierto, o barracones construidos por los propios prisioneros. Ejércitos de niños famélicos emprenden un incierto camino a alguna parte de una Europa en guerra (Bélgica, Rusia, etc.); muchos de estos «apátridas» no vuelven jamás...

En otro sentido, cabe señalar que la oposición interior al Régimen es escasamente operativa: entre agosto de 1943 y octubre de 1944 hay varios intentos de aglutinar a diferentes sectores políticos (PCE, CNT, PSOE y UGT); la estrategia guerrillera del maquis («huidos», «los del monte») no es realmente peligrosa para el Régimen, que los califica de bandoleros; además, su actuación es sancionada oficialmente en octubre de 1948 por el propio PCE. Entre 1946 y 1947 surgen los primeros intentos de huelga en Barcelona, Manresa y País Vasco, promovidos por el tejido clandestino de los sindicatos tradicionales. La proclamación de una huelga o una manifestación es considerada un delito según la Ley de Rebelión Militar de 1943.

Ni un hogar sin lumbre. Ni un español sin pan

El hambre y la pobreza provocan un incremento de la tasa de mortalidad durante los primeros años de posguerra: hasta 1948 -año en que se deroga el estado de guerra- no se recuperan los índices de la preguerra. Efectivamente, los años cuarenta son conocidos popularmente como «los años del hambre»: la implantación de la cartilla de racionamiento con sus cupones verdes o color ladrillo (decreto de mayo de 1939 del Ministerio de Industria y Comercio; doce años dura la medida), las largas colas de racionamiento, donde estómagos vacíos esperan horas y horas en algunos establecimientos para obtener harina y leche, o unos gramos de pan negro, de carne, de azúcar, de lentejas, de lo que se pueda. O trozos de jabón de sosa. Si el padre de familia no ha estado con los nacionales, entonces no se puede optar al pan blanco. La eliminación de las cartillas de racionamiento coincide con la firma de acuerdos económicos y políticos con Estados Unidos.

La carestía en el abastecimiento de los alimentos básicos provoca el contrabando o el mercado negro. El pequeño estraperlo, que resulta vital para la subsistencia de las clases más débiles, afecta a las pequeñas y medianas empresas no siempre bien relacionadas con el poder político. Unos pocos no tienen reparos para negociar con el hambre de muchos. Chicote se convierte en el centro neurálgico para el estraperlo caro, en especial lo concerniente a la compra y venta de medicinas como las sulfamidas o la penicilina, de la vivienda, o las licencias y ayudas para el cine, así como la importación o exportación de mercancías raras. Para Dionisio Ridruejo

> el problema obsesionante de los años cuarenta era para los más ir tirando y, para algunos, aprovechar la onda. No es que faltaran otros temas, incluso más dramáticos. Pero eran menos visibles y, por otra parte, el problema de la subsistencia y la especulación contribuía a ocultarlos. (Ridruejo, 1976)

La promesa del Generalísimo en su primer discurso como jefe de Estado («tendremos vivo empeño en que no haya un hogar sin lumbre, en el que no haya un español sin pan») se difumina al finalizar la Guerra Civil. Serrano Suñer, a la altura de 1940, afirma aquello de «no tenemos pan, pero tenemos Patria, que es algo que vale mucho más». En 1941 50 000 personas mueren por problemas de infecciones gastrointestinales; entre 1940 y 1942, unos 26 000 por tuberculosis; en 1943, hay más de 27 000 000 de ciudadanos racionados. Las castañas, guisadas en potajes o sopas, se convierten en el más preciado alimento; el café se prepara, a base de plantas y cereales, con agua sucia. Todo se asemeja a una triste continuación de los fatídicos años de la guerra: se consume pan negro, pan de cantos o cuarterón. España queda sumida en una situación de miseria, pobreza y desabastecimiento. Para repartir comida, ropitas y otros enseres, Franco se inventa organismos como el Auxilio Social o el Servicio Social. Ciertas señoras de *distinguidas* clases sociales participan en mesas y comités de Caridad.

Por supuesto, el estallido de la Segunda Guerra Mundial no ayuda a mejorar este descorazonador panorama socioeconómico, teniendo en cuenta, sobre todo, que España ha apoyado a los países del Eje. 1946 es un año siniestro para la política exterior de Franco: Francia cierra sus fronteras; España es objeto de un aislamiento internacional al ser expulsada por parte de la ONU de todos los organismos internacionales; muchos países, además, se niegan a comerciar con España, que queda fuera del Plan Marshall. Con todo, muy pronto esta situación empieza a cambiar gracias al intercambio comercial con Argentina, Francia y Reino Unido, al imprescindible apoyo de EE. UU. y a la apertura del capitalismo español. La implacable dictadura se mantiene en pie...

Nacionalcatolicismo

El Régimen se define como nacionalcatólico a partir de la defensa de los viejos postulados del conservadurismo político y la exclusión de la pluralidad nacional, cultural y lingüística. En el asentamiento de esta vieja ideología dentro del nuevo Estado, la Iglesia desempeña un papel transcendental, en especial en sectores como la educación, la prensa, algunos aspectos de la salud pública o el asociacionismo religioso; «la Iglesia tiranizaba la política cultural con criterios calomardianos» (Ridruejo, 1976). Además, se hace con las riendas de la moralidad del cine a partir de un sistema férreo de censura, de catalogación o calificación de películas. La omnipotente y atroz censura, obsesionada con el tema de la moralidad sexual, es obligatoria para cualquier tipo de publicación, espectáculo u obra artística.

El Estado no duda en apoyarse en instituciones como la Iglesia para legitimarse. Franco se apresura a declararlo confesional, erigiéndose en fiel guardián de diócesis, seminarios o púlpitos eclesiásticos. ¡Qué elocuentes son esas fotografías de Franco bajo palio! Al decir de Tusell, «la España de su tiempo fue un país en que los obispos hablaban como si fueran políticos, pero el jefe de Estado parecía a menudo ejercer como cardenal» (Tusell, 2007). El dictador creyó haber ganado la guerra gracias a la «ayuda escandalosa de Dios», al «favor divino repetidamente prodigado». El cine religioso se convierte en un género fundamental durante el franquismo y los contenidos religiosos en algo omnipresente, independientemente de la naturaleza genérica de la película (film de cruzada, histórico, de aventuras, etc.).

Un apartado especial merecería el comentario acerca de la situación de la mujer en la ominosa posguerra. En España su papel se reduce al cuidado de la casa, del marido, o de la economía doméstica, a tener buenos modales, saber cuatro números y, eso sí, mucho rezo. Y, claro, ¡a tener muchos hijos para la patria!

¡En pie, flechas de España!

La Falange Española, transformada a partir de un proceso de unificación en abril de 1937 en Falange Española Tradicionalista y de las Juntas Ofensivas Nacional Sindicalistas (FET y de las JONS), muy influida por el fascismo italiano, tiene un peso considerable en los primeros años del Régimen, entre 1939 y 1941 básicamente. En 1939 la Falange tiene unos 650 000 afiliados; en 1945, 1 000 000. Serrano Suñer actúa como vínculo entre Franco y la Falange. Entre otros aspectos, la Falange se ocupa de las carteras de Trabajo (el control de los sindicatos verticales) y de Agricultura. También de asuntos relacionados con la gestión de la Universidad; a saber, la constitución de un Sindicato Español Universitario (SEU) o la organización de los colegios mayores. Es, curiosamente, el sector culto de la Falange el que muestra más voluntad por elevar el nivel cultural del país, en campos como la literatura (Eugenio Montes, Leopoldo Panero, Luis Rosales, Rafael Sánchez Mazas, Dionisio Ridruejo), el periodismo (Víctor de la Serna, Alfredo Marqueríe) o la filosofía (Pedro Laín Entralgo). En realidad, el fascismo en España «nació en manos de escritores» (Ridruejo, 1976).

A partir del cambio de rumbo de la Segunda Guerra Mundial hacia 1943, el régimen franquista empieza a desligarse de la retórica fascista y a redefinir su propia filosofía basada en el poder unipersonal de Franco. Falange pasa a un segundo plano.

La literatura, un espejo a lo largo del camino (II): calle Alcalá, 44

Javier Mariño (1942), primera novela de Gonzalo Torrente Ballester, escrita entre octubre de 1941 y septiembre de 1942, es el primer texto literario que convierte a un joven fascista -veintiséis años, falso intelectual, clase media acomodada, señorito mundano, patriota- en protagonista principal. Con todo, el autor duda acerca del verdadero pensamiento político de este personaje: «no que sea ambiguo, como creía mi censor, sino que carece de él». Un par de curiosidades. 1.ª) La obra está dedicada a Dionisio Ridruejo, uno de los principales impulsores, propagandistas y jefes de la Falange Española, pero también uno de los primeros intelectuales disidentes del franquismo. Su desencanto con el Régimen comienza en plena Guerra Civil, afianzándose a lo largo de los años cuarenta. *Casi unas memorias* -en reedición de Jordi Amat- es un libro capital, esclarecedor, para quien pretenda adentrarse en este oscuro, complicado e interesante periodo de la historia de España. Un texto de la literatura del «yo» de primera magnitud, precioso, sincero y emotivo (Ridruejo, 1976). 2.ª) Según cuenta el novelista, la censura le obliga a realizar varios cambios sobre aspectos morales, políticos, religiosos, «nada superficiales», que le llevan a «rehacer el texto en muchas de sus más importantes páginas». La novela, que se pone a la venta en diciembre de 1943, es retirada de las librerías a los veinte días, el 10 de enero de 1944, y la editorial recibe la orden de almacenarla. No espere el lector un relato detallado de los principales momentos de la guerra civil española. Ni la presencia de un héroe del bando vencedor al uso o estereotipado. *Javier Mariño* es, en realidad, otra cosa.

En cambio, *Madrid 1940* (Francisco Umbral, 1993) debe ser considerada la crónica literaria más fiel, profunda y fidedigna sobre el submundo de la Falange Española en la inmediata posguerra. La novela está protagonizada por Mariano Armijo, un joven fascista, lujurioso, cínico y cruel que, «tras el exilio de la guerra en zona nacional y tranquila», regresa a Madrid, una ciudad fantasma, con el propósito de «hacerse un sitio entre los vencedores», que eran los suyos, dispuesto a convertirse en un escritor. El texto ofrece unas viñetas muy plásticas sobre recintos sagrados del falangismo: la Secretaría Nacional del Movimiento, Alcalá 44; el periódico *Arriba*, calle de Larra; las checas de Porlier, de Atocha, o de Génova, y las sacas nocturnas; los niños engrosando las filas del Frente de Juventudes; el culto en la iglesia de Santa Bárbara... También se relatan vivamente las tensiones entre Franco y la Falange. Es, sin duda, la gran novela española sobre la impía, cruel y sangrienta represión o «depuración» franquista (o «limpiar fondos», que diría el dictador).

Canciones para después de una guerra

Y la cultura popular, en general, o la lectura y el cine como productos de distracción en particular, ¿qué lugar ocupan en la sociedad de posguerra? En los años cuarenta el Régimen franquista no muestra una especial predilección por los asuntos culturales. ¡Cuán lejos quedan las iniciativas emprendidas por el gobierno de la República! La mayor parte de los españoles dedica sus ingresos al consumo alimentario.

En el mundo de la música triunfa la canción folclórica andaluza. La radio vive unos años dorados sometida -como el cine y la literatura- a un sistema de censura muy riguroso: se consolida la retransmisión de la música popular como una de las formas preferidas de ocio (la música, *radiodramas* o *radionovelas*). Dos años después del fin de la guerra, Radio Nacional continúa emitiendo este apasionado discurso: «españoles, alerta. España sigue en pie de guerra contra todo enemigo del interior o del exterior, perpetuamente fiel a sus caídos. España, con el favor de Dios, sigue en marcha, una, grande, libre, hacia su irrenunciable destino» (Martínez de Pisón, 2023).

Asimismo, la gente se distrae leyendo novelas populares de aventuras, historietas gráficas como las del pobre Carpanta, el antihéroe de posguerra por antonomasia o, a partir de 1946, novela rosa o sentimental (Corín Tellado). No hay que olvidar que algunos autores de la alta literatura son censurados en los primeros años de la posguerra (Pío Baroja, Jacinto Benavente, Cela, entre otros), o simplemente no están bien vistos (Benito Pérez Galdós, Miguel de Unamuno). Otros divertimentos importantes de la época son los toros y el fútbol, el espectáculo de masas por excelencia.

La literatura, un espejo a lo largo del camino (III): los cines de barrio

En las ciudades las salas de cine o cines de barrio se multiplican: niños con sus mamás, parejas de enamorados, cinéfilos, etc., se entusiasman al ver en enormes pantallas a sus estrellas americanas favoritas. Poca gente va al cine a ver películas españolas. Cuando acaba la sesión, la gente, cumpliendo con la ley, se pone de pie y mantiene el brazo en alto hasta que concluye el *Caral al sol*. Después, el inevitable retorno a la realidad, «la cena desabrida y fría / y los ojos ardiendo como faros» (Martínez de Pisón, 1981). Los palcos y las últimas filas, lugares propicios para el amor. Pero también el fastidio del acomodador, que enfoca impíamente con su linterna, o el policía (a veces, cada sala contaba con un agente), que coloca una multa «por cometer actos inmorales». Y lo peor, una nota publicada en el periódico con los nombres de la chica y el chico.

En *La colmena* se ofrece un testimonio sórdido, preciso, al tiempo que poético, sobre gentes sencillas, mediocres y, a veces, de baja talla moral: un tema importante -junto al sexo, al hambre o a la represión- es, sin duda, el mundo del cine; el narrador hace alusión a la cartelera de la época (*Su hermano y él* o *Un enredo de familia*, «toleradas las dos»), a las diferencias entre los clientes de las salas de la Gran Vía madrileña (Callao, Capitol, Palacio de la Música...) y los de los cines de barrio («los hombres que no saben quiénes son los directores»), o a la valoración moral de las cintas, etc. Después de merendar, el chamarilero José Sanz suele invitar a Purita al cine Ideal porque «le gusta darse el lote antes de irse a la cama»; Visi y su novio Alfredo se besan furtivamente en un palco del cine Bilbao; a don Leoncio Maestre le encantaría llevar a la mona de Elvirita a uno de esos cines oscuritos no precisamente para ver una película de culto. Los cines, a juicio de doña Pura, tienen mucha culpa de la inmoralidad que existe en la ciudad. Y es que a las salas de cine acuden asiduamente los amantes para otros menesteres. En cualquier caso, el cine es el referente principal que encuentra la gente para soñar, para escapar de la sórdida y triste realidad del momento.

> Los jóvenes de posguerra sabíamos muy bien que una película española o nos iba a contar una historia heroica de las que venían en los libros o nos iba a ensalzar las delicias de un amor sacrificado y decente. (Martín Gaite, 1987)

> Cómo nos educó Hollywood: en medio del hambre y del miedo, brotaba esa elegancia como al otro lado del espejo: el frac, el sombrero de copa, los guantes blancos, el bastón [de Fred Astaire]. (Haro Tecglen, 1996)

La forja de un ladrón -el particular y poético homenaje de Umbral (1997) a la novela picaresca- refleja vivamente la vida cotidiana de las gentes más humildes durante aquellos tristes años de posguerra. «Íbamos al cine huyendo de la tristeza del hogar, del rumor de la Singer, de las enfermedades, del miedo, el hambre, la miseria».

A los cines de sesión continua con programa doble acuden los matrimonios «para matar el hambre, por saltarse la cena», o los adolescentes «a enamorarse de Ingrid Bergman y Rita Hayworth». También lo hace, una o dos veces por semana, el pícaro protagonista, un niño de posguerra que aprende del cine a ser una persona ambiciosa, a no resignarse, a no sucumbir al estruendo de los héroes. «El cine -apunta el narrador- nos traía de América una vida real, más real que la nuestra -éramos puro celuloide rancio-»; para este huérfano de padre rojo, fusilado por los falangistas durante la Guerra Civil, sus elementos de referencias son los grandes actores del cine de Hollywood: el carismático Bogart, el elegante y cínico Cary Grant, el «guapito y como inglés» Freddie Bartholomew, un niño caprichoso y malcriado que consigue adaptarse a la vida dura, el joven ingenuo e idealista James Stewart, que parece fácilmente manipulable, defensor a ultranza de la democracia, o el Gary Cooper que interpreta el papel de tipo honesto, con esa mirada sincera y tranquila...

Umbral dedica las páginas más emocionantes de esta novela a los recuerdos que guarda el narrador del polémico estreno de *Gilda* (un film considerado muy erótico), un auténtico escándalo político y moral de la época; la interpretación de Rita Hayworth despierta la ira de los falangistas que acuden cada día a las salas de cine con piedras y pintura «para lapidar a la adúltera e insultar al público». Previamente, la censura ha decidido tapar con almagre las piernas de la actriz en todos los carteles cinematográficos. ¡No se había ganado la guerra para eso: para ensuciar las ancestrales paredes de la casta patria con las piernas de Rita! Por cierto, la maliciosa palabra «piernas» es prohibida durante mucho tiempo: se emplea, preferentemente, «extremidades». *Gilda* recordaba de nuevo las dos Españas, los que vieron la película y los que no habían ido porque era pecado; aquellos estuvieron marcados como ladrones o judíos o rojos o tísicos.

Otra cosa muy distinta es lo que ocurre en la España rural. Las modestas compañías de teatro itinerantes tienen que competir con el cine ambulante de los «jodíos peliculeros», quienes, en sus viejos carromatos, acercan el cine a los lugares más recónditos del país (*Margarita Gautier, Tres lanceros bengalíes*...). En la década de los cincuenta algunos pueblos ya cuentan con «un cine de verdad, de los fijos». De todo ello da cuenta *El viaje a ninguna parte* (Fernán Gómez, 1985), un retrato agridulce de una España hambrienta, estancada, sombría, intolerante, un país de caciques, beatas y falangistas. Por supuesto, el texto debe leerse como una metáfora de la dura y alargada posguerra, de un franquismo plenamente asentado, o el destino incierto -que no es fruto del destino o el azar- de una época en la que no parecía haber horizontes: los personajes se empeñan en buscar un futuro que se prometen más feliz, pero al mismo tiempo son conscientes de la inutilidad de su empeño. Es una lucha por la vida, por la dignidad profesional, en la que todos salen derrotados.

Fue este un largo *tiempo de silencio*. Una de las obsesiones de los vencedores fue la ocultación no solo del pasado (Guerra Civil) sino también del presente (la mísera vida cotidiana, la implacable depuración, la falta de libertades). El sistema de represión lamina valores tan universales como estar informado o poder opinar. Son años de resignación, de aceptación pasiva. De mucho miedo. En ciertos textos de índole autobiográfica algunos escritores suelen aludir a la sempiterna desinformación como uno de los aspectos más auspiciados por el Régimen. Esto al final determina la vida cotidiana de los españoles. Los niños no saben nada de lo que estaba pasando en el mundo y, en casa, los familiares suelen formular los temas políticos «en sordina y bajo advertencias temerosas» (Martín Gaite, 1987); asuntos tan graves como la subsistencia y la especulación o los problemas laborales y «otras agitaciones sociales de fondo» -como, por ejemplo, las acciones del maquis- apenas llegan a los oídos de los ciudadanos (Ridruejo, 1976); «la gente prefería no pensar, ya que también el pensamiento era clandestino» (Gamoneda, 2020); en cualquier caso, quedaba «el recurso de andar solo, de vaciar el alma de ternura y llenarla de hastío e indiferencia, en este tiempo hostil, propicio al odio» (González, 1982). La dictadura impondrá durísimas humillaciones a los vencidos (inclúyase aquí, por supuesto, a los más pobres) y de esto dará cuenta *cierta* literatura española de posguerra.

El vigilante e intransigente vencedor le hace la vida imposible al vencido marcándolo a fuego como alguien ajeno o distinto. También ennegrece su existencia y sus sueños disfrazando la rota realidad de soñolienta calma. El país convalece de una dura Guerra Civil: a las oscurecidas calles de muchos pueblos y ciudades apenas llegan lánguidos rayos de sol. Un sol necesario para secar las heridas de muchas vidas rotas.

Duende y misterio de la cultura franquista

Antes de hablar de películas, de generaciones, de géneros o de directores, es preciso aludir a ciertas instituciones, nombres e iniciativas culturales que tienen especial relevancia en el devenir del cine español de los años cuarenta. O quizás sea mejor comenzar un poco antes...

El primer nombre importante en este escaparate de figuras ilustres del cine franquista es, sin lugar a dudas, el de Manuel Augusto García Viñolas, licenciado en Derecho, corresponsal de prensa de *El Debate* en Roma, falangista, legionario y, ocasionalmente, director de cine. Ciertamente, su labor resulta incesante durante y después de la Guerra Civil: jefe del Departamento Nacional de Cinematografía (DNC), organismo creado en Burgos el 1 de abril de 1938, adscrito a la Subsecretaría de Prensa y Propaganda, dirigida por Dionisio Ridruejo, a su vez, dependiente del Ministerio de Gobernación. Ridruejo ha relatado con pormenor esta estimulante etapa de su vida entre febrero de 1938 y noviembre de 1940. Se enorgullece de haber transformado su despacho en una «tertulia literaria», «en un vínculo de grupo intelectual más generacional, quizá, que ideológico [Tovar, Laín, Rosales, Panero, Vivanco, Zunzunegui, Agustí, o Torrente Ballester, entre otros]». Sin embargo, el jefe de la Propaganda nacionalista asegura que

> en rigor no se diferenciaba mucho, técnicamente hablando, de lo que en el comercio se llama publicidad. Solo que en vez de vender calcetines o píldoras se vendían consignas políticas, figuras públicas y victorias militares, o bien se desacreditaban los productos análogos de la competencia... Decididamente aquello de la propaganda era una frivolidad.

A Viñolas, por cierto, lo tilda de «infantil», «narcisista», «vanidoso» y «codicioso» (Ridruejo, 1976).

A su vez, el DNC estaba compuesto por dos organismos, la Comisión de Censura Cinematográfica y la Junta Superior de Censura Cinematográfica. García Viñolas se dedica con esmero a la producción de reportajes y documentales de propaganda, colaborando con cineastas como José Luis Sáenz de Heredia o Edgar Neville. Uno de los films más emblemáticos del momento, producido por la Falange y montado en Berlín, en respuesta al éxito internacional de la producción del bando republicano, obviamente también un cine de carácter propagandístico -con títulos como *España 1936* (Jean-Paul Le Chanois, 1937) o *Tierra española* (Joris Ivens, 1937)-, es *España heroica* (Joaquín Reig-Víctor de la Serna, 1938), cuyo objetivo principal es legitimar o justificar el *alzamiento* militar del 18 de julio emprendido por la España nacionalista (al decir de los vencedores, la *auténtica*, la España *eterna*) contra los traidores y antipatriotas (la *antiEspaña*). De este momento es también el documental *¡Presente!* (Rafael Salvador, 1939), producido como homenaje al que fuera Jefe Nacional e ideólogo principal de la Falange, José A. Primo de Rivera, en el que se muestra el traslado a pie por pueblos y ciudades de sus restos mortales desde la ciudad de Alicante al monasterio de San Lorenzo del Escorial. Al finalizar la Guerra Civil, Viñolas ostenta la primera jefatura de la Sección de Cinematografía del Sindicato Nacional del Espectáculo (SNE), ejerciendo una influencia decisiva en la censura, el doblaje y la protección económica, cuestiones fundamentales para entender el cine español de la inmediata posguerra. Entre las tareas del DNC, debe destacarse la puesta en marcha del *Noticiario español* (32 números entre 1938 y 1941): en realidad, la producción de este primer noticiario oficial en la España nacional decae considerablemente. Los españoles se reparten entre quienes prefieren el noticiario norteamericano Fox Movietone y los que optan por el hispano alemán Actualidad UFA, dirigido por Joaquín Reig. Pero todo esto cambia radicalmente cuando el gobierno franquista se hace con la exclusiva de la información cinematográfica.

Entre septiembre y diciembre de 1942 los jerarcas del nuevo Estado crean un *Noticiario Cinematográfico Español* (NO-DO - Noticiarios y Documentales Cinematográficos) con el propósito de producir y difundir en exclusividad noticiarios sobre la actualidad nacional e internacional, apoyándose en un estilo grandilocuente, vehemente y excesivamente retórico. Su exhibición es obligatoria en todos los cines del territorio nacional y duraría ¡hasta 1976! (no desaparece de todo hasta 1981). A partir del 1 de abril de 1976 los empresarios de las salas de cine pueden elegir, como complemento de su programa, entre el NO-DO, un documental y/o un cortometraje, algo que se explicaría por los irrisorios precios de alquiler del material fílmico. Era este un evidente (por no decir, denigrante) ejercicio de monopolio estatal sobre la información y la difusión cultural; gracias a este medio, el Régimen tuvo más bien «desinformados» a los españoles durante casi 40 años, pero, involuntariamente, fue también un «testimonio gráfico de la vida nacional durante el largo periodo franquista» (Borau, 2010: 373).

El NO-DO debe analizarse no solo como un instrumento de información y propaganda política (un periodismo de opinión muy particular) del régimen franquista, sino también como un medio de entretenimiento y de variedades que permitía testimoniar la vida del franquismo. Quizás lo más pertinente sería dedicar un apartado al análisis de los contenidos y del estilo de este documento fílmico, pero esto es algo que excede el propósito del presente libro. O, asimismo, incluir los diferentes capítulos del NO-DO como un ejercicio más de lo que daré en llamar *cine político*. Desde luego, esta idea no sería desacertada. Los distintos capítulos del noticiario guardan una estrecha relación entre sí, conformando una especie de epopeya sobre la Historia de España bajo el franquismo. Para Font, su aparición responde a una «operación sustitutoria»: a finales de 1942 el subgénero de «cruzada» ha entrado en un claro retroceso, con evidentes muestras de cansancio o hartazgo, y para paliar este déficit el Estado se ve obligado a la creación del NO-DO, como eficaz instrumento cinematográfico para difundir su ideología (Font, 1976: 66). No está de más recordar cuál fue su peculiar eslogan: «El mundo entero al alcance de todos los españoles». En fin, ¿es este el vivo retrato de un país feliz, «ilusionado»? Entre sus contenidos no tienen cabida, por supuesto, el abastecimiento de alimentos, el hambre, las penurias sociales, ni por supuesto las cárceles o los campos de concentración...

La *política* cinematográfica del franquismo se basa principalmente en el control, la protección y la utilización del cine como instrumento de transmisión de las nuevas ideas. De su gestión se ocupan -a lo largo de los años cuarenta- la Secretaría General del Movimiento, el SNE, el Ministerio de Educación Nacional y, ya en 1951, el Ministerio de Interior y Turismo. El SNE se encarga de gestionar una singular política productiva asumiendo el control de una línea de crédito oficial -los Créditos Sindicales-, dirigida a productores y distribuidores, y de un fondo para el Fomento de la Cinematografía Nacional. Ese *peculiar* crédito sindical (controvertido, pero muy apetecible) en ocasiones puede constituir el 40% del presupuesto total de la película lo que provoca que muchos productores traten de complacer los criterios del régimen en cuanto al formato y contenido de los films. El ominoso sindicato se ocupará también de aprobar la apertura de salas de cines y de conceder anualmente los Premios Nacionales de Cinematografía.

Hay iniciativas culturales que merecen ser reseñadas. En primer lugar, en 1938 aparece en La Coruña *Radiocinema* bajo la dirección del falangista Joaquín Romero-Marchent; es considerada la primera revista cinematográfica del franquismo. Se utiliza sobre todo como aparato propagandístico: a sus redactores les preocupa en especial la reflexión sobre la naturaleza del *auténtico* cine español, afín ideológicamente al nuevo Régimen, claro está. *Lo demás es silencio*...

García Viñolas funda y dirige *Primer Plano*, la auténtica revista oficial del Régimen, perteneciente a la Prensa del Movimiento: su primer número es del 20 de octubre de 1940; el último, del 25 de octubre de 1963; se mantiene en su cargo hasta el número 78 (12 de abril de 1942). De sus variados y desiguales contenidos, cabe destacar aquellos artículos que abordan cuestiones importantes como el doblaje, la naturaleza y el futuro del cine español, el género de la *españolada*, etc. Otros directores de *Primer Plano* son el crítico Carlos Fernández Cuenca (abril 1942) y el poeta falangista Adriano del Valle (diciembre 1942). Para Monterde,

> no cabe ninguna vacilación en considerar este *magazine* como una muestra inequívoca del oficialismo cinematográfico, inserto en la llamada prensa del Movimiento, y como tal controlada desde las altas instancias del Régimen [el falangismo y el sindicalismo vertical]; de hecho se trataba del portavoz cinematográfico del franquismo instalado en el poder, en una forma equivalente -salvando numerosas distancias, por supuesto- a lo que representaba *Cinema* en el ámbito del estado mussoliniano. Sin duda, son los años cuarenta los mejor esclarecidos por la actividad de *Primer Plano*, época en la que se convierte en un punto de referencia inexcusable para el historiador. (Fernández-Couto, 2001: 60)

Otra revista de cine es *Cámara*, fundada en octubre de 1941 por Antonio de Lara *Tono*; esta publicación, con 215 números, llega hasta febrero de 1952. En ella confluyen dos líneas muy diferentes de colaboradores: por un lado, un grupo esencial formado por los integrantes de *la otra generación del 27*, entre los que cabe destacar a Miguel Mihura, Edgar Neville, José López Rubio, Enrique Jardiel Poncela, Claudio de la Torre y *Tono*; por otro lado, críticos o autores afines a la causa franquista, como Alfredo Marquerie, Joaquín Calvo Sotelo, García Viñolas o Fernández Cuenca. El propio *Tono* funda en San Sebastián en 1937 -con la colaboración de Mihura- *La Ametralladora. Semanario de los Soldados* (su primer nombre fue *La Trinchera*), revista de carácter satírico creada para entretener a las tropas rebeldes (el lema «Gratis a los Combatientes», figura en la portada), antecedente directo de *La Codorniz* (1941-1978), una de las revistas fundamentales de la posguerra española, «cuyas páginas, además de transformar en buena medida el sentido del humor patrio, supondrían cierto consuelo espiritual ante los rigores de la dictadura» (Borau, 1998: 856). Su primer número aparece el 8 de junio de 1941, con Mihura como director, y con la inexcusable colaboración, entre otros, de *Tono*, Neville, Álvaro de la Iglesia y del dibujante humorista Enrique Herreros.

> *La Codorniz* ha retomado el camino del *humor nuevo* iniciado en los años veinte con *Buen Humor* (1921) y *Gutiérrez* (1927), pero atina a darle un aire más abstracto, más avanzado. Por su carácter de *rara avis*, por la lucidez de su (imposible) discurso y por la homogeneidad de sus colaboraciones, *La Codorniz* consigue un notable éxito en el panorama de la prensa española de posguerra. (Aguilar y Cabrerizo, 2019: 9)

La original publicación apunta a reírse de los convencionalismos sociales de la época; no está entre sus intereses la crítica de postulados ideológicos ni la mostración de la realidad socioeconómica del país. Mihura explicó sin ambages la filosofía o programa ideológico de la publicación:

> *La Codorniz* fue, en sus principios, un periódico lleno de fantasía, de imaginación, de grandes mentiras, sin malicia. No se apoyó nunca en la actualidad, ni mucho menos en la política, que jamás nos interesó. No nos divertíamos con la desgracia ajena, ni nos burlábamos del caído, ni halagábamos a los que estaban en las alturas. (Lara y Rodríguez, 1990: 77)

A partir de junio de 1944, la revista incluye una sección de crítica cinematográfica que corre a cargo del falangista Alfredo Marquerie y, por supuesto, toda una serie de artículos, paródicos, casi siempre, caricaturas dedicadas a ciertos géneros cinematográficos (a las *españoladas*, al cine de cruzada, a los films históricos), a directores (Juan de Orduña, Manuel Mur Oti) o a productores de la época (Cesáreo González). *La Codorniz* se cierra temporalmente -al parecer, por falta de papel- en el verano de 1946.

El 15 de noviembre de 1946 aparece el primer número de la revista *Fotogramas*, con contenidos muy variados que van desde la música, la moda o los libros, a referencias de la actualidad cinematográfica. Poco a poco se convierte en la revista especializada (Jaume Picas fue uno de sus primeros críticos de cine) que hoy conocemos.

Asimismo, en 1945 nace el Círculo de Escritores Cinematográficos (CEC) por iniciativa de críticos y comentaristas que intentan mantenerse al margen de las directrices del SNE, entre los que destacan Luis Gómez Mesa y Carlos Fernández Cuenca. Con el tiempo se agregan otros estudiosos del cine español: Antonio Barbero, Fernando Méndez-Leite von Haffe, Adriano del Valle. Entre sus actuaciones, cabe destacar la concesión de premios anuales, la creación de un cineclub, un concurso de guiones, etc. Para el cáustico Bardem, la mayor parte de los miembros del cineclub eran «unos franquistas de mucho cuidado», que «ponían siempre unas películas *autorizadas* por la censura y generalmente bastante flojitas» (Bardem, 2002: 67).

Por estos años se pone en funcionamiento el Círculo Cinematográfico Español (CIRCE) encaminado al desarrollo de un cine de calidad. Se retoma la creación de cineclubes (otra actividad más interrumpida por la Guerra Civil) de forma lenta y discreta. Unos están vinculados al SEU y al CIRCE (desde 1941), otros dependen directamente del CEC. El más relevante es el Cineclub de Zaragoza, fundado en 1945 por Orencio Ortega, A. Serrano, Manuel Rotellar y Eduardo Ducay, considerado, además, modelo principal para los que aparecerán en los años cincuenta, caracterizado por el cuidado en la selección de títulos esenciales (por ejemplo, ¡films soviéticos!) o los pases en VOSE.

En febrero de 1947 se crea el Instituto de Investigaciones y Experiencias Cinematográficas (IIEC), primer centro público abierto en España dedicado en exclusiva a la formación cinematográfica, aunque, en realidad, tiene su origen en la Sección de Cinematografía creada en la Escuela de Ingenieros Industriales de Madrid en 1942. En este menester resulta fundamental la labor desarrollada por el catedrático Victoriano López García, quien en 1941 organiza un curso de cinematografía y gestiona la construcción de un plató, un laboratorio fotográfico -marzo de 1945- y una sala de proyección; es el responsable, además, de la creación -en noviembre de 1944, junto a Carlos Serrano de Osma- de la revista especializada *Cine Experimental*. Se trata de una de las publicaciones más rigurosas de la época, desde donde se alienta la necesidad de estudiar el cine como arte: destacan sus intelectuales aportes teóricos y críticos y una información muy rigurosa sobre aspectos profesionales o técnicos. La revista solo publica once números, desapareciendo en noviembre de 1946.

Del IIEC sale la primera camada oficial de cineastas de la historia del cine español (1947-1950), que comienzan a estrenar sus primeros films a principios de la década de los cincuenta: *Esa pareja feliz* (Luis G.ª Berlanga - Juan A. Bardem, 1951) va a revolucionar el anquilosado cine oficial. Inicialmente, el centro lo dirige López García -que, asimismo, imparte la materia de Óptica y Cámaras- y entre sus profesores figuran, además de los directores Serrano de Osma (Realización), Luis Marquina (Producción) y Antonio del Amo (Prácticas Escénicas y Teoría del Actor), el actor Fernando Fernández de Córdoba (Dicción), o los críticos Fernández Cuenca

(Historia del Cine) o José Camón Aznar (Historia del Arte). No todos los cineastas que pasan por las aulas del IIEC guardan un buen recuerdo del profesorado. Bardem ha relatado con cierta gracia su no siempre gratificante «experiencia cinematográfica»: a Fernández Cuenca lo califica de «mediocre profesor de Historia del cine, un lamentable crítico de cine y un horrible director de cine» y de José Camón Aznar, «hombre de vastísimos conocimientos», dice que tenía el defecto «de no saber jerarquizar las obras de arte». Se aprendía mucho más viendo cine americano (los cómicos del cine mudo, Jean Harlow, las comedias de Capra...) en las grises y melancólicas salas de cine que en la politizada escuela de cinematografía, en aquellas «maravillosas tardes» del cine Sol -Preciados, esquina a Tetuán-, del cine Callao, del Palacio de la Música... (Bardem, 2002).

Locura de amor (Juan de Orduña, 1948)

Tragicomedia del cine español de posguerra

Me pone enfermo de verdad y de corazón recordar esos administradores del viejo régimen, censores terribles, unos indeseables, eran críticos, censores, asesores del gobierno y esa realidad del cine español que nos obligaba a la lucha, a un desgaste que ha sido, creedme, excesivo. Y encima lo hacían desde esa palabra mítica, la libertad.

Basilio Martín Patino

La vida de las productoras y de sus fortunas y adversidades

Al finalizar la Guerra Civil, en un país absolutamente arruinado, la industria del cine se encuentra en horas bajas por problemas de financiación y por la destrucción de las infraestructuras. Se puede afirmar que es prácticamente inexistente:

> Con el material técnico y de laboratorio destruidos durante la contienda -en número escaso, por otra parte-, el descabellado e incongruente desmantelamiento de la industria por parte del régimen militar, el nutridísimo éxodo de profesionales de todas las ramas del sector hacia el exilio y el abandono de la producción por parte de cierto sector de la burguesía que durante la República había impulsado un incipiente cine español de talante liberal, la infraestructura productiva en 1939 se encontraba al borde del colapso. (Font, 1976: 29)

Efectivamente, el principal problema es el hecho de que los estudios de rodaje se encuentran en una situación calamitosa, semiderruidos, o prácticamente destruidos, a causa de los bombardeos. En otro orden de cosas, un director tan inquieto como Edgar Neville -quien conoce bastante bien el modelo americano- lamenta la escasa propaganda que existe en la distribución de los films españoles, algo que, a su juicio, solo se puede solucionar con la existencia de grandes productoras, «con una producción regular y sostenida, con artistas y técnicos contratados en exclusiva, interesadas en hacer propaganda a sus películas y a sus artistas» (Pérez Perucha, 1982: 112). La situación del cine español poco tiene que ver con el Hollywood que este ha conocido en su «aventura americana». Con todo, en la inmediata posguerra existen en España alrededor de quince estudios de cine, algunos con una notable capacidad operativa: entre otros, en Barcelona, Trilla-Orphea, Estudios Lepanto, Kinefón y Diagonal; y en Madrid, CEA, Roptence, Sevilla Films, Ballesteros, Aranjuez, Augustus, Cinearte, los Estudios Chamartín y los Estudios Cinema Español SA (Ecesa). El alzamiento militar ha triunfado en las ciudades medianas y pequeñas y en ámbitos rurales, pero no en estas dos grandes ciudades, en donde permanece el grupo principal de la industria cinematográfica. Asimismo, proliferan las productoras de una sola película, que casi siempre eligen un tema afín a los gustos de la administración, con el único objeto de hacer un negocio muy rentable, sin riesgo alguno; se trata -en estos casos- de un tipo de productor

> con muchas ideas, pero sin un duro; con grandes entusiasmos, pero carente de la menor solvencia. Y, sin embargo, muchos de ellos no pararon de hacer películas, en buena parte gracias a esa benéfica institución mercantil llamada letra de cambio. (Vizcaíno Casas, 1998: 18)

Filmófono, constituida en agosto de 1931 por el empresario Ricardo M. Urgoiti Somovilla, es la segunda productora más importante del cine republicano, con un interesante ciclo de comedias y melodramas populares, dignísimas relecturas sainetescas de bajo coste y magníficos resultados. El estallido de la Guerra Civil deja inconcluso *El último mono*, un proyecto en común de Jean Grémillon y Luis Buñuel, y obliga a Urgoiti a marcharse de España. En los años cuarenta Filmófono diversifica algo más sus cometidos distribuyendo films extranjeros, produciendo documentales culturales y films de ficción -como *La Cigarra* (Florián Rey, 1948) o *Sangre en Castilla* (Benito Perojo,1950)-, e interviniendo en la gestión de importantes salas de cine de la capital.

Fundada también en plena República (en 1933), Procines (Producción Cinematográfica Española Falcó y Cía., S. en C.) aborda primero la adaptación de zarzuelas, antes de pasar al registro de las comedias, con una producción realmente escasa: *La tonta del bote* (Gonzalo Delgrás, 1939) y *Café de París* (Edgar Neville, 1943). Al parecer, sus socios prefirieron el rentabilísimo negocio de la distribución.

Con algo más de medio centenar de films, Cifesa (Compañía Industrial de Film Español SA) se convierte en la productora y distribuidora más importante de la época. Cualquiera que se haya acercado por primera vez al cine republicano y al cine franquista se habrá encontrado una y otra vez con este nombre. Cifesa es algo más que la responsable del famoso y lamentablemente denostado ciclo histórico: «Cifesa ha permanecido siempre sumergida en las acuáticas nieblas del misterio. ¿Qué se escondía tras estas enigmáticas palabras? Sencillamente: una empresa dedicada a la distribución y producción de films» (Fanés, 1991: 11).

Esta empresa la fundan en Valencia el 15 de marzo de 1932 un grupo de aristócratas y empresarios valencianos, los Trènor. Al año siguiente, está ya en manos de una familia local, dedicada a negocios del aceite y de productos químicos, los hermanos Manuel y Vicente Casanova Giner. De los dos es sobre todo Vicente, un joven muy ambicioso, quien más interés muestra desde el principio por el mundo del cine: desde el verano de 1933 distribuye en España las películas de Columbia Pictures y de otras compañías europeas y españolas, obteniendo importantes beneficios. Pero las cosas están a punto de cambiar. Entre 1934 y 1936 Cifesa se convierte en la principal productora del cine de la Segunda República: su primera cinta, *La hermana San Sulpicio* (Florián Rey, 1934), es todo un éxito de público y crítica; le sigue la comedia cosmopolita *Rumbo al Cairo* (Benito Perojo, 1935), un film muy distinto al de Rey y, por supuesto, al resto del cine republicano. Tanto Filmófono como Cifesa ocupan un papel relevante en el apogeo del llamado *cine folclórico*. Este es, por otra parte, el momento en el que aparecen no solo el primer firmamento de grandes estrellas del cine español (Imperio Argentina, Juan de Orduña, Manuel Luna, Miguel Ligero, Raquel Meller, Antoñita Colomer, Rosita Díez Gimeno, Catalina Bárcena, Estrellita Castro, Ángel Sampedro «Angelillo»...), sino también la que puede considerarse primera camada de cineastas españoles, la mayoría de ellos en nómina (Benito Perojo, Florián Rey, E. García Maroto, E. Fernández Ardavín y Luis Marquina). Se comienza a hablar de una firme política de «monopolio del talento». *El genio alegre* (Fernando Delgado, 1939) y *Nuestra Natacha* (Benito Perojo, 1936) son los dos últimos films producidos por Cifesa poco antes de la Guerra Civil.

El genio alegre, basada en una comedia «andalucista» de los hermanos Álvarez Quintero, es dirigida de manera algo convencional por el artesano Delgado; el film plantea asuntos que años más tarde no serán precisamente muy del agrado del nuevo DNC: una crítica del marco social precapitalista, las diferencias interclasistas o el papel determinante de una mujer libre, independiente y algo revolucionaria. El rodaje comienza el mes de mayo de 1936, pero queda interrumpido el 18 de julio en la ciudad de Córdoba: la película no puede ser concluida hasta después de la Guerra, con la ausencia de su protagonista, la republicana Rosita Díaz Gimeno.

El caso de *Nuestra Natacha* es muy distinto: el film, dirigido por el entonces liberal y republicano Perojo, está basado en la exitosa comedia homónima de Alejandro Casona, una pieza de contenido progresista, próxima a las ideas del Frente Popular, que, obviamente, no resultan del agrado de los vencedores. La pieza está prácticamente terminada en julio de 1936; su director sabe que puede ser un artefacto muy peligroso para su futuro profesional. Cuando termina la Guerra Civil, el negativo es entregado a las nuevas autoridades, que lo depositan, junto con otras películas confiscadas, en los Laboratorios Riera. Un incendio acaba con todo este material fílmico: «[*Nuestra Natacha*] desapareció para siempre. La película, nunca estrenada, y de la que no quedan ni crónicas ni opiniones, se ha convertido en uno de los secretos más herméticos de toda la historia del cine español» (Fanés, 1991: 44). En fin, con estos dos títulos se cierra definitivamente el periodo republicano de la empresa valenciana.

Varios proyectos cinematográficos de Cifesa quedarán abortados. Pero a la compañía valenciana aún le queda mucho por hacer en el enigmático, oscuro e impredecible paisaje cinematográfico. Vicente Casanova se pasa rápidamente a la zona franquista (en realidad, se larga muy pronto al extranjero, para cruzar finalmente a San Sebastián): desde Sevilla, donde triunfa la sublevación, continúa *El genio alegre*, al tiempo que emprende una intensa actividad cinematográfica de marcado carácter político, realizando documentales como *Entierro del general Sanjurjo* (E. García Morato, 1936) o reportajes sobre Asturias, Bilbao, Santander y Navarra. En cambio, en el Madrid republicano Cifesa no produce nada, limitándose prácticamente a labores de distribución.

Si bien la productora tarda un tiempo en recomponer su infraestructura comercial, su reconstrucción -desde el verano de 1939 hasta 1942- es realmente rápida. En los primeros años de la década de los cuarenta perfila un exitoso y productivo modelo empresarial que copia el de los grandes estudios norteamericanos, basado en el establecimiento de un tipo de trabajo en serie, realizado por un equipo permanente de técnicos, directores y guionistas; e incluso cuenta con su propio *star system*, encaminado sobre todo a la producción de películas de género. Desde 1941 Cifesa simultanea la producción en lotes de dos formatos de películas, una de coste normal y otra de coste más reducido. Colabora, además, con otras compañías o productores independientes, como UPCE, PC Rosa o, entre otros, Aureliano Campa. Casanova no cuenta con locales propios de distribución, ni con estudios de rodaje. Lo que sí es cierto es que se beneficia sobremanera de la protección estatal del Régimen, si bien eso no impide que, a la hora de sacar adelante algunos proyectos, tenga problemas con las famosas comisiones de censura.

En este primer cine de posguerra se opta por un cierto continuismo temático y formal, con una especial predilección por el registro cómico, como la astracanada *Los cuatro robinsones* (E. García Maroto, 1939), la tragicomedia musical de amores interclasistas *La Dolores* (Florián Rey, 1940) o *La gitanilla* (Fernando Delgado, 1940), mediocre adaptación del texto cervantino, con un guion de Rafael Gil y Juan de Orduña... Algunas novedades afectan no tanto a los contenidos como al tono ciertamente algo sombrío o melancólico. Ahí están, entre otras, la simpática comedia musical *Torbellino* (Luis Marquina, 1941), protagonizada por Estrellita Castro, o el morboso melodrama *Malvaloca* (Luis Marquina, 1942), con Amparo Rivelles y Alfredo Mayo. También habría que hacer alusión a ciertos títulos señeros del llamado *cine de cruzada*, como *¡Harka!* (Carlos Arévalo 1941) o *¡A mí la legión!* (Juan de Orduña, 1942), que rezuman tristeza, melancolía y conflictos interiores. De todos ellos, el film más insólito es *Malvaloca*, que, si bien en algunos momentos recuerda a las exitosas comedias del periodo republicano, aparece teñida de amargura, pesimismo y fatalidad. Sin duda alguna, se trata de uno de los films más interesantes de la inmediata posguerra.

Cifesa pasa por un primer periodo de recuperación y esplendor entre 1939 y 1945, por una crisis a comienzos de 1945, por un exceso de producción y por la nueva situación originada al finalizar la Segunda Guerra Mundial, tras cesar sus contactos con la Alemania de Hitler. Su segundo impulso creativo, entre 1947 y 1952, se debe al éxito del *ciclo histórico*. Y su paulatino declive empresarial conoce el punto más álgido a la altura de 1952; en 1956 se produce su crisis definitiva.

Cifesa es la responsable de tres de los grandes ciclos de la década de los cuarenta: la comedia (Rafael Gil y sus comedias *humanas*; Juan de Orduña y la comedia «sofisticada»; el ciclo de comedias disparatadas de Ignacio Iquino); el cine político claramente fascista (los textos «patrióticos» de Carlos Arévalo y de Juan de Orduña); y, por último, el más importante de todos ellos, el cine histórico (Orduña y Luis Lucia). Al referirnos a su primer período, es necesario insistir en la contribución de los Casanova al desarrollo de la comedia (casi un 80% de la producción), en una propuesta de sorprendente variedad: algunos cineastas de la casa optan por historias urbanas burguesas, alocadas, de estirpe hollywoodiense (Iquino, Orduña); otros, en cambio, por un registro más social (Rafael Gil, Ramón Quadreny), si bien el adjetivo «social» puede resultar algo atrevido o impropio para este período oscuro de la España autárquica. Y es que cuando se habla de cine español no siempre se acierta en esto de la precisión léxica. Lo cierto es que, al acabar la Guerra Civil, Cifesa consolida un puesto hegemónico en la industria cinematográfica española (nueve films en 1939; seis, en 1940; tres, en 1941; once, en 1942; diecisiete, en 1943; dieciséis, en 1944; siete, en 1945...). Pero, además, se va a ocupar de la importación y distribución de películas extranjeras, sin duda el gran negocio del cine español de la época gracias a la política *protectora* del Estado.

Entre 1947 y 1952 Casanova reajusta la producción fílmica, reduciendo drásticamente el número de películas, al tiempo que emprendiendo «el camino de las superproducciones». Se continúa (aunque, en un claro retroceso) con los géneros de la comedia y el melodrama, que tanto rendimiento económico le han dado -*Dos cuentos para dos* (1947) y *Noche de reyes* (1948), ambas de Luis Lucia-, al tiempo que se pone en marcha un ambicioso ciclo de «films históricos». Esto es, una línea de serie B, de cine barato y rápido; otra, de altos vuelos, con suntuosas películas de grandes presupuestos muy cuidadas y publicitadas. El éxito clamoroso de público y crítica de *Locura de amor* (Juan de Orduña, 1948) condiciona la política empresarial privilegiando un modelo de superproducciones; Orduña es el responsable de títulos como *Pequeñeces* (1950), *Agustina de Aragón* (1949), *La leona de Castilla* (1951) y *Alba de América* (1951). Pero, en pocos años, los espectadores le darán la espalda a este cine basado en las grandezas de la historia de España. A esto hay que añadir las pérdidas ocasionadas por *Una cubana en España* (Luis Bayón Herrera, 1951) y *Lola la piconera* (Luis Lucia, 1951), las cuales obtienen calificaciones muy por debajo de lo esperado y pocas subvenciones por parte de la administración.

Son muchos los directores que trabajan para Cifesa, pero hay uno en especial que representa muy bien no solo su filosofía sino también buena parte de los avatares del cine de posguerra. Merece la pena espigar detenidamente en la vida y obra de Luis Lucia. Doctor en Derecho e hijo de un político democristiano y republicano integrado en la Confederación Española de Derechas Autónomas (CEDA) de José María Gil Robles; estos dos factores, al terminar la Guerra Civil, le permiten entrar a formar parte de la asesoría jurídica de la compañía. Lucia aprende las distintas rutinas del quehacer cinematográfico: guionista, adaptador y jefe de producción. Casanova le nombra gerente de Cifesa Producción, una nueva empresa que se ocupa principalmente de labores de distribución de films. Entre las funciones del diligente y eficaz Lucia está la de recoger los rollos de película virgen que, procedentes de otros países, llegan a Madrid, al tiempo que organizar la distribución de dichos materiales a los distintos estudios. Por otra parte, este trabajo de supervisión general le permite conocer de primera mano aspectos relacionados con la dirección de actores, la filmación o la producción en general. Lucia dirige su primera película en 1943 -*El 13-13*, un insólito film de espías-, consolidándose como uno de los directores más eficientes. Se atreve con todos los géneros y suele escribir casi todos sus guiones. Poco a poco va alejándose de la compañía como director fijo, aunque sigue trabajando para ella, como contratado externo, durante los años siguientes. Desde el punto de vista formal, Lucia es un director muy preocupado por la puesta en escena y en general por la brillantez de las imágenes. No tiene problemas en abordar cualquier tipo de material que llega a sus manos: lo que más le preocupa es conectar con el público, por ello siente predilección por temas populares e historias sencillas. Su cine se mueve entre los intereses del espectador de posguerra y sus gustos más personales; Lucia «aportó alegría y vida a un público que vivió una época triste y gris» (Gantes, 2005: 28). Su filmografía es un caso más de la peculiar antítesis del cine español, esto es, el deseo por parte de algunos cineastas de aunar un cine personal con uno más comercial.

El auténtico competidor cinematográfico que tuvo Cifesa durante estos años fue el empresario gallego Cesáreo González (1903-1968). Este crea Suevia Films en 1941 gracias a su amistad con los hermanos Adolfo y Ramón Torrado. Cesáreo, hijo de una humilde familia, a los trece años emigra a Cuba y posteriormente a México, en donde se gana la vida en diferentes oficios. En 1931 vuelve a Galicia para dedicarse a la compra de automóviles y al mundo de la publicidad; propietario de una sala de fiestas y de un concesionario de automóviles, en poco tiempo este singular gallego se hace empresario cinematográfico. Sus películas se encuadran en esa línea dominante de cine acomodaticio. Así pues, ninguna novedad en el horizonte cinematográfico de la primera posguerra: desde *¡Polizón a bordo!* (Florián Rey, 1941), su primer film, la heterogeneidad -o, si se prefiere, el eclecticismo- se convierte en marca de la casa. Eusebio Fernández Ardavín es quien más directamente colabora con el productor gallego, dirigiendo cuatro títulos -*Unos pasos de mujer* (1942), *La rueda de la vida* (1942), *El abanderado* (1943), pionera del «cine histórico» de carácter político, y *La dama de armiño* (1947)-, y supervisando, además, la labor de Torrado, quien -con siete películas- se convierte en el auténtico director de la casa. Sus dos primeros títulos -*¡¡Campeones!!* (1942), de ambiente futbolístico, y *El rey de las finanzas* (1944), la típica comedia sobre equívocos de personalidad- gozan de enorme popularidad en el momento de su estreno. Pero a Torrado se le recuerda sobre todo por ser el artífice de *Botón de ancla* (1947), uno de los grandes éxitos de la década, que coloca a Suevia Films a la cabeza de las productoras. En líneas generales, es una empresa más modesta que Cifesa, si bien a partir de 1951 se convierte en la primera productora del cine español. Cuenta con pocas personas en plantilla, no posee estudios de filmación o laboratorios y asume menos riesgos estilísticos en su modelo productivo. Muy pragmática, en no pocas ocasiones opta por la colaboración con otras productoras más pequeñas. No es, en absoluto, una casa obsesionada en producciones propias, en la creación de un estilo especial, más o menos reconocible. Suevia Films opta por el cine costumbrista y por la comedia; los cincuenta serán los años del cine folclórico, del cine personal de J. A. Bardem, de las coproducciones y del «cine con niño». González reúne a un equipo de estrellas españolas y extranjeras de primer orden y es el responsable del lanzamiento de figuras del cine folclórico como Lola Flores, Carmen Sevilla, Paquita Rico, etc. No hay que olvidar tampoco la presencia en Suevia de Rafael Gil, que recala aquí tras su paso por Cifesa, con ocho importantes cintas entre 1946 y 1950. O la aportación de los *renovadores* Ruiz-Castillo (*La laguna negra*, 1952) y Mur Oti (*Fedra*, 1956).

González fue sobre todo un tipo singular, pragmático, un hombre de cine cuya obra -casi ciento cincuenta títulos, producidos entre 1941 y 1948- «ha sido decisiva en la configuración del imaginario de los espectadores españoles durante casi tres décadas» (Zunzunegui, 2018: 497).

Otra figura relevante de la época es Aureliano Campa: funda su propia productora, Aureliano Campa PC en 1927, colabora con Cifesa en la primera posguerra, sin duda la etapa más prolífica de su carrera; en especial, cabe destacar las nueve comedias, en su mayoría arrevistadas y absolutamente alocadas, no exentas a veces de contenidos sociales, dirigidas por Iquino entre 1940 y mediados de 1943. Para esta compañía Ramón Quadreny filma la arnichesca *La chica del gato* (1943) y las melodramáticas *Una chica de opereta* y *Mi enemigo y yo*, ambas de 1944. En líneas generales, Campa es sinónimo de cine de evasión: es muy habitual encontrar en los títulos de crédito de sus películas el mismo elenco de actores protagonistas (Mercedes Vecino, Mary Santamaría, Amparo Rivelles, Luis Lastra...) y de reparto (Pepe Isbert, Mary Santpere, Guadalupe Muñoz Sampedro, Fernando Freyre de Andrade, Paco Martínez Soria...).

En febrero de 1943 Iquino y el empresario barcelonés Francisco Ariza, ponen en marcha Emisora Films con una ideología similar a la de los grandes estudios de Hollywood, solo que con una política de inversión muy discreta. Cuentan, además, con un equipo de colaboradores más o menos fijo: guionistas (Julio Coll, Juan Lladó), ayudantes de dirección (Julio Salvador), montadores (Antonio Gimeno, Antonio Isasi Isasmendi), operadores (Sebastià Parera y Jaime Piquer Soler), músicos (Ramón Ferrés), decoradores (Juan Alberto Soler y Josep Pellicer), maquilladores, etc. Emisora Films tiene incluso su propio *star system*: Mary Martin, Adriano Rimoldi y Ana Mariscal, entre sus principales estrellas, y los secundarios Antonio Bofarull y Teresa Idel.

La productora catalana conoce dos etapas. La más productiva, con Iquino como principal responsable creativo, entre 1943 y 1948, con dieciséis films. Este comienza su andadura cinematográfica con tres comedias alocadas, entre el vodevil y la comedia musical, en la línea de las que ha dirigido para Campa. Cultiva algo después un cine de género (criminal, psicológico, melodrama, histórico, comedia) algo más apegado a la realidad del país y con ligeras notas de crítica social; en *Cabeza de hierro* (1944) se alude a la Guerra Civil, algo inaudito en su primer cine. De este primer cine suyo apenas quedan copias: al parecer, fueron destruidas por el propio Iquino. Debe subrayarse su increíble capacidad de trabajo, algo no tan habitual en otros cineastas de la época: escribe, dirige y monta, e incluso pone en pie piezas teatrales. Entre 1948 y 1956, Emisora Films produce once películas: Iquino, por razones nunca aclaradas, abandona la compañía en el verano de 1948; Ariza -como responsable único- intenta mantener a flote el negocio contratando a cineastas de prestigio como Jerónimo Mihura, Antonio Román y Julio Salvador, o al importante director de fotografía francés Jules Kruger. El empresario catalán intenta mejorar la calidad de sus producciones, convertirse en una referencia fundamental del cine español. Sin duda, el fichaje más sorprendente es el de Antonio Román, quien -junto a R. Gil y J. L. Sáenz de Heredia- es considerado un director estrella del cine español. Tras los fracasos consecutivos de *Fuenteovejuna* (1947) y *La vida encadenada* (1948), Román pasa por una situación profesional muy difícil, lo que le lleva a aceptar esta atractiva oferta; una película de Emisora tiene menos caché que una de Madrid, pero, al menos, le permite hacer cine.

En España se rodaron un total de 442 películas en los años cuarenta. La situación de especulación y fraude existentes en el cine español provoca la aparición (e inminente desaparición, en muchas ocasiones) de innumerables productoras (CEA, Estudios Ballesteros, Chapalo Films, Levante, Hércules, Alhambra, Paloma, Mercurio, Sagitario Films, EC Faro, Pecsa, Ufisa, Manuel del Castillo PC, etc.), algunas de las cuales llegan a rodar una sola película. En el período 1939-1950 destaca la producción de Cifesa (cuarenta y un films), seguida por Suevia Films-Cesáreo González (treinta y ocho), Emisora Films (veinticinco) y Aureliano Campa (diecinueve). En las siguientes páginas se abordan aspectos de algunas de esas productoras más pequeñas, con menos peso en la industria cinematográfica, pero, en no pocas ocasiones, no menos interesantes.

En los estudios Ecesa (Aranjuez) se puede decir que comienza realmente la aventura del cine español que se relata en este libro. Cifesa rueda allí, consecutivamente, *El genio alegre* (1939), *Los cuatro robinsones* (1939), *La gitanilla* (1940) y *La Dolores* (1940). Y en los estudios Roptence SA se filman los cortos de ficción o documentales poéticos *¡Ya viene el cortejo!* (C. Arévalo y J. de Orduña, 1939) y *Luna gitana* (Rafael Gil, 1940) y dos importantes títulos de Román, *Boda en el infierno* (1942) y *La casa de la lluvia* (1943); en la segunda mitad de la década Roptence SA entra en crisis, si bien logra sacar adelante *El capitán Veneno* (Luis Marquina, 1950) e *Historia de dos aldeas* (Antonio del Amo, 1950). Los estudios cierran sus puertas en 1956.

Saturnino Ulargui Moreno, arquitecto dedicado a la construcción de algunas de las salas cinematográficas más importantes de Madrid, es sin duda una de las figuras más interesantes del cine español de los años treinta y cuarenta. En septiembre de 1940 funda Ufisa, gracias a la cual vuelve a colaborar con Benito Perojo (*Marianela*, 1940; *Héroe a la fuerza*, 1941), tras su breve experiencia en tareas de productor en los estudios UFA de la Alemania nazi. En estos momentos el emprendedor Ulargui se inclina de manera especial por algunos cineastas de la *otra generación del 27*, como José López Rubio (*La malquerida*, 1940; *Pepe Conde*, 1941; *Sucedió en Damasco*, 1942), Claudio de la Torre (*Pregones de embrujo*, *Manolo Reyes* y *Chuflillas*,1942), o Edgar Neville (*La Parrala* y *Verbena*, 1941). No hay que olvidar su activa participación en los acuerdos cinematográficos entre la España de Franco y la Italia de Mussolini.

CEA, empresa fundada en 1932, propietaria de los estudios conocidos por su sigla, se dedica a tareas de producción, importación y distribución. Sobresalen dos títulos de indudable interés artístico: *Eugenia de Montijo* (José López Rubio, 1944) y *La vida en un hilo* (Edgar Neville, 1945). Con todo, la producción no es el campo que más le interesa a esta casa: sus objetivos están más bien encaminados al funcionamiento de los estudios (donde se ruedan más de trescientas películas) y a la distribución (con la productora germana Tobis).

Los inicios de José Luis Sáenz de Heredia están ligados a la productora Ballesteros, fundada en 1933 por el operador y amigo suyo Serafín Ballesteros Llarca con el nombre inicial de Ballesteros Tonafilm. Para él filma sus dos primeros trabajos: *Patricio miró a una estrella* (1934), película inicialmente pensada para el pionero Fernando Delgado, y el cortometraje *Cuento de Navidad* (1934), hoy desaparecido. Pero lo mejor de la colaboración entre la productora -ya como Estudios Ballesteros- y Sáenz de Heredia está por llegar, primero con el rotundo éxito de crítica y público de *El escándalo* (1943), y después con *El destino se disculpa* (1944) y *Mariona Rebull* (1947). Su nombre está ligado también a Chapalo Films, otra pequeña e interesante productora de posguerra, que fue fundada en los albores del cine mudo por su padre, Ángel, para la filmación de cortos de tema taurino y convencionales dramones, y refundada en 1944 por su hermano Isidro Sáenz de Heredia. Está en activo hasta 1967, con un total de dieciocho películas, casi siempre modestas y escasamente comerciales, nueve de los cuales son filmadas por su hermano José Luis. Cabe destacar, en la década de los cuarenta, la excelente historia colonial, con evidente mensaje religioso, *La mies es mucha* (1948), y la novedosa *Don Juan* (1950). Por cierto, la primera cinta de Chapalo Films es *El camino de Babel* (Jerónimo Mihura, 1944), con guion de Sáenz de Heredia.

Levante Films se crea en abril de 1940. Entre su no muy extensa e irregular producción sobresalen tres comedias disparatadas e intrascendentes, de clara influencia hollywoodiense, protagonizadas por Rafael Durán y Josita Hernán, la llamada «pareja ideal»: *La tonta del bote* (Gonzalo Delgrás, 1939), *Muñequita* (Ramón Quadreny, 1940) y *Pimientilla* (J. López Valcárcel, 1941). Es, en realidad, Daniel Falcó, el fundador de Procines, quien se fija en esta famosa pareja para interpretar *La tonta del bote*, el primer gran éxito de público del cine español de posguerra.

En el seno de Sagitario Films, fundada en octubre de 1947 por refugiados alemanes de ideología nazi (a la cabeza, el empresario Johannes Eberhard Franz Bernhardt, nada más y nada menos que general honorario de las SS, quien, al parecer, hizo una auténtica fortuna en España durante la Guerra Civil), se inician los republicanos Antonio del Amo (*Cuatro mujeres*, 1947; *El huésped de las tinieblas*, 1947, *Alas de juventud*, 1949) y Manuel Mur Oti (*Un hombre va por el camino*, 1949). También tienen cabida Edgar Neville, con *El señor Esteve* (1948), y el médico, escritor y guionista Antonio Vich, en tareas de jefe de producción. Para Nekane Zubiaur, Sagitario Films no fue una compañía efímera e irrelevante, sin más, del cine de posguerra; antes bien:

> En el haber de la productora hasta su cese de actividades en territorio español en 1951 figuran diez películas realizadas a lo largo de cinco años, algunas de ellas de notable interés artístico. Una hoja de resultados que la llevó a convertirse en una de las marcas españolas con mayor nivel de producción en la década de los años cuarenta, aunque muy por detrás, evidentemente, de las poderosas Cifesa, Suevia Films y Emisora Films. (Zubiaur, 2013: 35)

Faro, constituida en Madrid en 1942, produce un total de nueve películas, tres de ellas -quizás lo más destacado- en régimen de coproducción con Portugal: la histórica *Inés de Castro* (Leitao de Barros y García Viñolas, 1944) y dos films de Ladislao Vajda, la comedia *Cinco lobitos* (1945) y *Barrio* (1947), mezcla de melodrama y cine policíaco.

Manuel del Castillo PC desarrolla una intensa actividad cinematográfica en apenas una década de vida (1939-1949), a veces en colaboración con otras compañías mayores, como Cifesa, Suevia o Cea. Tiene en su plantilla a dos figuras relevantes de la *otra generación del 27*: Edgar Neville (*El crimen de la calle Bordadores*, 1946; *El traje de luces*, 1947) y Luis Marquina (*Doña María la Brava*, 1948; *Filigrana*, 1949).

Otras productoras aún más pequeñas financian también algunas películas, casi siempre relacionadas con gente del cine: es el caso de Titán Films, fundada por el actor Antonio Bofarull, muy vinculado al cine del telúrico Serrano de Osma; o el de Peña Films, creada en 1946 por los hermanos Ramón y Julio Peña, este último un actor muy prestigioso en aquel momento, dentro y fuera de España; aquí ruedan Jerónimo Mihura (*Confidencia*, 1947; *Siempre vuelven de madrugada*, 1948) y José López Rubio (*Alhucemas*, 1947), dos autores de ese singular grupo del 27. Valencia Films es un empeño, casi un capricho, del destacado director artístico del periodo republicano Teddy Villalba, personalidad muy independiente, quien en 1947 funda esta productora de vida efímera y no precisamente exitosa: solo uno de sus films, *El santuario no se rinde* (Arturo Ruiz Castillo, 1949), obtiene la ansiada calificación de Interés Nacional. El propio Ruiz Castillo funda en 1946 Horizonte Films para hacer sus dos primeros largometrajes, *Las inquietudes de Shanti Andía*, que logra una buena acogida de público, además del premio del CEC al mejor director novel del año, y la menos interesante *Obsesión* (1947). Algo similar ocurre con Serrano de Osma, quien en 1946 crea Producciones Boga para la realización de sus tres primeros films (*Abel Sánchez*, 1946; *La sierra negra* y *Embrujo*, 1947), piezas originales con un fuerte componente experimental. Por último, Antonio Román en determinados momentos recurre a pequeñas compañías para levantar sus proyectos. Es este quizás el periodo más atractivo de su filmografía: Hércules produce *Boda en el infierno* (1942), *Intriga y La casa de la lluvia* (1943), mientras que Alhambra Films saca adelante *Lola Montes* (1944) -en régimen de coproducción-, *Los últimos de Filipinas* (1945) y *Fuenteovejuna* (1947).

Por último, en 1949 aparece Uninci, una de las productoras más importantes de cierto cine disidente o regeneracionista que empieza a emerger en España. Entre sus socios y colaboradores están figuras indiscutibles del llamado exilio interior como el actor Fernando Rey, y los cineastas Juan A. Bardem, Luis García Berlanga y Ricardo Muñoz Suay.

De reales decretos, informes de censura y doblajes obligatorios

La particular política cinematográfica que pone en marcha el Estado franquista una vez finalizada la Guerra Civil fue -en palabras de Miguet i Batllori- absolutamente «errática, cercenadora»; a diferencia de otros Estados dictatoriales como Alemania o Italia,

> dictó decretos y disposiciones; depuró a los técnicos y creadores de la República, dentro del territorio conquistado o forzándoles al exilio; controló hasta el más mínimo detalle el contenido inmoral o desafecto al régimen del cine extranjero distribuido aquí. (Fernández - Souto, 2001: 207)

Para un entendimiento cabal de la naturaleza del cine español de posguerra, es obligado aludir a una serie de aspectos de organización interna. En *El cine español en el banquillo*, Antonio Castro ha sintetizado, en forma de «prólogo», las principales medidas legislativas llevadas a cabo por el régimen franquista. Hay que aludir, en primer lugar, a la Orden del Ministerio de Industria y Comercio del 23 de abril de 1941 en la que se establecen una serie de disposiciones sobre el doblaje, el crédito sindical y la concesión de los premios sindicales.

> Dicha orden contiene la base de toda la legislación española sobre cine. Nos encontramos en plena 2.ª Guerra Mundial. España es oficialmente neutral, pero no puede disimular sus simpatías ni sus coincidencias ideológicas con Alemania e Italia. Las películas de estos dos países invaden las pantallas hispánicas. Se toma como ejemplo cinematográfico Italia, y a semejanza de la ley de Defensa del Idioma, se prohíbe la exhibición en España de películas que no estén habladas en idioma castellano, de igual manera que se obliga a *españolizar* los nombres de los hoteles y de los restaurantes. Esta patriótica medida supone la implantación del doblaje obligatorio. (Castro, 174: 11)

El nuevo Estado aprueba una serie de leyes, órdenes y decretos que buscan la protección y, por tanto, la producción de un cine ideológicamente afín al nacionalcatolicismo promulgado por la Falange, la Iglesia y los militares vencedores. Se pone en práctica un tipo de política de subvenciones (un falso y cínico proteccionismo) que termina siendo un circo en el que triunfan a sus anchas pícaros, corruptos y oportunistas. Las Juntas de Clasificación otorgan unas categorías (Especial, 1.ª, 1.ªB, 2.ª, 2.ªB y 3.ª) a las películas en función de las cuales reciben créditos sindicales (un 40% del presupuesto) y premios del SNE. Un ejemplo puede ser ilustrativo. *Misión blanca* (Juan de Orduña, 1946), un film religioso que aborda la labor de evangelización de un misionero en Guinea, obtiene la categoría de Interés Nacional al presentar -según los responsables de la Vicesecretaría de Educación Popular- «muestras inequívocas de exaltación de valores raciales o enseñanzas de nuestros principios morales y políticos». Si se obtenía una calificación baja o muy baja el fracaso del film estaba garantizado. Y, además, la obtención de una categoría alta para un film no siempre se correspondía con su calidad cinematográfica. El «premio» que obtenían las productoras era el de recibir licencias para la importación de películas foráneas y, de este modo, quedarse con una parte de los beneficios de su exhibición. Este sistema proteccionista genera un mercado negro, bastante suculento.

Mediante una orden de 2 de noviembre de 1938 del Ministerio de Interior, el bando nacional establece una Comisión de Censura Cinematográfica y una Junta Superior de Censura Cinematográfica, para las revisiones y apelaciones y base esencial para los posteriores organismos censores; ambas, a su vez, pasan a depender del DNC. La censura previa de guiones comienza a funcionar el 15 de julio de 1939: un año más tarde se crea una Subcomisión Reguladora de la Cinematografía. En marzo de 1941 revisan todos los films censurados durante la Guerra Civil. La orden de 23 de abril de 1941 establece la necesidad del doblaje en las películas extranjeras; no deja de ser otra forma de censura. Y en junio de 1946 nace la Junta Superior de Orientación Cinematográfica: los falangistas pierden progresivamente el control de la censura en favor del sector eclesiástico.

Este elemento establecido por el Régimen va a ser esencial en el devenir del cine español; cerca de treinta y cinco años, la censura determina el desarrollo de la cinematografía. En 1938, en plena Guerra Civil, los dos bandos practican un sistema de censura sobre contenidos políticos y militares. Pues bien, las autoridades franquistas no hacen sino continuar -e incluso ampliar- este arduo camino de prohibiciones. Los cineastas no tendrán nada fácil lidiar contra el implacable enemigo. A propósito de la estrategia simbólica empleada en su film *Ana y los lobos* (1972), Carlos Saura comentaba algo muy interesante:

> He convertido a los personajes en prototipos inspirados en los tres temas de conversación tabúes cuando yo era niño, la religión, la política y el sexo, y que resultan ser aún las tres grandes prohibiciones de la censura española que continúa tratándonos como a niños. (Sánchez Vidal, 1988: 78)

En *La prima Angélica* (1974) se abordaba la historia de un personaje que en plena madurez rememora un periodo de su infancia -que coincide con el comienzo de la Guerra Civil-, a partir de los traumas provocados por la educación religiosa, la represión sexual y la persecución de las ideas progresistas; su discurso esta vez es mucho más cristalino. Su mejor cine está atravesado por un tema capital: las repercusiones (en especial, psicológicas) de la guerra en las generaciones que la padecieron directa o indirectamente, unas veces, a través de la figura del vencedor, otras apoyándose en el punto de vista del derrotado.

Pues bien, desde un primer momento, la censura franquista situará en el centro de sus diatribas o prohibiciones estas tres grandes obsesiones: la religión, el sexo y los militares. Y, por supuesto, la Guerra Civil se convierte en otro tema muy controlado, si no tabú al menos sí muy delicado. Los cineastas de la inmediata posguerra tienen que habituarse a leer informes en los que aparecen órdenes como «debe prohibirse el rodaje de este guion» o «no debe autorizarse el rodaje de este filme» o, por el contrario, «nada hay en esto que sea pernicioso, por lo que proponemos su autorización».

Lo cierto es que hasta 1963 no se fijan en distintas órdenes ministeriales unas bases claras del funcionamiento de la censura. Por el momento, el control político y moral recae en las autoridades militares y eclesiásticas, que son las encargadas de formar unas (arbitrarias e imprevisibles) juntas censoras. ¿Cuáles son sus atribuciones fundamentales? La censura previa del guion (raro es el texto original que no se modifica), la concesión de permisos de rodaje y licencias de exhibición, el montaje final (se remontan los films, se eliminan planos o secuencias, o, en algún caso, se cambia el final...), e incluso la eliminación o corrección de imágenes (de pechos, de piernas...) o de ciertas frases y expresiones en los folletos o carteles publicitarios (guías, carteles o afiches, folletos o programas de mano, etc.); asimismo, se clasifican los films por edades, se conceden ciertas categorías...

En las películas extranjeras se cortan planos o escenas, se altera el doblaje, o simplemente se prohíbe su exhibición. Se aprovecha el doblaje «para transformar algunos diálogos incorrectos desde un punto de vista político -*Casablanca*- o moral -*Mogambo*-, siempre a juicio de la misma [la censura], claro» (Borau, 2010: 234). En los años de la Guerra Civil, *La alegre divorciada* (Mark Sandrich 1934) solo puede ser estrenada en el lado republicano. Y no es porque la película de Ginger Rogers y Fred Astaire sea especialmente inmoral o política. A ciertos integrantes de la Comisión Episcopal de Ortodoxia y Moralidad no les parece correcta la censura -insisto, ejercida especialmente por integrantes del sector eclesiástico- aplicada a títulos tan inmorales como *Que el cielo la juzgue* (John M. Stahl, 1945) y la, por aquel entonces, muy escandalosa *Gilda* (Charles Vidor, 1946). Más llamativo aún es *Casablanca* (Michael Curtiz, 1942), uno de los casos de censura más citados en manuales e historias del cine. La acción se localiza en la ciudad de Casablanca, colonia francesa, en plena Segunda Guerra Mundial. El protagonista del film es el enigmático, cínico y descreído Rick (Humphrey Bogart), dueño de un famoso café al que cada noche acuden refugiados huidos de la Europa ocupada por los nazis, corruptos, oportunistas y militares alemanes. Rick desea mantenerse al margen de las intrigas políticas, aunque, como le recuerda el no menos cínico jefe de policía francés, el capitán Renault (un magistral Claude Rains), «debajo de esa concha de cínico se esconde un sentimental». Esta es la famosa escena:

> RENAULT: No ponga esa cara, estoy muy familiarizado con su expediente. Le citaré solo dos detalles. En 1935 introdujo armas en Etiopía y en 1936 luchó en España junto a los republicanos.

RICK: En ambos casos me pagaron muy bien.
RENAULT: Pero le hubieran pagado más los vencedores.

Según Galán,

> la censura española prohibió en el doblaje la mención a la colaboración de Rick en las Brigadas Internacionales. La censura italiana hizo lo propio sustituyendo Etiopía por China. Con las sucesivas reposiciones que la película ha tenido a través de los años, se han podido corregir aquellas burdas manipulaciones. (Galán, 2005:13)

Con todo, lo que no nos cuenta es cómo se dobló, en qué términos se expresan los dos personajes: el pasado de Rick como brigadista se cambia por una mera oposición a la entrada de los nazis en Austria («en 1938 luchó como pudo contra la anexión de Austria»). No cita tampoco otro diálogo interesante también tergiversado en el doblaje: Victor Laszlo (Paul Henreid), en el papel de marido de Ilsa (Ingrid Bergman) -un antiguo, doloroso e inolvidable amor del pasado de Rick-, le recuerda a este su intervención en Etiopía y (¡ay!, otra vez el cambio) en el conflicto austriaco («¿No es extraño que siempre haya estado defendiendo causas justas?»). Por otra parte, el doblaje está lleno de errores. No siempre aparece el diálogo original y, a veces, se traducen mal algunas frases como «Here's looking at you, kid» ('Esta va por ti, muñeca') que Rick le dice en un momento determinado a Ilsa, que, al parecer, no estaba en los guiones preliminares.

A este respecto, resulta fundamental el visionado del documental *Hollywood contra Franco* (Oriol Porta, 2008), en donde Román Gubern comenta, entre otros aspectos: a) que, entre 1938 y 1975, en Hollywood se filmaron más de cincuenta películas que incluían referencias a la guerra civil española; b) que la versión que llegó al público fue cambiando en función de los intereses políticos de los dirigentes norteamericanos. Fueron muchas y poco nobles las formas en que se alteran frases o mensajes de algunas cintas. La censura llega a prohibir incluso la mención en los carteles publicitarios de los nombres de actores o actrices que se han manifestado a favor de la República durante la Guerra Civil. En líneas generales,

> la censura no solo se encargó de prohibir las películas que pudieran cuestionar la causa franquista o enaltecer a sus enemigos, sino que entró decididamente en cuestiones morales de acuerdo con los sectores más recalcitrantes de la Iglesia católica que avalaron el golpe militar. (Benet, 2012: 145)

Prohibían, por ejemplo, las escenas que ridiculizasen el matrimonio, o que difundiesen ideas liberales o ciertos hábitos de la vida cosmopolita. O todo aquello, en fin, que de una u otra manera recordara las costumbres de los países europeos más avanzados.

Algunos directores sobreviven difícilmente en este nuevo contexto. Perojo se interesa nada menos que por Galdós; al guion de su valiente e interesante *Marianela* (1940) la censura le impone hasta ocho cortes. Rey tampoco sería una excepción: el ambiente de nacionalcatolicismo resulta fundamental en la gestación de la segunda versión de *La aldea maldita* (1942), al tiempo que *Orosia* (1944), podría haber sido su película más grande, si no se hubiera visto obligado a suavizar la historia por temor a la censura. Las películas que se atreven a plantear el tema de la Guerra Civil corren el peligro de no acertar con el gusto de los dirigentes franquistas. El final de *Frente de Madrid* (Edgar Neville, 1939) provoca recelos entre los censores. *Rojo y negro* (Carlos Arévalo, 1942) es retirada precipitadamente de la cartelera. Y el estreno de *El crucero Baleares* (Enrique del Campo, 1941) es prohibido por el estamento militar que considera poco adecuada su calidad artística; la cinta finalmente es destruida. Iquino, uno de los directores más apolíticos, sufre también los zarpazos de la censura: *¿Quién me compra un lío?* (1940), una comedia arrevistada, alocada e irreal, no es autorizada para su exportación; al año siguiente tiene dificultades con los diálogos del *Buscando estrellas* (1941): un censor *muy fino* le sugiere que corrija «lo de idiota lo decía por mi padre»; en 1943 la censura se ceba con *Cuatro gemelos, dos suegras y unos prismáticos*: este «juego de palabras» no termina de gustarle (la cinta no le agrada tampoco a la crítica oficialista) y el proyecto termina titulándose *Un enredo de familia* (1943); en el fondo, este film ponía en cuestión el tópico del drama familiar basado en el honor y en la defensa de los valores tradicionales; la censura prohíbe la canción *Tatuaje* que interpreta una joven en una taberna portuaria, en el plano secuencia que abre *La culpa del otro* (1942). Los cineastas *oficiales* también tienen problemas con la *Inquisición*: *La fe* (Rafael Gil, 1947) provoca un gran escándalo al plantear la historia de una bella feligresa (Amparo Rivelles) que se siente atraída por un cura (Rafael Durán) e intenta seducirlo. No es fácil olvidar la secuencia de la posada en donde la pareja «pasa la noche».

Pero la censura no siempre acierta. Por ejemplo, no se percata de la historia de amor homosexual (implícita, claro) entre «el Grajo» (Alfredo Mayo) y Mauro (Luis Peña) en la militarista *¡A mí la legión!* (Juan de Orduña, 1942), un elemento clave del guion; el *ilustre organismo* prefiere fijar la atención en la laudatoria imagen de la vida legionaria. En cambio, *El frente de los suspiros* (Juan de Orduña, 1942), sí es objeto de informes negativos por hacer alusiones al acto sexual y al enchufismo en las instituciones. Temas tabúes para la censura son el matrimonio y la familia (su cuestionamiento), el adulterio y el divorcio (su defensa): Orduña tiene que corregir algunos diálogos de su comedia *Deliciosamente tontos* (1943) donde la protagonista, María (Amparo Rivelles) se plantea separarse o anular el matrimonio con Ernesto (Alfredo Mayo), con quien se ha casado por poderes (ella, en Cuba; él, en España). A los censores tampoco les gustan los dos títulos provisionales -*Mi mujer es un negocio* y *Tres en viaje de novios*- pensados por el director para la que habría de ser una de sus comedias más exitosas, *Ella, él y sus millones* (1944). Y llama mucho la atención el hecho de que la censura no repare en *La leona de Castilla* (1951), que plantea el polémico tema de la revuelta comunera contra Carlos I. No hay que olvidar que el régimen franquista idolatra a los héroes o figuras históricas del Imperio Español. El cine de posguerra no se entiende cabalmente sin abordar la actuación de la censura oficial, sin un análisis riguroso de los informes que estos *funcionarios* redactan (unas veces a partir de la lectura del guion, otras, tras visionar la película terminada), en los que exigen que se modifiquen palabras, parlamentos enteros, personajes, contenidos o escenas.

> El sempiterno problema con un cine sin libertad, como el español de los cuarenta, es que nunca sabremos hasta qué punto las cosas han sido de una determinada manera por voluntad de sus autores, por imposibilidad objetiva, por autocensura o por imposiciones que no se reflejan en los expedientes administrativos. (Lara y Rodríguez, 1990:134)

Este amargo y doloroso sistema de vigilancia, cortes y prohibiciones en el mundo del cine se mantiene hasta algo después de la muerte de Franco: así es, el 20 de febrero de 1976 se suprime la censura previa de guiones y, por fin, el 11 de noviembre de 1977, se promulga la abolición de la censura cinematográfica.

Otro mecanismo de control ejercido por los responsables de la política cinematográfica del primer franquismo consiste en la obligatoriedad del doblaje al español de todas las películas extranjeras. La citada ley de 23 de abril de 1941 estipula la *necesidad* del doblaje, con el absurdo o surrealista argumento de presentar al español como la «única lengua del Imperio», sin tener en cuenta que este sistema altera notablemente la calidad artística del producto. Por supuesto, esto supone un grave perjuicio para la industria cinematográfica nacional. ¡Y no entro en un aspecto tan relevante como es la valoración de una posible (plausible) *estética de la recepción*

(¿adulteración?) del texto fílmico. Este tipo de actuaciones implica que un film no sea interpretado por el espectador con las mismas motivaciones por las que ha sido escrito, filmado o montado, sino que se haga basándose en ciertas directrices impuestas por el Régimen, además, por supuesto, de su bagaje cultural y sus experiencias personales. Desde el 25 de enero de 1947 se elimina el doblaje obligatorio de películas extranjeras dentro de un conjunto de medidas que intentan paliar el aislamiento internacional de España: con todo, el público español ya se ha acostumbrado a este sistema. Tampoco las productoras están dispuestas a permitir el visionado de películas en VOSE. Lara y Rodríguez han aludido también a este desilusionante momento en la historia del cine español:

> De poco sirvió la medida; seis años escuchando a todos los actores hablar la lengua del imperio bastaron para que el público se acostumbrase a la facilidad del doblaje y rechazase tajantemente el subtitulado, que no volverá a nuestro país hasta la segunda mitad de la década de los 60. El cine español seguía vendiendo su mejor y casi única baza, el idioma, en beneficio de una producción internacional que en estos momentos ya provenía mayoritariamente de Hollywood. (Lara y Rodríguez, 1990: 118)

No debería concluirse este panorama general del cine español de posguerra sin aludir al que posiblemente sea el mayor lastre de nuestro patrimonio cinematográfico. Se han perdido para siempre muchas películas no solo del periodo mudo o republicano (García Maroto, sobre todo), sino también de los años cuarenta e incluso de los cincuenta. De algunos títulos existe una sola copia, a veces están incompletos, en muchos casos el negativo se encuentra en mal estado... Esto es algo que afecta en gran medida a varios de los cineastas estudiados en este libro, muy especialmente a Ignacio F. Iquino.

Alfredo Mayo

Y la nave va: generaciones, grupos, movimientos

Los matices del exilio son innumerables y de una rara sutileza. Quizá el mayor privilegio del exiliado consista en la oportunidad que le fue concedida de aprender a andar en la punta de un solo pie.

María Casares

Vencidos y vencedores: depuraciones, exilios y silencios

En las páginas siguientes se aborda otro problema crucial de este triste periodo de transición de la cinematografía española: el largo camino al exilio emprendido por un gran contingente de profesionales del cine (actores, guionistas, directores, técnicos, etc.), algo más de quinientos, que se mantienen fieles a la causa republicana, o que simplemente no simpatizan con los nuevos aires políticos; en algunos casos, terminan incorporándose a otras cinematografías, desempeñando todo tipo de actividades, o abandonando definitivamente el cine. Pasados unos años muchos de ellos vuelven a España para un tiempo determinado o para quedarse definitivamente. Hubo quien no volvió jamás. Aunque en menor cuantía, también *huyen* algunos profesionales desde el bando nacionalista, si bien regresan muy pronto a la patria.

Llama la atención, en primer lugar, el caso de Benito Perojo, inicialmente muy próximo a la producción del bando nacional a través de películas de carácter folclórico rodadas en la Alemania nazi y en los estudios de Cineccità. Al regresar a España, dirige dos interesantes películas que poco tienen que ver con los nuevos aires del cine franquista (*Marianela*, 1940; *Goyescas*, 1942). Este triste y paupérrimo ambiente cultural le lleva a cambiar de aires, a instalarse en Argentina entre 1943 y 1948, para rodar nueve films en los que participa, en calidad de productor, el actor republicano Ricardo Núñez, con el que ya ha tenido ocasión de trabajar en años anteriores. No recibe una buena acogida a su regreso: concluye su carrera como director en 1950, aunque iniciará una exitosa y rentable carrera como productor de películas ajenas, entre otras *La chica del barrio* (Ricardo Núñez, 1959). Debe mencionarse también el caso del escurridizo e interesante Luis Marquina, artífice de dos títulos esenciales del cine republicano, *Don Quintín el amargao* (1935) y *El bailarín y el trabajador*

(1936); se exilia en Argentina, continuando su labor cinematográfica con *La chismosa* (1938), y también filma, finalizada la guerra, en los estudios italianos.

Dos de los casos más significativos del exilio son los de Luis Buñuel y Ricardo M. Argoiti, figuras relevantes en el cine republicano. Buñuel sale para París el 4 de septiembre de 1936: las autoridades de la República consideran que puede ser muy útil en la capital francesa, una ciudad que conoce a la perfección. Pasa dos años a las órdenes de la Embajada española trabajando en asuntos de propaganda cinematográfica. Se le encarga reunir todos los films sobre la guerra rodados en España, algunos de ellos producidos por la CNT, otros por la Generalitat de Cataluña. Además, entre noviembre de 1936 y febrero de 1937, colabora con Jean Paul Le Chanois en el mediometraje *Espagne 1936* (1937). En mayo de 1937 vuelve ocasionalmente a España para participar en la preparación del II Congreso Internacional de Escritores Antifascistas para la Defensa de la Cultura. Iba a ser todo un acontecimiento, con escritores revolucionarios de todas las partes del mundo. De nuevo en París, en el verano de 1937, conoce al escritor Octavio Paz, quien con el tiempo se convierte en uno de los máximos expertos en su cine. Buñuel renuncia a volver -como dijo él- a una España de curas y de fachas señoritos: su posición política, una mezcla de anarquismo, comunismo y surrealismo, está siempre al lado de la legalidad republicana.

Buñuel decide entonces marcharse a Estados Unidos e iniciar una nueva etapa profesional, un largo período de siete años, con la intención de trabajar en Hollywood en calidad de consejero para supervisar las películas favorables a la República. Estos proyectos no prosperan. Muy pronto la asociación de productores norteamericanos acuerda no realizar películas sobre este tema, ni a favor ni en contra de la República. Y se queda sin trabajo. Además, en Hollywood su nombre aparece en una *black list* desde 1930 por ser surrealista. Por fin, en 1946, con una oferta para adaptar al cine *La casa de Bernarda Alba*, se traslada a México. Comienza su larga y fructífera etapa mejicana: en este país filma veinte de sus treinta y dos películas. España no conoce su regreso hasta 1961 con motivo de la producción de *Viridiana*. La película obtiene la cotizada Palma de Oro en Cannes al tiempo que desencadena una fuerte polémica por las protestas del sector eclesiástico: las autoridades franquistas prohíben su distribución por su contenido *blasfemo*, secuestrándola y dándola por inexistente.

En realidad, su vuelta se produce en la primavera de 1960. El cineasta acaba de obtener en Cannes el Premio Especial del Jurado por *La joven* (1960). Desde allí viaja a España para visitar a su madre: entra entonces en contacto con productores y cineastas (Uninci, de Ricardo Muñoz

Suay; Films 59, de Pere Portabella; el mexicano Gustavo Alatriste), que le proponen un proyecto cinematográfico genuinamente español. En México, Buñuel y Julio Alejandro escriben entre los meses de junio y julio de 1960 la primera versión «mexicana» de *Viridiana*. Una segunda versión se redacta a continuación, entre julio y agosto, ya plenamente «española» en temas, lugares y personajes. Y por fin, entre octubre y noviembre, Buñuel acomete una tercera versión: se trata del primer guion técnico, presentado a las autoridades para obtener el permiso de rodaje. El director viaja de nuevo a España en noviembre de 1960 para iniciar los preparativos para la producción del film. No fueron días felices. Buñuel tiene que sortear las innumerables barreras de los censores. Y revisar nuevamente el guion -una cuarta versión- con el fin de realizar cambios, en especial un polémico final. La cinta obtiene el permiso de rodaje el 20 de enero de 1961. Veinticuatro años después se produce el retorno oficial a su país de origen, por poco tiempo. Al cabo de nueve años vuelve de nuevo a España para rodar la galdosiana *Tristana*. En México colabora con otros exiliados españoles, en títulos imprescindibles, auténticas obras maestras: a Luis Alcoriza le debemos *Los olvidados* (1950), *Él* (1952) y *El ángel exterminador* (1962); Julio Alejandro es el responsable de *Abismos de pasión* (1953), original adaptación de *Cumbres borrascosas*, y de *Nazarín* (1958). Alejandro participa, además, en los guiones de *Viridiana* (1961) y *Tristana* (1970), de nuevo a partir del mundo literario de Galdós.

La otra gran figura destacable del exilio -muy ligada a Buñuel- es Ricardo M. Urgoiti, fundador de Filmófono, un hombre de talante liberal, que huye primero a Francia para finalmente recalar en la Argentina donde intenta vender los derechos de sus cuatro películas republicanas. Colabora con el cantante y actor Ángel Sampedro *Angelillo*. Urgoiti no tiene éxito en su aventura argentina: regresa en 1943 a España para trabajar en el sector farmacéutico.

En este somero viaje por el exilio español no puede faltar un apartado dedicado a ciertos cineastas *malditos*. En primer lugar, hay que mencionar al trotamundos y anarcosindicalista Armand Guerra, director vinculado al cine español prácticamente desde sus orígenes: en 1936 trabaja al servicio del sindicato anarquista SUICEP para el que rueda *Estampas guerreras*. Se le recuerda sobre todo por ser el autor de *Carne de fieras* (1936), *film de culto*, que comienza a rodar justamente el 16 de julio de 1936. La filmación se interrumpe durante cierto tiempo, si bien se concluye -en circunstancias adversas- ese mismo año. Al finalizar la guerra, se exilia en París donde muere de un infarto. Otro de nuestros pioneros, Nemesio M. Sobrevila, muy activo en la época republicana y autor de un par de cortometrajes durante la Guerra Civil (*Guernika*, 1937; *Elai-Alai*, 1938), se exilia durante veinte años en Sudamérica. A su regreso no manifiesta ya interés alguno por el cine.

Ciertos nombres pertenecientes al mundo de la interpretación son dignos de ser mencionados en estas páginas. A la exitosa actriz teatral Margarita Xirgu -con diversas e interesantes apariciones en el cine mudo español- la Guerra Civil le sorprende de gira por México, desde donde va luego, tras pasar por Cuba, Colombia y Perú, a Argentina. Participa en el rodaje de la versión cinematográfica -al parecer, un ejercicio de «transcripción» o «versión literal»- de *Bodas de sangre* (Edmundo Guibourg, 1938), al lado de compatriotas como Amelia de la Torre -inolvidable, con esa voz y genio tan peculiares, en *Plácido* (1961)- y Enrique Diosdado, casados en su exilio argentino. A su regreso en los años cincuenta, el matrimonio se incorpora exitosamente a la escena española.

De auténtico compromiso político se puede calificar la trayectoria de José Baviera, quien ha participado en algunos títulos representativos del cine republicano: al estallar la Guerra Civil, se implica como actor en proyectos producidos por la CNT. Antes de terminar la guerra, emprende un exilio sin retorno en tierras mexicanas donde actúa en cerca de doscientas películas a lo largo de cuarenta años.

Otra figura importante en el panorama cultural de la Edad de Plata es el director artístico y actor Santiago Ontañón: fueron famosas sus escenografías para algunas piezas de Lorca. Ontañón se exilia en Sudamérica, trabajando como actor y escenógrafo en la compañía de la Xirgu. No regresa a España hasta 1955, integrándose rápidamente en el mundo teatral y cinematográfico.

Angelillo, uno de los actores más exitosos del cine republicano, al finalizar la guerra -muy conocidas sus actuaciones a favor del ejército republicano-, se exilia en compañía del guitarrista Sabicas a Orán y luego a Buenos Aires, donde entra en contacto con Urgoiti. *Angelillo* retorna a España en 1953, pero ya no vuelve a recuperar su prestigio interpretativo. Su etapa final es ciertamente triste: «Amargado, abandonó cualquier actividad artística y retornó a Argentina para montar un taller de reparación de automóviles. Murió en el curso de una operación quirúrgica cuando un apagón dejó a oscuras el quirófano donde era intervenido» (Borau, 1998: 71).

Ana María Custodio, una actriz especialmente relevante durante el período republicano, ve cómo el inicio de la Guerra Civil trunca el rodaje de *Nuestra Natacha*: decide entonces exiliarse en México -con su segundo esposo, el compositor Pittaluga- y no regresa a España hasta finales de los años cincuenta, para interpretar papeles secundarios.

El caso de Rosita Díaz Gimeno es realmente digno de un *biopic*, una serie para TV o un melodrama bélico muy en la línea de *Casablanca*. Colabora en las versiones dobles en los estudios de Joinville y en Hollywood y actúa a las órdenes de Perojo en los años republicanos; al estallar la Guerra Civil, se encuentra rodando para Cifesa *El genio alegre*. Rodríguez Conde ha resumido así su peripecia vital durante y después de la contienda bélica:

> Su compañero de reparto Fernando Fernández de Córdoba la denuncia por abrigar, según él, ideas izquierdistas y mantener una supuesta relación sentimental con el doctor Negrín, futuro jefe de gobierno. Detenida, es trasladada a Sevilla y de allí a Burgos y Salamanca en dramático periplo que dura meses, hasta que consigue un pasaporte para pasar a Francia, donde Benito Perojo le propone rodar en Berlín *El barbero de Sevilla*. Ella declina la oferta y vuelve a Hollywood. Domiciliada desde 1939 en Nueva York, contrae allí matrimonio con Juan Negrín Mijailov, hijo de su antiguo protector, y actúa tanto en español como en inglés en ambos países [México y Estados Unidos]. (Borau, 1998: 279)

Lola Gaos -de familia republicana; sus hermanos son José y Vicente Gaos, filósofo y poeta, respectivamente- emprende también el camino del exilio: en Sudamérica da sus primeros pasos en el teatro; en 1945 regresa a España para integrarse en algunas compañías. Su primer papel relevante en el cine es precisamente el de actriz en una escena (de cine dentro del cine) en *Esa pareja feliz*.

También Alberto Closas -hijo del *conseller* de la Generalitat catalana Rafael Closas Cendra- forma parte del exilio español en Argentina (con una breve escala en Chile), actuando como galán en algunas importantes películas. Bardem le ofrece en 1954 el maravilloso papel de Juan, ese atormentado y melancólico profesor universitario, en la emblemática *Muerte de un ciclista*.

Igualmente, la carismática Mary Carrillo inicia su andadura cinematográfica en su breve exilio en tierras mexicanas. A su regreso, interviene en la muy interesante *Manianela* (1940), si bien muy pronto se decanta por el mundo del teatro.

El exilio del cantante Miguel de Molina es algo tardío, si bien definitivo, tras haber actuado en tres cortos del escritor y director Claudio de la Torre (*Manolo Reyes*, *Pregones de ensueño* y *Chuflillas*, 1944).

En tierras argentinas tiene lugar el rodaje de la que se considera, quizás simbólicamente, la película del exilio español, *La dama duende* (Luis Saslavsky, 1945), adaptación de dos comedias de Calderón de la Barca, con guion de María Teresa León y Rafael Alberti, que trasladan la acción a la Guerra de la Independencia; el equipo artístico, con la excepción de su protagonista Delia Garcés, está compuesto por actores españoles huidos de Franco (entre otros, Enrique Diosdado, Andrés Mejuto y Alberto de Mendoza); algo similar ocurre con el equipo técnico: el reputado ilustrador y director artístico Gori Muñoz, el documentalista y director de fotografía José María Beltrán -quien, a las órdenes de Valentín R. González, llega a filmar *Así vive Cataluña* y *Cataluña* (1938)- y el compositor Julián Bautista.

Asimismo, en tierras francesas primero e italianas después recalan la realizadora Rosario Pi y la actriz María Mercader: juntas habían rodado *Molinos de viento* (1938) en plena Guerra Civil. Mercader participa en algunos films de Vittorio de Sica, con quien termina casándose; Pi se dedica a la traducción de diálogos al español y a tareas de producción. Con cierto tono crepuscular, Borau ha contado algo de sus vidas que muy bien podría servir para el guion de un film de ese subgénero que se ha dado en llamar *cine dentro del cine*:

> la posguerra fue dura, y los tres, Rosario, María y Vittorio, anduvieron buscando trabajo en Madrid y Barcelona, sin conseguirlo. Al parecer, los productores hispanos no confiaban en las dotes de De Sica como realizador. Tras intentar varios proyectos que no llegaron a cuajar, Rosario volvió al mundo de la moda y montó un restaurante en Madrid, sin abandonar nunca la ilusión de producir un nuevo film. (Borau, 1998: 682). (María, en cambio, lograría actuar, aunque esporádicamente, en la televisión italiana).

¿Y qué ocurre con los profesionales del cine que se quedan en España? Algunos de los que colaboran o simpatizan en algún momento con el bando republicano van incorporándose poco a poco a la industria cinematográfica del nuevo Régimen. Obviamente, los que trabajan desde un principio al servicio del bando sublevado lo tienen mucho más fácil. El caso de Jesús García Leoz, el músico más representativo del cine de posguerra, es absolutamente paradigmático de este fenómeno que se intenta explicar: durante la guerra compone para documentales de la República (Ruiz Castillo, Rafael Gil y Antonio del Amo), pero inmediatamente pasa a colaborar con los cineastas más importantes de la inmediata posguerra (Luis Marquina, Fernando Delgado, Juan de Orduña...); debe destacarse su trabajo en los cuatro primeros títulos de Carlos Serrano de Osma y, sobre todo, en la poética *Vida en sombras* (Llorenç Llobet Gracia, 1948). Durante la Guerra Civil, el montador Juan Pallejá colabora con el anarquista Sindicato de la Industria del Espectáculo (SIE) y finalizada la contienda pasa a trabajar para empresas como Cifesa (con el director Luis Marquina), Pecsa (con Ricardo Gascón) o, algo después, en los Laboratorios Fotofilm.

Menos problemas tienen algunos actores a la hora de incorporarse a las plantillas de algunas productoras. Ismael Merlo, quien, a pesar de haber sido soldado republicano, al finalizar la contienda bélica inicia una fulgurante carrera cinematográfica, alternando papeles cómicos y dramáticos. O el caso de Julio Peña, cuya trayectoria cinematográfica es realmente singular, al haber trabajado, en primer lugar, en los años treinta en Joinville y en Hollywood, participando después en el rodaje de *Sierra de Teruel* (André Malraux, 1939). Al finalizar la contienda bélica, interviene en *Los hijos de la noche* (1939), rodada por Perojo en Roma.

No menos llamativo es el caso de Fernando Rey, hijo de un coronel republicano, combatiente en defensa de la República con las tropas de el Campesino. Rey es de los que se queda en España, pero empezando desde muy abajo, con papeles de figurante o incluso de extra con frase; a partir de 1944 su presencia es cada vez más habitual, sobresaliendo de manera especial en títulos como *Locura de amor* (1948) y *Agustina de Aragón* (1950). Todo un señor, por otra parte, que nunca renunció a sus ideas progresistas, y que luchó con denuedo por desarrollar el a veces anquilosado cine español.

Por último, el austríaco Enrique Gerner (Heinrich Gärtner), exiliado en España desde 1934, es otro caso igualmente llamativo: se convierte en el principal operador de Cifesa, colaborando con Florián Rey e Imperio Argentina; al estallar la Guerra Civil, es detenido en Sevilla, y expulsado a Portugal. Reaparece en las trincheras del bando nacional rodando documentales bélicos. Lo cierto es que el cine español no se entiende sin la presencia de este magnífico director de fotografía.

Es el momento de aludir a ciertos datos sobre la participación de algunos cineastas durante la Guerra Civil para comprobar cómo se reactiva el cine español de la inmediata posguerra. La fatídica historia los arrastra por caminos inciertos o simplemente muy distintos por los que quizás le hubiera gustado transitar. Pero esta es *otra historia*.

Los que participan en el cine de propaganda pasan de inmediato al cine de ficción. Es el caso concreto de Carlos Arévalo y Juan de Orduña, artífices del panfletario *Ya viene el cortejo...* (1939), una especie de teatralización de la victoria del fascismo español, en el que se combinan imágenes del desfile de la Victoria en Madrid con paisajes castellanos, castillos e iglesias y secuencias de ficción ambientadas en la época medieval, sincronizadas con el recitado que hace Orduña del poema de Rubén Darío «La Marcha Triunfal»; los cineastas deseaban establecer un paralelismo entre las huestes de la Reconquista y las hordas victoriosas del ejército franquista.

Más firmes o decididos en el apoyo a la causa rebelde se muestran desde un primer momento el veterano Fernando Delgado, activo falangista

-realiza seis de los diecisiete documentales propagandísticos que Cifesa produce durante la Guerra Civil-, y el entonces incipiente y joven cineasta Sáenz de Heredia. En 1939 este es nombrado jefe de producción del DNC para la realización de noticiarios: su primer trabajo es un corto sobre la *persecución religiosa* en España -*Vía Crucis del Señor en las tierras de España* (1940)-, un texto fílmico declaradamente propagandístico, con el que trata de apuntalar uno de los mitos centrales de la ideología franquista, el deliberado anticlericalismo del bando republicano durante la Guerra Civil. Una de sus secuencias más conocidas es la del fusilamiento del monumento del Sagrado Corazón de Jesús en el Cerro de los Ángeles por parte de unos milicianos. Además, Franco le encomienda la filmación de *Raza* (1941), un relato épico y alegórico que el dictador, autor del guion, firma con el seudónimo de *Jaime de Andrade*. A partir de este polémico y discutible título comienza a gestarse una de las cinematografías más interesantes y respetadas del cine español de posguerra.

Otro director que también combate junto al ejército rebelde, en los frentes de Teruel y Cataluña, es Antonio Román: se le conoce sobre todo por haber sido uno de los artífices del llamado *cine de cruzada* con títulos como *Escuadrilla* (1941) y *Boda en el infierno* (1942).

En la zona nacional no existían estudios para emprender de inmediato una política de producción. El nuevo Régimen y ciertas compañías productoras afines -Cifesa, Ulargui- se fijan en los estudios extranjeros ante el vacío o precariedad de los nacionales. Al mismo tiempo, a los alemanes les interesa producir películas habladas en español como medio para penetrar en Hispanoamérica. Los jerarcas del bando vencedor firman con la Alemania nazi -en concreto, con la empresa HISPANO-FILM-PRODUKTION- un acuerdo para coproducir cinco títulos de ficción muy interesantes adscritos al género *folclórico*: Florián Rey, con la colaboración de Imperio Argentina -su esposa y actriz principal-, filma *Carmen, la de Triana* (1938) y *La canción de Aixa* (1939); y Benito Perojo -con la participación de Estrellita Castro-, una atractiva «trilogía» musical (*El barbero de Sevilla*, 1938; *Mariquilla Terremoto*, 1939; *Suspiros de España*, 1939). Así pues, los estudios de la UFA y de Cinecittà son los espacios donde en realidad comienza el cine español franquista. Florián Rey regresa a España para filmar *La Dolores* (1940), primera producción de la remozada Cifesa; desde Berlín, Perojo marcha a Roma para dirigir la interesante *Los hijos de la noche* (1939). El caso de Edgar Neville llama poderosamente la atención: inicialmente, abraza con alborozo el advenimiento de la República -muy influido por su maestro Ortega y Gasset y por su amistad con Lorca-, pero también es de los primeros en explicitar su compromiso con la causa franquista, poniéndose al servicio del DNC para rodar cortos documentales de carácter propagandístico; en 1939, en los estudios de Cinecittà filma *Frente de Madrid*, su película más declaradamente política, estrenada al año siguiente en una versión mutilada por la censura franquista.

¿Y qué ocurre con los cineastas que participan en el bando republicano? ¿Son conscientes de estar llevando a cabo un cine político? Es muy aventurado hablar de compromiso artístico: a veces, como dice la canción de Silvio Rodríguez, ciertas cosas solo se pueden explicar por la confluencia de causas y azares. El caso de Iquino es paradigmático de la importancia del contexto histórico en el devenir del cine español. Al estallar la Guerra Civil, se interrumpe el rodaje de su film *Diego Corrientes*, que no se estrena hasta abril 1937. La industria cinematográfica de Barcelona está en manos de la CNT-FAI: para este sindicato filma el mediometraje *Paquete, el fotógrafo público número uno* (1937), con el objeto de distraer al público de los desastres de la guerra. Iquino fue siempre un cineasta muy apolítico. Al finalizar la contienda, no sufre ninguna persecución, ni proceso alguno de depuración: abre una tienda de fotografía en el Paseo de Gracia y, al mismo tiempo, entra en el engranaje de Campa.

La Guerra Civil y el inmediato régimen autárquico determinan en gran medida la trayectoria de algunos cineastas que durante la República procuran realizar un cine innovador comprometido. Rafael Gil rueda documentales para el gobierno republicano (*Ametralladoras*, 1938; *Resistencia en Levante*, 1939) y, al acabar la contienda, hace lo propio para el bando vencedor (*La corrida de la Victoria*, 1939; *Luz de Levante*, 1940), convirtiéndose muy pronto en uno de los cineastas del Régimen. Y especialmente llamativos son los casos de Antonio del Amo y Antonio Román. El primero, militante comunista, documentalista del gobierno republicano, al finalizar la Guerra Civil, es represaliado y encarcelado. Su reincorporación al cine de posguerra se lleva a cabo gracias a su amistad con Gil, a quien, al parecer, había salvado la vida evitando su fusilamiento. Este lo convertirá, además, en su ayudante de dirección. Por su parte, Román, tras el 18 de julio de 1936, figura en las listas de «rojos» que maneja la Falange; gracias a las gestiones de su influyente familia, la amenaza queda en nada, y pasa una guerra cómoda en labores de Intendencia. A diferencia de Gil o del Amo, durante estos tres años no filma documentales propagandísticos; luego se adscribe al cine más radicalmente político del primer franquismo, ese cuyo objetivo principal es secundar la doctrina de los golpistas y vencedores de la guerra fratricida.

El concepto «generación» y el cine de posguerra

Durante los años cuarenta el cine español conocerá el cruce o confluencia de un amplio número de cineastas pertenecientes a distintos grupos, generaciones o movimientos, con estudios, experiencias e intereses muy diferentes. Conviene examinar ahora el concepto de *generación* antes de dar a conocer quiénes fueron sus integrantes. Según Ortega y Gasset, una generación es el conjunto de hombres que han nacido en una determinada «zona de fechas» no superior a quince años y que comparten un mismo «mundo de creencias colectivas». Para Julius Petersen, el concepto de *generación literaria* requiere de una serie de requisitos (Tusón, 1984: 20): nacimiento en años poco distantes, formación intelectual semejante, relaciones personales entre ellos, participación en actos colectivos propios, existencia de un acontecimiento generacional que aglutine sus voluntades, presencia de un guía (o caudillaje), rasgos comunes de estilo (o un lenguaje generacional) y anquilosamiento de la generación anterior.

Buena parte de estas condiciones se podrían mantener a la hora de estudiar el cine de posguerra. Existen, por supuesto, matices, variaciones o ciertos rasgos diferenciales en un mismo grupo e incluso en un mismo autor. En cualquier caso, lo importante es atender sin prejuicios la evolución de nuestro cine, señalar las afinidades que aparezcan a medida que analizamos trayectorias cinematográficas o textos fílmicos.

1.ª generación: los cineastas de preguerra

Son los «mayores», por edad: nacidos en la última década del siglo XIX (Orduña, en 1900). Coinciden cronológicamente con lo que en el campo de la literatura se conoce como la *Generación del 27*. Fernando Delgado, Florián Rey, Benito Perojo, Eusebio Fernández Ardavín, José Buchs y Juan de Orduña son los auténticos pioneros del cine español. Comienzan en el cine mudo, en el que despunta el interés por la música popular y la adaptación de conocidas zarzuelas y de ciertos textos literarios; algunos son contratados en los estudios de la Paramount en Joinville para la producción de las versiones multilingües. Rey supervisa versiones españolas de otros directores; Perojo, en cambio, llega a dirigir en 1930 la primera producción de la empresa, *Un hombre de suerte*. Conocen el esplendor del cine republicano, en especial Perojo y Rey.

El estallido de la Guerra Civil los sorprende en pleno rodaje: a Buchs finalizando *El rayo*, uno de sus films más interesantes; a Delgado, en Córdoba, en el inicio de *El genio alegre*; a Rey, en París, en la preproducción de *La casta Susana*; a Perojo trabajando en *Nuestra Natacha*. Fernández Ardavín logra terminar en Madrid la comedia musical *En busca de una canción* (1937). Orduña pasa estos años en Madrid actuando en compañías controladas por los sindicatos CNT y UGT. En un primer momento, solo Delgado llega a recibir con desencanto la llegada del cine sonoro. En líneas generales, para estos cineastas el cine es algo pasional, un tiempo de aprendizaje técnico y artístico imprescindible. Algo después debutan Edgar Neville (1931), Claudio de la Torre (1932), Eduardo García Maroto (1934) y Luis Marquina (1935); al finalizar la Guerra Civil lo hacen Julián Torremocha (1939), Gonzalo Delgrás (1939), Antonio de Lara Tono, Ramón Quadreny (1940), José López Rubio (1940) y Jerónimo Mihura (1942).

Son cineastas con una formación cultural muy sólida, algunos participan en actividades culturales o teatrales, formando parte de importantes compañías ajenas o propias. Colaboran en revistas y periódicos de la época con relatos y textos de opinión. Son *hombres de cine* en el amplio sentido de la expresión: algunos comienzan como actores en el cine silente (Buchs, Delgado y Perojo, esporádicamente; Quadreny y Orduña, intérpretes muy reputados); otros ejercen como ayudantes de dirección, directores de doblaje, montadores, etc. En algunos casos, llegan a fundar su propia productora o a asociarse con importantes empresas de exhibición como Cifesa.

Durante la Guerra Civil, en un principio, no se identifican políticamente con uno u otro bando (Delgado, Mihura y *Tono*, sí; Neville defiende la República, pero muy pronto reniega de ella), aunque finalmente todos acaban abrazando la ideología franquista (¿hasta qué punto esto se puede decir de Benito Perojo?). En otras palabras, ante la nueva situación política, se hacen los suecos e intentan trabajar al margen de las ideologías; algunos -los autores de la *otra generación del 27*- se ponen de parte de los sublevados «más por conveniencia que por convicción» (Aguilar y Cabrerizo, 2019: 36). Esta postura política les permite continuar dirigiendo durante la posguerra sin apenas interrupciones: Quadreny solo hasta 1946, Delgado, hasta 1947; Perojo, entre 1944 y 1948, dirige nueve films en Argentina, pero nada más regresar a España apaga las cámaras. Básicamente, en esta primera década de posguerra, producen un cine de entretenimiento, que oscila entre la comedia (W. Fernández Flórez, los hermanos Álvarez Quintero, Carlos Arniches), el drama (Jacinto Benavente, A. Palacio Valdés; Perojo se atreve con Galdós, un autor no muy bien considerado por el Régimen) y el musical folclórico en sus diferentes formatos.

En los años cuarenta, surge un debate crítico, desde revistas e instituciones oficiales, muy hostil e injusto contra el folclore cinematográfico. Florián Rey actúa como «guía» de este grupo de directores, defendiendo la pertinencia de un cine que ha de realizarse, a su juicio, desde las premisas de la calidad estética y el rigor etnográfico.

> Rechazo la palabra *españolada* aplicada al costumbrismo y al folklore españoles. Mi *Nobleza baturra*, mi *Morena Clara*, mi *Carmen, la de Triana*, mi *Aldea maldita*, mi *Orosia*, no son españoladas. Tampoco lo son muchas

de las películas que sobre las costumbres y el folklore español han hecho *mis compañeros* en España. *Españolada* es la España que un extranjero recoge y presenta sin conocerla, sin haberla vivido, sin amarla como la conocemos, la vivimos y la amamos nosotros. (Sánchez Vidal, 1991: 360)

Lo cierto es que la producción de películas *folclóricas* se antoja realmente escasa. Es lamentable que haya quien asocie aún cine de posguerra con *españolada*: ni hubo tanto ni fue tan malo ni tan intragable como a veces se ha asegurado. Es este quizás el motivo por el cual la obra cinematográfica de estos directores, muy prolífica e irregular en muchos casos, ha sufrido un olvido injustificado durante tantos años. Por otra parte, resulta muy curioso el hecho de que el franquismo vea con reticencia o desinterés esta clase de cine.

A su vez, dentro de esta 1.ª generación, cabría distinguir dos grandes grupos. A) Los *pioneros*: F. Delgado (1891; 1950), Ramón Quadreny (1892; 1961), Julián Torremocha (1893; 1967), Florián Rey (1894; 1962), Benito Perojo (1884; 1974), José Buchs (1896; 1973), Gonzalo Delgrás (1897; 1984), E. Fernández Ardavín (1898; 1965) y Juan de Orduña (1900; 1974). B) La *otra generación del 27* (o promoción del humor): Claudio de la Torre (1895; 1973), Antonio Lara («Tono») (1896; 1978), Edgar Neville (1899; 1967), Jerónimo Mihura (1902; 1990), José López Rubio (1903; 1996), E. García Morato (1903; 1989) y Luis Marquina (1904; 1980).

2.ª generación: los cineastas de posguerra

Nacidos todos ellos en las dos primeras décadas del siglo XX (entre 1905 y 1916), a menudo estos directores manifiestan una firme voluntad de hacer un cine personal, de prestar especial atención a la puesta en escena: algunos cuentan con una sólida formación teórica, leen con cierta asiduidad -de manera autodidacta, eso sí- ensayos sobre el lenguaje cinematográfico (Vsévolod Pudovkin, Leon Moussinac), una práctica inexistente en la generación anterior. Además, se interesan desde muy pronto por la crítica cinematográfica, publicando artículos o reseñas en revistas como *Popular Films*, *Cinegramas*, o *Nuevo Cinema*, práctica que irán poco a poco abandonando al dedicarse en exclusiva a las labores de dirección. En este sentido, resulta bastante revelador el testimonio del cineasta Antonio Román:

> Lo que realmente hacíamos en esas revistas Rafael Gil, Carlos Serrano de Osma, Antonio del Amo y yo era escribir artículos sobre nuestro gran amor que era el cine, una pasión compartida que nos hacía reunirnos y encontrarnos en las salas en muchas ocasiones. Escribíamos siempre en

> un arte que, justamente entonces, había aprendido a hablar, ya que nos estamos refiriendo a los años 1930-1931. (Gregori, 2009: 47)

Estos cineastas cinéfilos (o, según del Amo, «generación de intelectuales del cine») participan de lleno en distintas actividades culturales organizadas por los imprescindibles cineclubes republicanos: el GECI (Grupo de Escritores Cinematográficos Independientes), el Studio Nuevo Cinema, el Proa Filmófono...

Solo unos pocos comienzan su carrera cinematográfica poco antes de la Guerra Civil, con trabajos primerizos o de aprendizaje (Sáenz de Heredia, 1934; Iquino, en 1935, con *Al margen de la ley*, si bien no se estrena hasta 1941; Antonio Román, 1935); el bautizo de otros ocurre en plena contienda, rodando documentales de carácter propagandístico (Arturo Ruiz Castillo, 1936; Antonio del Amo, 1937; Rafael Gil, 1938). Pero, en líneas generales, debutan durante los años cuarenta (Carlos Arévalo, 1939; Luis Lucia, 1941; Ramón Torrado, 1942; Enrique Gómez, 1945; Ricardo Gascón, Carlos Serrano de Osma y J. A. Nieves Conde,1946; Llobet-Gracia, 1948; Mur Oti, 1949). Algunos se adentran en los últimos años del franquismo y primeros tiempos de la Democracia, coqueteando con el *spaghetti western* (Román), el cine de *destape* (Iquino, Torrado), el *landismo* (Sáenz de Heredia) o cierto *cine nostálgico* (Gil). Gascón deja el cine mucho antes, en 1957, tras filmar una serie de cintas adscribibles al policíaco. Durante la Guerra Civil se decantan por el bando nacional (con las excepciones de Antonio del Amo y Rafael Gil, luego reciclados) y durante la dictadura franquista se muestran más bien afines al Régimen. Desde luego, en ningún caso díscolos o contestatarios.

Nada desdeñable es la labor de alguno de ellos como productor cinematográfico en trabajos propios o ajenos. Los treintaicuatro años de Ifi SA (1949-1982) es posiblemente el caso más representativo, un vivero, por otra parte, de cineastas, guionistas y técnicos.

Entre esta generación y la anterior, en lo que se refiere al cine de los años cuarenta, se puede hablar de un cierto continuismo cinematográfico en el planteamiento de temas y de formas, así como en la elección de ciertos referentes literarios, unas veces encaminados hacia la comedia (W. Fernández Flórez, Carlos Arniches, los Álvarez Quintero) y otras veces al melodrama (A. Palacio Valdés, Pedro A. de Alarcón, J. Benavente). Se atreven también con los clásicos del Siglo de Oro (Cervantes, Lope de Vega). Con todo, practican preferentemente un cine de evasión, en especial la comedia, con una gama muy rica de registros, desde la variante militar (Torrado), o la ligera o cosmopolita (Iquino), a la fantástica (Sáenz de Heredia) o la comprometida, en la que sí es posible encontrar fisuras que permiten mostrar un cierto contenido social (Gil). Por el contrario, esta promoción deja de lado el musical folclórico, tan poco apreciado por el Régimen; *Castañuela* (Ramón Torrado, 1945) y *Embrujo* (C. Serrano de Osma, 1948) son las excepciones.

Al mismo tiempo, se ponen en marcha ciclos nuevos, algunos de ellos de vida efímera, como el cine de cruzada (Arévalo, Román) o el histórico (Lucia); por el contrario, el cine religioso (Gil, Sáenz de Heredia, Ruiz Castillo) tendrá más suerte, adentrándose con ímpetu en la siguiente década. Llama la atención la importancia que algunos de ellos conceden -sobre todo en sus inicios- al cine documental de carácter político: Arévalo, por el bando nacional, y Gil y del Amo, por el republicano. Sobresale un tipo de documentalismo etnográfico basado en las costumbres, la historia, el arte y el mundo del trabajo en las tierras de España (Sáenz de Heredia, Román, Ruiz Castillo, Llobet-Gracia, Serrano de Osma). Lo más interesante de este grupo -al suponer un soplo de aire fresco, algo por fin distinto a todo el cine anterior- hay que buscarlo en ciertas cintas de finales de los cuarenta: *La calle sin sol* (R. Gil, 1948), *Las aguas bajan negras* (J. L. Sáenz de Heredia, 1948), *La familia Vila* (I. F. Iquino, 1949), *Pacto de silencio* (A. Román, 1949), *Un hombre va por el camino* (M. Mur Oti, 1949). Por cierto, en algunos casos se dan unas intensas relaciones profesionales entre ellos, hasta el punto de haber colaborado conjuntamente en la producción de algunos films.

Esta generación incluye algunos casos de *malditismo* bastante singulares dentro del cine español; esto es, cineastas intelectuales cuyos orígenes profesionales son prometedores, pero que, por razones generales o particulares, se ven obligados a realizar un cine más acomodaticio, comercial y, en muchos casos, intrascendente. ¿*Ubi sunt* el Arévalo de *Rojo y negro*, o el Llobet-Gràcia de la maravillosa *Vida en sombras*? ¿*Ubi sunt* el duende de Antonio del Amo en su tetralogía de los años cuarenta, o el de telúrico Serrano de Osma?

A su vez, dentro de esta generación se podría establecer una subdivisión en tres grupos. A) Cineastas *oficiales*: Ramón Torrado (1905; 1990), Carlos Arévalo (1906; 1989), Ignacio F. Iquino (1910; 1994), Ricardo Gascón (1910; 1988), José Luis Sáenz de Heredia (1911; 1992), Antonio Román (1911; 1989), Rafael Gil (1913; 1986) y Luis Lucia (1914; 1984); B) Los *renovadores*: Manuel Mur Oti (1908; 2003), Arturo Ruiz Castillo (1910; 1994), Antonio del Amo (1911; 1991) y José Antonio Nieves Conde (1911; 2006); C) Los *telúricos*: Llorenç Llobet-Gràcia (1911; 1976), Carlos Serrano de Osma (1916; 1984) y Enrique Gómez (1916; 1955)

Los pioneros

Se debe insistir en la idea de que no todo fue ruptura o interrupción en la inmediata posguerra: o, dicho de otro modo, no hubo un *nuevo cine español*; antes bien, en la elección de formas y géneros se dio un cierto continuismo. Al finalizar la Guerra Civil, se retoma la actividad cinematográfica en Madrid: en los estudios Roptence, entre agosto y noviembre de 1939, Orduña participa en *Leyenda rota* (1940), bajo las órdenes de Carlos Fernández Cuenca, con guion de Rafael Gil. No existía aún la censura previa de guiones. Asimismo, las primeras producciones de Cifesa corren a cargo de directores que ya han trabajado en esta casa en la época republicana: *La marquesona* (E. Fernández de Ardavín, 1940), un film folklórico interpretado por Pastora Imperio, y *La gitanilla* (Fernando Delgado, 1940), con Orduña como protagonista.

Florián Rey, tras finalizar en la Alemania nazi el rodaje de *La canción de Aixa* (1939), regresa a España (acaba de romper con su compañera y musa Imperio Argentina) y se incorpora a Cifesa para filmar *La Dolores* (1940); la película es rodada íntegramente en Aranjuez, donde se construye un inmenso decorado para las escenas de la Plaza Mayor de Calatayud, con tres mil figurantes. Hubo, eso sí, muchos problemas para la adquisición de película virgen: se emplean hasta tres o cuatro negativos de origen diferente; con la guerra en Europa había que conseguir el material en Portugal o donde fuera. Y los equipos de luz eran paupérrimos. *La canción de Aixa*, se estrena en octubre de 1939: la crítica oficial, si bien apunta ciertas excelencias estilísticas, pone reparos a la presencia de gitanos y contrabandistas. Se ha puesto en marcha la operación oficial de acoso y derribo de todo aquello que recuerde al cine populista de la etapa republicana. Esto explica que *La Dolores* sea también maltratada por la crítica.

En esta misma línea de continuismo republicano, hay que citar *Los hijos de la noche* (Benito Perojo, 1940), un film que demuestra el interés de este director por ciertos contenidos sociales. No deja de ser curioso el hecho de que Cifesa, al terminar la Guerra Civil, llamara a directores como Florián Rey, Fernando Delgado, José Buchs o Fernández Ardavín, pero no a Perojo. Ello obedecería, sin duda, al talante cosmopolita, liberal e independiente del director madrileño.

La otra generación del 27

Algunos directores de posguerra forman parte de un grupo literario y cinematográfico con una cierta homogeneidad estilística que el dramaturgo José López Rubio, uno de sus integrantes, dio en llamar -en su discurso de ingreso en la RAE, el 5 de junio de 1983- *la otra generación del 27 (la del humor)*: Antonio de Lara *Tono*, Edgar Neville, Miguel y Jerónimo Mihura, López Rubio, Eduardo García Maroto y Luis Marquina; este último no siempre ha sido incluido en la nómina *oficial*, aunque, por razones de fecha de nacimiento y por sus afinidades intelectuales, se debe adscribir a este grupo generacional. En esta nómina se incluyen, además, los escritores Enrique Jardiel Poncela, Jacinto Miquelarena, Antonio Robles, Manuel Lázaro, y los dibujantes K-HITO, Bagaría y Francisco López Rubio, entre otros. Con todo, «algunos críticos no admiten esta clasificación por considerar que se ha querido erigir un grupo nuevo de escritores de ideología conservadora, para disminuir la importancia de la Generación del 27 de ideología más liberal» (Romera Castillo, 1999: 277).

Casi todos comienzan sus carreras, como directores o guionistas, en los inicios del cine sonoro y republicano (Neville, López Rubio, García Maroto, los Mihura, Luis Marquina); solo dos, ambos con trayectorias realmente muy efímeras, lo hacen en la inmediata posguerra (*Tono*, Claudio de la Torre). En realidad, lo mejor de estos cineastas está en la década de los cuarenta. Marquina se convierte en uno de los cineastas más populares en los primeros años cuarenta y en una las estrellas más rutilantes de la todopoderosa Cifesa. En su trayectoria sobresalen títulos como *El último húsar* y *Yo soy mi rival*, ambas de 1940, *Torbellino* (1941), *Malvaloca* (1942) y *Filigrana* (1949), posiblemente su obra más interesante. Conviene dejar constancia aquí de lo orgulloso que se siente de su contribución al cine republicano con cintas como la excesivamente buñueliana *Don Quintín el amargao* (1935) y la comprometida *El bailarín y el trabajador* (1936).

Estos autores, cultos e intelectuales, no desdeñan ningún medio de expresión: el dibujo y el humor gráfico, la prensa escrita, la poesía, el teatro, la novela y el relato corto. En los años veinte aparecen sus primeros textos literarios: en 1924, *Cuentos inverosímiles*, de López Rubio, preludio a *Roque Six*, su primera y única novela, y en 1929, *Don Clorato de Potasa*, de Edgar Neville. Estos libros son algo así como los manifiestos estéticos del «humor nuevo». En 1928 Jardiel Poncela publica su primera novela *Amor se escribe sin hache*, uno de los primeros casos en la literatura española donde la presencia del cine es determinante en la configuración de la trama narrativa. Marquina desarrolla una intensa labor como guionista, pero también como articulista, escritor de piezas teatrales y novelista. Fueron los artífices de lo que se ha dado en llamar la «comedia de la felicidad», «teatro de evasión», o «teatro de ninguna parte», piezas ligeras, divertidas, elegantes, bien construidas y políticamente intranscendentes. Conchita Montes, compañera y musa de Neville, se convertirá, si no en la principal actriz, sí, al menos, en una de las grandes damas de este tipo de teatro de posguerra.

Estos cineastas, si bien demuestran sentir una profunda pasión por el mundo cosmopolita y moderno, en absoluto desdeñan el mundo popular, castizo y costumbrista del sainete. Se mueven en un ambiente cultural muy interesante, en el que destaca el clima de sensibilidad vanguardista, en donde se aplaude lo nuevo, lo jocoso, lo lúdico, lo lujoso... Y por todo ello fueron a todas luces los más modernos dentro del primer franquismo. Muchos participan en tertulias radiofónicas de temática cinematográfica y sienten una predilección especial por el desarrollo técnico. Marquina estudia Ingeniería Industrial, especializándose en Sonido, y Matemáticas aplicadas. Antes de debutar en el cine, trabaja durante tres años como técnico de sonido en los estudios C.E.A., al tiempo que estudia (un autodidacta más del cine español) los problemas de la dirección, de la cámara y del montaje. Muy relevante fue su labor como divulgador cultural en el medio radiofónico a través del programa «El cine en España».

Se apasionan por el mundo del cine y, en algunos casos, lo convierten en un *leitmotiv* de sus creaciones artísticas y literarias. A diferencia de otros intelectuales de la *Edad de Plata*, abrazan inmediatamente el cine. Es, sin duda, un «momento verdaderamente áureo para las relaciones entre el cine y la literatura» (Andrés Amorós, 1991). Hay un fenómeno de intertextualidad entre el cine y las letras que no es patrimonio de unos pocos, ni se manifiesta únicamente en la poesía.

A ningún aficionado al cine español medianamente perspicaz se le puede escapar la visión socarrona, crítica y poco complaciente que manifiestan estos cineastas ante ciertas circunstancias históricas, o con ciertos hábitos y valores morales de la realidad española del momento. No dudan en cuestionar el mundo del amor, de la pareja y del matrimonio, algo que se exagera hasta el paroxismo en la extravagante *El capitán Veneno* (Luis Marquina, 1950). Y entre sus personajes no es infrecuente encontrar a tipos contradictorios o inconstantes, también algo idealistas, como el inolvidable Fernando (Fernán Gómez) de *El último caballo* (Edgar Neville, 1950), o Franz, el pianista bohemio (Tony D'Algy) de *Café de París* (Edgar Neville, 1943); asimismo, sus mujeres son independientes (el paradigma es Conchita Montes), apenas guardan relación con el modelo de mujer tradicional auspiciado por el Régimen. ¿A qué obedece el argumento tan absurdo, pero al mismo tiempo tan vitalista, rompedor e iconoclasta, de *Tres sombreros de copa*, escrita por Mihura en 1932? ¿Por qué son tan atractivos los personajes del tímido e ingenuo Dionisio y de la alegre, sencilla y vitalista Paula? ¡Qué bien casan en una misma pieza teatral lo poético y lo sentimental, o la sátira y el humor contra cualquier tipo de convencionalismo social! Esta pieza ejemplar, atrevida y mordaz, se convierte en un título seminal de la comedia española, al tiempo que es la base significativa de buena parte de los guiones de su autor: ahí están asuntos como la lucha entre el cumplimiento de los deseos y la presión de una sociedad tradicional, la alineación del individuo en un espacio que le constriñe, o la crítica a quienes renuncian a vivir conforme a sus sentimientos e ideales. Un teatro grande en un *país pequeño*. La pieza no se entendió fácilmente en aquel momento, lo cual obligó a su autor a guardarlo en un cajón hasta su publicación definitiva en 1947. Es obvio que estos autores no esconden su inclinación hacia un humor desenfadado, absurdo, a veces surrealista; gustan de la burla iconoclasta, de la ironía, de las *greguerías* ramonianas. En 1941 fundan *La Codorniz*, la revista humorística más célebre de la posguerra: Mihura, su gran artífice, es quien acuña el término «humor nuevo» para referirse a un registro cómico que huye de lo convencional, o que parodia los estereotipos más habituales en la cultura y el arte contemporáneos.

El grupo cuenta con dos mentores o maestros fundamentales: Ramón Gómez de la Serna, escritor prolífico e introductor de las vanguardias europeas en España, y José Ortega y Gasset, autor de la conocidísima teoría sobre la *deshumanización del arte*. Otros creadores muy queridos son el periodista Julio Camba -con un estilo limpio, sencillo y satírico fácilmente reconocible- y el prolífico novelista gallego Wenceslao Fernández Flórez, artífice de un humor tierno, melancólico y desengañado. Y, sin duda, la personalidad más destacada del grupo es Neville, no solo por la cantidad de films que rueda en distintas épocas, sino también por la calidad, la originalidad y la diversidad de los registros empleados. Casi unánimemente, es considerado como el cineasta más interesante de los años cuarenta. Necesita reciclarse *políticamente* muy pronto, preocupado como estaba por sus flirteos con el republicanismo, por su adhesión al nuevo sistema político instaurado en España en 1931. Nada más estallar la Guerra Civil, su deseo prioritario es pasarse rápidamente al lado nacional.

No siempre terminan haciendo el tipo de cine que más les apetece. El caso más singular es -otra vez más- el de Marquina, «un curioso ejemplo de personaje fronterizo» cuya obra se sitúa entre el deseo de «realizar un cine personal en el que poder inscribir con independencia rasgos autorales y, por otra parte, y en función de su neta adscripción franquista, no querer salir de una norma gubernamental que no facilitaba tales aspiraciones» (Pérez Perucha, 1983: 8). En una emotiva semblanza, a raíz de un homenaje que le tributa la SEMINCI de Valladolid, su hija Teresa se lamentaba de que su nombre y su obra cinematográfica hayan sido borrados del mapa -algo que, lamentablemente, ocurre también con la figura de su abuelo, el dramaturgo Eduardo Marquina- como si no hubiera existido nunca.

En definitiva, la *otra generación del 27* fue -tal como asegura el reivindicable director Isasi-Isasmendi- un grupo *irrepetible*.

Miguel Mihura y el humor «nuevo»

Con ocasión de un homenaje que le brinda la SEMINCI a Miguel Mihura, el director José Luis García Sánchez, tras aludir con ironía y sarcasmo a los calificativos despectivos («frívolo», «reaccionario», «cobarde» o «conformista») que durante mucho tiempo el escritor ha recibido por parte de la crítica, no duda en situarlo en un lugar privilegiado de la literatura española, al tiempo que lo adscribe a una corriente especialmente original, relevante o fructífera, la del realismo irónico de Quevedo, Moratín y los escritores costumbristas del XIX (García Sánchez, 1990: 9). Realmente, sus textos resultan muy novedosos para esa época en lo concerniente al aspecto formal o estructural. Y su teatro es, en lo temático, tanto o más comprometido que el realismo social de los cincuenta o sesenta. Mihura aborda temas serios o profundos como la miseria, el analfabetismo, la precariedad laboral, las diferencias interclasistas o, desde una perspectiva claramente estoica, el elogio de la vida contemplativa y el anhelo de la pereza. Pero también -esto es inaudito- aborda asuntos como la intolerancia o el desprecio hacia la mujer, el patriarcado, o la «institución» del matrimonio. Y, por encima de todo, está la importancia de la heroína en el desarrollo argumental o conflicto dramático; las mujeres de Mihura son personajes redondos, con una fuerte, atractiva y misteriosa personalidad; ante ellas, poco pueden hacer los inseguros, zarandeados e inconstantes personajes masculinos. Sus personajes femeninos son sencillamente inolvidables.

Su obra se arma a partir de tres elementos básicos: la construcción de personajes muy especiales, el trazado de las escenas con un ritmo perfecto, prodigioso, y la facilidad para el diseño de parlamentos ágiles, sutiles, rápidos e irónicos, construidos con una variada gama de registros o matices lingüísticos. El humor absurdo o surrealista le sirve a Mihura como vía prioritaria para abordar (ridiculizar) *seriamente* estos asuntos, si bien él nunca se considera próximo a una escritura del compromiso social. Sin embargo, no es esto lo que un lector atento encuentra en sus piezas teatrales o en sus guiones para cine. Es, ante todo, un creador inconformista, un hombre de letras y de cine (argumentista, dialoguista, guionista, adaptador) e incluso un dibujante de tiras cómicas e ilustrador muy perspicaz.

Ciertamente, el dramaturgo madrileño ocupa un lugar privilegiado en este grupo del humor «nuevo». Pese a no haber participado en la «aventura americana» de las dobles versiones junto a sus otros compañeros de generación, desde muy temprano Mihura pone los ojos en el mundo del cine. En 1933 CEA le ofrece un interesante contrato como adaptador de diálogos o técnico de doblaje de películas extranjeras; en ese momento, entra en contacto con Fernández Ardavín, Marquina y García Maroto, tres cineastas fundamentales del periodo republicano de los que seguramente aprende algunos trucos sobre montaje o escritura cinematográfica. No menos relevante resulta la influencia de su hermano Jerónimo, un cinéfilo empedernido, precoz crítico de cine, figurante, director de doblaje, e incluso secretario y ayudante de dirección de Benito Perojo. García Maroto lo contrata como dialoguista para su interesante «trilogía paródica» rodada íntegramente en los estudios CEA: *Una de fieras* (1934), *Una de miedo* (1934), ... *Y ahora... una de ladrones* (1935). También se ocupa del guion de *La hija del penal* (1935), opera prima del director jienense, que, esta vez sí, presenta un argumento coherente y unos diálogos ágiles, atrevidos y originales. Esta desenfrenada comedia fue todo un éxito de público y crítica en aquella España republicana que estaba a punto de estallar, de saltar por los aires, de conocer una cruel guerra fratricida. Lamentablemente, no se conserva ninguna copia del film.

Con todo, el primer trabajo serio de escritura cinematográfica lo emprende Miguel Mihura para el corto *Don Viudo de Rodríguez*, dirigido en 1935 por su hermano Jerónimo y, al parecer, sufragado por ellos mismos. El film contiene cantidad de diálogos ocurrentes y absurdos, hallazgos artísticos de indudable calidad, y un trabajo excelente de puesta en escena. Se puede considerar un film seminal o germen capital de ese tipo de comedia intranscendente, alocada y hasta surrealista tan habitual en el primer cine de posguerra. Fue algo así como el inicio del humor típico de la revista *La Codorniz*. Tras esta singular experiencia cinematográfica, los hermanos Mihura inician una fructífera colaboración que se materializa en ocho películas realizadas entre 1942 y 1950.

El estallido de la Guerra Civil trunca en gran medida la trayectoria artística del autor de *Tres sombreros de copa*. Se apresura a salir de Madrid, encaminándose, junto a su anciana madre, primero a Valencia y finalmente a Hendaya. En febrero de 1937 consigue atravesar Irún y establecerse en San Sebastián: los hermanos Mihura se afilian inmediatamente a la Falange Española; Miguel se convierte en un asiduo colaborador en diversas revistas del partido (*FE*, *Y*, *Vértice*). En Donostia funda la revista *La Ametralladora*, publicación en la que se atrincheran muchos de sus compañeros de viaje del 27 (Neville, Álvaro de la Iglesia y Enrique Herreros, entre otros), precursora de *La Codorniz*.

Durante los oscuros, difíciles y largos años del franquismo continúa ligado al mundo del cine, participando en labores de argumentista, guionista y dialoguista en numerosas e inolvidables películas. Sin necesidad de caer en la hipérbole o el apasionamiento gratuito, se puede decir que algunas de estas cintas están entre lo mejor del cine de posguerra: *Los hijos de la noche* (1939), *Intriga* (Antonio Román, 1943), *Confidencia* (Jerónimo Mihura, 1947), *Siempre vuelven de madrugada* (J. Mihura, 1948), *La calle sin sol* (Rafael Gil, 1948), *Una mujer cualquiera* (R. Gil, 1949), o la autobiográfica y transgresora *Mi adorado Juan* (J. Mihura, 1949). No se puede entender cabalmente el cine español de esta década sin conocer el trabajo de Mihura. Es fundamental destacar la estimulante capacidad que tiene para integrar elementos extraídos de distintas tendencias, como, por ejemplo, la ambigüedad típica de la *screwball comedy*, el retrato de seres oscuros del cine negro americano, o el carácter melodramático y crítico del realismo poético francés. Mihura gusta de experimentar, sobre todo en lo que se refiere a mezclar géneros aparentemente tan distintos como la comedia «social», «filosófica», ligera y despreocupada, e incluso paródica, el crudo melodrama con la típica heroína fuerte, el drama «psicológico», el film criminal -a veces, voluntariamente deconstruido-, o el cine dentro del cine. No falta tampoco en su *currículum* su aportación al ciclo de cine político, si bien nunca se sintió -lo dice él- ni de derechas, ni de izquierdas («menos comunista soy de todo»). Se le resiste el género histórico, una práctica demasiado seria para un escritor tan apegado al presente, tan defensor del *carpe diem*.

Mihura no hizo nunca una valoración muy positiva de su experiencia como guionista; antes bien, al hacer balance general, considera haber pasado «quince años en el infierno», desde el final de la Guerra Civil hasta mediados de los años cincuenta. Y, a pesar de todo, era un profundo cinéfilo, un escritor humanista que se tomaba muy en serio su trabajo. A veces se pasaba por los rodajes de su hermano Jerónimo para supervisar, corregir o adaptar los diálogos, e incluso -si era necesario- para dirigir a los actores. Mihura es autor de un único proyecto cinematográfico dirigido en 1940, con la colaboración de *Tono*: el humorístico, alocado y canibalesco *Un bigote para dos*, una versión cómica de una película basada en la vida de Johann Strauss Jr. No es bien recibida por el público que más bien queda estupefacto al visionar este experimento cinematográfico. Y, al parecer, los censores de la época tampoco entienden nada.

Se podría hablar de un *registro conversacional Mihura* («mi estilo personal de dialoguista»), del mismo modo que luego se hablará de un *estilo Azcona*, o incluso de una escena *berlanguiana* (incluido en el DRAE) o *almodovariana*. ¿Por qué no admitir un adjetivo como «mihuresco» para referirse a cierto tipo de escritura cinematográfica? El homenaje más emotivo a este importante escritor de posguerra se encuentra en el inicio de *El viaje a ninguna parte* (F. Fernán Gómez, 1985): Mihura es algo así como el «descubridor» del humilde actor Carlos Galván, narrador protagonista de esta interesante novela.

Cineastas oficiales

Entre los integrantes de la 2.ª generación del cine español, hay que distinguir un pequeño subgrupo de tres cineastas a quienes -en diccionarios, ensayos o artículos de crítica cinematográfica- se les suele calificar como *cineastas del Régimen* o *cineastas franquistas*. Son José Luis Sáenz de Heredia, Antonio Román y Rafael Gil. ¿A qué obedece esta inexacta e injusta expresión? Ciertamente, son los mejor considerados durante cierto tiempo por las instituciones del Régimen, también los más agraciados y galardonados con el formato del a todas luces selectivo sistema de créditos sindicales, los premios oficiales del SNE y las polémicas licencias de importación; sus películas reciben excelentes clasificaciones. Pero también es verdad que son cineastas estimables, preocupados por forjar un cierto cine de calidad, y que, casi siempre, sus películas gozan del favor del público. Estos tres hombres de cine se adaptan a casi todo con el único propósito de hacer buenas películas. Sin duda, sus títulos más brillantes y personales se dan justamente en las décadas de los cuarenta y cincuenta. A partir de un momento determinado, a los tres les singulariza el eclecticismo y la versatilidad: terminan por acomodarse, por claudicar a las modas; sus últimas producciones derivan en la mediocridad. Eran tiempos de hacer caja, de aprovechar el filón de los Manolo Escobar, Concha Velasco, Paco Martínez Soria, Peret y compañía. Hay quien prefiere utilizar el término *generación perdida* para referirse a estos cineastas,

> promesas jóvenes de los años cuarenta frustradas por las condiciones industriales y comerciales en las que se desarrollaba el cine autóctono. Grupo generacional, pionero y prometedor para unos y demasiado atado ideológica y moralmente a su contexto para otros. (Nieto Ferrando, 2011:14)

Ciertamente, no tienen problemas serios con los jerarcas de la España autárquica, si bien sufren en algún momento concreto los zarpazos de la censura. Ideológicamente, de talante conservador, no dudan en apoyar decididamente a los vencedores: se sienten más o menos cómodos en aquellos tiempos oscuros. Y el cine que ponen en pie, ¿hacia dónde apunta? ¿Les mueve algún propósito ideológico? No todo es escapismo, exotismo o silencio en el largo y arduo camino por el que transitan. Por ejemplo, con Iquino ocurre algo parecido a lo que pasa con algunos pioneros. No hubo una ruptura total: antes bien, el director catalán continúa con un tipo de cine populista de sesgo republicano; en algunas de sus comedias para Campa -siempre a través de la ironía y el sarcasmo-, pululan personajes de las clases sociales desfavorecidas, o de los bajos fondos, o se insiste en temas como el hambre, la pobreza, la delincuencia, el dispendio de los ricos burgueses, o la supervivencia a través del sexo y de la mentira. Asimismo, en los primeros films de Gil se atisba un deseo de filmar la realidad, solo parcialmente cumplido. También hubo cineastas abiertamente afines al Régimen. Arévalo es de los primeros en celebrar la victoria franquista, inaugurando, además, un ciclo efímero de cine militarista. Torrado filma sin descanso para Suevia Films una serie de cintas difícilmente reivindicables, que muestran por dónde van los nuevos *valores éticos y morales*. Su film *El emigrado* (1946) no tiene ni pies ni cabeza, no tanto por lo que cuenta (es fácil encontrar discursos similares en otras cintas de la década) como por su ridículo dispositivo formal. Se tiene la sensación de que estos cineastas podían haber dado más de sí en otras circunstancias históricas. Desde luego no era este un momento propicio para producir un cine rebelde, iconoclasta o sencillamente testimonial. Se pueden y se deben rescatar muchas cintas de estos cineastas; es obligatorio acercarse sin prejuicios a sus imágenes, cuestionando, por supuesto, sus discursos panfletarios. No faltan y no siempre resultan agradables. Pero también hay que preguntarse si la práctica cinematográfica de estos cineastas es acaso una muestra palmaria de claudicación artística.

Los renovadores

Manuel Mur Oti (el «Genio», el «Orson Welles español»), Arturo Ruiz Castillo, Antonio del Amo y José Antonio Nieves Conde componen un segundo grupo de cineastas independientes, conocido como la generación de los *renovadores*, contemporáneos con el grupo de los cineastas *oficiales*. Son los perfectos desconocidos de la historia del cine español. La excepción es seguramente Mur Oti, cineasta convencido de sus posibilidades creativas, quien se atreve a publicitarse en su día por sus dotes imaginativas y fantásticas. No necesita realmente de púlpitos especiales para presentarse, desde sus primeros trabajos como guionista, como una de las grandes promesas de nuestro cine. En cualquier caso, no es esta la opinión de algunos *tratadistas* de posguerra: durante muchos años, sus películas son orilladas al vertedero de lo prescindible, y el cineasta es prácticamente ignorado. Zunzunegui se ha ocupado de subsanar tamaña insensatez, abordando los aspectos fundamentales de la trayectoria cinematográfica del cineasta vigués, que «se adscribe con claridad en esta línea de *estilización* que separa sus trabajos de cualquier realismo primario» (Zunzunegui, 2018). Gracias a reivindicaciones como esta, basadas en el análisis textual riguroso, hoy se puede apreciar, en su justo término, cómo ciertos títulos del periodo de posguerra activaron mecanismos de renovación del cine español, en especial sus dos primeras películas, *Un hombre va por el camino* (1941) y *Cielo negro* (1951).

Los *renovadores* inician sus respectivas carreras al finalizar la Segunda Guerra Mundial: Nieves Conde, en 1946, con un inaudito, aunque irrecuperable en parte, ciclo de cine policíaco; a finales de la década de los cuarenta, Mur Oti, con el estimulante melodrama rural *Un hombre va por el camino*, *rara avis* en la cinematografía española, que se aparta no poco del cine de sus coetáneos. Dos de ellos ya han comenzado a filmar en plena Guerra Civil: en labores de documentalistas, Ruiz Castillo, en 1936, y del Amo, en 1937; sus primeros films de ficción no llegan hasta 1946 y 1947, respectivamente. Constituyen algo así como una especie de generación «puente» entre esta (la 2.ª) y la siguiente (¿una 3.ª?), integrada por cineastas nacidos en el segundo decenio del siglo XX, que se dan a conocer en los años cincuenta bajo la influencia del neorrealismo italiano, del realismo poético francés y de maestros como Frank Capra o John Ford. En un momento determinado se separan del tronco común del cine oficial franquista en lo que se refiere a adscripción genérica, elección temática o puesta en escena. Parecen ir por libre a la hora de poner en pie ciertos proyectos; Nieves Conde (el *cine social*) o Mur Oti (el *melodrama urbano o rural* altamente estilizado) son dos cineastas que conscientemente se apoyan en historias de la sociedad española del momento. Pero esto ocurre ya en los años cincuenta: se convierten en muy poco tiempo en las dos grandes revelaciones del cine español. Mur Oti es, sin duda, quien logra una mayor coherencia temática, genérica, narrativa y visual, gracias, sobre todo, a sus inolvidables dramas rurales.

No dudan en manifestar cierta disidencia ideológica con las estructuras de la cinematografía oficial. Tampoco lo tienen fácil a la hora de ser consecuentes con sus principios políticos, algo que puede hacerse extensible a sus muy irregulares ejercicios de práctica fílmica. Algunos tienen que *reciclarse* políticamente para tapar su pasado republicano. Durante la Guerra Civil, Mur Oti forma parte del Estado Mayor de Valentín González «El Campesino», integrándose en la división 46. Antonio del Amo, militante comunista y documentalista oficial del bando republicano, pasa sin transición de la cárcel a los estudios. Ruiz Castillo se hace corresponsal del noticiario Filmes Popular. Nieves Conde es un firme partidario del falangismo de Hedilla, un falangista decepcionado por el franquismo.

Poseen una formación cultural y literaria muy sólida, en algunos casos alcanzada de manera autodidacta. Así, el primer deseo del narcisista Mur Oti es ser escritor, probando inicialmente como poeta (versos incluidos, al parecer, en la antología *Poesía infantil y recitable*, junto a textos de Alberti, Lorca o Dámaso Alonso), como novelista (finalista del premio Nadal, en 1949, con *Destino negro*) e incluso como dramaturgo (con la comedia lírica *La alegría del Sitio*, estrenada en el Teatro Martí de La Habana en 1930);

además, desde su más tierna infancia, se convierte en un lector voraz y empedernido: suele citar, entre sus clásicos preferidos, a Stendhal, Dickens, Quevedo y Garcilaso de la Vega. Ruiz Castillo, licenciado en Ciencias Exactas, realiza, además, estudios de Arquitectura, que no llega a concluir; colabora con Lorca en el mítico grupo teatral La Barraca en los años 30 y participa, como fotógrafo y cineasta, en las inolvidables Misiones Pedagógicas que pone en pie el gobierno republicano; pintor e ilustrador de libros, director artístico de la editorial Biblioteca Nueva y divulgador cultural durante la Segunda República (a él se le debe la organización de la Primera Feria del Libro de Madrid). Y qué decir de Antonio del Amo: con apenas veinte años, colabora como crítico y ensayista en revistas importantes como *Popular Films* y *Nuestro Cinema* (e incluso llega a dirigir su famoso cineclub). También Nieves Conde hace sus pinitos en el mundo de la crítica escribiendo textos muy interesantes para el diario *Pueblo* y, en especial, para *Primer Plano*, con ensayos sobre Griffith y el cine soviético. El cineasta recordaba con emoción y cierto orgullo haber sido alumno de Antonio Machado en Segovia, y, años después, amigo de tertulia de su hermano Manuel, de Cossío y de Gerardo Diego. Más tarde, convencido de que lo suyo era «hacer cine», dirigir películas, se instala en Madrid y comienza a frecuentar con asiduidad los cineclubs; conoce a algunos de los críticos y cineastas más relevantes del momento (Carlos Fernández Cuenca y Luis Gómez Mesa, Sáenz de Heredia y Fernando Delgado, entre otros) de los que dice haber aprendido «buenas palabras y buenos consejos».

Son *hombres de cine*: directores, guionistas, decoradores y figurinistas... Mur Oti participa en los guiones de los cuatro primeros films de Antonio del Amo; los cineastas principiantes aprovechan la coyuntura para poner en marcha en 1947 Sagitario Films. No es el caso de este interesante tándem de cineastas primerizos, pero lo cierto es que no todo aquel que se mete en el cine en los años cuarenta lo hace por motivaciones artísticas y culturales. Mucho antes, en plena Guerra Civil, del Amo y Ruiz Castillo colaboran conjuntamente en el documental *¡Salvad la cosecha!* (1938). Posteriormente, Rafael Gil los contrata como ayudantes de dirección. Del Amo guarda un nítido recuerdo de su colaboración con Gil, un «hombre de ideas diferentes» a las suyas:

> Yo protegía a Rafael Gil, y sabía que mientras estuviera conmigo, no le pasaría nada, aunque estaba perseguido. Hacia finales de la guerra tuvo que esconderse. Recuerdo que le mandé ayuda y cuando estuvo a punto de ser fusilado, yo lo salvé.

Gil no olvidaría jamás este gesto del entrañable compañero de viaje. Del Amo, además, llega a ser ayudante de dirección de otros cineastas *oficiales* como Román o Iquino. Mientras tanto, entre 1941 y 1946, Nieves Conde se convierte en ayudante de Rafael Gil: el director de *Surcos* evocará también con nostalgia los días de filmación en la inmediata posguerra, unas jornadas imprescindibles que él ha dado en llamar fase de «aprendizaje».

El afán creativo de este grupo no conoce límites. No esconden su pasión por otros mundos, por otros formatos, por otras vías expresivas de iniciación al medio cinematográfico. Esto explica su interesante labor como realizadores de documentales, ciertamente algo guadianesca, a veces ejercida solo por necesidades económicas o simplemente políticas. Cabe destacar, en este sentido, la abundante producción de Ruiz Castillo: entre 1936 y 1945, primero, con films de propaganda al servicio de la República (*18 de julio*, 1936, con Ramón Menéndez Pidal; *Un año de guerra*, 1937) y, a partir de 1941, con textos fílmicos de carácter cultural o etnográfico. Curiosamente, en sus últimos años (1968-1974), Ruiz Castillo vuelve a retomar esa afición por el cortometraje documental. Más limitada en el tiempo, y sobre todo primeriza, es la experiencia de Antonio del Amo, con cuatro cortos de carácter propagandístico filmados entre 1937 y 1938 para el gobierno republicano: estuvo al frente del equipo documentalista del batallón de El Campesino. Y es que durante la Guerra Civil surge «una escuela documental que no ha tenido parangón hasta el actual auge del género» (Caparrós, 2007: 16). Nieves Conde, antes de entrar en el cine de ficción, realiza un documental en la localidad de La Alberca, producido por Orduña, por el que no llega cobrar «un solo céntimo». Acuciado por duros problemas económicos, el director de *Balarrasa* vuelve al medio televisivo años después. Al igual que otros compañeros suyos de profesión, a inicios de la década de los setenta, la segunda cadena de TVE le ofrece la posibilidad de filmar biografías (Concepción Arenal, San Juan de la Cruz, el filósofo Morente), documentales (sobre las mujeres de Zamarramala, con Pío Caro Baroja) y adaptaciones de clásicos literarios modernos (Azorín).

Estos hombres de cine mantienen siempre una defensa a ultranza de un cine comprometido, de espíritu crítico y cierto compromiso social. Dicho de otra manera, no están muy conformes con los gustos cinematográficos del Régimen, no comparten tampoco las inquietudes temáticas, menos aún las formales, de algunos de sus compañeros de viaje. Me refiero, claro está, a la vía oficial de los Gil, Sáenz de Heredia, Iquino o Lucia, entre otros, que ellos interpretan como un caso claro de claudicación profesional. En algunas películas suyas asoman ciertos elementos que permiten hablar de testimonio social. En este sentido, Berlanga, Bardem y Ferreri no son los primeros cineastas en filmar la realidad, en salir a la calle, en apostar por historias de las vidas sencillas, por los personajes humildes, anónimos, en una España con numerosos problemas sociales, económicos y, por supuesto, políticos. Así pues, con toda justicia, se puede hablar de un *primer neorrealismo* español al analizar con detenimiento un film como *Un hombre va por el camino* (1949), film bisagra en la historia del cine español.

Historia de dos aldeas (1950) y *Día tras día* (1951), ambas de Antonio del Amo, marcan un hito histórico. La primera se centra en la emotiva y melodramática historia de dos emigrantes, que han triunfado en La Habana, y que vuelven a España: uno de ellos, enfermo del corazón, muere al contemplar su tierra; el otro se encarga de llevar sus restos a la aldea natal. El director incluiría otros elementos de carácter moral o religioso, obligado seguramente por el clima ultracatólico imperante en el cine del momento. *Día tras día* es una cinta mucho más interesante. Se adopta el patrón de cine religioso con la presencia de un cura como protagonista (el ciclo de «ministros eclesiásticos» del primer franquismo), pero lo hace con una impronta mucho más personal en muchos sentidos. A la cinta se le ha reconocido no solo la importancia de ocupar un lugar estratégico en la «edad de oro del cine español (1950-1963)», al abordar con cierta serenidad el problema de la delincuencia juvenil según el neorrealismo patrio, sino también el trazado de unos parámetros de denuncia y crítica social inauditos hasta ese momento. Altamira SL debuta con esta producción, aunque originalmente estaba previsto iniciar sus actividades con una película dirigida por Bardem y Berlanga, nada menos que *Esa pareja feliz* (1951), film que de manera casi unánime se ha considerado -junto con *Surcos*- el pistoletazo de salida del cine social en España. Antonio del Amo es el director español más influido por el neorrealismo. Muy pocos cineastas se atreven a salir por entonces «con la cámara a la calle»; además, este tipo de películas no es muy apreciado por los sectores oficiales del Régimen, quienes «no podían comprender que se hiciesen películas tan pobretonas, sin decorados y sin grandilocuencia» (Castro, 1974: 47).

Mur Oti está deseando dar el salto a la dirección para emprender ese giro que, a su juicio, necesita el cine español; admira el tono atormentado del *realismo poético* francés, el estilo sobrio y comedido del cine británico o la heterogeneidad formal del cine americano. Al cine patrio le falta su «sello» personal, un registro propio: la solución, mirar hacia dentro, por ejemplo, la guerra civil española y sus secuelas; también a las entrañas del mejor cine europeo de posguerra, el neorrealismo, en especial. Se sirve de los estilemas del melodrama para cumplir su exigente programa de renovación cinematográfica: su opera prima, el drama rural *Un hombre va por el camino* (1949), se adelanta a su tiempo, al proponer la historia de un vagabundo (Fernando Nogueras), un antihéroe misántropo, rebelde contra todo y contra todos, un estoico recalcitrante que huye del trabajo y de la gente, quizás un fantasma de la guerra fratricida. Un film rodado prácticamente en exteriores (los Picos de Europa leoneses), humano, realista y esperanzador, preocupado por reflejar los verdaderos sentimientos de una atractiva viuda y un enigmático vagabundo. Sin duda, se trata de imprimir un soplo de aire fresco en el *oscuro* firmamento del cine español.

Otra novedad importante merece ser reseñada: por fin, un cineasta se acerca al tema de la Guerra Civil, desde una postura, eso sí, más conciliadora o revisionista, o al menos alejada del maniqueísmo del cine de cruzada. *El santuario no se rinde* (Arturo Ruiz Castillo, 1949) se basa en la exaltación de un episodio de la resistencia, apoyándose en dos figuras inolvidables, la de un extremista combatiente republicano y la de un comprensivo capitán de la Guardia Civil, una verosímil historia de concordia, de solidaridad y, como era de esperar, de conversión. En *Dos caminos* (1953), Ruiz Castillo planteará dos temas muy interesantes, absolutamente novedosos, sobre los que el cine español no vuelve a reparar hasta pasados unos años: el exilio y la dificultad (¿moral, política?) del regreso a la patria o la incursión de grupos maquis por distintas zonas del país y su consiguiente y escalofriante represión. El *leitmotiv* era muy similar al del film anterior, el acercamiento entre los dos bandos contendientes durante la Guerra Civil. La cinta concluye con una escena (otra más) de reencuentro, toda una metáfora de la reconciliación que algunos de estos cineastas preconizan a través del cine. Un film en cualquier caso ciertamente seminal que servirá de inspiración a otros cineastas posteriores: cabe recordar, dentro de este ciclo de la reconciliación de las dos Españas, títulos como *Muerte de un ciclista* (J. A. Bardem, 1955), *La noche y el alba* (José M.ª Forqué, 1958), *La paz empieza nunca* (León Klimovsky, 1960), *En el balcón vacío* (Jomí García Ascot, 1961), *Tierra de todos* (Antonio Isasi-Isasmendi, 1962), *La guerre est finie* (Alain Resnais, 1966) o *España otra vez* (Jaime Camino, 1968). El cine tardofranquista -y el inmediatamente posterior- será muy dado, desde una mirada más serena, analítica o deconstructiva, a la plasmación de los *paisajes de la memoria*.

Sería injusto no indicar algo de quien más conscientemente se empeña en abrir una nueva vía en el cine español. Nieves Conde manifiesta en varias ocasiones su disconformidad más absoluta con ese cine perpetrado por instancias oficiales del Régimen que se hace en la década de los cuarenta. Pese a ser consciente de las limitaciones impuestas por una censura implacable, además de estar constreñido por presupuestos económicos muy reducidos, por no hablar de una infraestructura industrial y de unos medios técnicos paupérrimos, su empeño es levantar un cine realista, testimonial y social que hable sin tapujos de los problemas más acuciantes de la España de posguerra. *Balarrasa* (1950), una película muy moralizante, no deja en buen lugar a la acomodada y frívola burguesía de la época; el film no es otra cosa que una sinécdoque del bando de los vencedores de la contienda, que viven «como parásitos» al margen de las miserias de la España del momento. Pero lo más duro está por llegar, o por mostrar: de ello se ocupan la emblemática *Surcos* (1951), *Todos somos necesarios* (1956) -solo en una parte de su metraje-, y, por supuesto *El inquilino* (1957), un film prohibido, acribillado y destrozado por la censura franquista.

> (Estábamos seguros de que intentábamos hacer una película que jamás sería la habitual película de aquel tiempo. Durante días y días nos dedicamos a recorrer los barrios de Madrid y reunimos una gran colección de fotos, que visualizaban los lugares, la atmósfera, el ambiente, los tipos que luego plasmaríamos en el film).

Al igual que sus compañeros de grupo, Nieves Conde es un inconformista, encierra una pasión por el cine desorbitante, pero también es verdad que fracasa en ese intento de *renovar* el cine español, y que termina sus *días de cine* con trabajos olvidables, meras piezas de encargo para productores como Arturo González y José Frade, profesionales del cine a tiempo parcial, no precisamente muy exigentes. He aquí un sincerísimo testimonio de uno de los cineastas más preparados, conscientes e interesantes del cine de posguerra: «Ingenuo de mí, soñé que *Surcos* podía contribuir a las posibilidades de abrir nuevos rumbos al cine español. Pero no fue así. El cine español siguió enclaustrado en lo folclórico y en la comedieta blanca».

Por último, se debe indicar que estos cineastas son objeto de cierto reconocimiento crítico en la prensa especializada de finales de los cuarenta y principios de los cincuenta, que alaba las buenas intenciones y los aciertos estilísticos de estos *amantes del buen cine* que anhelan poner en pie una obra personal. A día de hoy mantienen este prestigio hasta el punto de ser objeto de estudio en múltiples revistas y universidades: el cine de Mur Oti es quizás el más apreciado por su rigor y singularidad. Ya en su momento (en especial, durante su primera etapa, entre 1949 y 1956) son muy famosos sus estrenos en la Gran Vía y su presencia en los festivales de cine despiertan una enorme expectación. Ruiz Castillo, tras el estreno de *Las inquietudes de Shanti Andía* (1946), es saludado muy elogiosamente como el *nieto de la Generación del 98*. Y la primera etapa de del Amo, entre 1947 y 1954, está entre lo más sugestivo de este cine de posguerra. Y, como se acaba de indicar, el arranque de Nieves Conde con *Balarrasa* es realmente ilusionante, algo que se confirma luego con títulos tan importantes como *Surcos*, *Los peces rojos* (1955) y *El inquilino*.

¿Qué cine hubieran realizado estos cineastas estetas y sociales, disidentes e inconformistas, de haber vivido en un régimen democrático, sin sistemas de vigilancia o censuras, sin prerrogativas políticas o ideológicas? No hay que dejarse llevar por esa práctica tan asentada en la crítica cinematográfica basada en el rastreo de rasgos autorales. Tampoco hay por qué rechazarla. Se trata de encontrar el punto equidistante desde el que aproximarse a unos textos fílmicos más que reivindicables, pese a su sempiterno olvido. Es este un cine aún muy apegado a la coyuntura política, social y económica. Deben reivindicarse algunos trabajos estimulantes y, sobre todo, su firmeza y voluntad por el trabajo bien hecho. Sus películas no han envejecido tan mal como a veces se ha dicho; sus inquietudes temáticas, su espíritu a veces regeneracionista y su más que cuidada preocupación formal hacen de ellas piezas fundamentales del cine español. Algunas de estas carreras -un juicio matizable en el caso de Mur Oti- prosiguen poco a poco por senderos intencionadamente comerciales y sus últimos trabajos son poco sugestivos e incluso obras fallidas. A del Amo solo lo contratan para hacer películas con Joselito: después no hace más que perder dinero; en adelante, ningún productor se interesa por otros proyectos suyos más personales. Un cineasta tan intachable como Nieves Conde, en su última etapa, se atreve a horadar un terreno tan poco cultivado en España como el *thriller psicológico*, utilizando actores internacionales, convirtiéndose en uno de los discípulos más aplicados del director de *Vértigo*. Pese a todo esto, al hacer balance de su trayectoria, Nieves Conde nunca se muestra orgulloso de su quehacer artístico. Muy crítico con el cine de la época, con el cine de los pioneros y de los directores oficiales, pero más aún si cabe lo es con su incompleta obra cinematográfica, al ser consciente de una falta de unidad, coherencia y continuidad especialmente en los aspectos temáticos. La segunda parte de su obra cinematográfica, a partir de *Don Lucio y el hermano Pío* (1960), ilustra el desconcierto de este selecto grupo de cineastas que intentan *renovar* el cine español, pero que (¿temática, formal, ideológicamente?) no entienden las nuevas necesidades del cine moderno. Los jóvenes del *Nuevo Cine Español* (Martín Patino, Picazo, Prosper, Borau, Summers...), auspiciados generosamente por la Administración, están a punto de entrar en escena. Quizás no sería improductivo preguntarse si es la propia industria nacional la que arrincona a estos cineastas. Pero esto forma parte ya de otro capítulo de la historia del cine español.

Los telúricos

Llorenç Llobet-Gràcia, Carlos Serrano de Osma y Enrique Gómez configurarán un tercer grupo de cineastas independientes al que la crítica ha venido asignando el término de *telúricos*. En líneas generales, este grupo se sitúa voluntariamente en los márgenes del cine oficial auspiciado por los jerarcas de la cinematografía franquista. Se podrían incluir, además, en esta nómina al entonces ayudante de dirección y guionista Pedro Lazaga, al director de fotografía Salvador Torres Garriga, al operador Aurelio Larraya, al productor José Antonio Martínez de Arévalo, al montador Antonio Graciani, al compositor Jesús García Leoz o al actor Fernando Fernán Gómez (Castro de Paz, 2002: 201).

Jóvenes entusiastas, decididos a dar un giro a la naturaleza del cine español, nacen, al igual que los cineastas oficiales y los renovadores, en la primera década del siglo XX. Colaboran en no pocas ocasiones entre sí: quizás el ejemplo más claro es la producción de *Vida en sombras* (1948), en la que intervienen Serrano de Osma (en el expediente de rodaje figura como supervisor general del film), Pedro Lazaga (ayudante de dirección), Salvador Torres Garriga (fotografía) y Fernán Gómez, María Dolores Pradera e Isabel de Pomés (protagonistas). Durante la Guerra Civil, Serrano de Osma colabora con la productora comunista Film Popular, trabajando con del Amo en films de propaganda. Gómez solicita los servicios de Serrano de Osma como ayudante de dirección para su segundo film, *La próxima vez que vivamos* (1946), algo que se explica por la elogiosa crítica que este dispensa a *Viento de siglos* (1945), opera prima de Gómez. Por último, García Leoz aparecerá en los créditos de los principales títulos de estos cineastas.

Serrano de Osma y Gómez presentan una sólida formación cultural y cinematográfica: ello explica, en gran medida, la singularidad de algunos títulos de sus respectivas trayectorias, en especial, en la década de los cuarenta. Serrano es, además, un reputado crítico de cine con varios ensayos de hondo calado teórico sobre problemas de puesta en escena («Ensayo sobre el plano» y «Psicología de la creación cinematográfica»). Gómez, licenciado en Filosofía y Letras, ejerce el periodismo en Londres, y se forma en París al lado de directores como Jacques Tourneur, Julien Duvivier o Anatole Litvak; además, es autor de un ensayo fundamental, «El guion cinematográfico. Su teoría y su técnica». Por último, Llobet-Gràcia constituye un caso paradigmático de autodidactismo: desde niño se interesa por el cine, a sus diecisiete años filma el corto documental *Un terrat / Una terraza* (1928).

¿Cuáles son sus referentes literarios? Tras muchos años de primacía de los escritores de la novela realista del XIX, esencialmente conservadores, aparecen, por fin, nombres nuevos como Miguel de Unamuno o Emilia Pardo Bazán. Con todo, no es la adaptación literaria el modelo textual preferido; antes bien, estos directores optan por argumentos propios.

Serrano de Osma actúa como líder o *alma mater* del grupo: contribuye a la fundación de la elitista revista *Cine Experimental* (1944-1946; 11 números), en la que escribe asiduamente; es, además, uno de los creadores -junto a Victoriano López García- del IIEC (1947), primer centro oficial de enseñanza cinematográfica en España. Llobet-Gràcia lleva a cabo iniciativas para el fomento de la cultura cinematográfica, gracias a la creación de la asociación Amis del Cinema de Sabadell y de la sección Cine amateur del Centre Excursionista del Vallés.

Muy relevantes son sus aportaciones al mundo del documental: el más prolífico de todos, sin duda, es Llobet-Gràcia, con una continua e ininterrumpida actividad cinematográfica *amateur*, entre 1928 y 1954; de hecho, solo dirige un film de ficción, *Vida en sombras*. Gómez realiza un par de documentales para el Ministerio de Trabajo -*Minas de carbón* y *Viviendas protegidas*, ambos de 1943- antes de debutar en el cine de ficción en 1945; en realidad, lo ha hecho algo antes también en el campo del cine *amateur*, con una película inspirada en la Guerra de la Independencia en Cataluña, *El tambor del Bruch*. Al finalizar la guerra, Serrano de Osma trabaja como ayudante de dirección en cuatro cortos de carácter documental dirigidos por Antonio Román, que considera «lo más importante de aquel tiempo» (*Mérida, De la Alhambra al Albaicín, Al borde del gran viaje; El hombre y el carro*). E inicia su carrera en 1941 con un corto, encargo de la Organización Nacional de Ciegos, titulado *Estampas de luz*, al que seguirían otros dos más, *Silicosis* (1943) y *Peste blanca* (1944), para la delegación de Sanidad de la FET y de las JONS. Viene luego un paréntesis: por fin, debuta en 1946 con la unamuniana *Abel Sánchez* y cierra su trayectoria cinematográfica con cuatro cortometrajes de carácter etnográfico y cultural.

Los films de estos cineastas presentan ciertos rasgos formales y temáticos, en líneas generales, muy personales y, por supuesto, alejados de los modos del cine español de la época. Ponen en práctica un estilo narrativo muy poético, un «lenguaje generacional» basado en el empleo de la metáfora o la alegoría como medio de interpretación de la realidad, romántico y psicológico, acorde con la defensa que hacen de un cine culto, *estético*, pero también de cierto compromiso social (cineastas de la enunciación y del punto de vista). Son hombres de cine interesados en definir *el cine como arte*. Sus trayectorias, pese a ser muy breves, constituyen un capítulo especial de la historia del cine español. Esta brevedad está motivada por causas muy distintas entre sí:

> la prematura muerte de Gómez en 1955, la enfermedad tras la realización de su único film en el caso de Llobet-Gracia, las dificultades y el cansancio en el de Serrano, dados los problemas a los que hubo de enfrentarse en prácticamente los 8 largometrajes que componen su obra. (Castro de Paz, 2002: 202)

A diferencia de lo que ocurre con otros cineastas coetáneos, durante mucho tiempo su cine no ha sido justamente valorado, ni por supuesto entendido, obteniendo un rechazo generalizado de público y crítica. Cabe señalar, en este sentido, los descalabros de *Embrujo* (C. Serrano de Osma, 1947) y *La fiesta sigue* (E. Gómez, 1948), o, más doloroso aún, de dos films tan interesantes como *La sirena negra* (C. Serrano de Osma, 1947) y *Vida en sombras* (1948): en su día fueron auténticos fracasos comerciales, pero que con el tiempo han sido consideradas grandes películas, incluso obras maestras. Recientemente han aparecido estudios muy interesantes sobre la obra de Serrano de Osma (Asier Aranzubia, 2007) y de Llobet-Gràcia (Castro de Paz, 2018) que, afortunadamente, están reparando esta injusticia. De hecho, hay que retroceder más en el tiempo para hablar de una cierta rehabilitación de estos cineastas *malditos*. Concretamente, se trata de la retrospectiva que le dedicaba la 28.ª edición de la SEMINCI a la figura de Serrano de Osma, a cargo de Julio Pérez Perucha. Pero no siempre los exégetas del cine español han ido por el mismo camino: es difícil, casi imposible, levantar esas pesadas losas que conducen al olvido.

Continúan haciendo cine en las décadas siguientes, si bien, a veces, no saben aclimatarse a los nuevos tiempos. Al estudiar detenidamente sus trayectorias, o leer algunas declaraciones suyas, se tiene la sensación de que a algunos les ha quedado algo por contar, o que no siempre lo han hecho como realmente hubieran deseado. España y su cine están a punto de caminar por nuevas veredas, si bien aún con trote lento, apresurado e incierto.

Una «generación intermedia»

Solo unas líneas para aludir al hecho de que entre finales de los años cuarenta y comienzos de los cincuenta arrancan sus respectivas trayectorias -son guionistas, ayudantes de dirección o, sencillamente, dirigen sus primeros trabajos- los miembros de una generación «intermedia» que se sitúan entre los cineastas de la inmediata posguerra -Neville, Sáenz de Heredia, Iquino, Gil, Román, del Amo, Nieves Conde...- y los integrantes del llamado *Nuevo Cine Español* (Patino, Summers, Borau, Picazo...). Dentro de este grupo, destaca el decisivo tándem formado por Luis García Berlanga (1921; 2010) y Juan Antonio Bardem (1922; 2002), iniciadores de un cine realista, crítico y testimonial. Asimismo, sobresalen estos otros nombres: Pedro Lazaga (1918; 1979), Julio Coll (1919; 1993), Joaquín-Luis Romero-Marchet (1921; 2012), Javier Setó (1926; 1969), Juan Bosch (1026; 2015), Antonio Isasi-Isasmendi (1927; 2017) y Josep María Forn (1928; 2021), piezas fundamentales de la *Edad de Oro del cine policíaco* de posguerra; el prolífico, entonces en labores de documentalista cultural, José María Elorrieta (1921; 1974); el hoy prácticamente olvidado César Fernández Ardavín (1921; 2012), ganador del Oso de Oro en 1959 con la interesante *Lazarillo de Tormes*; o el artesano José María Forqué (1923; 1995), posiblemente el más autodidacta y versátil de todo el grupo, un reconocido maestro en el arte no siempre fácil de manejar a los actores. Hay quien ha llegado incluso a considerarlo como «el director más feminista del cine español», «un estilista con gran capacidad de visualización» (Soria, 1990). Lo cierto es que a finales de los cuarenta el director de *La becerrada* comienza a relacionarse con la gente del cine, sobre todo con documentalistas afines al Régimen, dirigiendo algún que otro corto sobre temas de industria o de agricultura -*Juventudes de España, bajo una Patria hermosa* (1947)-, que luego él mismo monta y sonoriza.

No se entiende el *buen* cine de los años cincuenta sin el oficio de estos directores, que emprenden su quehacer cinematográfico con un afán claramente renovador y una mirada mordaz; algunos de ellos son los primeros en la historia del cine español en pasar por una escuela oficial en la especialidad de Dirección (Berlanga, Bardem). En algún momento aparecen citados en las páginas de este libro, casi siempre para aludir a títulos suyos que preludian un tiempo nuevo. No basta con que sean coetáneos para que formen una generación, un grupo coherente en ideas y en estéticas: están aquí agrupados por el hecho de haber nacido en años poco distantes, por una formación intelectual más o menos semejante, y por la existencia de relaciones personales y profesionales entre ellos. Lazaga trabaja con Serrano de Osma -en labores de guionista y ayudante de dirección, entre 1946 y 1947- y con Llobet-Gràcia. Es una pena cómo se corta la carrera de quien con el tiempo se convertirá en uno de los cineastas más prolíficos de la historia del cine español, con nada menos que noventa y cuatro títulos (muchos de ellos auténticos éxitos de público) en 31 años. Pocos aficionados al cine clásico español recuerdan su digno y logrado melodrama *Campo bravo* (1948). Además, debe reivindicarse su esfuerzo por asentar un ciclo sobre la guerra civil española ciertamente intenso, reflexivo, estimulante. Fue este un cine de los vencedores, por supuesto; Lazaga no cuestionó nunca el discurso del Régimen. Pero por algunas grietas de sus fotogramas se dejaban ver ciertos elementos de comprensión dirigidos a personas del otro bando, el de los vencidos.

Otro caso más, en definitiva, de un cine español que no pudo ser. ¡Cuántas carreras truncadas! ¡Cuántos cineastas de posguerra se quedaron a medio camino! Posiblemente, en otras circunstancias históricas, económicas y sociales, hoy se estaría hablando de un cine de calidad no muy distinto del que, en tiempos de posguerra, se da en países como Inglaterra, Italia o Francia. ¡Qué cansancio tanta comedia del desarrollismo, tanta historia de infelices personajes perdidos en la ciudad con la esperanza de mejorar su estatus socioeconómico (u otras derivas estoicas), de ridículos pícaros, carteristas y maleantes, de casados, reprimidos y fogosos machos ibéricos! «Ved de cuán poco valor / son las cosas que andamos / y corremos». «¿Qué fue de tanto cineasta, / qué de tanta invención / qué trajeron?».

Conchita Montenegro

Dolor y gloria (o viceversa): géneros cinematográficos

A los gestores de la política cinematográfica del Régimen no les satisface la imagen que de España se ofrece en las películas folclóricas. A los espectadores, en cambio, sí les entusiasman esas historias de amor, híbridos de comedia y melodrama, con presencia de payos y gitanos, fiestas populares en las plazas de los pueblos (no falta una escena taurina) y en patios típicos muy andaluces, y con una presencia notable de números musicales. Esa corriente populista republicana, un cine hecho con brío y alegría, prácticamente se corta de raíz.

El cine debe ir por otros derroteros. ¿Por qué no fijar la mirada en la *historia imperial* de España? ¿*Ubi sunt* los artífices del descubrimiento de América, reyes, capitanes, navegantes? ¿*Ubi sunt* los misioneros que han portado la religión católica allende los mares? ¿Por qué no aludir a los héroes de la Cruzada que han acabado con la *amenaza roja* y la barbarie marxista, a los quintacolumnistas que actúan en la retaguardia, en la capital, a los aguerridos militares que luchan en los frentes bélicos?

¿Qué géneros cinematográficos caen prácticamente en el olvido? Sin duda, el principal damnificado es un tipo de cine con cierta crítica social, sainetesco o costumbrista. También se repudia la comedia urbana o cosmopolita, que se ha hecho en los estudios barceloneses, al intentar introducir ideas y valores extranjeros. Muy poco cine policíaco o criminal, en realidad, una mezcla de costumbrismo, sainete y cine de detective. Tampoco se ponen de acuerdo los directores a la hora de valorar uno u otro género, y, aunque en su momento no se atreven a decirlo públicamente, no siempre están de acuerdo con las prácticas auspiciadas desde arriba por los jerarcas del Régimen. Otros sí son más atrevidos: a Edgar Neville, por ejemplo, le van toda clase de géneros, especialmente el sainete, y estima muy poco el género histórico.

En las siguientes páginas se explicará con más detalle la naturaleza formal y temática de los géneros cinematográficos que proliferan de manera especial en los años cuarenta, realizando unas breves calas en algunos títulos representativos, ofreciendo, en fin, un panorama cronológico de la aventura del cine español. Desde un editorial de *Primer Plano* (núm. 7, dic., 1940), la revista cinematográfica oficial del Régimen, se alienta a la realización de un tipo de cine que exalte «el cumplimiento y el acatamiento de la disciplina y al quehacer común en la marcha militar del Estado». No es, pues, este un tiempo propicio para el realismo social.

Los desfiles de la Victoria

No hay que caer en la inercia o tópico de pensar que una película hecha bajo el franquismo es automáticamente una película *franquista*. Atendiendo al contenido, sería un error catalogar toda la producción fílmica de la década de los cuarenta como un cine afín al Régimen. El cine español de posguerra arranca con un llamativo ciclo de *cine político* cuya prioridad principal es ajustar cuentas con los vencidos. No es, en cualquier caso, una novedad: durante la Guerra Civil, en sus documentales de propaganda, el bando nacional se ha preocupado por elaborar un tipo de narrativa heroica basada en la construcción de referentes precisos, emblemáticos, como el Alcázar de Toledo, el martirio de José Antonio Primo de Rivera, la aparición de Franco como líder militar y político, Caudillo invencible, las fortalezas y los edificios religiosos, o los impresionantes desfiles patrióticos... Una puesta en escena muy estudiada y muy eficaz con la que se pretende *emocionar* al espectador. Al finalizar la guerra, el bando vencedor, en el marco de un tipo de cine propagandístico, dirige sus intereses hacia dos aspectos esenciales: a) resaltar el papel desempeñado por el Ejército en la Victoria y b) destacar o enaltecer la figura del Generalísimo, en su doble vertiente militar y política. Un buen ejemplo de ello es el documental *El gran desfile de la victoria en Madrid* (DNC, 1939), que recoge la parada militar celebrada el 19 de mayo por el Ejército Nacional con la que se cierra de manera «oficial» la Guerra Civil.

A partir de 1943 la propaganda oficial del Régimen se canaliza a través de los *Noticiarios y documentales* (*No-Do*) que se proyectan obligatoriamente en las salas de cine. ¿Qué ocurre realmente en el cine de ficción? ¿Cuáles son sus derroteros? Para Román Gubern, el llamado *cine de cruzada* habría estado formado por un

> conjunto de películas realizadas desde 1939 para legitimar y glorificar aquella sublevación [el alzamiento militar]. En rigor, el genuino Cine de Cruzada se produjo entre 1939 y 1942, interrumpiéndose este año por disposición de las autoridades cinematográficas cuando la evolución de la Segunda Guerra Mundial -con el revés de Stalingrado y el desembarco

> aliado en el Norte de África- permitió conjeturar que las potencias democráticas ganarían la guerra. (Borau, 1998: 261)

Efectivamente, el tema de la Guerra Civil está prácticamente ausente en el cine español entre 1943 y 1949. En *¡El Santuario no se rinde!* (Arturo Ruiz Castillo, 1949) se vuelve a retomar el peliagudo asunto, pero con un planteamiento absolutamente diferente al que se da en los primeros años cuarenta. Para ser aún más precisos, *En un rincón de España* (Jerónimo Mihura, 1947) y *Vida en sombras* (Llorenç Llobet-Gràcia, 1948) son los dos primeros films en volver a tratar el tema de la Guerra Civil. La película de Ruiz Castillo destaca como *rara avis* en la producción española del primer franquismo al superar con creces el antagonismo entre vencedores y vencidos ofrecido en ese peculiar y maniqueo cine de cruzada. El discurso se concentra en mostrar las posibilidades de la reconciliación entre vencedores y vencidos, idea que aparece en el que es quizás el momento más transcendental del film, una conversación entre un aguerrido y mesurado capitán de la Guardia Civil (Tomás Blanco), y un republicano noble, culto y valiente (Alfredo Mayo). Aunque supuso uno de sus mayores éxitos, para Ruiz Castillo fue la película más difícil que realizó en toda su carrera.

> En ella se abordaba una situación muy difícil como era la guerra civil española. El conflicto era demasiado reciente y estábamos en una especie de posguerra, de lucha maniquea de buenos y malos. Todos los de un bando eran malos y todos los del otro, buenos. Entonces quise hacer una película en la que ni eran tan malos unos, ni tan buenos otros. Hice honor a la defensa del santuario y, en lugar de tratar un problema humano, llevé a cabo una especie de exaltación de unas piedras, de un lugar y, sobre todo, de un hecho heroico, donde eran igual de héroes los que defendían que los que atacaban. (Gregori, 2009: 38)

Pero ¿de qué habla realmente este film?, ¿qué tiene de novedoso o particular?, ¿cómo está planteado el fratricida conflicto bélico? Una mañana de primavera, la condesa de Fuenterreal Marisa Orduña (Beatriz de Añara) recoge unas flores de jara y se acerca a las ruinas del monasterio jienense de Santa María la Cabeza: se sitúa entonces ante la cripta del capitán Cortés (Tomás Blanco), mártir y figura heroica del bando nacional, que murió defendiendo numantinamente con un pequeño grupo de guardias civiles este estratégico enclave ante el asedio de un enemigo más y mejor armado; la dama se dispone a relatar, en un larguísimo *flashback*, ciertos hechos dramáticos ocurridos en aquel lugar en plena Guerra Civil. El arranque, inspirado en *Rebeca* (A. Hitchcock, 1941),

> instituye un presente desde el que se recupera el pasado; un presente que, pese a su imprecisión, nos aleja de la realidad cruel de la guerra. Un *vía crucis*, una piedra funeraria y unas flores frescas a sus pies disparan el relato. (Sánchez Biosca, 2006: 158)

Se utilizan dos recursos estilísticos de una inestimable eficacia narrativa: por una parte, la sinécdoque, al estimar que un episodio dramático de la contienda (la defensa del santuario) sirve para representar el conjunto (la defensa de España); y, por otra, la alegoría, como medio para abordar la lucha del régimen franquista contra el aislacionismo internacional. La película es, además, el relato de una romántica e imposible historia de amor entre dos personas de círculos sociales e ideológicos muy diferentes. En los días previos al alzamiento militar, la joven condesa conoce en la finca El Romeral al apuesto e impetuoso Luis de Aracil (Alfredo Mayo), reconocido notario de la comarca, un hombre de ideas progresistas afín a la línea política del Frente Popular. En la aparición y tratamiento narrativo de este personaje republicano se encuentra la auténtica novedad del film: Aracil, un ejemplo evidente de personaje redondo, bien elaborado, a partir de ciertas virtudes y carencias que justifican sus actos, desempeña un papel crucial en el desarrollo de la acción; es un tipo honrado y honesto, se juega la vida intentando salvar a Marisa, defendiéndola de un grupo de violentos jornaleros que intentan apropiarse de la finca familiar, y acompañándola -en el camino resulta herido- hasta el santuario donde se han refugiado un grupo de guardias civiles. En los días que pasa junto a los nacionales, Aracil se mueve en una constante y amarga lucha interior entre la fidelidad a sus ideas o un giro radical que lo sitúe en las coordenadas ideológicas del bando rebelde. Al mismo tiempo, los sitiados no saben qué hacer con él, su presencia molesta y crea conflictos. Acaba de ser golpeado por un guardia que lo responsabiliza de la muerte de su hijo; su inmediata entrevista con el capitán Cortes constituye una de las escenas más increíbles y hermosas del cine de los cuarenta, una muestra bastante elocuente de esas *grietas* que existen en algunos textos fílmicos de la primera posguerra, por las que se escapa un cine más *humanístico* (acepción cuarta del DRAE: «actitud vital basada en una concepción integradora de los valores humanos»). «Todo es humano, pero la humanidad es muchas veces injusta», le acaba de decir Cortés a uno de sus subordinados. Realmente, no tiene muy claro cómo solventar este dilema moral. Ruiz Castillo opta por el empleo del plano medio y por encuadrar juntos -casi siempre- a los dos personajes: el contraste de un potente foco de luz, que apunta al rostro del capitán Cortés, y el ambiente oscuro y lúgubre de la estancia, así como la disposición de Aracil de espaldas a la cámara, sirven para enfatizar la difícil y tensa conversación que está a punto de comenzar.

¡Honestidad, comprensión y respeto hacia el enemigo! ¡Qué inusual es todo esto! ¡Y cuán lejos se está de las diatribas, de la actitud condenatoria y del espíritu vengativo de las películas canónicas del *auténtico* cine de cruzada! En medio de este infierno de constantes bombardeos, de hambre y de miedo (de vez en cuando, una avioneta aparece por sorpresa, lanzando paquetes de comida y de medicinas para los heridos), y de la sensación constante de la derrota, surge el amor de Aracil y Marisa. Entre ellos no habrá nunca reproches políticos, ni un solo roce por sus diferencias sociales e ideológicas. Ambos repudian la violencia, no comprenden este desprecio (la Guerra Civil) por las vidas humanas. Pero esta es otra historia no menos interesante que se aparta del discurso *político* del film.

Esto es lo que prevalece en un primer momento: la apología de la raza, los elogios de las honrosas o «hermosas» muertes, de militares o civiles, el ensalzamiento del bando vencedor... Por lo pronto, el auténtico cine de cruzada se produce en los años de mayor influencia de la Falange en el nuevo Estado: la exaltación de la victoria franquista («alzamiento», «cruzada») desde el punto de vista de los vencedores se lleva a cabo con un discurso maniqueo plagado de metáforas como «imperio», «raza», «martirio» o «cruzada». En el cine *político* la función conativa predomina en el enunciado fílmico: el cineasta, además de presentarle al espectador una ideología claramente fascista, pretende convencerle o persuadirle de que asuma ese punto de vista. Es, por tanto, un cine de adoctrinamiento explícito. Para ello resulta crucial la explotación de los sentimientos a partir de ciertos códigos visuales (la bandera, los símbolos fascistas) y sonoros (música militar o clásica, *in crescendo*). Además, la función poética está muy presente en ciertos discursos o diálogos que pretenden subrayar los aspectos formales. Repárese, por ejemplo, en el discurso de Manuel Luna al final de *¡A mí la Legión!* (Juan de Orduña, 1942), o en el parlamento de Pastora Peña a su novio, interpretado por José María Seoane, en la secuencia inicial de *Porque te vi llorar* (Juan de Orduña, 1941), a partir de símbolos y metáforas -el mar, las rocas- para aludir a la necesidad de ser firmes en la lucha ante las adversidades de la vida; o, en fin, la configuración lingüística y psicológica de uno de los personajes quizás más redondos del cine de posguerra, esa heroína de *Rojo y negro* (Carlos Arévalo, 1942), interpretada magistralmente por Conchita Montenegro.

No se plantean conflictos de lucha de clases sociales ni de diferencias políticas. Eso sí, predomina una moral ultracatólica como solución a todos los problemas, una especie de catolicismo melodramático. Además, es muy frecuente el uso del campo semántico de la *religión* católica: culpa, castigo, redención, oración, devoción, oficios, altar, virgen, crucifijo, Dios... Y el ejército está omnipresente, en especial los homenajes o elogios a la Legión y su filosofía masoquista de la muerte. Fue una institución militar fundamental del régimen franquista, fundada por el general Millán Astray; Franco había sido legionario y en aquel momento jefe del ejército de África. «Adelante la Legión, porque en ella está el amor, y en el amor la eternidad», cantan El Grajo y Mauro, dos grandes amigos (o algo más) legionarios en *¡A mí la Legión!* Los personajes colocan el deber a la patria por encima de la familia o de las relaciones amorosas; solo hay una madre a la que proteger, la patria (España).

Para Gubern, nueve son los títulos que configuran el corpus principal de este panfletario cine de cruzada: *Frente de Madrid* (Edgar Neville, 1939), *Vía Crucis del Señor por tierras de España* (J. L. Sáenz de Heredia, 1939), *Sin novedad en el frente* (Augusto Genina, 1940), *El crucero Baleares* (Enrique del Campo, 1941), primer film político genuinamente español, que al poco tiempo es prohibido e incluso destruido, *Escuadrilla* (Antonio Román, 1941), *Porque te vi llorar* (1941), *Raza* (José L. Sáenz de Heredia, 1941), *Rojo y negro* (1942) y *Boda en el infierno* (Antonio Román, 1942). Quedan fuera *¡Harka!* (Carlos Arévalo, 1941) y *Legión de héroes* (Juan Fortuny, 1942), al no estar el tema de la Guerra Civil entre sus argumentos (Borau, 1998).

Una figura señera dentro del subgénero castrense es sin duda alguna Alfredo Mayo. Durante la Guerra Civil el afamado actor ha combatido en el bando rebelde como teniente de aviación. Comienza su carrera con el drama de época *La florista de la reina* (E. Fernández Ardavín, 1940) y muy pronto es reclamado por directores afines a la causa franquista (Arévalo, Orduña, Román o Sáenz de Heredia) para encarnar al héroe de la cruzada nacional, convirtiéndose en la principal estrella masculina durante el primer franquismo. Al actor le apasiona lucir con garbo su uniforme militar, al servicio siempre de la causa bélica nacional, interpretar la figura de un tipo viril, apuesto y valiente, atractivo y seductor, objeto de admiración y respeto. Por cierto, lo mejor de *¡A mí la legión!* es la relación de amistad homoerótica entre el veterano legionario Grajo (A. Mayo) y el recién incorporado Mauro (Luis Peña), tema que, por otra parte, sobresale en *¡Harka!* En este caso, la más que afectuosa relación ocurre entre el capitán Santiago Balcázar (A. Mayo) y el teniente Carlos Herrera (Luis Peña). Mayo y Peña, los dos galanes del cine español de la época, coinciden interpretando papeles de militares aguerridos, que, en ciertas partes del metraje, pasan por momentos intensos, de absoluto tormento, y a veces también de suma felicidad. Félix Fanés ha reparado en la «heterodoxia» argumental:

> Las relaciones entre Balcázar y Herrera son sexualmente turbias. Esto culmina en una sorprendente declaración de Balcázar a Herrera con una botella de whisky como único testimonio, escena de amor digna de figurar en cualquier antología del cine pasional. *¡Harka!* resultó un extrañísimo producto digno de un país descuartizado. (Fanés, 1981: 85)

Seguramente, el público de la época solo viera sentimientos patrióticos en esta apasionante relación. Pero, ¿en qué lugar queda la implacable y omnipresente censura?, ¿qué vieron los generales Moscardó y Rada, que tanto la elogiaron?, ¿dónde está el criterio de los avezados críticos de la época? ¡Qué difícil resulta a veces entender, justificar y, por supuesto, explicar ciertos textos fílmicos del primer cine de posguerra! Para Alberto Elena, «*¡Harka!* venía pura y simplemente a erigirse en una desbordante exaltación del espíritu militar español» (Pérez Perucha, 1997: 133). La dedicatoria que figura al frente de la cinta no se presta a ambigüedades: «un homenaje a la memoria de los que todo lo dieron por España». No se puede blanquear sin más una frase como esta. En el contexto del *Nuevo Cine Español*, Carlos Saura emprendería una labor de rescate de estos dos actores. Alfredo Mayo interpreta el personaje de Paco, un excombatiente franquista convertido en un astuto hombre de negocios, en un film fundamental en la historia del cine español, *La caza* (1965); y Luis Peña participa en papeles secundarios en dos títulos de su ambiciosa trilogía sobre la Guerra Civil: *El jardín de las delicias* (1970) y *La prima Angélica* (1973). No dejaba de ser un necesario, justo y loable reconocimiento a dos grandes intérpretes, a quienes con mucha frecuencia se les ha asocia con cierto tipo de cine ideologizado.

Vicente J. Benet prefiere hablar de un «cine declaradamente político del franquismo» restringido, en puridad, a unas pocas películas, entre las que destacan *Frente de Madrid*, *Rojo y negro*, «sin duda, la más compleja de todas estas películas», y *Raza*. Debe subrayarse la influencia que ha tenido el cine de aventuras militares de Hollywood, en especial en películas propagandísticas como *¡A mí la Legión!*, *¡Harka!* y *Los últimos de Filipinas* (Antonio Román, 1945), centradas en el compañerismo, la lealtad y una sublimación de la amistad con ciertas connotaciones homosexuales (Benet, 2012). Castro de Paz, por su parte, no es partidario de hablar de la existencia de una corriente de cine fascista, sino de establecer una distinción entre a) «determinados filmes fascistas cuyo finalidad eminentemente propagandística se cifraba en la exaltación del ejército y, más en abstracto, de unos peculiares y universales valores castrenses» (el díptico *¡Harka!* y *¡A mí la legión!*); y b) «otros títulos que trataban de justificar, por medio de diversas operaciones textuales, la sublevación militar franquista contra la legalidad republicana» (*Frente de Madrid, Sin novedad en el Alcázar, Raza* y *Rojo y negro*). A su vez, dentro de este segundo grupo, se podría desgajar un subgénero denominado *cine falangista*, en el que sitúa a la cabeza el film de Arévalo de 1942 (Castro de Paz, 2002: 34).

Para cerrar esta especie de estado de la cuestión sobre el cine de cruzada, se debe aludir al concepto de *cine colonial*, acuñado por Alberto Elena para referirse, de manera específica, a

> aquellas producciones [varias docenas de más que desigual naturaleza y valor] ambientadas total o parcialmente en alguno de estos territorios [Pacífico, América o África] (...) Tras el paréntesis republicano, el franquismo se serviría de los temas africanos para acometer una desbordante idealización del espíritu militar en paralelo a una no menos intensa autoafirmación del destino imperial de la nación. (Borau, 1998: 242)

En este subgénero se incluyen títulos como *Los últimos de Filipinas* (A. Román, 1945), *Héroes del 95* (R. Alfonso, 1947), *¡Harka!* y *Alhucemas* (José López Rubio, 1948).

Un film que aparece siempre en cualquier corpus de cine militarista de posguerra es *Raza* (1941). Antes de valorar esta discutidísima cinta, debe repararse en algunas apreciaciones de los más solventes críticos cinematográficos: «el emblemático manifiesto del franquismo» (Gubern - Borau, 1998: 565); «un título ideológicamente muy cargado en aquel momento, por las brutales prácticas etnofóbicas nazis» (Gubern - Castro de Paz, 2011: 85); «un film realizado con competente profesionalidad académica, que a veces aparecía contaminado por efluvios del admirado cine soviético, y también por la estética del cine alemán e italiano de la época» (Gubern-Pérez Perucha, 1997: 140); «la película-modelo de un género que se pretende dominante: la exaltación de la Cruzada. Película muy simple y sin ningún interés formal» (Font, 1976; 63); «la película está bien realizada y constituyó un clamoroso éxito de público. *Raza* era un curioso ejemplo de cine de propaganda política para la exaltación de un momento histórico concreto» (Caparrós Lera, 2007: 41); «Insoportable y maloliente fulgor a partir del risible relato del dictador Francisco Franco, bajo el seudónimo de Jaime de Andrade» (Castro de Paz, 2010); «la película más reveladora de la personalidad de Franco y de su ideal político» (Benet, 2012: 161);

> *Raza* fue la expresión de un anhelo de España, tal y como lo sentía quien, desde las riendas de un poder omnímodo, trataba de ajustar los hechos a sus fantasías. En efecto, mucho hay de rancio en *Raza*: su desconfianza

> y desprecio por la política, su defensa del estamento militar como quintaesencia de los valores auténticos en conjunción con la familia tradicional cristiana: es este el ideal que conformaba el pobre pensamiento político del Caudillo, donde se daban cita el africanismo militar y la nostalgia del Imperio; (Sánchez Biosca, 2006: 113)
>
> La película respondía a las demandas de un cine de función adoctrinadora. El máximo exponente del cine deseado ensalzaba los valores castrenses, con algún gesto, cierta simbología, de corte fascista. (Nieto Ferrando, 2011: 11)

No hay un título más representativo del cine militarista que *Raza*, con guion de Antonio Román y del propio director, patrocinado por el llamado CONSEJO DE LA HISPANIDAD. Sáenz de Heredia es el elegido para cumplir tan épica hazaña: se entrega inmediatamente a una preparación concienzuda -con la colaboración, en calidad de asesores, del periodista Manuel Aznar y del escritor Manuel Halcón-, a la entusiasta filmación de lo que desde entonces ya se conocerá como «la película del Caudillo». El film se estrena con los máximos honores el 5 de enero de 1942 en la Palacio de la Música de Madrid, aunque unos días antes se proyecta en el Palacio del Pardo, con la asistencia del gobierno en pleno y por supuesto del jefe de Estado. ¿Qué intereses motivan la escritura de este texto fílmico? ¿A qué obedece este breve pero significativo título? Al parecer, según el director, Franco deseaba dejar constancia de la auténtica forma de ser del español genuino, o explicar qué tiene de especial nuestra raza.

Atendiendo a su contenido, el film se podría segmentar en tres partes:

1.ª parte. En torno a 1898. Consiste en la presentación de los integrantes de la acomodada y afamada familia Churruca Acuña, que vive en un idílico pazo gallego. El primero de los valores del Régimen que la película quiere asentar es el de la importancia del microcosmos familiar. A su vez, se podrían distinguir claramente dos subsecuencias. 1.1. La madre, doña Isabel Acuña (Rosita Mendía), una mujer tradicional, se entrega a la educación de los hijos. El padre, don Pedro Churruca (Julio Rey de las Heras), es capitán de navío, un patriota. Un día todos acuden al puerto a recibirlo. Aprovecha la breve estancia para compartir sus experiencias y para educar a sus hijos aún muy niños. 1.2. 1898, año fatídico para la patria. El ambiente en Filipinas y en Cuba es muy tenso. Se está decidiendo el futuro de las últimas colonias. El capitán Churruca muere en la batalla naval contra Estados Unidos.

2.ª parte. Una elipsis. 1928. Los hijos han seguido caminos muy diferentes: Isabel (Blanca de Silos) se ha casado con el melancólico e introvertido capitán Luis Echevarría (Raúl Cancio); Jaime (Luis Arroyo) ha entrado como monje en un convento; Pedro (José Nieto) ha iniciado la carrera política; José (Alfredo Mayo), la militar. El primer conflicto del film es familiar: Pedro reclama la legítima para encauzar su vida hacia el mundo de la política, algo que desagrada bastante al bravo y patriota José, *alter ego* del dictador Francisco Franco.

3.ª parte. El segundo conflicto de la trama narrativa es claramente político o histórico; en él se insertará el primer conflicto. En montaje alterno, vamos viendo qué les ha ocurrido a los hermanos Churruca en el trascurso de la guerra fratricida. Se acaba de producir el levantamiento militar en Marruecos: de Isabel, la única a quien no vemos durante este tramo narrativo, se dice que se encuentra en Bilbao; José, pese a estar en el lado republicano, desea combatir con los nacionales. No es tarea fácil pasarse al otro lado. En su intento por llegar al cuartel de la Montaña, para intentar contactar con el general Fanjul, es detenido. Durante su estancia en la cárcel es visitado por su amiga Marisol Mendoza (Ana Mariscal), que desde hace tiempo anda enamorada de él. Esta acude a Pedro que anda muy bien situado en el organigrama político republicano. Poco puede hacer este al respecto. Sentenciado a pena de muerte, logra, no obstante, salir indemne del fusilamiento. Por fin, con el falso nombre de Dámaso Fernández, Pedro logra llegar hasta un destacamento del bando franquista. Allí se encuentra con su cuñado, un militar dudoso, pusilánime y confuso (son varios los momentos en los que piensa desertar y dejar descabezado a su regimiento). Jaime es víctima de la sangría perpetrada por los milicianos que entran a saco en un convento convertido en asilo para niños huérfanos. No faltan personajes anónimos entregados a la salvación de la patria (en el bando republicano, no se muestran ejemplos de este tipo): un viejo soldado que ha perdido a sus hijos en el frente, o una viuda que se ofrece para participar como agente quintacolumnista. La Guerra Civil ha provocado la desintegración de la familia: en adelante, los cuatro hermanos no volverán a estar juntos.

Aún faltan dos escenas típicas de este cine de la cruzada o militarista: José es detenido y fusilado, no sin antes lanzar un discurso sobre la raza; Pedro, inicialmente militar republicano, recapacita y pasa información de guerra al otro bando. Efectivamente, es la llamada de la sangre lo que provoca su conversión a la nueva España, así como su inmediato sacrificio por parte de sus antiguos compañeros. «Un servicio [en la retaguardia, los quintacolumnistas; en el frente nacional, José y Luis; en el republicano, Pedro] puede redimir una vida [la patria]», apunta al final una mujer anónima, en un metafórico mensaje.

Son muchas las secuencias que se podrían utilizar para explicar cómo se procede a la hora de plasmar en imágenes este cine militarista o de propaganda. Algunos motivos narrativos se repiten en otros films de este subgénero fílmico: por ejemplo, la presencia de un joven -a la postre convertido en héroe de la cruzada- que se cruza del bando republicano al nacional, al comprender que solo así se puede salvar la patria; la ira de los milicianos, en escenas de tortura o asaltando lugares de culto o conventos; la valentía de las mujeres en la retaguardia, etc. Son escenas que se repiten en cintas como *Frente de Madrid*, *El frente de los suspiros* o *Rojo y negro*, títulos emblemáticos de este efímero ciclo político.

Raza no es un film desdeñable en lo que se refiere al dispositivo formal o estructural. Se deja ver, aunque no se comparta nada de lo que en él se *proclama*, ni, por supuesto, se llegue a *entender*; está rodado con oficio, con un ritmo muy equilibrado y con un uso magistral de la elipsis. Pedro Churruca es la figura esencial de la primera parte: padre ejemplar, casado con una mujer maravillosa, entregada y comprensiva, con cuatro hijos aún muy pequeños. Todo esto sirve para subrayar la idea del sacrificio por la patria, que opera como *leitmotiv* del primer tramo narrativo. Cada miembro de la familia desempeña una función dramatúrgica. El padre representa las ideas del honor y el patriotismo; el capitán de navío ha regresado al hogar, si bien no por mucho tiempo. Entretanto, emprende otra misión, la de la *educar* a sus hijos, enseñarles cuál es la base cultural, religiosa o ideológica de la patria. Conocer todo esto -considera él- les permitirá en un futuro tomar la decisión correcta. Tres de ellos optan por el camino *acertado* (Jaime, el religioso; José, el militar; e Isabel, un reflejo de la vida su madre, esposa de un militar, la vida sumisa, el alma del hogar, la que sabe esperar); el hijo mayor es el que camina con rumbo más incierto (Pedro, diputado), acorde con la mentalidad de un Franco siempre hostil a la vida política. El film postula

> una visión tradicional, arcádica y familiar de España, si bien contrarresta este anhelo con un firme rigor castrense que se rebela contra la tradición y la corrupción de la clase política causante de la decadencia de un país antaño glorioso. (Sánchez-Biosca, 2006: 114)

Raza sigue siendo uno de los títulos del cine español de los que más habla la gente no precisamente cinéfila; es un poco como lo que ocurre -salvando las gigantescas distancias- con el *Quijote*, el clásico del que todos opinan, pero muy pocos reconocen haber leído. Ciertamente, la peregrina idea de Franco guionista ha pesado como una losa en la valoración no solo del propio texto fílmico sino también del resto de la filmografía de Sáenz de Heredia. No poca culpa han tenido algunas declaraciones suyas en las que manifiesta sentirse muy orgulloso de su amistad con el Generalísimo.

> A *Raza* le debo, en primer lugar, el haber conocido a su Excelencia el Generalísimo, para mí una de las satisfacciones más grandes de mi vida y que cada día le doy más valor. Ahora, cuando hay tantos que le insultan, pues yo me halago de haberle admirado, de seguir admirándole y cada vez más. Además, que a él le gustaba que se hiciera este recuerdo de la guerra, expresado por él en ese libro y que fuera yo el que lo hiciese. Para mí es una satisfacción muy grande. (Abajo de Pablos, 1996: 30)

Si de *Raza* se suele decir que es el film por antonomasia del subgénero militarista, la condición o el epíteto de película maldita le corresponde a la (en ciertos momentos) estimulante *Rojo y negro* (1942). El título hace referencia a los colores de la bandera de la Falange, pero también a la sangre y la represión, dos temas capitales del cine político. La cinta se abre con un largo, pesado e insufrible prólogo textual (abruma su falso retoricismo) propio del discurso falangista. El primer bloque narrativo se sitúa a la altura de 1921: una loa al ejército, y, por ende, una clara manifestación del carácter ideológico, popular y político del film. Los días de la Segunda República ocupan la parte central en donde el cineasta opta por el uso de la antítesis para configurar dos caracteres muy dispares. La joven falangista Luisa (Conchita Montenegro), implicada en actividades quintacolumnistas, abomina del compromiso político de su novio Miguel (Ismael Merlo), afiliado a un partido de izquierdas. La primera vez que aparecen juntos es saliendo de una cafetería y discutiendo de política mientras caminan por las calles de Madrid. Aquí quedan registrados todos los estilemas del cine de Arévalo: un largo trávelin para la mostración del discurso o ideología del texto; el encadenamiento de escenas de montaje (influencia del cine soviético), en este caso para apuntar -según el director- las miserias, las falsedades y el desorden social de la España republicana; la configuración de escenas corales para mostrar con no poca ironía el parecer de los distintos colectivos en pleno ambiente prebélico.

El tercer tramo narrativo es con diferencia lo mejor de la película. Se opta por desarrollar por separado las vidas de Luisa y Miguel. Ella es la que más crece como personaje (redondo, sin duda): su actividad política consiste en apoyar al sector falangista, víctima principal de la represión de socialistas, comunistas y cenetistas que hay en la capital. Es la portadora del discurso político del film a través de un doble *leitmotiv*: primero, la idea de que tras la llegada de los militares a Madrid (España) se pondrá fin a un Régimen de odio, miedo y persecución (los temidos registros, los paseos, las checas...), y, segundo, que, ayudándose unos a otros, lograrán vencer al enemigo. Los zafios, brutos y primarios milicianos (así están caracterizados) la encierran en la checa de las Adoratrices. Arévalo sabe planificar las sucesivas escenas de dolor, cuida los encuadres, la luz (uso del claroscuro), el sonido y la disposición de los personajes. La alternancia entre planos dialogados y elocuentes imágenes silentes ilustra el amargo sentir de la joven. El empleo de la elipsis resulta clave a la hora de plantear la escena en la que Luisa es violada por un miliciano. Se recupera entonces a Miguel, que ya es otro: un mar de dudas y desconcierto, un ser triste y desencantado con los ideales revolucionarios; la detención de su novia incrementa su melancolía, su desesperación. El ritmo ahora es frenético. Una de las mejores escenas -por su dramatismo, por la mirada cómplice de la cámara- es cuando aparece Miguel caminando con dificultad por un descampado lleno de cadáveres y encuentra a Luisa. Corroído por el dolor, se enfrenta a sus propios camaradas.

El film se estrena en Madrid el 25 de mayo de 1942. No gusta nada a las autoridades franquistas; Franco lo desaprueba. Al cabo de tres semanas, es retirado de las carteleras. Un film muy desigual. Un film maldito, por supuesto.

Antes de concluir este largo apartado dedicado al cine militarista, debe aludirse a dos títulos fundamentales de la filmografía de Antonio Román, sin los cuales es imposible entender cabalmente el alcance del cine político del primer franquismo. No está de más insistir en dos hechos fundamentales puramente cinematográficos: primero, *sensu stricto*, el cine de cruzada se da solo entre 1939 y 1942; segundo, la Guerra Civil está ausente de las historias de nuestro cine entre 1943 y 1949. Ahora bien, de una manera u otra, los jerarcas del Régimen no están dispuestos a olvidar el alcance propagandístico del cine. Por ello no dudan en apoyar ciertas propuestas encaminadas a ensalzar valores como la unidad nacional, la importancia de una patria cohesionada, el papel transcendental de la Iglesia católica en el devenir histórico, o la mostración de personajes que manifiestan un enorme amor por España y que por distintos medios (en especial, la lucha armada, la rebelión contra el opresor) procuran su bien.

En este sentido, *Los últimos de Filipinas* (1945) y *Fuenteovejuna* (1947) se erigen en dos títulos imprescindibles del más genuino *cine patriótico*, al margen de que sean adscritos al cine colonial y al literario, respectivamente. En las dos cintas es fundamental el elemento religioso en la configuración del asunto narrativo, esto es, la presencia de figuras eclesiásticas -como personajes secundarios, eso sí-, que curiosamente no aparecen en los textos originales de los que parten los guionistas. El guion del primer film lo firman Pedro de Juan, Enrique Llovet & Antonio Román, a partir de un guion radiofónico de Llovet titulado «El sitio de Baler» sobre un episodio de la emancipación de las Filipinas en 1898; el guion del título lopesco es obra de José María Pemán, Francisco Bonmatí de Codecido y Antonio Román, a partir de la pieza teatral homónima de 1619 sobre la rebelión del pueblo de Fuenteovejuna contra el Comendador de la Orden de Calatrava, don Fernán Gómez. En los dos textos se abordan temas como la defensa frente al extranjero, la justificada rebelión contra la opresión, en aras de la unidad nacional, del *statu quo* imperante, o de la necesidad de un líder cuyas ideas -o propósitos para enmendar una situación antipatriótica- sean secundadas por la colectividad. Además, en las dos es relevante la articulación del personaje colectivo, en dos sentidos claramente complementarios: a) un tipo especial o peculiar representa a todo un grupo (el capitán La Moreras y el teniente Andrés - el grupo de militares sitiados en una iglesia; Esteban, el alcalde, y su hija Laurencia - el oprimido pueblo de Fuenteovejuna); pero también b) una colectividad que, en sentido alegórico, constituye la encarnación de una idea, de un valor o de un principio patriótico, la defensa de la patria frente al invasor, si bien en forma de sinécdoque, en el primer caso, o la lucha contra el mal gobernante, contra quien oprime a su pueblo, y pone en práctica una errónea y malintencionada interpretación del concepto del honor, en el segundo caso.

En la excelente *Los últimos de Filipinas* se narra la resistencia de una guarnición militar de la aldea costera de Baler, en Luzón, Filipinas. En el verano de 1898 el capitán jefe Enrique Las Moreras, interpretado por un memorable José Nieto, y un grupo de cincuenta soldados quedan sitiados en una iglesia pequeña: durante un año se enfrentan en numerosos combates a los insurrectos. En la primera parte del film, el peso de la acción recae principalmente en el capitán Las Moreras que observa cómo poco a poco se están dando síntomas de una inminente insurrección en su sección por parte del pueblo tagalo (el otro personaje colectivo). Inicialmente, el capitán piensa en dialogar con los insurrectos; se trata de un personaje melancólico, demasiado ensimismado, algo desorientado. Es entonces cuando hace acto de presencia el personaje religioso de fray Cándido, interpretado por Manuel Kayser; otra sinécdoque más de este cine político: la Iglesia como pilar necesario en la labor evangelizadora de la política de colonización de España. Aquí reside el mensaje patriótico de la película. No debe soslayarse tampoco el carácter simbólico de personajes como el capitán Las Moreras o el teniente Martín Cerezo (Armando Calvo), orgullosos de la empresa bélica y patriótica que está a punto de comenzar desde que izan la bandera a la espera del estallido de la revolución. El inserto de una octavilla en los primeros compases del film es bastante evidente: «¡¡FILIPINOS!! Nuestros dioses aguardan hace siglos a que las viejas armas sean desenterradas. El momento de la lucha ha llegado. Antes de cuatro lunas nuestros muertos podrán sonreír en sus tumbas. ¡PREPARAOS AL

COMBATE!». Ambos creen que ha llegado el momento de decidirse: pasean por el campamento, de repente se detienen, quizás están pensando lo mismo. Corte a plano general, leve contrapicado. Se hallan frente a los muros de la vieja iglesia. Es allí donde soportarán el largo y trágico asedio; sus armas principales, la fe, la Iglesia, o Dios. En otro plano, idéntico, los dos entran ya en cuadro: lo militar y lo religioso se dan la mano en esta especie de cruzada que está a punto de comenzar.

El discurso religioso cobra mayor protagonismo en la parte final del sitio: se oyen los disparos de los desesperados militares españoles; en el interior de la iglesia, el doctor Rogelio Vigil (Guillermo Marín) quiere comprender qué está ocurriendo, si cabe alguna esperanza. Se conmueve al escuchar la explicación de fray Cándido:

> (Plano general). Dios no puede desampararnos. Rezar, hijo. Ayudarles. Hay que tener fe. Paciencia. Dios proveerá. (*Corte a plano medio, leve contrapicado del padre para ensalzar la figura humilde y respetada del médico, que lo escucha atentamente, en un plano inferior*). Él ordena y resuelve nuestras vidas, nos ilumina mientras estamos aquí y puede llamarnos cuando quiera sin que le detenga lo que estemos haciendo en este mundo. Pero vale la pena pensar y prepararse para la de aquellos [la muerte] que creen en Dios y van a su lado... Hay que mirar más arriba por detrás de las estrellas donde acaba el cielo de los astrónomos y empieza el cielo de Dios.

Es evidente que el film no escamita en elogios a la hora de señalar la labor divulgadora del Estado español, representado a través del ejército y de la religión. El sitio de los tagalos dura casi un año, hasta meses después del Tratado de París, momento en el que las islas Filipinas dejan de ser territorio de España, y se pone fin así a cuatrocientos años de historia del Imperio español, periodo tan añorado y ensalzado por los jerarcas del DNC.

En junio de 1945 la Conferencia de San Francisco excluye a España de la ONU y EE UU decide retirar a su embajador de España. Nuestro país queda asilado de la comunidad internacional. ¿Es eso exactamente lo que quiere contar Román con la historia del destacamento español recluido en una iglesia de un pueblo perdido en las islas Filipinas? ¿Se está refiriendo a las potencias internacionales al hablar del asedio perpetrado por los indígenas tagalos? ¿A qué obedecía la innecesaria tozudez de los oficiales españoles en una guerra perdida en el Tratado de París? Una cosa es la realidad y otra el deseo. No parece que este fuera el propósito inicial de Román al emprender un proyecto histórico de tan hondo calado; antes bien, a él le anima la ejecución de un cine de calidad, artístico y formal, sobre todo. ¿Qué ocurrió realmente tras el exitoso estreno del film? Algo muy sencillo: se trata de un caso evidente de lectura política realizada a posteriori por ciertos críticos y, por supuesto, por un gobierno especialmente interesado en ello. Un cine histórico de aventuras (que es lo que realmente es esta hermosa y poética cinta), utilizado políticamente por el Estado franquista. Por otra parte, esta apología del «numantinismo» es uno de los temas recurrentes en algunas cintas del primer franquismo, como, por ejemplo, *Sin novedad en el Alcázar* (1940).

Más estimulante aún, en lo que se refiere a un análisis *político*, es *Fuenteovejuna*, una adaptación que no se aparta -sobre todo, en lo que se refiere al mensaje, a la intención- del original literario de Lope de Vega, escrito entre 1611 y 1618. No obstante, hay quien quiere ver «numerosas divergencias», «muchas desviaciones», entre el texto literario y el texto fílmico (Coira, 2004: 119). Román declara que, en líneas generales, se trata de una película fiel al original. ¿De qué hablamos cuando hablamos de *fidelidad* en el ámbito de las adaptaciones cinematográficas? Todo este farragoso asunto tiene que ver más con el contenido (nivel semántico) que con la forma (nivel formal). No parece que sean tantas ni tan representativas esas «divergencias»; lo que sí se dan son ciertas decisiones para ampliar el protagonismo de algún personaje, como ocurre con el alcalde Esteban. La subtrama amorosa configurada por el triángulo Laurencia-Frondoso-Comendador es prácticamente idéntica.

Se trata, por otra parte, de un proyecto personal muy antiguo, pergeñado por Román desde su etapa como gestor cultural de La Barraca. Como suele aparecer en algunas películas, se podría decir que el film está basado en hechos históricos: un 23 de abril de 1476, en el pueblo cordobés de Fuenteovejuna, centenares de labradores y ganaderos, con sus autoridades municipales al frente, asaltan violentamente la Casa de la Encomienda y dan muerte, de manera despiadada y cruel, al comendador mayor de la Orden de Calatrava. Tras el incidente, los Reyes Católicos, que no pueden aceptar de entrada este tiranicidio, envían a un juez inquisidor para indagar los pormenores de esta trágica muerte. Sus pesquisas resultan infructuosas: todas las personas del pueblo que son interrogadas -siguiendo el consejo de su alcalde- declaran que es el pueblo entero el auténtico responsable de los hechos acaecidos en aquel lugar. Román elige esta obra clásica porque la ha representado muchas veces con La Barraca. Es muy consciente de que se enfrenta al dictamen riguroso de la censura, pues en esa época no parece, a priori, un argumento muy oportuno. ¡Un pueblo se rebela contra un dictador! El cineasta no tiene ningún problema para hacer la película; bueno, sí, una sola excepción: al parecer a la censura no le gusta que Laurencia emplee la palabra «maricones» cuando se dirige a los concejales y al alcalde, su propio padre, tras haber sido violada por el comendador, y el director tiene que sustituirla por la de «maritornes».

La pieza de Lope ha sido objeto de múltiples interpretaciones que, *grosso modo*, quedarían resumidas en dos corrientes: por una parte (una lectura actual), la crítica soviética (también lo fue durante la Segunda República), que considera esta obra como una defensa de la revolución popular a partir de la importancia del personaje colectivo como protagonista absoluto de la revuelta, esto es, como un modo de subvertir el orden (absolutista) o de modificar el sistema político (feudal), una defensa de la democracia y una justificación del tiranicidio; por otra parte (una lectura del siglo XVII), la crítica española, que defiende una visión contextualizada que parta de los valores y pensamientos, coordenadas culturales e ideológicas, de la España de Lope de Vega. Según esto, la obra es más bien una defensa a ultranza del sistema de la Monarquía absolutista, única forma de gobierno capaz de lograr la estabilidad y la justicia social, frente al poder feudal; la obra, entonces, se erige en una crítica contra determinados individuos que ocupan cargos relevantes en el gobierno del país y, por ende, contra ciertas formas de entender el poder, que se aprovechan de este para oprimir tiránicamente al pueblo. O, en otras palabras, una diatriba contra quienes no asumen la estructura jerárquica. Los vecinos de Fuenteovejuna desean ser gobernados por un político ponderado, eficaz y honrado; no cuestionan, en absoluto, el sistema político establecido.

La escena clave ocurre al comienzo del Acto III: todo el pueblo (personaje colectivo) se reúne en la Sala del Concejo Municipal para decidir qué hacer con la máxima figura política del pueblo, un comendador que infringe el código ético al que está obligado para con sus súbditos (auxiliar, proteger, honrar): acosa y humilla a las mujeres, no le importa que estén casadas o comprometidas, actúa con prepotencia y no duda en apresar y azotar a quienes simplemente se oponen o cuestionan su actuación (1.ª acción). Pero es que además se pone en contra de los propios Reyes Católicos, influyendo en el muy joven maestre de Calatrava para emplear los medios bélicos de que dispone con el objeto de conquistar Ciudad Real, aliándose de esta manera con el bando del rey portugués (2.ª acción).

Todo esto queda perfectamente recogido en esta magnífica adaptación. No cabe duda del entusiasmo que entre las filas franquistas (los jerarcas culturales, los productores, los censores...) despierta la historia que cuestiona la labor política de un tirano (insisto, con villanos y villanas), que abusa de su autoridad, y que, en cambio, ensalza la honradez de los humildes y anónimos gobernantes (el alcalde Esteban, algo de lo que apenas se ha hablado), o del amor verdadero (la hermosa historia que protagonizan Laurencia y Frondoso). Para Lope –como para Román y sus guionistas– no hay sistema político superior al monárquico (sustitúyase por la firmeza del sistema franquista), de manera que con él está garantizada la justicia, el orden social, la disciplina política y, sobre todo, la armonía de la patria frente al caos o la inestabilidad. No es raro que un escritor tan afín al franquismo como José María Pemán abrace este proyecto con candor y entusiasmo. No nos parece aventurado conjeturar el hecho de que el espectador español de 1947 identificara al jefe de Estado con la figura del Rey (o Reyes), algo así como un enviado de Dios, cuyo objeto principal era mantener el orden de un país. Los biógrafos de Franco, en este sentido, han reparado en esta idea del *Generalísimo* (¿ególatra?, ¿narcisista?) como auténtico enviado de Dios para salvar España, para reorientarla y mantenerla al margen de nefastas influencias del exterior y del interior, claro está.

El primer tramo del film está dedicado al trazado del perfil psicológico de Fernán Gómez de Guzmán, el ruin comendador (Manuel Luna), apoyándose en tres aspectos: en primer lugar, se traslada a Almagro para entrevistarse con el jovencísimo e inexperto don Rodrigo Téllez Girón, maestre de la Orden de Calatrava (Carlos Muñoz), mostrándose desde el primer momento orgulloso y prepotente ante su superior, e incitándole -al sugerirle que se apodere de Ciudad Real, villa que dependía directamente de los Reyes Católicos- a que cometa el pecado político de enfrentarse al poder establecido; en segundo lugar, en dos escenas consecutivas, se insiste en el lado inmoral, cruel y lascivo de Fernán Gómez, quien, primero, toma a la fuerza a una aldeana para gozar de ella (elipsis), y, después, en el emotivo homenaje que le tributa el pueblo en su regreso tras la victoria de Ciudad Real, fija su atención en la bella Laurencia (Amparo Rivelles), a la que convierte en la «presa» más codiciada de su afición por «cazar» mujeres (Fernán Gómez no siente por ella buen amor, sino apetito sexual y esto lo sabe la joven villana); y, en tercer lugar, en una secuencia que no aparece en el original literario, se completa el trazado del personaje apoyándose en su carácter sacrílego, al desoír las palabras que le transmite el abad (otra vez, sinécdoque de la Iglesia), consejero espiritual y humano, único personaje religioso del film, ausente en la obra de Lope, pero *leitmotiv* del cine patriótico de posguerra, y, a la postre, uno de los puntales del armazón ideológico del Régimen. Es este, por otra parte, un elemento narrativo que aparece en la película anterior. No está de más señalar aquí la importancia que el subgénero religioso adquiere en los primeros años cincuenta, y más concretamente en cintas protagonizadas por figuras eclesiásticas -curas de aldea, monjas de conventos y hospitales-, encargados de llevar a cabo una ardua labor evangelizadora en destinos muy difíciles, en donde existe cierto desapego de los aldeanos hacia la religión.

Sin duda alguna, el film otorga más protagonismo al personaje del alcalde Esteban (Manuel Kayser) del que tiene en la pieza de Lope de Vega. La parte política de la película descansa en la determinante intervención de Esteban en dos escenas cruciales: es algo así como la contrafigura política del comendador, esto es, representa al «buen gobernador», fiel a la misión encomendada por sus superiores, que no tiene otro empeño que el de servir a su pueblo, defender el honor de los villanos y las villanas, de esa gente modesta y humilde que no sabe de escuadrones, sino de campos y labranzas. Las dos escenas ocurren en la sala del Concejo: en la primera (min. 34), el «viejo testarudo» se niega a que sus conciudadanos se alisten en una tropa para luchar en una acción militar contra los Reyes Católicos (esto invalidaría una *lectura soviética* del film), es decir, desoye el dictado del comendador, quien, abusando de su autoridad, se estaría rebelando contra el Estado; en la segunda secuencia, Esteban desautoriza la figura política del comendador, saca a la luz todas sus tropelías para con su pueblo (abusa de las mujeres, se apropia de los bienes de los aldeanos, los arresta y azota cuando le viene en gana...) y para con sus reyes (la toma de Ciudad Real, su alianza con el rey portugués...) e incita al pueblo a una rebelión que termine con el derrocamiento del tirano. Es, a todas luces, una de las escenas capitales del film. El pueblo decide reunirse en la sala del Concejo al anochecer. En un trávelin de retroceso se afianza la figura del alcalde que, aguantando en su mano lo que queda de su vara de mando que el Comendador le acaba de romper, se dirige con vehemencia a los vecinos de Fuenteovejuna. Lo que queda de esa vara -apunta un Esteban indignado, humillado en lo más hondo de su ser- le hace sentirse más orgulloso que nunca de su misión. Hermosa metáfora política, sin duda: lo que muestra ese trozo de vara, ese fragmento astillado («rota y atropellada»; «vara era y cetro me parece ahora»), es no solo la humillación de verse arrebatado de unos poderes adquiridos por la soberanía popular, sino el emblema de la situación anárquica que acaba de generar un tirano que actúa al margen del Estado. El tono de Esteban es ya el propio de una arenga militar, con expresiones que incitan claramente a la rebelión. «¿Puede llegarse a más en el desprecio de todo un pueblo? ¿Qué aguardamos para perder la vida si es preciso?" (Una pregunta retórica muy habitual en el cine de cruzada). No cree ya en la prudencia a la hora de terminar con el «ultraje y la locura de ese hombre», sino en la necesidad de una actuación conjunta, firme y, en definitiva, trágica.

En la escena final, los Reyes Católicos abordan la ardua cuestión política. La reina Isabel (Lina Yegrós) muestra interés por solucionar este suceso, por abordarlo *in situ*, porque cree en un mundo justo; de nada sirve conquistar otras tierras si luego la patria vive en una lucha fratricida. El rey Fernando (Julio Peña), en cambio, se muestra más remiso, o reticente, en una actitud que se aproxima al menosprecio: no cree que tal asunto requiera de su presencia; de hecho, es él quien reprende -no la reina- la desmedida y cruel actuación del pueblo (no era el pueblo de Fuenteovejuna, el que, en su opinión, debería haber juzgado a una figura política de esa importancia), alentado por su alcalde, si bien termina reconociendo que la actuación política del comendador tenía poco de ejemplar. La reina cree imprescindible apartar otros asuntos de Estado y normalizar el asunto de Fuenteovejuna. Un elocuente plano medio muestra a Isabel indicándole al rey Fernando que conteste favorablemente la petición del pueblo; Esteban se convertirá, además, en alcalde «perpetuo de este pueblo y lo regirás siempre con esa vara rota sin trocarla por otra más endeble. Sin con un trozo habéis sido buen alcalde, espero que con una más grande no os paséis de la raya».

La metáfora política alcanza una nada desdeñable nota de ironía que invita a establecer paralelismos con la España de posguerra. Asimismo, la desastrosa y caótica política del comendador puede verse como una metáfora del sistema de gobierno liquidado en la Guerra Civil por las tropas nacionales. Román ha dejado un film cargado de ideología, algo así como un rancio manifiesto del ideario fascista.

Historias de nuestros antepasados

La nao Capitana (Florián Rey, 1947) abre el camino a un tipo de cine «artístico», a una especie de cine de *qualité*, de empaque histórico y literario, cuyo objetivo principal es ensalzar a ciertas figuras o hitos relevantes de la historia de la España. Casi ningún momento histórico queda sin cubrir: ahí están, por ejemplo, las luchas internas entre los godos y los vascos de *Amaya* (Luis Marquina, 1952), los conflictos entre los antiguos reinos peninsulares en *Inés de Castro* (García Viñolas y Leitao de Barros, 1944), *Reina santa* (Rafael Gil, 1947) o *Doña María la Brava* (Luis Marquina, 1948), o la grandeza de la España imperial, con especial atención a los Reyes Católicos, a Colón, al relato del descubrimiento de América, a Juana la Loca y a Felipe el Hermoso, a Catalina de Aragón y su trágico matrimonio con Enrique VIII, a la historia de Juan Padilla y María de Pacheco en la guerra de las Comunidades o al final del reinado de Carlos I y los prolegómenos de la entronización de su hijo Felipe II (Juan de Orduña, Florián Rey, Arturo Ruiz Castillo, Luis Lucia). No se olvida este cine de las luchas internas de la nobleza y los bandoleros en la Cataluña del siglo XVII -*Don Juan de Serrallonga* (Ricardo Gascón, 1949)-, de la Guerra de Sucesión y la polémica instauración de los Borbones en el siglo XVIII -*La princesa de los Ursinos* (Luis Lucia, 1947)-, o la ocupación británica de Menorca durante el reinado de Carlos IV a comienzos del XIX -*El correo del rey* (Ricardo Gascón, 1951)-, entre otros asuntos. Un lugar capital en este atractivo ciclo lo ocupan los films dedicados a figuras míticas como Agustina de Aragón, a la acción del pueblo de Madrid, a la resistencia del pueblo de Cádiz, o a los aguerridos somatenes catalanes, en la resistencia patriótica durante la Guerra de la Independencia contra los franceses.

De este modo, se procura por todos los medios posibles apuntalar la ideología *oficial* del nuevo Estado basada en el proyecto de la *unidad nacional* bajo el amparo del *catolicismo*, esto es, la exaltación patriótica y la primacía de la religión. El enemigo es casi siempre la amenaza exterior: el influjo pernicioso, la figura del extranjero con ideas ilustradas o protestantes. En el fondo, este cine obtiene el beneplácito del espectador de la época: resulta entretenido (no hay que olvidar esas concomitancias con el cine de aventuras), se asientan mitos e ideas (el Imperio, la bandera, la monarquía, la resistencia numantina...), al tiempo que, implícitamente, se le está invitando a que se olvide de la reciente Guerra Civil o del miserabilismo de la posguerra.

Cronológicamente, este cine patriótico se localiza en la segunda mitad de la década de los cuarenta, agotándose en los primeros años cincuenta. Parece el momento más propicio para que algunas productoras españolas (Cifesa y Suevia Films, sobre todo; en menor medida, Emisora, Balcázar, Cea o Manuel del Castillo) inicien un ciclo de films políticamente triunfalistas. La idea es evocar ciertos hechos del pasado con el objeto de ensalzar las *excelencias* del presente, promocionar el franquismo filmando *el pasado glorioso*. En otras palabras, se trata de establecer analogías entre un pasado de esplendor (las figuras ilustres de la España Imperial, la ardiente resistencia del pueblo español contra los franceses, por ejemplo) y un presente *ilusionante* (los artífices del nuevo Régimen). El atractivo de estas cintas radica en la selección de formatos narrativos con los que el público se identifica de inmediato, preferentemente el melodramático (Rey, Orduña, Lucia), aunque también el sainetesco o de aventuras (Lucia).

En muchos casos, resulta clave la presencia de sufrientes y aguerridas heroínas sobre las que recae el peso de la trama narrativa. Es, sobre todo, Orduña quien asienta con mayor firmeza este *ciclo* histórico; su tetralogía rodada para Cifesa es bastante reivindicable: *Locura de amor*, *Agustina de Aragón*, *La leona de Castilla* y *Alba de América*. Para Nieto Jiménez, el hecho de que en estas cintas aparezcan algunas aristas o ciertas contradicciones ideológicas inesperadas (en concreto, la locura de la reina de Castilla Juana de Trastámara o la rebeldía de los Comuneros contra Carlos I) pondrían en entredicho el supuesto maniqueísmo del cine de Orduña (Nieto Jiménez, 2014: 287). No en vano la omnipresente e inmisericorde censura franquista repararía en algunas de ellas (guion, producto final). En esta misma línea, Castro de Paz considera injustas «las constantes y apresuradas descalificaciones con que [estos films] han solido ser despachados por los estudios sobre el cine español de la década» (Castro de Paz, 2002: 136).

Más que cualquier otro género, el cine histórico requería de un fuerte y sólido componente industrial y empresarial, a lo que debe añadirse, además, la imposibilidad de poder abordar de manera directa ciertos asuntos. Con estas premisas y desde una perspectiva actual, cabe preguntarse: ¿a quién podía atraerle esta práctica cinematográfica?, ¿quién estaba dispuesto a embarcarse en una aventura tan atrevida e incierta? El Régimen utiliza el género histórico como escaparate para desplegar su ideología: esto es, realiza una relectura interesada del pasado, y al mismo tiempo dignifica el cine español. *Docere et delectare* ('distraer adoctrinando'). No es este, con todo, un fenómeno particular o genuino del cine español. En otras cinematografías europeas se ha recurrido también a un tipo de cine alegórico de inspiración histórica para legitimar el presente: es el caso de la Italia fascista (*Condottieri*, 1937, Luigi Trenker; *Escipión, el africano*, 1937, Carmine Gallone), de la Alemania nazi (*El gran rey*, 1942, Veit Harlan) o incluso de Hollywood (*Juárez*, 1939, William Dieterle). Zunzunegui ha acuñado el término *cine histórico metafórico* para referirse al planteamiento ideológico de algunas cintas situadas en el horizonte de este subgénero; estos «cines de la metáfora» relatarían una serie de hechos situados en una época en concreto para «hablar de cosas diferentes de las que muestran». Así, por ejemplo, Cesáreo González produce *El abanderado* (E. Fernández Ardavín, 1943) no tanto para relatar una acción situada en la Guerra de la Independencia contra el invasor francés, como para construir, o legitimar en el fondo un discurso sobre «el conglomerado de fuerzas aglutinadas por el franquismo que se hace con la victoria civil». Y es que «el paralelismo entre dos momentos históricos bien distintos se buscaba con plena conciencia» (Zunzunegui, 2018: 452). Con todo, debe apuntarse que este procedimiento formal e ideológico no queda limitado únicamente al cine de los cuarenta. En las décadas siguientes las cosas no van a ser mucho más fáciles, la censura no va a ser más permisiva, ni algunos autores tan conformistas. La senda de la metáfora fue transitada una y otra vez por algunos de nuestros mejores creadores (Bardem o Saura, entre otros).

Entre 1947 y 1953 el prolífico, interesante e irregular Luis Lucia rueda cuatro cintas de una indudable calidad estética: *La princesa de los Ursinos* (1947), *La duquesa de Benamejí* (1949), *Lola la piconera* (1951) y *Jeromín* (1953). En ellas se percibe un cuidado trabajo de puesta en escena, una esmerada planificación y una estructura formal muy estudiada; es evidente, además, que el objetivo principal no es tanto informar sobre grandes hechos del pasado, como trazar una historia en donde el melodrama ocupa un lugar privilegiado. Lucia parece estar más interesado por contar -eso sí, con el pretexto de defender unos ideales patrióticos- una historia de amor heterosexual de marcado carácter romántico, llevada hasta el paroxismo, donde no caben los finales felices (los tres primeros títulos), o por hacer partícipe al espectador de un relato de amor paternofilial de -esta vez sí- dos figuras relevantes de la historia de España (Carlos I y su hijo natural don Juan de Austria). Para que el producto agrade al espectador, Lucia sabe que es preciso que el film presente, al menos, estos tres ingredientes:

A) *Un fondo histórico fácilmente reconocible.* Este rasgo permite agrupar claramente a los personajes en protagonistas (casi siempre los españoles) y antagonistas (franceses y afrancesados). Y, sobre todo, no hay que distraer al espectador de la trama central. La coherencia del corpus histórico se consigue gracias al planteamiento del tema central y al orden tradicional, lineal, de las escenas: en los tres primeros títulos se aborda el problema del control político y el deseo de adhesión territorial de España por las tropas del país vecino, Francia. Para reforzar su influencia en la corte española, Luis XIV envía a Madrid a la bella princesa de los Ursinos (Ana Mariscal): su propósito es unir España al reino de Francia, eliminar los Pirineos. La atractiva heroína sufre los envites políticos del cardenal de Portocarrero (un magistral Juan Espantaleón), y los sentimentales de su sobrino Luis (el algo más discreto Roberto Rey). Por otra parte, el rey Felipe V (Fernando Rey) poco a poco se va olvidando de su origen francés, desoyendo la orden de su abuelo, el rey Sol. En cambio, el fondo histórico de *La duquesa de Benamejí* y de *Lola la piconera* es prácticamente irrelevante. En estos casos el cineasta elige el periodo de la Guerra de la Independencia (1808-1814) para mostrar una historia de amor. O incluso para reflejar asuntos que tienen que ver con la realidad social del momento. ¿Existe un cierto compromiso social? En *La duquesa de Benamejí* los forajidos son vistos con cierto afecto y comprensión, mientras que las fuerzan del orden parecen seres abyectos. En *Jeromín* Lucia opta por privilegiar el marco social: la vida de un misterioso muchacho entre gentes humildes es el primer escenario elegido, si bien en la parte final se ofrece un retrato sobre el mundo de la nobleza y de la corte.

B) *Un relevante componente folclórico.* No faltan en algunos momentos del metraje (con la excepción de *Jeromín*) ciertos interludios musicales que, en absoluto, resultan disonantes con el asunto de la película. Antes bien, constituyen también un factor de variación: en *La princesa de los Ursinos*, el enamoradizo Roberto Rey, un auténtico farsante, se mete en la piel de un risueño y seductor (algo cursi también) juglar; en *La duquesa de Benamejí*, Lorenzo (Jorge Mistral), capitán de una partida de bandoleros, es famoso por su poético canto (lo más chirriante del film); o qué decir de esa especie de sirena que es Juanita Reina, «Lola la piconera», a quien vemos por primera vez cantando una copla en un popular local gaditano, el Colmado de la Piconera, repleto de gente que la escucha -primeros planos- con ensimismamiento. No es, en cualquier caso, un tipo de cine estrictamente folclórico. Estas escenas aparecen en los momentos fuertes de la historia; los amantes tienen bastantes razones -y no pocas dificultades- para encontrarse.

C) *La conflictiva relación entre los amantes.* En *La princesa de los Ursinos* Lucia

> recoge un tema histórico que, sorprendentemente, no puede ser encasillado en el género puramente histórico [piénsese en Orduña, por ejemplo], pero que se mueve en los márgenes de lo que, a la sazón, se considera educativo y patriótico. Una tórrida historia de amor, al más puro estilo Hollywood. (Gantes, 2006: 50)

Efectivamente, este espíritu romántico, intimista o pasional, es un elemento característico del primer cine de Lucia. El origen de los personajes constituye un factor decisivo en el devenir de los sucesivos giros narrativos del film. La bellísima princesa de los Ursinos cae fácilmente en las redes de un simpático espadachín, pero todo queda en un romance efímero, imposible, pues el apuesto caballero muere en una cruenta batalla contra los franceses.

Los otros dos films ofrecen hermosas historias de amor interclasistas, en donde la heroína se convierte en el elemento fuerte: la atractiva, pero algo distante, duquesa de Benamejí (A. Rivelles) debe decidir entre un aguerrido bandolero (J. Mistral) y un frío e interesado marqués (E. Fajardo), más preocupado este por asegurarse una vida cerca de la Corte. No muy distante está el conflicto central de Lola, a la que llaman «la piconera», acosada por un soldado español no especialmente enamoradizo (F. Nogueras) y un capitán del ejército francés (Virgilio Teixeira), quien, al parecer, la conoció en el pasado, y de la que no parece haberse olvidado. Esta vez a Amparo Rivelles y a Juanita Reina el destino les depara un amargo final, no muy lejos, por cierto, del que experimentan algunas heroínas de las mejores y más estimulantes tragedias griegas. A la duquesa la mata una celosa amante del bandolero; a Lola la fusilan a la orilla del mar.

Jeromín es otra cosa: un cine histórico en los nombres, en parte de la trama, que se desarrolla con brío y firmeza, o en ciertas referencias espaciales. Ahora el director parece apuntar al corazón del espectador con un film humanista, lleno de valores y de matices, magistralmente rodado, y con un jovencísimo Jaime Blanch, en estado de gracia, en el papel del famoso bastardo real Juan de Austria, hijo natural de Carlos I y Bárbara Blomberg. ¡Cuán atractiva es la interpretación de Jesús Tordesillas en el tercer tramo del film en el papel de un avejentado, crepuscular y melancólico Carlos I! Otra vez aparece ese intimismo muy propio de Luis Lucia: el emperador pasa sus últimos meses conversando con el intrépido muchacho, convertido ahora en una especie de paje, o paseando con él por los jardines del monasterio de Yuste. El viejo emperador no se atreve a desvelar la verdad; Jesús Tordesillas no había estado jamás tan convincente.

La película debe ser considerada algo así como un film bisagra, un ejercicio de práctica cinematográfica en donde el peso de la acción recae en la interpretación de un niño (los dos primeros tercios del metraje), esto es, un aldabonazo para lo que está a punto de venir: la creación, ya plenamente consciente, industrialmente hablando, de un cine folclórico infantil o, como tradicionalmente se conoce, «película con niño» (Marisol, Rocío Dúrcal o Ana Belén, en el cine de Lucia; Pablito Calvo, en el de Ladislao Vajda). ¿Qué tiene de particular este tipo de cine que viene haciéndose en mayor o menor medida desde la época del cine mudo, e incluso en la etapa republicana? ¿Qué ve en él Lucia para levantar un cine tan exitoso? Para Zunzunegui,

> este tipo de cine [con niño] permitía explotar, sin duelo, la dimensión melodramática de toda una serie de historias casi siempre haciendo de los tiernos infantes huérfanos irredentos o pequeñas pero plausibles víctimas de las crisis y rupturas familiares. (Zunzunegui, 2018: 486)

Hubo mucho cine histórico y -pese a ciertas desconsideraciones-, de mucha calidad artística. Merece la pena detenerse en algunos títulos señeros que llegaron a gozar del beneplácito de los espectadores de la época. *Locura de amor* fue un acontecimiento nacional, el mayor éxito de público de la temporada y la película más vista de los años cuarenta; tras su estreno en Madrid el 8 de noviembre de 1948, permanece en cartel 136 días. Una nueva actriz hace su aparición en el cine español: la encantadora Aurora Bautista, la heroína más carismática del género histórico, una de las estrellas más destacadas del cine español posguerra.

La nao Capitana (1947) puede servir para ilustrar la naturaleza temática y formal del género histórico. En el sevillano convento de la Merced, el capitán de la gran nao Capitana don Diego Ruiz de Arcaute (un eficaz José Nieto) conversa con varios frailes que se disponen a embarcar rumbo a las Indias. Al amanecer, los grumetes cantan la Salve del Alba. La nao se hace a la mar, y Martín López, un bachiller salmantino, recita estos versos:

> Por la ruta de la Indias / sale al mar la Capitana. / Se oyen cantos de Galicia / y viejas canciones vascas, / jotas bravas de Aragón, / sentidas asturianadas / y, con la gracia andaluza, la seriedad castellana. / Por la ruta de las Indias / sale al mar la Capitana. / Hincha el viento del nordeste / las velas en campanadas / como senos de sirenas, / vientres de tritón, la jarcia / tensa corta el aire y vibra / como el cordaje de un arpa. / Y en lo alto de la antena / palpita el pendón de España. / Sobre el blanco y carmesí / leones y castillos campan. / Por la ruta de la Indias / sale al mar la Capitana.

Esta es la parte auténticamente costumbrista. No podía ser de otra manera tratándose de una película de Florián Rey. Una vez pasado el ecuador, se celebra una majestuosa fiesta en cubierta en donde cada grupo regional demuestra su idiosincrasia folclórica. Fray José y el capitán observan desde el puente las agrupaciones de músicos y bailes de las distintas regiones de España. Los andaluces bailan el Vito; los aragoneses, una jota; los catalanes, la sardana; los gallegos tocan la gaita; una joven de Castilla rompe a cantar. Todos escuchan:

> CAPITÁN: Una torre de Babel.
>
> FRAY JOSÉ: ¡Con razón decíais que esto era una torre de Babel! ¡Cuántas bellezas tiene España!
>
> CAPITÁN: Ahí tenéis a Castilla en su propia salsa. Sus hombres han nacido para gobernar pueblos. En cuanto ella habla, todas las regiones escuchan. Mirad cómo la voz de esa muchacha ha conseguido en mi barco la unidad nacional.

El film se cierra con el juicio a un grupo de amotinados en la cubierta de la nao. No es baladí recordar aquí este final tan propio de este primer cine franquista (el cine de Florián Rey ya estaba en horas bajas), en el que las personas y los objetos van más allá del símbolo y de la sinécdoque: el tribunal lo presiden el capitán don Diego, el piloto Martín Villalba y el hidalgo burgalés Rui Gutiérrez. El capitán explica la naturaleza del acto: se procede a juzgar a los reos en nombre de Dios (el crucifijo, los Santos Evangelios), de España (la bandera) y del Rey; don Diego representa al rey, Rui a los labriegos que labran la tierra y echan la semilla al surco, y Villalba, a los marineros. Fray José es el que toma juramento al Tribunal y quien finalmente lleva a cabo la conversión al cristianismo de uno de los amotinados. Para Hernández Ruiz, *La nao Capitana* -junto a *El doncel de la Reina* (E. Fernández Ardavín, 1946), *Reina Santa* y la tetralogía de Orduña- conforman un ciclo de exaltación de los valores imperiales en lo que atañe al nivel semántico. Desde un punto de vista formal, estas cintas apostarían por el melodrama y por la retórica de los lienzos históricos del siglo XIX, todo ello supeditado al rodaje en estudio, a la profusión de decorados y al uso «de una iluminación dramática de filiación germana» (Fernández-Souto, 2001: 136).

Un caso especial de exaltación extrema del *patriotismo* español lo constituye *El tambor del Bruch* (Ignacio I. Iquino, 1948). Se desarrolla durante la Guerra de la Independencia, en concreto, entre el 4 de junio y el 6 de julio de 1808, en Cataluña, en la zona cerca de Montserrat conocida como el Bruch. El pueblo se prepara para luchar contra los franceses, en todo momento caracterizados como seres despiadados, egoístas y salvajes: por una parte, un grupo de somatenes o guerrilleros, muy bien dirigido por un líder impetuoso (Juan de Landa); por otra parte, la joven Monserrat (Ana Mariscal), cuyo padre, cabecilla de la resistencia antifrancesa, está encarcelado. Y en medio de este conflicto, Blas (Carlos Agostí), un arriero sin ideologías de ningún tipo, sin deseo alguno de entrar en enfrentamientos, que se pone a disposición del primero que esté dispuesto a pagar por su trabajo. No falta tampoco el típico afrancesado (José Nieto) que termina reconociendo su error, rectificando su postura ideológica y adhiriéndose a la revuelta. Blas es algo así como el *alter ego* del director, un tipo que antepone el trabajo a la lucha social, un apolítico convencido. Cuando estalla la Guerra Civil, Iquino -según sus biógrafos- hace todo lo posible para no ir al frente; al finalizar la contienda, no sufre ninguna persecución política. Es una pieza más del engranaje del cine español de posguerra. No deja de trabajar.

Pero el personaje central del film es Montserrat, una joven decidida y valiente, la auténtica heroína en la lucha contra los gabachos. Dos años después Orduña filmará la historia de Agustina de Aragón en el asedio de las tropas napoleónicas a la ciudad de Zaragoza: también ella estimula con su valor y patriotismo a las gentes del pueblo, al tiempo que logran retirarlos de su territorio y -algo habitual en el cine histórico de propaganda política- obtiene una victoria para ellos y para la patria. Blas, conforme participa en esta lucha contra los franceses, va cobrando conciencia política para terminar luchando como un patriota más; en realidad, más bien se ha ido enamorando. En esta asimilación del discurso político tendrá mucha culpa Monserrat que lo conduce al foco de la insurrección catalana. El clímax ideológico del film se encuentra a quince minutos del final. Plano general, adelantados Montserrat y Blas, al fondo los riscos de la montaña de la zona del Brunch: «Nosotros no luchamos por venganza. Mataron a mi padre y sin embargo no les odio por eso. No, Blas, los patriotas no luchamos por venganza. Luchamos por todo aquello que es nuestro y nos quieren arrebatar». Se emplea el recurso de la sinécdoque para apuntalar un discurso nacional (la defensa de España), que no nacionalista o regionalista, por mucho que alguien quiera ver aquí un panfleto catalanista. La familia léxica *patria* (patriota(s), patriótico(a), patriotismo, patrio...) se convierte en una de las más utilizadas en el desarrollo de la trama narrativa.

La secuencia final es sencillamente espectacular. Iquino, que ha seguido muy de cerca los modelos del cine norteamericano, opta por una puesta en escena muy funcional basada en el empleo del montaje alterno y las angulaciones de cámara a base de picados y contrapicados. Su idea es hacer un cine histórico de acción («como un *western*»). Los guerrilleros se dispersan por la falda de la montaña; Montserrat, de pie. Los franceses están aproximándose. Montserrat lanza armas desde una trinchera. Blas encabeza el enfrentamiento cuerpo a cuerpo: arremete ardientemente contra un gabacho. Un muchacho toca sin parar un tambor. Ese mismo toque es el elemento visual y sonoro con el que se iniciaba el film: en este caso sirve para aglutinar a las gentes en la plaza del pueblo. El sonido multiplicado por el eco de las montañas hace que el ejército francés huya despavoridamente, quizás porque imaginan que un gran ejército está a punto de llegar. Un primer plano de la virgen de Montserrat antecede a la palabra *fin*.

En el cine histórico se observa una extraordinaria influencia del cine de Hollywood de los años 30, en especial de los llamados *heritage films* o películas de trajes o dramas históricos -*María Estuardo* (John Ford, 1936) o *La vida privada de Elizabeth y Essex* (Michael Curtiz, 1939)- y de los films de aventuras, piratas o *swashbuckler* -como las películas de espadachines de Errol Flynn-, algo que, por otra parte, viene a demostrar que el cine español no está tan aislado de otras prácticas cinematográficas. Pese a tratarse de un cine muy interesante, no es menos cierto que el público terminó cansándose de este tipo de historias. Y este hartazgo es algo que aparece a menudo de manera explícita en novelas, películas o evocaciones de intelectuales y cineastas. En 1974 Carlos Saura comentaba cómo le impactó el descubrimiento del *neorrealismo* en un ciclo organizado en 1951 por el Instituto Italiano de Cultura:

> Fue un *shock*. De repente nos dimos cuenta [los jóvenes cineastas del IIEC] de que se podía hacer cine en la calle y con gente normal. Ahora parece banal, pero en aquel tiempo no lo era. Tú veías el cine español de

> aquella época y era *Isabel la Católica*, *Agustina de Aragón*, *Juana la Loca*, etc. Y fue entonces cuando empezamos a plantearnos el problema, naturalmente que Bardem y Berlanga antes que nosotros, de un cine dentro del subdesarrollo español, es decir, con una base mucho más realista y con pocos medios (...) Frente al cine franquista que se hacía cuando yo empecé a trabajar, un cine muy externo, histórico y retórico (salvo las excepciones de Bardem y de Berlanga y algún producto aislado, e incluso en ellos todavía se advertían secuelas en algunas cosas) la única forma de hacer cine era hacer un cine pequeñito, controlado, que no te costara mucho dinero y donde el riesgo del productor fuera mínimo. (Sánchez Vidal, 1988: 15)

A este tipo de cine se le reprochaba, entre otras cosas, el exceso de decorado, el tener mucha tramoya y, sin embargo, pocos escenarios naturales en espacios físicos reales. Esto le daba al film un aire muy artificial, lo que ha ocasionado que muchas de estas cintas hayan envejecido mal. Y es precisamente esto lo que parodiarían Berlanga y Bardem en una conocidísima secuencia de *Esa pareja feliz* (1951).

De lo terrenal a lo sagrado

Al igual que el cine militarista o el histórico, el cine biográfico es una muestra más de un tipo de operación encaminada a la configuración de mitos nacionales. Algo así como una elaborada invitación dirigida a un tipo de espectador que necesita sentirse muy satisfecho de su país, gracias a tipos *ilustres* de la política, o a figuras míticas del toreo, de la música o de la Iglesia. Se hace preciso levantar un mapa histórico y cultural a la altura de un gran país. Y los cineastas del Régimen tienen vidas interesantes donde escoger, no necesariamente históricas.

En cierto sentido, *El Marqués de Salamanca* (Edgar Neville, 1948) es una especie de *biopic*, un encargo de la Comisión Oficial de Centenario del Ferrocarril en España. ¿Qué busca un cineasta tan desprendido del discurso panfletario del primer franquismo (con la salvedad de su cine castrense) con este cine biográfico? Neville huye de la línea histórica pura, de planteamientos convencionales en la puesta en escena; su cine es otra cosa, un ejercicio intelectual más humanista e íntegro, más personal. Lo más probable es que se sintiera atraído por el personaje liberal, independiente o soñador. ¿Un *alter ego*? En parte sí lo parece: su pasión por las mujeres, su espíritu emprendedor, su don de gentes, su carácter romántico. Al cineasta le gusta ese cine de personajes en el que encaja un perfil como el del marqués, un tipo valiente, a contracorriente, una figura -como él- a quien no amedrentan ni el fracaso ni las críticas.

Un lugar destacado dentro del cine biográfico lo ocupan las películas dedicadas al mundo del toro. O, mejor dicho, al relato de las andanzas, desventuras y éxitos de figuras relevantes del toreo. *Currito de la Cruz* (Luis Lucia, 1948) y *Brindis a Manolete* (Florián Rey, 1948) son dos títulos seminales dentro de este ciclo taurino. El film de Lucia se apoya en un más que evidente y algo exagerado pilar melodramático. Es la historia de Curro (Pepe Martín Vázquez), un muchacho inclusero, cuyo mayor sueño es convertirse algún día en un torero famoso. Conoce el éxito gracias al mecenazgo de Carmona (Manuel Luna), un torero de renombre, a quien un día por azar consigue fascinar. Una mujer se cruza en su camino y todo el sueño se hace añicos. La culpable no es otra que la hija del viejo torero, la hermosa Rocío (Nati Mistral), que solo tiene ojos para un tal «Romerita» (un Jorge Mistral poco convincente), otro joven torero. Romerita y Currito se disputan a partir de entonces no solo el éxito en la plaza, sino también el amor de Rocío, un personaje ciertamente poco elaborado. Es, por otra parte, una muestra evidente de la misoginia del cine de posguerra en estado puro.

Este film romántico, melancólico y, en ciertos momentos, testimonial presenta algunos aciertos estimables. Son, curiosamente, algunas de esas escenas en las que parte de la crítica ha venido apoyándose -uno de los tópicos más detestables- para rechazar este corpus de textos fílmicos, irregular, por supuesto, pero en absoluto despreciable. No hay cinematografía nacional sin mitos. ¿Acaso el cine de Hollywood no puso en pie un cine biográfico -de héroes o antihéroes, de figuras ilustres, pero también de gánsteres- en el que se relataban los orígenes, el ascenso y caída de los protagonistas, sin que faltara tampoco el típico final feliz? ¿O es que es poco creíble -hoy en día, claro está- la historia de un mítico torero, una persona ejemplar y un amante modélico? Es cierto que otro actor le hubiera dado más consistencia al personaje. En cualquier caso, la presentación con cierto aire documental es ejemplar, como casi todas las escenas taurinas, por cierto: el joven Curro torea una becerrilla en la ribera de un río, con la complicidad de su gran amigo Miguel Silverio «Gasusa», un Tony Leblanc fresco, extravertido y locuaz.

Currito tiene la oportunidad de torear en un quite gracias a la generosidad de Carmona: lo hace con brío, fuerza y entusiasmo. No faltan la típica corrida con triunfo en el templo del toreo, Las Ventas, ni las escenas -secuencias de montaje- en las que aparecen los tentadores, los piqueros, o la plasmación de la bravura del toro de raza. El lado folclórico cae del lado de Nati Mistral: son momentos que apenas ralentizan la acción; las letras de coplas y cantes flamencos se utilizan para recalcar algunos motivos recurrentes de la trama amorosa. En ciertos momentos se recurre al tópico del *locus amoenus*, cuando, por ejemplo, los amantes pasean sus amores por las cercanías del cortijo. Es esa mirada de remanso que el maestro Jean Renoir supo inmortalizar en la inolvidable *Una partida de campo* (1946). Un acierto de puesta en escena cercana al documental, una planificación cuidadísima, una disposición muy estudiada de los personajes dentro del encuadre, una atenta selección de espacios de la naturaleza andaluza. Son tiempos muertos que el espectador agradece, aunque siempre habrá alguien que le achaque a estos momentos de la cinta cierta lentitud, falta de ritmo o escasez de conflicto dramático. No tardará mucho tiempo Lucia en retomar este asunto de los amores complejos, apasionantes, y finalmente felices entre un torero y una folclórica; de todo ello da cuenta en *El sueño de Andalucía* (1951), con Luis Mariano y Carmen Sevilla como protagonistas.

Brindis a Manolete (1948), del que muy poco se puede salvar, pertenece a la última etapa de la filmografía de Florián Rey. Rodada apenas un año después de la trágica muerte del torero cordobés, cuenta con la colaboración de Pedro Ortega, de asombroso parecido. Combina la ficción, una especie de melodrama muy del gusto del director aragonés, con un triángulo amoroso, con auténticas imágenes del legendario maestro toreando. Hay, en efecto, un fuerte empeño documental ya desde el prólogo, que va desgranando, a base de fotografías, una galería de toreros famosos, desde Pedro Romero hasta el propio Manolete. El film -dice el narrador- es un homenaje al hombre y al arte. Hay una notable diferencia en los dos registros empleados por Rey. La vida del diestro en la ficción apenas está esbozada: el actor, Pedro Ortega, absolutamente inexpresivo, tiene escaso protagonismo. Todos hablan bien de él, se le venera como una figura consagrada, se le respeta. Algo ridículas son las escenas en las que ofrece varios consejos a un torero (¡y bailarín!) que está a punto de tomar la alternativa. Entre otras lindezas le viene a decir que, si quiere llegar a ser un gran torero, no debe fiarse de las mujeres: «Las mujeres son puro entretenimiento en nuestras vidas». No hay una sola escena en la que se muestre un atisbo de afecto o de acercamiento de Manolete por ninguna mujer. Rey no suele enmarcarlo jamás en un primer plano. En cambio, se puede hablar de un excelente trabajo de montaje en la parte documental.

El clímax es la escena que recoge su muerte en la plaza de Linares el 28 de agosto de 1947. ¿Qué pretende en el fondo Rey al asumir la filmación de la vida de Manolete? ¿Es un juego metonímico, un símbolo, una sinécdoque? ¿A dónde quieren ir a parar los responsables de este malogrado *biopic*? En el segmento documental del viaje del torero se dice algo así como que aquella parte de la tierra colonizada, el mundo hispánico, va a ser testigo ahora de la gesta de Manolete y el Imperio del Arte. No aparecen ni militares ni tampoco quintacolumnistas falangistas, pero en el fondo el mensaje de la cinta es políticamente muy parecido:

> La presentación de la muerte de este [Manolete] pone de manifiesto *el espíritu evangélico y de cruzada* que gobierna la parte más retórica y caediza del film, *remachando de forma enfática la religiosidad del diestro*, a quien ya se ha mostrado obsesivamente vinculado al Cristo de los Faroles de su ciudad natal. Una gran cruz preside la cabecera, y mientras suena una música celestial se compone un retablo claramente inspirado en las iconografías de las piedades. (Sánchez Vidal, 1991: 317)

¿De qué hablamos cuando hablamos de *cine religioso*? ¿Es este un subgénero exclusivo del cine de los años cuarenta? Antonio Santamarina ha explicado con cierto pormenor los rasgos definitorios y la evolución histórica (desde 1934 hasta 1961) de esta propuesta fílmica cuya naturaleza formal y temática no se entiende sin la consideración de la historia social y política de nuestro país. Efectivamente,

> la Iglesia católica se convertirá -en momentos especialmente significativos de la historia española- en la inspiradora directa de un buen número de películas que tratarán de llevar de manera inmediata su ideario religioso, y casi siempre conservador, a las pantallas. (Borau, 1998: 740)

La religión católica constituye un elemento temático omnipresente en el cine de posguerra. En la segunda mitad de los años cuarenta aparecen algunos títulos precursores de esta corriente, que se consagra de manera definitiva en los cincuenta, su época de esplendor. Su intención principal no es otra que ofrecer un «mensaje» al espectador (hacer propaganda) y para ello es preciso tirar del *vademécum* de la religión católica que el Régimen franquista defiende a muerte.

Cabe mencionar, en primer lugar, el importante ciclo de películas que trata de hacer apología de la labor desempeñada por heroicas y valientes figuras de la Iglesia -sacerdotes o misioneros, sobre todo- a quienes, en un momento determinado de su vida, se les encomienda una difícil tarea de evangelización en las colonias españolas o en otras partes del mundo, o simplemente en sus humildes parroquias. La nueva España tiene por delante una importante empresa espiritual y el cine es el medio idóneo para llevar a buen fin este empeño. Estas cintas son justamente el reverso, en lo que a configuración del personaje protagonista se refiere, del ciclo histórico, en el que destaca la presencia de un tipo de heroína valiente, intrépida y decidida, en una sociedad patriarcal y un mundo gobernado por hombres. El cine militarista empieza a ser sustituido por otro tipo de prácticas políticamente menos radicales, si bien con un fuerte componente moralizante de carácter tradicional. La importancia de la familia como institución social o ideas como el sacrificio o el trabajo, así como la primacía de la religión en el orden social, son algunos de los elementos recurrentes de buena parte del cine de posguerra.

El bosque maldito (José Neches, 1945) fue el primer largometraje rodado en Guinea. Allí también transcurren *El obstáculo* (Ignacio F. Iquino, 1945) y *Misión blanca* (Juan de Orduña, 1946); en ambas se plantea el tema de la redención de un personaje -quien en un momento de su vida ha caído en algún pecado- a través de su labor misionera, esto es, la salvación por medio del oficio religioso. En el film de Iquino, Enrique (Adriano Rimoldi) es un joven con un pasado nada ejemplar que ayuda a los misioneros a cuidar de enfermos altamente contagiosos; en el de Orduña destaca la figura de Javier de la Concepción (Julio Peña), un misionero dispuesto no solo a evangelizar a «las almas blancas de los negros», sino también a salvar «el alma negra» de Miguel Miranda «Brisco» (Manuel Luna), un banquero corrupto que explota laboral y sexualmente a los indígenas, que, en una asombrosa anagnórisis, resulta ser su padre. En ambas películas se emplea la técnica del *flashback* con el objeto de que el narrador evoque escenas del pasado a un narratario concreto; el espectador cumple también el papel de receptor de estas historias con un mensaje ejemplarizante.

La mies es mucha (1948) es uno de los títulos fundamentales del cine español de los años 40, y desde luego, ejemplo señero del cine religioso y colonial. Su director, José Luis Sáenz de Heredia, se resistía a incluirlo, *sensu stricto*, dentro de este aclamado subgénero, un tipo de cine, con el que, por otra parte, se sentía ideológicamente muy cercano. No se trata de un film falso, sentimental, pío; antes bien, la cinta hace un uso magistral del registro humorístico (el director es un apasionado de la comedia), en buena medida gracias a la elección del actor cómico de moda en aquel momento, F. Fernán Gómez.

La acción se desarrolla principalmente en una colonia española establecida en la India. Se trata de una especie de manifiesto fílmico en el que los responsables de Chapalo Films trabajan muy a conciencia: según argumento y guion literario de Vicente Escrivá y José Rodulfo Boeta, el film recibe el Primer Premio del Concurso del CONSEJO SUPERIOR DE MISIONES, bajo el asesoramiento religioso del reverendo padre Jesús Taboada, Padre Paul de la Misión de Cuttack, India, y del reverendo padre Félix García, del Consejo Superior de Misiones, tal como se indica en los títulos de crédito, minutos iniciales en los que sobresale una música coral de eminente tono religioso del maestro Manuel Parada. En un breve prólogo, una *voice over* con cierto espíritu didáctico explica en qué consiste la labor de los misioneros repartidos por distintas partes del mundo, pero muy particularmente en esa zona de la India a la que nos traslada la cinta.

> En este mismo momento, antes y después, cuando cada uno de nosotros descanse hay un misionero que no conoce la comodidad, el descanso ni la paz. Desde Alaska a la Tierra de Fuego, desde el Amazonas al mar de Japón, en la India, en África, en la China, en Oceanía, por todo el redondel del mundo, camina el misionero derramando la única luz que alumbrará hasta la consumación de los siglos la fe de Cristo.

Asimismo, se ofrece una información general sobre la India, especialmente de la colonia de Cuttack. Comienza el relato que, a la manera tradicional, plantea la llegada de un personaje a un lugar remotísimo con una misión muy concreta, con una serie de aventuras, dificultades y retos en un incierto destino, que, eso sí, concluyen en un final feliz al tiempo que trágico, doctrinario y esperanzador.

La primera parte («El viaje») plantea la llegada a Katinga (la India) del misionero español Santiago Hernández (Fernán Gómez), un joven de treinta y dos años, un tipo quijotesco, cuya misión principal es suceder al padre Daniel Hurtado en su ardua labor evangelizadora (un magistral Alberto Romea). No tiene desperdicio la emotiva, aunque también algo prototípica, presentación del nuevo misionero, ilustración del ideario cinematográfico del primer franquismo: en una alternancia de planos medios, un más que ilusionado padre Santiago muestra sus escasas pertenencias ante un funcionario de la aduana. «Este es -anuncia la *voice over*- nuestro compatriota, se puede decir que acaba de salir de *Castilla*, aún perdura en sus ojos el polvillo de la última siega y la lágrima con que se despidió de *sus padres* y de *su patria*». Es mucho lo que ha dejado, claro está, pero aún más ilusionante lo que le espera. En una secuencia breve, muy significativa, que funciona a modo de sinécdoque del mensaje, el padre Santiago queda impresionado al contemplar el interior de una paupérrima iglesia. Es lo primero que el padre Hurtado desea mostrarle al joven misionero, a modo de anticipo de lo que le espera: humildad, sencillez y, sobre todo, austeridad.

La segunda parte («Días de Katinga») ocupa la casi totalidad del metraje del film. El espíritu quijotesco del héroe religioso, en el que ilusión, esperanza y lucha denodada van de la mano, queda perfilado desde la primera secuencia; tras un recibimiento abrumador, que él cree injustificado, debe enfrentarse a su primera *misión*: una joven india enferma por la picadura de una cobra; el padre Santiago, sin conocimientos médicos, y con un botiquín vacío, esto es, simplemente con el auxilio de Dios, intenta curar a esta desventurada, ante la mirada expectante de los familiares.

Obviamente fracasa, lo que provoca el desconcierto y la desconfianza de los lugareños. Por otra parte, el incansable padre Santiago tiene que hacer frente a otros obstáculos que hacen más dificultosa su más que ardua labor misionera, la de evangelizar al mayor número posible de ciudadanos indios. No es tarea fácil, sobre todo cuando enfrente tiene a estos tres antagonistas: un tal Sandem (Enrique Guitart, un malvado muy eficaz), dueño de una mina, traficante y usurero, que presta dinero a los indígenas a los que obliga a trabajar como esclavos cuando estos no pueden pagar sus deudas; un reverendo anglicano (Rafael Bardem, en una interpretación comedida, al tiempo que ejemplar y convincente), quien trae consigo a la misión el materialismo y la opulencia; por último, un hechicero indígena que anda siempre soliviantando a la gente, inculcándoles que todo lo malo que ocurre en esas tierras se debe a la presencia de estos «falsarios» misioneros cristianos, e incitándoles -con ciertos ritos paganos- a la quema de los lugares sagrados. El misionero, física y moralmente abatido, atraviesa por una situación económica muy preocupante: la falta de fondos para comprar víveres o atajar ciertos problemas es el *leitmotiv* del film; en confesión al padre Hurtado, manifiesta sentirse desatendido por Dios. Todo esto ocurre poco antes de que el viejo misionero fallezca al enfermar gravemente de malaria. Esta figura eclesiástica -como tantos otros «afligidos del corazón» del cine religioso de posguerra- recuerda sobremanera al unamuniano San Manuel Bueno, admirable pastor de almas, quien no duda en confesar sus dudas religiosas, su conflicto ante el silencio de Dios, poco antes de morir en medio de sus feligreses. Con todo, la crítica no ha reparado en este punto ciertamente evidente.

La parte final («Los apestados») es, sin duda, la más sorprendente. Ello obedece a una concepción de la puesta en escena muy distinta al resto del cine religioso de la época, a un empleo sutil de la fotografía y a una arriesgada concepción del espacio y del tiempo que permiten hablar de una cierta modernidad en su cine. Es un momento realmente muy difícil: la colonia atraviesa por serias dificultades económicas. Cuando los lugareños son acosados por el usurero Sanem, enfermos de peste empiezan a llegar al poblado indígena. Es la cara de la muerte: el cineasta filma una emotiva y poética secuencia nocturna. Alterna el plano general fijo y el trávelin de derecha a izquierda, cuando fija su atención en la colectividad, con el plano medio para mostrar la figura del padre Santiago, esta vez más Quijote que nunca, un tipo que se crece en la adversidad. Las imágenes de una lúgubre y fantasmagórica procesión de moribundos están muy cerca del cine de Dreyer, Bergman o Sjöström, maestros del cine europeo que abordaron asuntos religiosos. El padre Santiago vive una particular cruzada contra usureros, infieles o apóstatas, y, cómo no, se enfrenta quijotescamente a la llegada de la muerte. El misionero ha luchado contra enormes molinos de viento, contra gigantes, para conseguir un mundo más justo, moralmente más sano. Y cree haber cumplido cabalmente con el objetivo principal de su misión, transmitir la fe en Cristo. Esto es al menos lo que el personaje comunica a los que están presentes en su lecho de muerte. También don Quijote tuvo en sus últimos momentos la necesidad de un confesor para quedarse tranquilo. Los últimos instantes de la vida del misionero se filman con hondura, con una contención modélica.

Lo que ya no resulta tan agradable es esa especie de *epílogo político* en el que se muestra -a través de una elipsis- a un ciudadano indígena, convertido en sacerdote -ese era, desde luego, uno de los deseos del padre Santiago-, en un plano medio, mirando al cielo. Ciertamente, esta es ya otra película:

> Señor, te ruego por los fundadores de esta misión: ellos vinieron de un país noble y católico a misionar tu nombre entre nosotros y para que la luz del Evangelio iluminara nuestros bosques y nuestros corazones, dame fuerzas, Señor, para que su heroica siempre sea un día la suprema verdad de mi pueblo. Amén.

La cámara inicia una leve panorámica ascendente, luego lateral hacia la izquierda, mostrando un cielo lleno de nubes, mientras vuelven a sonar las voces del coro, y aparece la palabra FIN. Por cierto, en la última copia en DVD comercializada se ofrece esta especie de paratexto nada desdeñable que explica la importancia histórica de la película.

> (LA MIES ES MUCHA fue víctima de su propio éxito. Durante años fue una de las películas obligadas en sesiones cinematográficas colegiales y en las Semanas Santas del franquismo, cuando solo se podían exhibir películas de temática religiosa o para todos los públicos. Las numerosas proyecciones de las copias las dejaron prácticamente inservibles y, para mayor desgracia, se perdió el negativo original).

Si se analiza con detenimiento, la película es algo más que un mero panfleto religioso. Se podría poner en relación con el cine británico colonial de los años treinta y con cierto cine tradicional o costumbrista español, bien por medio de episodios singulares, bien por la elección del protagonista, Fernán Gómez, uno de los principales actores cómicos de la década, con una capacidad para cambiar de registro absolutamente excepcional (Castro de Paz, 2022: 83).

En el primer cine de posguerra sobresalen dos películas en lo que se refiere a la divulgación explícita de los postulados católicos. *La fe* (Rafael Gil, 1947) basada en la novela de Armando Palacio Valdés, con guion del director y diálogos adicionales de Antonio Abad Ojuel, es una de las cintas más polémicas y famosas de los cuarenta: obtiene la calificación de mayores de 18 años y con reparos, impuesta por la censura eclesiástica. El padre Luis Lastra (Rafael Durán) es un joven cura que comienza a desempeñar sus funciones como coadjutor en el pueblo de Peñascosa junto al padre Miguel (Juan Espantaleón), a quien, por ciertos motivos, pronto se le cesará en el cargo. Sobre un plano general del pueblo aparece este texto: «Aquel día fue fiesta solemne, un joven sacerdote, hijo del pueblo, cantaba su primera misa...». Plano general, interior de una iglesia. Un inicio con una escena litúrgica de fervor religioso. Nada baladí es el hecho de que se recurra a la música clásica y a un elocuente coro infantil. La primera parte se concentra en la presentación minuciosa del vivir cotidiano del protagonista, un hombre sencillo, solidario, dialogante. No cree en el castigo como método de enseñanza, y así se lo hace saber al maestro, al ver en su primer día de clase de religión cómo trata este a los niños. En la escena el cineasta hace mofa de un tipo de enseñanza memorística, esto es, la religión como cantinela; el padre es más partidario del perdón, algo que solo se consigue estando cerca de ellos, comprendiéndolos. Todo esto ocurre es apenas once minutos.

La siguiente escena sirve para explicar ciertos elementos temáticos y formales de este primer cine de Gil, muy apegado aún a la realidad social. Un leve contrapicado ofrece la imagen de unos niños jugando a los bolos; al fondo, en un uso elocuente de la profundidad de campo, se ve a don Luis salir de la escuela, saludando, e implicándose en el juego como un niño más. Plano medio: dos niños se pelean por una manzana; don Luis se coloca estratégicamente en medio de los dos con la intención de resolver la disputa; un tan Chorín confiesa haberla robado y se arrepiente. Se mantiene el plano, con una leve panorámica hacia la derecha: el muchacho, entristecido se acerca a su hermanito, también en posición de abatimiento; un leve trávelin de retroceso permite que el padre entre en plano para así conocer la tragedia de estos niños: no tienen nada que llevarse a la boca, el padre era pescador y murió ahogado, la madre sale a trabajar y hasta por la noche no la ven, no pueden comer nada.

Un momento muy intenso es resuelto en un solo plano secuencia en el más puro estilo neorrealista. Constituye una de las escenas más hermosas del cine español de los años cuarenta. Don Luis entra con ellos en la Casa Rectoral y dispone que su ración sea para los dos niños. «Comerán como una lima», añade el padre Miguel, al verlos aparecer en el comedor. La puesta en escena se basa en el uso meditado de la mirada; la que le dirige el padre Miguel a su correligionario es suficiente para presentar la bondad de don Luis, inequívoca sinécdoque de una Iglesia comprometida. Es una escena muy triste: una muestra singular de esa España herida y abatida. Al parecer, Durán preparó muy a conciencia su papel, internándose «durante unos días en un seminario con objeto de habituarse con las formas, modos y costumbres de los clérigos»; y la actriz protagonista pensó en la posibilidad de instruirse «en una casa de putas» (Vizcaíno Casas, 1998: 42).

A partir de este momento, la trama narrativa se complica con la aparición de dos conflictos (dos personajes esenciales). Por una parte, entra en escena Marta Osuna (Amparito Rivelles), una joven y bella feligresa, de turbio pasado, perteneciente a una familia acomodada; esta vive inmersa en un mundo imaginario de ilusiones y fantasías místicas y se encapricha del cura. ¿O realmente se ha enamorado de él? Marta parece tenerlo claro: «Tengo dentro del alma un amor al que seré fiel toda mi vida. Ese amor es mi delicia y mi tormento. Yo lo quiero a usted». Por otra parte, don Luis conoce al ateo, descreído y solidario, Álvaro Montesinos (Guillermo Marín): el film plantea en este punto el eterno conflicto entre la importancia de la fe (don Luis) y preeminencia de la ciencia y la razón (Álvaro). En este segundo conflicto, don Luis emprende una lucha contra sus propias dudas, algo motivado por las sucesivas lecturas recomendadas por Álvaro, lo que le lleva a la decisión de quemar algunos libros (un guiño a Cervantes).

Lo que resulta más incómodo de este film -sin duda, magistral en el tratamiento del tiempo, en el ritmo de la acción o en la dosificación de cierto suspense en la trama amorosa- es su fuerte misoginia. Álvaro se ha vuelto un descreído por culpa de su mujer, que no ha sido nunca buena con él, que un día lo abandona por otro hombre y que vuelve fingiendo arrepentimiento con la idea de apropiarse de unas joyas. Esto provoca una crisis irreversible en Álvaro que al poco muere, eso sí, en brazos de Dios gracias a los consejos y al apoyo moral del padre Luis. Pero es sobre todo en el personaje de Marta donde descansa el mensaje ardientemente misógino del film. Es mentirosa, cínica, caprichosa y sobre todo frívola y consentida: finge un desvanecimiento para atraer la atención de don Luis, un fervor religioso y un deseo por ser monja que en absoluto son ciertos. Son tales sus dotes de seducción que convence al padre Lastra para que le acompañe a ingresar en un convento carmelita en Astudillo -en realidad, no existe-, simplemente con el objeto de seducirlo. Marta ha dispuesto todo para pasar la noche en una posada junto al cura, para confesarle «un secreto» que la ahoga, «un amor que le atormenta».

La película deriva hacia una trama judicial menos interesante, en la que Marta denuncia al padre Lastra por intentar seducirla. Al final, la verdad sale a luz: todo ha sido una calumnia. Otra mujer pecadora, otro sacrificio más. La escena final del descarrilamiento del tren en el que regresan don Luis y Marta es una metáfora sobre el final que les espera a aquellos que deciden tomar un camino equivocado. Es *La fe*, sin duda, una especie de film manifiesto de la doctrina patriarcal, nacionalista y católica de la *nueva* España de Franco.

Balarrasa (José Antonio Nieves Conde, 1950) es uno de los grandes films de este primer periodo de posguerra. Sobre un fondo de música religiosa y un cielo lleno de nubes, van pasado los títulos de crédito. El misionero católico Javier Mendoza (Fernán Gómez) camina por un paisaje nevado de Alaska: cuando está a punto de morir, rememora los años de su juventud y la relación con su familia y sus amigos. Comienza entonces un largo *flashback* que ocupa la práctica totalidad del metraje. Atendiendo a su contenido, este bloque evocador se podría segmentar en tres subpartes:

1. *Vida militar*. El oficial de legión Javier Mendoza, alias Balarrasa, combate en el bando franquista. Es un crápula, un vividor, que aprovecha cualquier resquicio para disfrutar de las mujeres, del alcohol y de las cartas. La acción se sitúa en un campamento cercano a la ciudad de Madrid. Una experiencia en el frente le marca de por vida (conflicto interior): una bala perdida mata a un compañero que lo sustituía en una guardia nocturna. Como le dice un compañero, «mala suerte, esa bala venía por ti». Esta experiencia traumática le lleva a tomar la decisión de hacerse sacerdote, de sacrificar su vida para ayudar a los demás. Hay que decir, por otra parte, que la Guerra Civil sirve como fondo en el desarrollo de la trama narrativa, pero no se aborda desde un punto de vista político. Poco queda en *Balarrasa* de aquel cine de cruzada. No hay ni actitudes condenatorias hacia el enemigo republicano, ni tampoco odas al espíritu de la raza o elogios patrióticos. Nieves Conde se atribuye muchas de las ideas de esta primera parte del film, algo que, al parecer, no estaba en el guion original de Escrivá.

2. *Vida religiosa*. Al finalizar la guerra, Javier se dirige directamente al seminario pontificio de Salamanca para dar comienzo a su formación eclesiástica. Reconoce que su vida anterior no ha sido nada ejemplar: en una escena contenida, como por otra parte será el comportamiento del protagonista a partir de este momento, metafóricamente nada sutil, Javier cambia sus ropajes. Esta decisión sorprende a todos los miembros de su familia, que se enteran de la decisión por una carta que Javier les escribe desde el seminario. Sorprendentemente, el joven no recibe las primeras Órdenes: sus superiores han decidido que antes debe pasar una prueba para comprobar si está definitivamente preparado para ser sacerdote.

Debe volver al hogar, a su vida anterior, y comprobar por sí mismo si ha vencido todos sus temores.

3. *Vida familiar*. El retorno al hogar no puede ser más desilusionante para Javier. Lo que encuentra a su regreso es una familia rota, ociosa, inmersa en el vicio, la corrupción y las prácticas delictivas. Dos elementos recuerdan constantemente esta situación: las intervenciones de la criada Faustina, que solo habla para recordarle a Javier el caos reinante en esa casa y, en forma de metonimia, la presencia de un cuadro de la madre ausente, que preside el salón de la casa (la carencia de la figura materna es el *leitmotiv* en esta parte del film). El día que Javier llega a su casa comprueba que allí la gente para poco: es más, todos acuden a altas horas de la noche, y alguno de ellos incluso no regresa. Javier tiene por delante una ardua tarea: en primer lugar, personal, ya que pretende redimirse, pues en su vida anterior -la gente que se encuentra al volver a Madrid se lo recuerda una y otra vez- solo había existido el vicio y el pecado. Pero, además, tendrá la ardua misión de «evangelizar», de «reeducar» a su familia, de «levantar esta casa». ¿Quiénes integran y a qué se dedican los miembros de la familia? El padre (Jesús Tordesillas) solo piensa en el alcohol y en jugar a las cartas; su hermana Maite (María Rosa Salgado) es una joven frívola y caprichosa, que solo gusta de los ambientes burgueses y distinguidos, y además desprecia el modelo de vida rutinaria que le ofrece un vecino funcionario (José María Rodero); su hermano Fernando (Luis Prendes) anda en sucios y oscuros negocios de contrabando con un supuesto agente de prensa, Mario Santos, «protector de la familia» (Eduardo Fajardo) y amante de su hermana Lina (Dina Sten).

Balarrasa es una película muy valiente para su época. En gran medida, su director ofrece en la tercera parte un relato *realista* nada complaciente de la España de su tiempo, al sacar a la luz temas como el estraperlo, la corrupción social, la descomposición de la familia, la prostitución o el clasismo. Con todo, se deja abierta una puerta a la esperanza en esta difícil labor «misionera» de Javier, que, por otra parte, emprende sin titubeos y con absoluta firmeza. El joven decide retrasar su vuelta al seminario, para finalmente ser ordenado sacerdote (el sacrificio), y dedicarse por entero a la reconstrucción de su familia (la misión). Todo se plantea en clave metafórica. Ahora, más que nunca, es a la iglesia (Javier) a quien compete la salvación moral de la patria (el padre, Fernando, Lina, Maite). Esa es la prioridad absoluta. Y esto es lo que pretende este tipo de cine: ofrecer un relato claro a los espectadores sobre los dilemas morales y sociales de la vida cotidiana, un ejemplo diáfano de la necesidad de saber distinguir entre el bien y el mal, entre el pecado y la salvación. *Casi nada...*

No deja de ser insólita, al tiempo que representativa, esta propuesta ideológica. Algo está pasando en España y el cine se ofrece como el síntoma más evidente. Muy conscientemente, Nieves Conde se sitúa en un lugar estratégico en la encrucijada del cine de posguerra: en este sentido, la cruda *Balarrasa* actúa como film bisagra preparando el camino para un tipo de cine realista en el que se inscribe con firmeza *Surcos* (1951). El film hay que enjuiciarlo por lo que es, pero, en cierta manera, también por sus enormes posibilidades:

> despojada del barniz sacristanesco y de su monolítico protagonista, bien podría haber sido una película demoledora: los vencedores de la Guerra Civil se dedican al estraperlo, son parásitos que nada valioso aportan a la sociedad. Parece evidente que el realizador intenta algunos apuntes levemente sociales y en los que esboza escenas que mejorará en títulos posteriores (las secuencias nocturnas de persecución, por ejemplo, prefiguran las de *Surcos*), pero, entre las modificaciones a causa de los delirios de Cifesa y las insuperables dosis de moralina, *Balarrasa* solo se salva por algunas secuencias aisladas, aquella de pura acción, y por la presencia de un Fernando Fernán Gómez que sabe meterle algo de carne a un personaje que carece de ella. (Llinás, 1995: 24)

Es otra muestra más de ese *cine social* de la primera posguerra *que pudo haber sido*. Nieves Conde no llegó a esconder jamás que su propósito principal con este arduo proyecto era la mostración de asuntos sociales como el mercado negro o la degradación de la burguesía de la ciudad. Se puede decir sin tapujos: es este un maravilloso ejercicio de memoria cinematográfica, de absoluta sinceridad, no muy habitual en nuestro cine. ¿Qué vio Escrivá, paradigma del cine religioso, para ofrecerle el guion a Nieves Conde? ¿Quizás la gente del cine pensaba en un artesano sin más, en alguien sin sensibilidad ante la historia mostrada? Ciertos productos resultan finalmente muy distintos del trazado original. Este llegó a manifestar que cuando abordaba temas religiosos los resultados no eran nada satisfactorios. Su cine estaba muy lejos de las películas americanas «de curas» que tanto le gustaban, pero que por distintas razones no terminaban de encajar en el cine español.

Otra variante de este subgénero de cine religioso es el film con párroco comprometido, algo «revolucionario», con coraje, empuje y personalidad, preocupado por los problemas de sus feligreses, en especial de los sectores más desfavorecidos de la sociedad. No es fácil sacar a la luz en aquellos años temas como la marginación social, la pobreza, el hambre o la vida en los suburbios o chabolas. Se pretende ensalzar el valor de la caridad cristiana como solución a los problemas sociales. En *Forja de almas* (E. Fernández Ardavín, 1943) el padre Andrés Manjón (Alberto Romea) funda un centro para asistir a niños abandonados, las Escuelas del Ave María de Granada, enfrentándose a algunos responsables de la administración. El film fue recibido con desinterés por los responsables cinematográficos del Régimen y por la crítica oficial. No obstante, este ciclo tiene cierta continuidad en años venideros: es el caso de la cinta *El padre Pitillo* (Juan de Orduña, 1954).

En algunos casos, elementos del discurso narrativo como la acción, los personajes y el tipo de narrador o el punto de vista de la enunciación están supeditados a los principios de la moral cristiana. En este sentido, no es infrecuente la aparición del pecador salvado de la perdición moral por la religión: por ejemplo, el crápula e informal Pablo (Alfredo Mayo) en *El frente de los suspiros* (Juan de Orduña, 1942), que participa emotivamente en la Semana Santa sevillana y que, al salir un día de los oficios, parece otro, transformado... Otro motivo es la idea de la Iglesia como refugio que ofrece seguridad a las almas perdidas sin asideros en los seres que les rodean: para el personaje de María Victoria (Pastora Peña), en *Porque te vi llorar* (Juan de Orduña, 1941), acudir al templo es el único momento del día que todo tiene sentido. En la segunda parte de *La lola se va a los puertos* (Juan de Orduña, 1947), en donde lo melodramático cobra especial relevancia, la religión se convierte es un *leitmotiv* fundamental: la Lola (Juanita Reina) es una gitana muy creyente, que acude a la Virgen de los Dolores para aclarar sus dudas, para formular una promesa, o demostrar una fe absoluta. Son escenas con monodiálogos de un alto contenido religioso, excesivo quizás... Asimismo, en *El escándalo* (J. L. Sáenz de Heredia, 1943) el protagonista masculino, adúltero y frívolo, se redime al final gracias a la religión... Hay que recordar también la omnipresencia de la figura del párroco en los films que Ramón Torrado dirige para Suevia Films; en su labor de consejero espiritual, este amonesta a los feligreses que andan algo desencaminados. La importancia de la Iglesia en la resolución de conflictos sociales no fue un hallazgo del cine franquista: su presencia

> puede constatarse en numerosas películas realizadas durante la República -de *Nobleza baturra* a *El cura de aldea* (Francisco Camacho, 1936)-, pero la crítica irónica presente en algunos ejemplos de aquel período sí ha desaparecido por completo, precipitando el discurso hacia una inevitable lección de férrea moralidad católica. (Castro de Paz, 2002: 80)

No faltan ejemplos de este modelo de película religiosa. En este sentido, el final de *Pequeñeces* (1950) es ciertamente desilusionante. El implacable y mordaz retrato de la aristocracia madrileña del último tercio del siglo XIX, en el que está incluido el emocionante relato de adulterio de la condesa Curra de Albornoz (Aurora Bautista), queda lastrado con un epílogo muy habitual en el cine moralista de esta época. La última escena se desarrolla en una iglesia adonde acude esta mujer independiente, hedonista e inmoral, para confesar sus pecados con el objeto de *salvarse*. Curra acaba de enterarse de que su hijo Paquito (Carlos Larrañaga) ha muerto ahogado al intentar ayudar a un amigo: Paquito es un niño desatendido por sus padres y su mejor amigo, Alfonso, es, a su vez, hijo del amante de su madre, Jacobo Téllez (Jorge Mistral). Comienza la escena con dos planos generales de la iglesia; la cámara es ubicada en lugares contrapuestos: abatida, arrodillada, reza Elvira (Lina Yegros), la madre del otro niño que ha fallecido. Este personaje sería algo así como la contrafigura de Curra: la dama solo tiene tiempo para ir a la iglesia o para atender su hijo. No posee tampoco el atractivo de la sensual Curra. En la línea de Elvira se encuentra el padre jesuita Cifuentes (Jesús Tordesillas), hombre comedido y virtuoso, portador del mensaje espiritual; él será el encargado de abrirle los ojos a Curra y de juntar a los dos personajes femeninos, tan extremadamente antagónicos. Otro plano general (un magistral plano secuencia) sirve para dar entrada al personaje de Curra; el padre Cifuentes acude a su encuentro. La cámara se acerca a ellos para explicitar más el mensaje católico del film: el padre (la religión) recibe a la madre (el pecado) y la consuela, al tiempo que le indica el camino correcto para salvarse.

Curra entra sigilosamente. Orduña opta ahora por el uso de plano contraplano para construir esta emotiva escena: la cámara sigue a la madre de Alfonso Téllez, que se acerca a Curra para perdonarla. En plano general, antes de salir de cuadro, aquella mira hacia el altar indicándole algo (no parece correcto decir sugiriéndole). Primer plano. Curra, hundida, no deja de llorar; en ese momento, escucha unas palabras de Paquito (*voice over*):

> No llores, mamá. No llores. He esperado mucho tiempo este momento. Siempre creí que eras muy buena. Ahora veo que no me he equivocado. Hoy es un gran día aquí, ¿sabes por qué causa? Es por ti, es porque tú vuelves a ser buena, mamá.

Al espectador se le ha presentado claro y diáfano el mensaje cristiano. El accidente y muerte del hijo (el sacrificio) redime a su madre de sus escándalos e inmoralidades (el pecado). Benet ha señalado algunas convergencias entre los finales del film de Orduña y *Lo que el viento se llevó* (Victor Fleming, 1939):

> Al igual que Scarlett O'Hara, Curra, de luto y en primer plano, escucha voces que le hablan en el paroxismo de su dolor. Esta voz del hijo cerrará el planteamiento moralizante que, obviamente, no existía en *Lo que el viento se llevó*. Donde Scarlett se quedaba en la indeterminación existencial del mañana será otro día y en el carácter cíclico de su deseo, en *Pequeñeces* se consuma una promesa de expiación por los pecados a través del sacrificio y una anunciada vida de penitencia siguiendo de manera coherente los preceptos cristianos. El rompimiento de un cielo al atardecer -o quizás el amanecer-, mientras el estentóreo coro de la banda sonora alcanza el máximo volumen, nos conduce a esa sensación de trascendencia resumida en que, sobre la palabra «fin», las voces del coro entonan: *Amén*. (Benet, 2012: 241)

En definitiva, la aparición de este ciclo religioso *edificante* responde al deseo de utilizar el cine como vía didáctica o pedagógica por parte de la Iglesia. El filón no se agota en esta década, sino que se mantendrá incluso con más éxito en la siguiente. De hecho, *Balarrasa* coincide con el inicio del periodo de esplendor o verdadera eclosión de este ciclo. Su éxito de público ocasiona la aparición de cintas en las que el protagonismo recae en figuras religiosas o tipos creyentes, con un mensaje conservador, populista y doctrinario: *La señora de Fátima* (1951), *Sor Intrépida* (1952), *La guerra de Dios* (1953) y *El beso de Judas* (1954), dirigidas por Rafael Gil, auténtico experto en la materia; las neorrealistas *Día tras día* (A. del Amo, 1951) y *Cerca de la ciudad* (Luis Lucia, 1952); o el fenómeno social *Marcelino, pan y vino* (Ladislao Vajda, 1955), melodrama con niño huérfano y con milagro final incluido.

El manantial de la literatura

Recién acabada la Guerra Civil, el cine español se centra en la adaptación de textos literarios de escritores nacionales. Se prefiere eso a fijar la mirada en la lacerante, amarga y desgarrada realidad social. Que la literatura interesó a productores y cineastas es algo que no se puede poner en duda. Cifesa es la primera productora que lleva a cabo la traducción de un texto de prestigio, *La gitanilla* (Fernando Delgado, 1940); el film narra la historia de amor de una gitana (Estrellita Castro) y un noble (Juan de Orduña), que se hace pasar por gitano para poner a prueba los sentimientos de la joven.

Rafael Gil va a ser el director más prolífico en este tipo de cine (algunos lo llaman «cine de época», sin más) con un total de cuarenta y dos adaptaciones (doce en los años cuarenta), casi siempre de autores ilustres. Comienza su andadura en esta década adaptando textos de Wenceslao Fernández Flórez (*El hombre que se quiso matar* y *Huella de luz*, 1941; después hace *Camarote de lujo*, en 1958, y un remake de la primera en 1970), de Enrique Jardiel Poncela (*Eloísa está debajo de un almendro*, 1943), de Pedro A. de Alarcón (*El clavo*, 1944; *La pródiga*, 1946), de José María Pemán (*El fantasma y doña Juanita*, 1945), de Armando Palacio Valdés (*La fe*, 1948), de Vicente Blasco Ibáñez (*Mare Nostrum*, 1948) y de Miguel de Cervantes (*Don Quijote de la Mancha*, 1947). Otra cosa muy distinta sería el prescindible tramo final de su trayectoria, en el que forma tándem con el escritor oficial del nacionalcatolicismo Vizcaíno Casas (*La boda del señor cura*, 1979; *... Y al tercer año resucitó*, 1979; *De camisa vieja a chaqueta nueva*, 1982). A Orduña le debemos importantes títulos de la década, como *La lola se va a los puertos* (1947), a partir de una pieza teatral de los hermanos Machado, o *Pequeñeces* (1950), basado en un texto del padre Coloma. Sáenz de Heredia, algo más ecléctico, sobresale también con títulos como *El escándalo* (1943), también a partir de Alarcón, o *Mariona Rebull* (1947), según la novela homónima de Ignacio Agustí.

Especialmente relevantes resultan algunos cineastas de la *otra generación del 27*. José María Pemán es el autor más implicado en distintos aspectos de la escritura cinematográfica durante la primera posguerra en labores de guionista, adaptador de textos ajenos, argumentista o dialoguista. Además, varias piezas dramáticas suyas son llevadas al cine. Muy acorde con la moralidad imperante durante el primer franquismo, el montador y director Ramón Quadreny adapta obras de exitosos autores de novela rosa (Rafael Pérez y Pérez, Luisa Linares, Concha Linares Becerra). En fin, dos escritores anteriores a la guerra continúan vinculados de una u otra manera al cine durante el franquismo: W. Fernández Flórez, como argumentista (entre 1942 y 1945 se adaptan siete novelas suyas) y colaborador en la escritura de guiones (*Una aventura de cine*, 1927, el primer film de Orduña) y Edgar Neville, novelista, dramaturgo y guionista de sus propios films.

La mayor parte de las adaptaciones proceden de escritores conservadores, si bien no faltan estimables excepciones. Además de Blasco Ibáñez, en cuanto a la presencia de modelos literarios más contemporáneos, cabe destacar las adaptaciones de textos de Ricardo Baroja e Ignacio Agustí. O el extraño caso de Galdós, un autor poco apreciado por el Régimen: *Marianela* (Benito Perojo, 1940) no gustó a los organismos censores; la propuesta era por momentos muy próxima a cierto cine social. En adelante, solo Luis Buñuel se acercaría al autor de *Fortunata y Jacinta* en títulos como *Nazarín* (1958), *Viridiana* (1961) y *Tristana* (1970). Dos nombres habría que añadir a este cine literario: Unamuno, en *Abel Sánchez* (C. Serrano de Osma, 1956), y Antonio Buero Vallejo, en *Historia de una escalera* (Ignacio F. Iquino, 1950). Pío Baroja, un autor algo incómodo también para el Régimen, fue adaptado en una ocasión: *Las inquietudes de Shanti Andía* (Arturo Ruiz Castillo, 1946).

No puede hablarse despectivamente de un cine caligráfico sin más. Algunas propuestas aun viniendo de autores conservadores resultan valientes e interesantes. *El escándalo* (J. L. Sáenz de Heredia, 1943) y *El clavo* (Rafael Gil, 1944) suponen la culminación de un cine de prestigio y *calidad* que, adentrándose por los sinuosos caminos del *melodrama de época* y del cine de temática social, quiere hablarnos, en algún momento, de un presente turbio, oscuro o pesaroso. La iniciativa de acudir a referentes incuestionables de la tradición literaria obedecía quizás al deseo «de investir las producciones fílmicas de una pátina de respetabilidad y alcanzar un posible éxito comercial», algo que, por otra parte, «será constante en el cine español hasta la década de 1980» (Benet, 2012: 73). En este sentido, la novela será siempre el género preferido, seguida muy de cerca por el teatro. A Jacinto Benavente lo versionan, con resultados muy desiguales, López Rubio, Marquina, Orduña, Gil y Lucia, muy fieles a su temática e ideología. Con todo, son Carlos Arniches y los hermanos Álvarez Quintero los autores más utilizados en el cine de posguerra. A partir de estas fuentes de teatro popular se consolida una comedia entre costumbrista y social -con no pocos ribetes críticos- que a día de hoy está entre lo mejor que ha dado el cine de aquella época. A título ilustrativo, pueden citarse *Alma de Dios* (I. Iquino, 1941), *La chica del gato* (Ramón Quadreny, 1943) o *Malvaloca* (Luis Marquina, 1942).

Efectivamente, buena parte de este *cine literario* entronca con las formas del *melodrama*; en él se observan ciertas constantes narrativas: historias de amores interclasistas, muchas veces relaciones imposibles; la soledad, la tristeza y el vacío del individuo; la presencia de la mujer como elemento distorsionador (a veces, prostituta), un ser zarandeado y ninguneado por una sociedad terriblemente patriarcal; los abandonos del hogar o los arrepentimientos finales; la familia o el deber conyugal están por encima de todo; y, por supuesto, la intervención de la Iglesia a través de sus *vigilantes* ministros. Se priorizan los ambientes atmosféricos densos y claustrofóbicos (la lluvia o las tormentas son esenciales), decadentes (las metáforas de las ruinas o casas con viejos muebles) y los espacios cerrados en entornos rurales con un fondo musical omnipresente. No menos relevantes van a ser la cuidadísima fotografía y el diseño artístico. Se puede concluir afirmando que se está ante uno de los registros más cuidados estilísticamente de esta *tenebrosa* década del cine español.

No es fácil a veces adaptar ciertos textos literarios: la censura no está por la labor de dejar pasar temas como el suicidio, el adulterio o el incesto. Antonio Román es quizás el más atrevido; Gonzalo Delgrás, el más desconocido; Sáenz de Heredia y Gil, los más artísticos; el Orduña de *Porque te vi llorar* o *El frente de los suspiros*, el más melodramático. Estos son los creadores de este *cine de la herida*. Al estudiar el melodrama de posguerra, Benet considera que, más allá de lo melodramático o del enfoque sentimental que presentan estas tramas amorosas, la idea nuclear es «la constante presencia de traumas y de un sentimiento de culpabilidad que se ha de resolver (y expiar) de alguna manera» (Benet, 2012: 242). Todo se redime al final a través del amor con un elocuente y previsible *happy end*. Claro que no siempre es así: en títulos como *Noche fantástica* (Luis Marquina, 1943) o *El fantasma y doña Juanita* (Rafael Gil, 1944), entre otros, existen renuncias dolorosas o, sencillamente, amores imposibles.

Para ahondar algo más es este peculiar subgénero del primer cine de posguerra, conviene detenerse en tres películas muy especiales. Una tiene un final claramente conciliador, feliz; la otras dos, no siempre bien valoradas por la crítica, constituyen dos muestras muy elocuentes de un cierto cine literario «español» que pudo ser, pero que se quedó solo en un intento fallido. Lo que vino después, aun conservando ese sabor local que tanto se reivindica en el cine nacional, deriva hacia un cine, formal y temáticamente, más folclórico. Es, sobre todo, el cine capitaneado en los años 50 por el prolífico e irregular Luis Lucia.

La estructura interna de la imprescindible *La condesa María* (Gonzalo Delgrás, 1942) responde al esquema básico de planteamiento o estado inicial, nudo, a partir de un conflicto fundamental, con sucesivas peripecias, y, por último, el desenlace o resolución. Los hechos se disponen cronológicamente, en el orden que ocurren en un tiempo actual, por lo que se puede hablar de narración lineal. Sin embargo, en el desarrollo del film hay que reconocer la existencia de una trama interna, esto es, una serie de hechos ocurridos en el pasado, fundamentales en la configuración o evolución de ciertos personajes. Conviene aclararlo: no se trata de que se produzcan desajustes entre el orden en el que ocurren los hechos actuales (fábula) y el orden en que se presentan (trama). No hay acronías en forma de analepsis o saltos hacia atrás en el tiempo para contar hechos del pasado. Todo ocurre en el presente: los personajes evocan esos tiempos. Es algo parecido a lo que sucede en algunas piezas de dramaturgos realistas renovadores de finales del siglo XIX como Henrik Ibsen o August Strindberg: ciertos hechos dramáticos del pasado (acción interior) afloran en un momento determinado de la obra (acción exterior). A medida que se conoce esa «otra historia», se va descubriendo la «auténtica verdad» de los personajes. La heroína emprende un viaje a un pasado doloroso para así conocerse a sí misma y mostrarse ante los demás como quien realmente es. La secuencia final es el tiempo de las confidencias y es donde tiene lugar el descubrimiento de la verdad. Se podría explicar con más detalle la trama narrativa del filme.

1. *Presentación*. La condesa María (Margarita Robles) vive inmersa en una constante y autodestructiva pesadilla: piensa que su hijo Luis (Vicente Vega), soldado de la División Azul, ha muerto en los campos de Rusia. Por su mansión pululan familiares que pretenden animarla, pero solo buscan su dinero: su frívolo sobrino Manolo (Rafael Durán), su derrochador cuñado Joaquín (José Prada), y otra joven sobrina, la casquivana Clotilde (Marta Santaolalla). La condesa relee una y otra vez la fatídica carta en la que se le comunica la muerte del hijo. De esto hace dos meses.

2. *Nudo*. Conflicto (1). Un día la condesa María recibe la visita de Rosario (Lina Yegros), una joven de condición humilde, que afirma ser la esposa de Luis, con quien se casó *in articulo mortis*. Además, dice tener un hijo suyo, Luisito. No solo la vida de María cambia a partir de ese momento, sino también la de los supuestos herederos que creen que todo esto es mentira. «Rosario nos ha partido por el eje», dice Clotilde, al ver a su tía volcada a tiempo completo con el cuidado del niño. Manolo descubre en el Registro Civil que Rosario es madre soltera: en la partida de nacimiento no figura el nombre del padre por ningún sitio. Manolo la somete a un desasosegante interrogatorio. Es este realmente el momento más emocionante y poético del film. La interpretación contenida de Lina Yegros está entre lo mejor de la película. Conflicto (2). La familia recibe el comunicado de que Luis vive. El ritmo narrativo se ralentiza. La llegada del desaparecido es inminente; la espera, angustiosa. Delgrás se ha servido para esta secuencia de elementos propios del cine de suspense e incluso del *thriller* psicológico.

3. *Desenlace*. Las verdades afloran. Rosario confiesa haber fingido ser su mujer, sin serlo ante la ley, por desesperación y por necesidad, pero también porque «ante su conciencia sí lo es». Luis lamenta que haya mentido a su madre. En realidad, la condesa María sabía la verdad porque desde el primer momento Rosario le había contado todo. Sus herederos -y el espectador, claro está- lo desconocían.

Es una propuesta apasionante la que presenta *La condesa María*, apoyándose en la alternancia de varias tramas narrativas (la romántica historia de amor, y de abandono, de Rosario y Luis, en el pasado; en el presente, simultáneamente, el reencuentro y reconciliación de los amantes; y, por último, la farsa de la condesa con el único pretexto de ser feliz y de hacer felices a los demás), el juego entre la ficción y la realidad, entre la verdad y la mentira, con un componente de suspense prodigioso. El film atrapa en todo momento independientemente de este *final feliz* (boda, viaje de novios, carta de los tortolitos), marca de fábrica del cine de posguerra.

Responde a esa tendencia nada desdeñable de *remakes*, basados en textos literarios de autores conservadores, que habían obtenido un importante éxito de público en el pasado. Algunos retocan temas o personajes del original, acomodándolos a la nueva situación política del país; en el caso de *La condesa María*, el añorado y desaparecido hijo combatía contra la URSS como piloto en la División Azul, mientras que en el homónimo film original, filmado en 1927 por Benito Perojo, participaba en la guerra de Marruecos. Otra muestra más de cómo el arte se pone al servicio de la política del momento.

Luis Marquina reivindicaba la necesidad de una mayor presencia de «localismo» en el cine español, algo similar -a su juicio- a lo que ocurría en cinematografías como la francesa (las películas de René Clair «estaban llenas de auténtico sabor parisino») o la italiana (no lo menciona, pero sin duda alude al neorrealismo), donde las películas muestran «con toda exactitud y todo detallismo el modo de vivir, de sentir y de pensar del pueblo». En una charla radiada entre febrero y junio de 1946, afirmaba que «lo regional» podía ser un «un tesoro inagotable y lícito de cualquier manifestación artística», por lo que cree necesario acercarse

> a la entraña popular para darla como es, sin desvirtuarla. Resultará de lo primero lo español; caería lo segundo en la *españolada*. Porque la *españolada* no es más que una deformación, un exceso de lo español que, naturalmente, somos nosotros los primeros en recusar. (Pérez Perucha, 1983: 121)

Pues bien, este doble «sentir» (¿realismo antropológico?) del que habla Marquina es el que parece apreciarse en algunas películas suyas. *Malvaloca* (1942) es una adaptación cinematográfica realizada por el propio cineasta de la pieza teatral homónima de los hermanos Álvarez Quintero publicada en 1912; la otra cinta es *Filigrana* (1949), también con guion de Marquina, a partir de una obra de Antonio Quintero, compositor de coplas y autor de piezas teatrales, conocido sobre todo como letrista miembro del reconocido trío Quintero, León y Quiroga. Los dos títulos forman una especie de díptico cinematográfico de carácter melodramático en el que se aborda el tema del amor desde el conflicto de la realidad y el deseo; los dos rasgos del «localismo» buscado por Marquina están muy presentes: a) por un lado, ese «sabor» regional se pone de manifiesto en la presencia de bares, teatros, calles, etc., de lugares que oscilan entre Andalucía y Madrid, al tiempo que la acción, en ambas citas, es interrumpida en varias ocasiones para dar paso a escenas musicales, a partir de canciones con letras muy explicativas sobre el desarrollo de la trama narrativa; b) por otro lado, la difícil o conflictiva relación entre los personajes principales no busca otra cosa que expresar un modo de vivir, de sentir y de pensar de individuos de distintas clases sociales.

Malvaloca (1942) se centra en la vida de Rosita (Amparo Rivelles), a quienes todos llaman Malvaloca, una joven y bella malagueña, con varios hombres en su pasado; en su tormentosa vida sentimental se cruzan dos (proto)tipos muy distintos, un donjuán seductor, cínico y atractivo (Salvador-Manuel Luna) y un joven enamoradizo (Leonardo-Alfredo Mayo, prodigioso). Entre lo más interesante de la cinta está el fino trazado del personaje de Leonardo: un honrado mozo asturiano, que muestra más encanto, sinceridad y entrega en su relación con la melancólica Malvaloca, pero que, a veces, no puede superar una lucha interna contra sus escrúpulos y contra el rechazo social que le provoca el pasado de la joven. La heroína se sitúa en medio, zarandeada, usada y manoseada por unos y otros como si de un viejo trapo hecho jirones se tratara.

No muy lejos está el argumento de *Filigrana* -«la triste, densa, y episódicamente formalista», a juicio de Castro de Paz (2002)-, que, en principio, por su argumento, por su estructura interna y evidentemente por el protagonismo femenino de una relevante figura de la copla española, está más cerca de lo que luego se llamará españolada. Presenta variantes importantes con respecto a la pieza anterior. Filigrana (Concha Piquer) es una diva de la música que se encuentra en el mejor momento de su carrera artística. No faltan, en cualquier caso, escenas del pasado en la que se muestran sus orígenes humildes. También es cierto que nadie le ha regalado nada de cuanto ha conseguido: no toda su vida ha sido un dulce camino de rosas. Pero, como ocurre con Malvaloca, buena parte de su futuro se debe a las decisiones que toma cuando es objeto de deseo. Se desarrollan en montaje alterno dos historias amorosas: en la actualidad, un rico admirador llamado Guillermo Harrison (Mariano Asquerino) acude a su camerino cada noche para entregarle ramos de flores, pero también con el deseo de que se case con él. Hay una experiencia de hace años, muy amarga, que ha pesado mucho en la vida de la heroína: el antihéroe no es otro que el cínico conde de Montepalma (Fernando Granada), jugador y mujeriego, quizás la persona a quien la joven más ha amado en su vida, pero de quien sufrió la más amarga de las humillaciones, el rechazo en público por el hecho de ser gitana; o -es algo más plausible- por ser de una condición social más baja. Eso después de haber vivido juntos una intensa y pasional relación amorosa y de haber escuchado «sincerísimos» deseos de formalizarla. Esta experiencia le hace ser en adelante una persona muy desconfiada. Se trata de los personajes femeninos más resentidos de este periodo. Da la sensación de que las huellas de la cruenta Guerra Civil han impregnado todo el texto fílmico. Ciertamente, es una de las películas más tristes del cine español de los años cuarenta.

A estas dos cintas conviene acercarse sin prejuicios; estos dos melodramas (¿musicales?) evidencian la existencia de algunas grietas en el (mejor) cine español de los años cuarenta, por donde es posible atisbar una cierta conciencia social. *Malvaloca* se abre con dos escenas que presentan con detalle el modo de vivir, de sentir y de pensar de una familia pobre, rota e indigente, que vive hacinada en un pequeño pueblo de la costa malagueña, una muestra más del carácter simbólico de los espacios estrechos y claustrofóbicos del primer cine franquista. La triste Malvaloca sufre los malos tratos de su padre Curro (un excepcional y emotivo José Prada). Como en aquellos bellos films del realismo poético francés, la (anti)heroína se verá obligada a buscar otra(s) vida(s): en un primer momento, es un cínico señorito quien se aprovecha de esta situación, ofreciéndose como el mejor «partido» («la pedrea» es la palabra empleada) para sacarlos del aprieto económico. Algo después de este *affaire* Malvaloca conoce a Salvador (Manuel Luna), que vive con ella dos felices años, pero este también termina cansándose, abandonándola, no sin entregarle antes una suma importante de dinero. A Marquina le gusta puntuar sus secuencias -es un film muy bien trabado- con dos estilemas muy significativos de su particular puesta en escena: con el empleo de la elipsis, la acción se retomará un año y medio después, cuando Leonardo entra en su vida y esta cambia ya casi definitivamente; pero también intercalando números musicales (en este caso, con la presencia de Gracia de Triana), para recapitular y avanzar en algunos aspectos de la trama narrativa. Lo musical no resulta en absoluto desagradable ni parece inoportuno; es más, siempre tiene una explicación dramatúrgica e incluso cinematográfica. No menos importancia *social* tiene esa parte de la historia, casi un tercio del metraje, en el que Leonardo y Malvaloca viven como amantes; casi a escondidas, él la visita en la bella y típica casa andaluza que ha construido para que la joven por fin sea feliz y para que los dos consumen sus encuentros furtivos. Malvaloca comprende poco a poco que ese no es su sitio y decide abandonarlo porque entiende que no es el ambiente social que le corresponde («La calle es mi sitio»). En un *happy end* algo decepcionante por la presencia de innecesarios motivos religiosos, quizás lo peor de la cinta, Leonardo la rescata finalmente de esa calle que ella tanto dice conocer. Soprende también la presencia de una especie de relato intercalado: Mariquita, una melancólica y apesadumbrada abuelita (la tierna Camino Garrigó) vive obsesionada con el recuerdo de su hijo muerto en la reciente guerra. Al inicio de los años cuarenta, este se había convertido en un tema tabú. Cine político, militante y castrense, sí; cine bélico, realista y reflexivo, en absoluto.

Filigrana va más allá en el asunto de los amores interclasistas: la heroína no deja de lamentar haber caído en las redes del más empedernido y cínico de los señoritos sevillanos de la época, algo que, esta vez sí, se encargará ella misma de plasmarlo en varios momentos del film. La emocionante copla titulada «Ojos verdes» -sin duda, el *leitmotiv* musical- aparece por primera vez en boca de Concha Piquer para relatar el encuentro amoroso, acompañado además de un zapateado, en unas entrañables escenas que -notorio *locus amoenus*, propio del melodrama musical-, muestran el desarrollo de la seducción total, o la plasmación de las ilusiones y los juramentos incumplidos. Desde el primer momento Filigrana le demuestra su amor al conde, y no hay nada material en ello; en cambio, el conde de Montepalma es un auténtico impostor que cifra su relación en los regalos y en hacer alarde de las dependencias de su cortijo, algo que ella no aprecia. Porque Filigrana es un personaje con conciencia de clase.

Como en *Malvaloca*, hay un elemento innecesario: es verdad que el tema «Ojos verdes» está muy bien engarzado, sucesivamente, en el desarrollo de la trama amorosa. Pero es inexplicable la presencia de un intermedio musical en la parte del film que desarrolla la vida matrimonial de Filigrana y Guillermo Harrison: tras la boda, se suceden hasta tres escenas de canto flamenco, esta vez sevillanas, que rompen la continuidad de un film hasta ese momento -en la parte final, sobre todo- muy bien estructurado. Esta es, en líneas generales, una película más musical que la anterior: los cantes y los bailes (los números de flamenco en general) sirven para preparar al espectador ante un posible cambio en el desarrollo argumental. Es, sin más, un caso claro de uso extradiegético de la música en el cine: la anagnórisis final, un momento de reencuentros y de presentaciones, en muchos aspectos es decepcionante. Marquina se acerca a un tipo de cine «realista», «localista». Otra cosa es el hecho de haberle faltado valentía para cerrar sendas cintas con una mirada más auténtica, más personal. Solo de esta manera hubiera podido estar más cerca del cine de su admirado René Clair. O del neorrealismo.

La risa como antídoto

El cine de cruzada resulta algo realmente minoritario en el primer franquismo, aunque es verdad que el histórico y el religioso no dejan de ser otras formas nada sutiles de propaganda o adoctrinamiento. Pero muy pronto los productores prefieren poner en práctica un tipo de cine apolítico. No habrá en este otro tipo de films alusiones a los «aguerridos» militares o legionarios durante los años de la Guerra Civil, ni a la barbarie de la «horda roja», como era habitual en aquel otro cine militarista. Y apenas se abordan los problemas sociales y económicos de la nueva España. Hubo, no obstante, algunas excepciones: ciertas *fisuras o grietas* en algunos films permiten atisbar asuntos de la gente común.

Un importante grupo de películas conforman un amplio corpus de cine de entretenimiento con el que se pretende distraer al público durante aquella *triste* y *negra* época. La comedia se convierte en el género cinematográfico más cultivado, ofreciendo una variedad temática y de registros o estilos muy amplia e interesante. En este género están presentes los dos pilares esenciales del cine español: la influencia del estilo internacional, en especial el modelo de Hollywood, y la tradición de géneros populares como el sainete o la revista musical. La comedia, en particular, es uno de los géneros más peliagudos de abordar pues se presta a múltiples «peculiaridades técnicas, estéticas, visuales, narrativas y conceptuales» (Aguilar, 2017: 22). Es, por lo tanto, un género tan sustancioso como el que más, pues, en algunos casos, parte de una observación precisa de la realidad. Si se permite el oxímoron, en los cuarenta lo más interesante es un tipo de *comedia seria*, de cierto contenido social y carácter satírico. Esta veta cómica desmiente el tópico de la inexistencia de films de cierta temática social durante la primera posguerra: por el contrario, a veces se abordan temas muy cercanos a la vida de los propios espectadores, como son el hambre, la pobreza o la indigencia, representada, por ejemplo, en la vivienda, en seres hacinados en casas colectivas en un estado lamentable; ahora bien, estas cintas «preneorrealistas» dejan casi siempre una puerta abierta a la esperanza, bien a través de la solidaridad de estos seres indefensos, bien gracias al azar o la sorpresa que, irónicamente, se presenta en el momento más crítico para cambiar o mejorar su estatus socioeconómico.

Los hijos de la noche (Benito Perojo, 1940) es un film fundamental que hay que situar en una línea de *continuismo republicano*. Bajo los ropajes de la comedia y la farsa burlesca, se ofrece una historia nada complaciente en la que se contraponen la opulenta vida de los burgueses y las miserias de un grupo de marginados sociales. Según Román Gubern, Miguel Mihura se desplazó a Berlín para escribir sus diálogos, pero «probablemente el clima prebélico en Alemania aconsejó trasladar su producción a Roma» (Pérez Perucha, 1997: 130). La propuesta testimonial del film, absolutamente inaudita en nuestro cine, motiva reacciones muy adversas entre los críticos italianos y españoles. Un hito, pues, en nuestra cinematografía.

Todo está planteado en los 15 primeros minutos. Mientras pasan los títulos de crédito, suena una melodramática música de Guridi, Muñoz-Molleda y Mostazo. Este tramo sucede en un momento tan señalado como la Misa del Gallo. En un rápido trávelin de retroceso se presenta a los feligreses y a los componentes del coro de la iglesia. La cámara corta e inicia un trávelin de acercamiento a una mujer arrodillada (la «Inglesita», Estrellita Castro) -casi un primer plano- que está pidiéndole a la Virgen alcanzar «un poquito de suerte en la vida». Corte a plano general del altar en el que está a punto de comenzar la celebración religiosa. La cámara inicia el movimiento contrario, un trávelin en retroceso, para, inmediatamente, en trávelin lateral, seguir a la casi celestial joven (aquí con un cajón; vende lotería y tabaco) que se acerca a un nacimiento y se dispone a iniciar una plegaria. La joven le canta al niño Jesús. Por la canción sabemos que perdió a su padre de niña, que vive muy sola; le ruega que no le falte su piedad. ¡Qué manera tan original y sutil de presentar a la heroína del film! El mensaje cristiano de la cinta está planteado desde el inicio. A partir de aquí se juega con el azar y la ironía. No todo es fruto del rezo, o del espíritu solidario o cristiano de las gentes. Plano general. La joven camina por las bulliciosas calles de la ciudad, ofreciendo habanos, cerillas y boletos de la suerte. A la pobre le tiran el cajón, unos y otros le pisotean el género y, literalmente, pasan por encima de ella sin detenerse. Plano general: se acerca un grupo de marginados, entre danzas y cantos. Son ellos los que se apiadan de ella y le devuelven la alegría.

A partir de aquí la película desarrolla un *leitmotiv* esencial semánticamente: los pobres son los seres más felices de este mundo, viven de y por la solidaridad, mientras que los ricos están aislados en un mundo de impostura e infelicidad. La cámara inicia un trávelin de acercamiento a unos amplios ventanales: al abrirse entramos en otro espacio radicalmente distinto; en un salón concurrido, un grupo numeroso de personas de entre lo más selecto de la sociedad, vestidos elegantemente, asisten a la cena ofrecida por el millonario Francisco Cifuentes (Alberto Romea). Plano general. Otra vez en la calle, el mundo de los pobres, presentado siempre como un personaje colectivo. Son pícaros y ladronzuelos, capitaneados por Currinchi (Miguel Ligero), viven en unas chabolas por los desmontes de la ciudad (o «cuevas»); el escaso dinero que tienen (robado, claro) lo comparten en la taberna de Venancio («el Chicote», dice Currinchi).

El contrapunto es la escena siguiente, ahora ya sí la auténtica realidad. La cámara entra en un triste habitáculo donde viven hacinados estos seres abatidos por el hambre y el frío. Es, sin duda, el momento más triste. Son los *olvidados* de Perojo: a otros «olvidados» los volveremos a ver, más adelante, en el cine de Nieves Conde, de Berlanga, o de Buñuel. Con todo, estas pobres gentes no pierden la alegría y las ganas de vivir, la esperanza en un mundo mejor. Al darse la vuelta, para disponerse a dormir, Currinchi aprovecha para secarse unas lágrimas. Primer plano: la Inglesita también llora (es el registro serio del film). Se lamenta de su mala suerte, de su vida miserable recogiendo colillas para luego vender tabaco «para poder comer», «toda la noche gritando para malvender», «para ayunar que es lo sano. Y luego esta vida y este frío que parece que lo lleva una metido para siempre hasta dentro de los huesos».

Perojo plantea temas poco habituales en el cine español de la inmediata posguerra: la hipocresía social, el hambre, la marginación, la miseria, el frío, la delincuencia callejera... Se adentra con la cámara en las deprimentes chabolas de los bajos fondos, después de haber mostrado el lujo y despilfarro de los elegantes y suntuosos ambientes burgueses. A los marginados solo se les permite *ascender* de clase social durante un corto espacio de tiempo. Román Gubern ha explicado la importancia de este film con palabras muy certeras:

> El universo del lumpenproletariado urbano no había aparecido jamás en el cine español de ficción, ni siquiera en la elocuentemente titulada *Barrios bajos* (1937), rodada por Pedro Puche en la Barcelona frentepopulista en plena Guerra Civil. Su presentación de la comuna suburbial de parias sociales tiene un aire preneorrealista que preludia el *bidonville* de *Miracolo a Milano* (1951), de De Sica. (Gubern, 1994: 325)

Efectivamente, solo por el tratamiento del hambre su filiación con el cine de Zavattini y De Sica es incontestable; otra cosa muy distinta es el decepcionante final feliz que deja un cierto sabor amargo. No parece muy verosímil el espíritu solidario e inclusivo de ciertos personajes de la gran burguesía española. La película no resulta del agrado de las autoridades franquistas, aunque la censura no llega a imponerle ningún corte. Eso sí, ciertos críticos oficiales arremeten contra ella, calificándola de frente populista, desagradable e inverosímil, simplemente por mostrar la miseria social en las zonas urbanas. *Los hijos de la noche*, en cualquier caso, es un film que se deja ver con interés o emoción, que ha ganado no poco con el paso de los años.

La cinta ha tenido también sus detractores (pocos, en cualquier caso): para Lara y Rodríguez, «[el film] plantea un conflicto lacrimógeno y un tanto cursi entre tres desheredados de la vida y la sociedad más rica y suntuosa», las canciones de Estrellita Castro son «tópicas», «excesivo [su] tono melodramático», la acción «intranscendente», el discurso (¿?) «meloso y caritativo», «almibarada la propuesta, *evitando* toda crítica social», «deficiente» su fotografía, «exagerado» [el] tono teatral de las interpretaciones del trío protagonista; «su inocuidad es palpable» (Lara y Rodríguez, 1990: 61). Áurea Ortiz, por su parte, no cree que se deba hablar de «crítica social o algo parecido, simplemente se trata de apuntes y fragmentos de la vida real y cotidiana. Porque la realidad se cuela por cualquier rendija» (Fernández, 2001: 122).

El principal impulsor de un tipo de comedia reflexiva, edificante y social (o «humana») es, sin duda alguna, Rafael Gil: *El hombre que se quiso matar* (1941) y *Huella de luz* (1942) forman un díptico absolutamente personal, inolvidable. Por la hondura de las historias que plantean y por la presencia de un importante componente sentimental, se ha querido ver este cine un precedente del neorrealismo español. De estas dos cintas hablaré con más detalle en la segunda parte del libro.

Lecciones de buen amor (1944) es una de sus comedias menos conocidas y, sin embargo, de las más interesantes de su filmografía. La razón principal estriba en la relevancia de su contenido social y en el ejercicio de una puesta en escena nada improvisada. Es muy fácil seguir su sencilla trama narrativa. Federico (Rafael Rivelles) es un abogado bien situado, social y económicamente, soltero y muy dado a la farra y a las mujeres. Un día recibe el encargo por parte de su amigo Eugenio (Manolo Morán) de cuidar a su inaguantable hijo Titín (Luisito Martínez); mientras tanto, él desea realizar un viaje y al mismo tiempo resolver algunos problemas con su esposa Elvira (Milagros Leal). Federico, acostumbrado a una vida cómoda (su casa está llena de criados muy serviles), recurre a su secretaria Clarita (Pastora Peña) para cuidar del crío. Esta, como todos aquellos que rodean al abogado, se muestra sumisa y dispuesta a tan (aunque al principio no lo parezca) ardua tarea. El film desarrolla dos tramas narrativas en un claro ejemplo de montaje alterno. Por una parte, la historia de Eugenio y Elvira, un matrimonio burgués mal avenido: son egoístas, apenas dedican tiempo a su hijo, y, sin pensárselo mucho, no dudan en quitárselo de encima. Sorprende esta agria y dura visión del matrimonio que ofrece el film en una época en la que este era uno de los pilares esenciales del nuevo Estado: «Señor, ¿para qué se casarán? ¿Por qué se casarán?», le dirá el por ahora cínico Federico a Clarita. Una joven, la frívola y sofisticada Leonor, interpretada por Mercedes Vecino, anda detrás del abogado con el único deseo de casarse, de *asegurarse*, algo a lo que el crápula Federico no parece estar muy dispuesto.

La segunda trama tiene que ver con la relación de Eugenio y Clarita: el abogado empieza a fijarse en su secretaria, una joven atractiva, altruista, entregada a los demás, sin más miramientos que los de su honra. El desarrollo del personaje está entre lo mejor de esta atípica comedia. Una subtrama social tiene que ver con la gris y difícil vida de esta chica que en un momento de confianza le confiesa a su jefe que ella está entre «los que no hemos tenido niñez».

Esta comedia disparatada -de un humor algo absurdo, en la línea de la *screwball comedy*- tiene cuatro momentos socialmente relevantes.

1. Plano general. Un apretado y lóbrego salón iluminado por un foco de luz. Un encuadre muy estudiado: a la izquierda, dos niños dormidos en una mesa camilla, sobre la que están dispuestos unos platos y cubiertos; a la derecha, la madre parece estar cosiendo o bordando algo. El hogar de Clarita es humilde y sencillo: vive con su madre (¿viuda de la Guerra Civil?) y sus dos hermanos pequeños; gracias al trabajo de Clarita pueden contar con algo para cenar, aunque sea «sopa, igual que ayer». «Mira los niños, se han quedado muertos de hambre», dice irónicamente la madre. Del diálogo se desprende que no tienen muchos recursos económicos y que Clarita alterna el trabajo de secretaria de don Federico con el de dependienta de una tienda. Los niños van tirando con lo que pueden («tres castañas» y «pipas») hasta la hora de la cena. Solo saben de los manjares a través de los juegos infantiles con los amigos. Hasta en los sueños pasan calamidades. Pese a todo esto, parece ser una familia feliz. Es un momento muy triste: con todo, el film en absoluto plantea una puesta en escena naturalista o angustiosa.

2. En cambio, la segunda escena es uno de los momentos más felices: la escapada de Clarita y Federico al Retiro con el insoportable niño; en una rápida secuencia de montaje, vemos cómo los dos disfrutan -como dos niños- en distintas estancias; al regresar a casa, Federico empieza a reparar en la joven; Clarita es siempre recatada y no suele lamentarse de sus estrecheces. Regresan a la mansión del abogado. La cámara se detiene (plano medio): Federico escucha atento a una jubilosa Clarita, que le confiesa haberlo pasado muy bien a su lado («Los que no hemos tenido niñez... En una familia pobre los niños son muy poco tiempo niños...»). No será esta su última confesión. Es oportuno realizar una lectura metafórica de los personajes: Clarita (los vencidos) sobrevive a base de trabajar intrépidamente: sabe que lamentarse no lleva a ningún sitio; en cambio, Federico (los vencedores) parece vivir en otro mundo: ha estado mucho tiempo alejado de los que estaban a su lado. *Tiempo de guerras perdidas*.

3. Repentinamente, Tinín sufre un desfallecimiento y necesita una transfusión de sangre. Clarita se presta a ser la donante. Un hermoso plano general: el rostro de Pastora Peña es luminoso. Le relata a Federico cómo hace tres años el doctor asistió a uno de sus «hermanillos», que estuvo muy grave; tuvo que buscar al doctor, aun sabiendo que no tenían dinero para pagarle. En este momento, uno de los cortes de la cinta rescatada nos impide conocer el final de este emotivo relato intercalado. Clarita abandona la casa de Federico: con un sencillo chubasquero, camina cabizbaja y ensimismada por las calles de Madrid. ¿En qué va pensando? Llueve intensamente. Solo se oye el ruido de los coches que cruzan a su lado. Este trávelin es de lo más poético del film: uno -quizás el único- de los tiempos

muertos de una propuesta fílmica que por momentos parece estar más cerca del drama que de la comedia.

4. La siguiente escena es de una fuerza dramática increíble. Clarita se encuentra con la cínica Leonor, la amante de Federico, que le reprocha ser una buscavidas, haber representado una farsa con la intención de arrimarse a los «buenos» para intentar salir de su miserable vida. No hace falta comentar la resolución de la trama narrativa: una de las soluciones del cine cómico de posguerra es la posibilidad de las uniones interclasistas. En el cine cómico, claro está...

En este corpus de temática social no pueden soslayarse películas como *Alma de Dios* (1941) y *El hombre de los muñecos* (1943), ambas dirigidas por Iquino, ni tampoco *Dos cuentos para dos* (1947), de Luis Lucia. En ellas se abordan los problemas de la triste y desilusionante cotidianidad de los personajes más humildes (el hambre, las injusticias laborales, el fraude, el abuso de poder, la especulación, el suicidio...), que se desenvuelven en ambientes muy modestos (buhardillas, casas de vecinos...). Fernández Flórez y Arniches son los autores preferidos a la hora de elegir los argumentos. No sin razón se ha hablado, para referirse a este tipo de subgénero, de «*sainete fílmico*», de «estilo astracanesco» o de «esperpento valleinclanesco» (Company, 1999: 182).

Dos cuentos para dos se puede considerar una propuesta bastante arriesgada, aparte de algo heterodoxa en sus planteamientos formales. Por primera vez en el cine de posguerra se aborda el problema de la precariedad laboral; los individuos del pueblo llano expresan sus inquietudes, sus problemas y -claro está- sus sueños, relacionados estos con la posibilidad de medrar en este difícil e injusto escalafón social. Lo que a primera vista parece una comedia romántica se convierte con el paso de los minutos en un alegato contra las diferencias e injusticias sociales. Lucia tira de ironía, sarcasmo e inteligencia en el trazado de los personajes, en el planteamiento de los sucesivos conflictos y en una puesta en escena en donde el tema del doble tiene especial relevancia. Pero la cinta es también una fábula con moralina implícita. Un primer conflicto surge en la relación de la pareja protagonista, dos personas humildes, con trabajos poco estables, cuyos sueños de bienestar son solo eso, una quimera. El film no deja de ser una sinécdoque de la inestabilidad de buena parte de la sociedad española del momento. Berta (Carlota Bilbao), una joven muy dinámica y ambiciosa, es la nueva manicura de un conocido Instituto de Belleza; su novio, el tímido y soñador Jorge (Tony Leblanc), trabaja como tasador de un taller de joyería: es una persona demasiado tímida para pedir un aumento de sueldo, algo que le reprochan una y otra vez su novia y su compañero Carlos (Félix Fernández), una especie de «representante sindical». El dueño de la empresa (Juan Espantaléon) es retratado con mimo, con unos trazos muy humanistas. A Jorge le falta iniciativa, quizás por estar espoleado, sin posibilidades de mejorar en su estatus laboral. Con ocasión de un trabajo especial que Berta debe realizar en una gran casa, propiedad de los señores Gordon (Pepe Isbert y Julia Lajos), la pareja fantasea sobre lo que sería su vida en medio de tantas comodidades. Y es que el señor Gordon también parece mostrarse -otra ironía del director- como el *buen patrón* que necesita un trabajador noble, leal y eficaz como Jorge.

Lucia conoce de sobra los medios que le ofrece el cine para abordar los estragos del capitalismo. ¿Es posible hablar entonces de cierto posibilismo cinematográfico? Se puede llegar a la crítica social de distinta manera, pero lo importante es desembocar en el testimonio y que el mensaje cale en el espectador. La posterior *Esa pareja feliz* (1951) no parte de cero; es evidente que la cinta de Lucia le ofrecía a los por entonces jóvenes Berlanga y Bardem un patrón narrativo nada desdeñable. El joven matrimonio de Juan (Fernán Gómez) y Carmen (Elvira Quintillá) salían temporalmente de su humilde situación social ganando un concurso patrocinado por una marca de jabón. Pero todos estos logros materiales finalmente se desvanecían. En el film de Lucia la posibilidad de cambio viene dada por una cuantiosa herencia de 15 millones de dólares que recibe Jorge. Comienza una especie de cuento de hadas: la compra de un palacio, la apabullante labor de amueblarlo ostentosamente, la adquisición de un abrigo de pieles, o el sueño de una boda inverosímil. Por causas injustificadas y ciertos azares, Berta pierde su trabajo; entonces Jorge comprende que el sueño de mejorar es algo efímero. Puro cine *gatopardesco*: es necesario que todo cambie para que todo siga igual.

Lucia no se cansa de insistir en esto en su cine posterior, en unos años algo más permisivos en los que su mirada se vuelve algo más melancólica, desencantada o resignada. En las interesantes *La vida en un bloc* (1956) y *Un ángel tuvo la culpa* (1960) se plantea la idea de que otro mundo mejor -en lo personal, en lo social- es posible. Son films de protagonismo masculino no exentos de cierta misoginia muy de la época. Alberto Closas y José Luis Ozores se mueven en coordenadas interpretativas no muy distintas de las que ejecuta con acierto Tony Leblanc en *Dos cuentos para dos*.

En los primeros años cuarenta, se pone en práctica un tipo de comedia urbana burguesa, cosmopolita, disparatada o intranscendente, con una leve intención irónica, o algún ribete satírico, muy influida por el modelo hollywoodiense -la *screwball comedy* y Lubitsch- y por la comedia italiana de *teféfonos blancos*. Este subgénero no resulta muy del agrado del Régimen. Por estas cintas pululan personajes de la alta burguesía comercial e industrial y de la aristocracia muy dados a la buena vida, al ocio y las fiestas, inmersos en situaciones equívocas; son habituales las subtramas amorosas con final feliz, con el protagonismo de un tipo de mujer decidida e independiente, las situaciones de farsa, o temas como la suplantación de personalidad o la presencia del doble; el pueblo llano solo asoma a través de los criados (en las mansiones de duques y marqueses) o los empleados (oficinas de ricos empresarios). Para Benet, la presencia constante de mayordomos escépticos, resabiados y socarrones en este tipo de comedias se debe a la influencia de P. G. Wodehouse, escritor cómico inglés de los años veinte (Benet, 2012: 182).

En esta línea conservadora centra su prioridad Cifesa: Orduña se convierte en el autor más representativo con siete títulos filmados entre 1943 y1945; hay que mencionar, además, *Yo no me caso* y *Mi enemigo el doctor*, ambas de 1944, para Faro Films y Perseo Films, respectivamente. Debe citarse también a Gonzalo Delgrás, con un interesante ciclo de cinco comedias, rodadas entre 1939 y 1943, y a Ignacio F. Iquino, quien comienza su andadura cinematográfica dirigiendo nueve films (1940-1943) para el productor Aureliano Campa.

Curiosamente, el primer film estrenado por Cifesa acabada la Guerra Civil es una comedia disparatada, de humor absurdo, titulada *Los cuatro robinsones* (Eduardo García Morato, 1939), basado en un juguete cómico de Pedro Muñoz Seca y Enrique García Álvarez, los auténticos artífices de la *astracanada*. La película es un ejemplo muy claro de la meditada política de producción emprendida por Cifesa tras la victoria franquista, una época muy marcada temática y formalmente por el periodo anterior. Es algo así como una especie de manifiesto más bien ideológico de un cine del deseo: farra, mujeres, bebida a tutiplén... Puro epicureísmo. Un film por momentos brillante, divertidísimo. Aquí conviene destacar, una vez más, la magistral y solvente interpretación de los actores secundarios Alberto Romea, Pepe Calle, Manuel González, Mary Santpere y Antonio Vico. También es verdad que su metraje se hace largo y pesado en su parte final; en cambio, el tramo inicial es de lo mejor de la película. Cuatro amigos (tres de ellos, casados; el cuarto «amigo», para mí un actor menos relevante, es Francisco Blanco, el soltero del grupo), muy juerguistas, hacen creer a todo el mundo que van a emprender un viaje («una travesura») a las islas Columbretes con la intención de «pescar bonito». Pero, en realidad, lo que desean es irse a un cortijo andaluz (El Rincón) donde actúa la conocida artista Conchita Guerra (Olvido Rodríguez). El retrato no puede ser más mordaz: todos pertenecen a un estrato social más o menos acomodado, bien establecidos económica y socialmente, ocupan cargos de directores de empresas o ejecutivos, en fin, burgueses y aburguesados, que desatienden sus compromisos familiares (no quedan en buen sitio las mujeres), tipos lascivos que solo piensan en las fiestas, en las mujeres, en la aventura.

El film se abre con un plano medio. Interior de un coche: los amigos duermen absolutamente agotados tras una noche de farra. Al despertar, comienzan a pergeñar «la juerga» del cortijo; «el problema es difícil de resolver», porque se juegan «su reputación de hombres de moralidad intachable». «Tienen todo el día por delante» para preparar concienzudamente este «proyecto», según Crescencio (M. González), pero deben actuar con cautela para que nadie pueda enterarse. Para llevar a buen efecto este plan, cuentan con la complicidad de Arenal (Antonio Vico), uno de los empleados de don Leoncio (Pepe Calle); aquel se explica (cínicamente, claro está) en estos términos: «Créame que esta travesura está justificada. Ya va siendo uno viejo y necesita distraerse, divertirse un poco. El cuerpo pide juerga. Usted como es joven no puede comprender estas cosas».

Plano general. Venancio (A. Romea) llega a casa: es un tipo recto e inflexible, que arremete contra Arenal por flirtear con su hija (Leonor Fábregas), «una niña»; él -dice el cínico Venancio-, «un hombre honrado», no permitirá a un «mindundi», a un «mequetrefe» como él, acercarse a esa casa (es decir, a su hija). En una escena realmente sorprendente asistimos a la presentación del que quizás es el más hipócrita de todos los amigos «robinsones». El marido (el mejor Romea, junto a su interpretación como don Luis, el hidalgo de *¡Bienvenido, míster Marshall!*) arremete contra su mujer, a la que considera culpable de educar malamente a la «niña», de que no la vigile suficientemente. Sin que apenas permita réplicas, le ordena: «Prepara la maleta que me voy... a pescar bonito... no tengo que darte más cuentas». Primerísimo primer plano de las piernas de la doncella. Venancio se ofende al ver una imagen tan indecente. La puesta en escena es harto elocuente e ilustrativa: se cierra con un plano general, con un Venancio situado en la parte alta de la escalera, ordenándole a su esposa, situada en la parte baja, que mande inmediatamente a la hija a casa de un familiar para mantenerla lejos del joven pretendiente. La próxima vez que veamos a este hombre de *moral intachable*, escrupuloso y vigilante con los suyos, defensor del amor casto, será, apenas unos minutos después, en un patio andaluz, junto a los otros «robinsones», soplando de lo lindo, dispuesto a pasar un más que apacible rato escuchando a una afamada artista folclórica. Una farra continuada como se desprende de la intervención de uno de los «robinsones» (Pepe Calle), que le pide a un guitarrista que toque algo más divertido que «lo de ayer»: los amigos han contratado en exclusividad a un grupo de artistas flamencos. La disposición del encuadre está perfectamente dispuesta para mostrar una amplísima mesa repleta de botellas, vasos de fino o manzanilla, cubiteras... Entretanto, brindan de vez en cuando al grito de «¡Viva la juerga!»; hay quien se atreve a bailar, malamente, al son de la guitarra.

Menos interesante resulta el cine de Ramón Torrado, el director de comedias por excelencia de Suevia Films, que opta por un modelo prototípico como es la recurrencia en ciertos momentos a elementos melodramáticos, o a un tipo de cine con soportes ideológicos muy afines al Régimen con la intención de ofrecer una visión mítica de territorios o regiones como Galicia (*Mar abierto*, 1946; *Sabela de Cambados*, 1948) o el País Vasco (*El emigrado*, 1946). Una vez más, a través del recurso de la sinécdoque, se pone en pie un tipo de cine ultraconservador, moralizante y maniqueo, de buenos y malos, de devotos y descreídos, de trabajadores y ociosos, en donde siempre triunfa la institución familiar y la ley del matrimonio, el apego a la patria y a la religión. No falta en alguna ocasión la figura del cura vigilante, que se ocupa de encauzar al pecador. El caso más llamativo es el religioso que interpreta Félix Fernández en *El emigrado*: en él descansa el desarrollo de la trama narrativa, algo surrealista, alocada y hasta inverosímil; en dos ocasiones le sugiere a un tal Ibarrola (Raúl Cancio) qué camino ha de seguir en la vida o cómo debe actuar en sus conflictos familiares. Son textos fílmicos muy misóginos, que dejan caer todo el peso de la culpabilidad en la mujer; la típica *femme fatale* juega con los sentimientos de los hombres. Son muy frecuentes los insertos de innecesarias escenas folclóricas (los bailes, las romerías, las regatas, los cánticos populares o los rituales de la gastronomía), que apenas guardan relación con el desarrollo de la historia.

Torrado se convierte en el artífice de lo que se ha dado en llamar comedia de *ambiente militar*. *Botón de ancla* (1947) es

> uno de los títulos más recordados, todavía hoy, del cine de la década y destacado pilar de la cada vez más importante posición en la industria de Suevia Films - Cesáreo González, contribuyendo a mejorar la liquidez de la productora al lograr ingentes ingresos con un gasto relativamente modesto. (Castro de Paz, 2002: 205)

¿A qué se debe su extraordinario éxito de público? Dos razones explicarían este fenómeno: en primer lugar, la presencia de un inolvidable elenco de actores protagonistas (F. Fernán Gómez-Enrique, Antonio Casal-José Luis y Jorge Mistral-Carlos) o secundarios (Xan das Bolas, Félix Fernández, Mary Santpere, María Isbert) en estado de gracia; en segundo lugar, un interesante ejercicio de puesta en escena a la hora de presentar una entrañable historia de amistad, en donde la evolución del personaje de

Carlos, el más seductor, se erige en elemento narrativo fundamental. Enrique, José Luis y Carlos están a punto de concluir su formación militar en la Escuela Naval de Marín. La cordialidad, la sinceridad y la confianza son los pilares de esta sociedad amistosa (o «trinca») que han formado los tres: es algo de lo que presumen y de lo que se sienten muy orgullosos. El conflicto entre ellos lo desencadena el personaje de Dorita Beltrán (Alicia Romay), en su rol de antagonista, caracterizada como una *femme fatale* que arrastra a Carlos a la perdición: este rompe con los dos amigos, con María Rosa (Isabel de Pomés) -una dulce muchacha, que acaba de conocer en una escapada a Combarro- y, además, está a punto de echar por tierra su inminente carrera militar.

Tres secuencias resultan especialmente llamativas:

1.ª La primera se desarrolla en un Madrid nocturno, en el interior del bar Chicote. Plano medio. Carlos rompe telefónicamente -empleando una sarta de mentiras- con una chica, a la que presumiblemente ha tenido engañada. Primer plano e inserto de una agenda con cuatro nombres de mujeres, tres de los cuales están ya tachados. El cuarto, no: «Dorita Beltrán». Justamente, el mismo nombre que aparece a continuación -en fundido encadenado- en la puerta de un camerino. Dorita es una atractiva, seductora y posesiva artista de cabaret. Otra vez, de nuevo, un solo plano medio para esbozar una aventura amorosa que no tiene visos de final feliz. Dorita y Carlos tienen mucha experiencia en asuntos de amor, algo que se pone de manifiesto en la segunda parte del film. Dorita acaba de llegar a Vigo para actuar en una importante sala de fiestas. En la terraza de un bar conoce a Enrique y a José Luis y, al enterarse de que son amigos de Carlos y de que este ya anda en otros amoríos, decide seducir al ingenuo de José Luis con una actitud vengativa. Nada se dice al respecto, pero todo parece indicar que Dorita es otra «víctima» más del impenitente donjuán. Le corresponde al espectador interpretar esta evidente acción interior del film. En algunos momentos no se deja en buen lugar al desaprensivo Carlos, pese a que sus dotes de donjuán despiertan admiración entre sus compañeros de la Escuela.

2.ª Los guionistas cargan los diálogos con comentarios muy despectivos del personaje femenino protagonista. Esta otra escena está montada con especial mimo y cuidado. Se desarrolla en el dormitorio de los oficiales: concretamente, en una especie de reencuadre formado entre las camas de una litera. Un solo plano medio. José Luis arde en deseos de contarle a Carlos su conquista amorosa, mejor dicho, su enamoramiento: es una forma de reivindicarse también a sí mismo ante la figura del donjuán. Inserto de una foto de Dorita, con dedicatoria incluida: «*Al caballero marino más granuja que he conocido. Con toda simpatía. DORITA*». La cara de Carlos cambia completamente al comprobar que su amigo se ha enamorado de su antigua amante. («Ten cuidado con este tipo de mujeres, te lo digo yo por experiencia. Yo es un consejo que te doy. No te conviene una mujer como esa»). Dorita actúa como antagonista con ciertos rasgos que recuerdan a la *femme fatale* del cine negro; una (*pecaminosa*) mujer irrumpe en un (*virtuoso*) mundo de hombres para ponerlo patas arriba.

3.ª La tercera secuencia presenta algunas concomitancias con la primera. Carlos ha cambiado bastante; mejor dicho, ha dejado de ser ese seductor que tanto alardeaba de sus conquistas amorosas; ahora su deseo principal es ayudar a su amigo José Luis, alejándolo de esta peligrosa mujer. Una tarde acude al camerino de Dorita. Leve panorámica hacia la izquierda: una decidida Dorita, más seductora e insinuante, intenta abrazar a Carlos, muy frío y distante. Carlos sale de cuadro. Dorita, sola durante unos segundos, comprende todo. La cámara la sigue en su búsqueda desesperada de la comprensión de Carlos, a quien abraza posesivamente. Otro buen ejemplo de una forma de rodar sencilla y con oficio: en una sola toma se señala en toda su complejidad un conflicto fundamental en el desarrollo de la trama narrativa. Plano americano. José Luis entra en el camerino y los ve abrazados. Sale de inmediato y, obviamente, no ve cómo –en plano medio– Carlos se desentiende con desprecio de Dorita y se despide definitivamente de ella sin dejar que esta le explique... no sabemos qué. Carlos vuelve a salir de cuadro. La escena se cierra con la mirada perdida de Dorita... no sabemos hacia dónde.

El tramo final es lo más decepcionante. No es fácil aguantar sin un rictus de desagrado algunas escenas: la charla del comandante de la Escuela Naval sobre la dignidad, la responsabilidad y el deber, así como la entrega al servicio a la patria..., la rápida rehabilitación de Carlos, convertido ya en el alumno más aplicado (diálogo entre oficiales: «O poco me equivoco o en todo esto andan unas faldas por medio» / «No le quepa a usted la menor duda. Donde se meta una mujer, ya se sabe...» / «Yo le tengo más miedo en tierra a una mujer que cien barcos enemigos en la mar»), o el hecho de que José Luis recapacite en su peligrosa «aventura» amorosa, por no hablar de la más que previsible reconciliación de José Luis y Carlos o de otros derroteros dramáticos del film. *Botón de ancla* es otro ejemplo más de cómo se impregna el cine de posguerra, en mayor o menor medida, de ideología; los «valores» defendidos por los jerarcas franquistas se incrustan prácticamente en casi todos los géneros cinematográficos, desde los más serios a los más cómicos, pasando por la literatura, la historia o el folclore. Esta exitosa producción contó con el apoyo de la Marina y con el asesoramiento de algunos militares para llegar a convertirse en un «film de propaganda» al servicio del Estado.

Antes de cerrar este capítulo dedicado a la comedia, conviene insistir en algunas ideas medulares. En el desarrollo del cine cómico de posguerra resulta fundamental la peculiar interpretación -basada en una amplia gama de gestos, una curiosa forma de hablar o de entonación- de ciertos personajes secundarios, intérpretes maravillosos, en su mayoría procedentes del teatro, que, a veces, se convierten en el pilar principal del film: Freyre de Andrade, Antonio Riquelme, Paco Martínez Soria, Pepe Isbert, Antonio Vico, Guadalupe Muñoz Sampedro, Mary Santpere, María Isbert, Julia Lajos... No falta ese tipo de comedia coral en donde varios actores soportan el peso de la trama narrativa. En una breve reseña de *Se vende un palacio* (Ladislao Vajda, 1943), Melero ha apuntado un par de ideas concluyentes sobre cierto tipo de formato cómico bastante generalizado en este cine de posguerra: primero, la presencia de personajes masculinos, principales o secundarios, «que no sientan la cabeza hasta el final de la trama»; segundo, la preferencia por historias de mansiones problemáticas (AA. VV., 2021: 74). Aunque a veces pueda parecer obvio, sobre todo en cierto cine melodramático, debe advertirse que esta funcionalidad del espacio dramático no debe analizarse siempre como una metáfora de la asfixiante situación moral, social y política de la España del momento. En cualquier caso, en la comedia de los años cuarenta se sigue básicamente el modelo hollywoodiense protagonizado por la típica pareja burguesa a veces interclasista -ella, noble o adinerada; él, de humilde condición-, inicialmente un tipo de relación compleja que va de la desavenencia o la enemistad al enamoramiento con final feliz en forma de matrimonio. Fernán Gómez, que comenzaba a brillar como actor cómico secundario, ha evocado con emoción esta primera etapa de su larga, irregular y no siempre exitosa carrera interpretativa:

> a lo que yo aspiraba, teniendo en cuenta mi físico, era a ser el actor cómico que había siempre en el cine de la época, teniendo como patrón el cine de Hollywood. Siempre había un galán guapo y maravilloso, pero también había un papel importante, que solía ser el segundo, y que era un actor cómico. (AA.VV., 202: 78)

Play it again

No todo es ruptura inmediata en el primer cine de posguerra: no hay un cambio radical en la práctica cinematográfica. Algunos cineastas mayores continúan defendiendo un *costumbrismo* digno y de calidad basado en la glorificación de la idiosincrasia de las tradiciones españolas, en donde el canto y el baile se erigen en elementos esenciales. Curiosamente, a las autoridades franquistas no les termina de gustar este tipo de cine. Los dos directores más importantes del cine republicano permanecen fieles al género: Perojo, en su exilio voluntario en Argentina, filma *La maja de los cantares* (1946) y *Lo que fue de la Dolores* (1947); Rey reanuda su actividad tras finalizar la Guerra Civil con *La Dolores* (1940), una obra de transición demasiado próxima a ese cine costumbrista republicano, sobre todo en lo que se refiere a temas populares como el honor, las diferencias sociales o el contraste entre el campo y la ciudad.

Orduña quiere terminar de una vez por todas con el debate de si es o no oportuno continuar con la *españolada*, dándole legitimidad al folklore andaluz a través de dos films de «prestigio» muy personales, *Serenata española* (1946) y *La Lola se va a los puertos* (1947), ambos interpretadas por Juanita Reina, en donde el flamenco y el mundo gitano están muy bien (re) tratados. Con anterioridad, en el melodrama con fondo político *El frente de los suspiros* (1942), se había introducido una subtrama melodramática sobre los amores de una salerosa y simpática gitana del barrio sevillano de Triana (Antoñita Colomé) y un extravertido juez (Fernando Fernández de Córdoba); su interpretación recuerda por momentos a Marlene Dietrich en sus habituales papeles de cabaretera. Se convertía así «en el director paradigmático del españolismo mejor apreciado por las instancias oficiales» (Nieto Jiménez, 2014: 234).

Serenata española y *La Lola se va a los puertos* presentan una serie de constantes temáticas y formales muy singulares:

1. El desarrollo de una trama de amor imposible, de un profundo romanticismo, partiendo siempre de un tipo de estructura tradicional o lineal, de presentación, nudo y desenlace. Dos personas de clases sociales y razas diferentes se conocen en el desarrollo de una actuación musical (en un salón de baile / en un patio sevillano); la mujer es una joven y bella tonadillera, gitana, de origen humilde -no falta el complejo de clase-, que se gana la vida llevando su cante por toda España e incluso por el extranjero (Angustias/La Lola), acompañada siempre de un guitarrista que bebe los vientos por ella (Antonio/Manuel Luna). Mientras tanto, el hombre se sitúa en un estatus social ciertamente acomodado, bien por su esfuerzo y trabajo (el músico Isaac Albéniz-Julio Peña), o simplemente por pertenecer a una familia caciquil, de abolengo (el torero José Luis Guzmán). En el nudo se incluyen las escenas de idilio amoroso -el tópico del *locus amoenus* está muy presente- que viven los amantes, a pesar del rechazo que provoca este tipo de relación en familiares y extraños; a la gitana se le recuerda que el hombre no es de los suyos. A pesar de todo, los amantes huyen juntos hacia algún lugar donde no puedan recibir críticas o menosprecios, donde nadie pueda molestarlos (Granada/Chipiona). Es siempre la gitana la que sale perdiendo a raíz de este tipo de relación: Angustias

muere a raíz de un navajazo, propiciado por su celoso acompañante, el gitano Antonio, mientras que Albéniz continúa su carrera musical en Nueva York obteniendo grandes éxitos (un episodio absolutamente ficticio); en cambio, Lola abandona a su amante mientras este anda recuperándose de la herida, también de un navajazo, «renuncia a su querer» por una promesa que le había hecho a la Virgen de los Dolores.

2. La utilización de metáforas visuales y símbolos como presagio de dificultades, desgracias o muertes: las rejas, los cielos con nubarrones, una terrible riada o la constante presencia de navajas...

3. Una fuerte presencia del componente musical: un registro popular, el de la copla flamenca, con nueve números en *Serenata* y diez en *La Lola...*; en la parte culta, la recreación de la música de Albéniz, a cargo de Jesús García Leoz, interpretada por la Orquesta Sinfónica Nacional. Cabe destacar, además, una especial estilización en la puesta en escena: son momentos realmente hermosos en los que Orduña mueve con mimo la cámara para recrear en amplios planos generales esos ambientes del folclore andaluz, no importa si es un patio, un barco, un cortijo o una plaza de toros...

Así pues, ¿cuál es el film folclórico ideal según estos cineastas? Aquel que sea capaz de combinar poesía (metáforas, símbolos, antítesis, hipérboles...), música (las coplas de Quintero, León y Quiroga, el flamenco o cante hondo) y costumbrismo regional (los paisajes y sus gentes). Por supuesto, no debe faltar tampoco una trama amorosa de carácter melodramático, o una hermosa tonadillera, auténtica heroína del relato, que es admirada por el pueblo.

Partiendo de modelos de teoría de la literatura como Gramsci y Bajtin, Jo Labanyi ha realizado un estudio muy novedoso sobre una serie de «películas folclóricas» de los años cuarenta y cincuenta; entre sus conclusiones, apunta el hecho de que este corpus de cintas responde a una especie de proyecto cultural llevado a cabo por el primer franquismo. Son textos fílmicos muy pensados en los que nada es baladí; «las películas comparten la visión melodramática de la historia del fascismo, con sus cambios repentinos de fortuna, su exaltación del sacrificio, y el triunfo de la virtud incluso en la muerte» (Fernández y Couto, 2001: 96).

Conviene ahondar algo más en el que puede ser considerado el film más representativo del folclore cinematográfico. Los títulos de *La Lola se va a los puertos* (1947) pasan sobre imágenes fluviales captadas por una cámara situada en una embarcación. Música de fondo a cargo de Jesús García Leoz. Se solapan la voz de Juanita Reina -aún fuera de cuadro- con la voz de un narrador que adelanta, en un texto muy poético, el fondo mítico o legendario del personaje de Lola. El texto concluye con unos versos pertenecientes al poema «Canciones», de Manuel Machado, punto de partida de la pieza teatral de los hermanos Manuel y Antonio: «La Lola se va a los puertos / la Isla se queda sola. / Y esta Lola, ¿quién será?, / que así se ausenta, dejando / la Isla de San Fernando / tan sola cuando se va».

Es este justamente el asunto con el que arranca el film: una serie de planos generales ofrece el bullicio de gentes de toda condición que han acudido al puerto a despedir a la Lola, a su Lola. Plano general: un gitano (Arturo Marín) ruega silencio para que Lola pueda cantar. ¿Estamos a punto de asistir a una actuación o representación teatral o artística?: Lola, en leve contrapicado, ensalzada; el público (el punto de vista del espectador), en picado. Se irán alternando varios motivos en el desarrollo de esta larga secuencia. Plano general y fijo: tres marineros gallegos se preguntan quién es «esa mujer que arma tanto alboroto». Plano general contrapicado: la Lola arriba, con acompañamiento de guitarra y palmas, y abajo el público. Por primera vez se muestra a la cantaora en todo su esplendor. Plano general: por la derecha del encuadre entra José Luis Guzmán (Ricardo Acero), que queda absolutamente prendado de su belleza; aún no sabemos quién es: con él, más tarde, Lola inicia una melodramática historia de amor. El barco parte hacia Sanlúcar de Barrameda. Plano medio: este tipo -que poco antes solicitaba silencio- y José Luis inician un diálogo que, en realidad, es un recitado de los versos del poema de Manuel Machado. La cámara se sitúa en la embarcación. Lola de espaldas observa su tierra. Plano medio y leve contrapicado: está ya de frente; Panza Triste (Manuel Dicenta) se le acerca, por su izquierda, con la intención de seducirla. No será el único que lo intente.

Lola se encamina al cortijo de un rico terrateniente, don Diego Guzmán (Jesús Tordesillas), para cantar en una fiesta que se prepara para anunciar el compromiso de su hijo José Luis con su prima Rosario (Nani Fernández), que acaba de llegar del extranjero. Panza Triste, al sentirse rechazado por Lola, le adelanta cuáles son las intenciones de don Diego, su amo. Una especie de prolepsis del trasfondo social, racial y sexual que le espera a la joven cantaora: «Sabes lo que busca de ti y lo que puede ofrecerte». Heredia le confiesa a Panza Triste que él también desea a la Lola, pero que en diez años solo ha tenido con ella una mera relación profesional. Este es precisamente el asunto que obsesiona a Lola, la dificultad de elegir entre el sentimiento (el amor) o el arte (el cante). No todo depende de su libre elección: existen, además, una serie de condicionantes sociales. En cualquier caso, un padre y un hijo luchan por el amor de la misma mujer; este se rebela renunciando a su compromiso y haciéndose torero.

Recapitulando. Todos los asuntos de este genuino film folclórico han quedado plasmados en esta larga secuencia de presentación. A partir de los años cincuenta, Suevia Films - Cesáreo González y Producciones Benito Perojo SA intentan mantener a flote este género, resucitando títulos exitosos como *La hermana San Sulpicio* (1952), *Un caballero andaluz* (1954), o *La hermana alegría* (1954), dirigidas por el experto Luis Lucia. Pero esto ya es harina de otro costal.

Crónicas de la España negra

En un grupo no muy amplio de películas de los años cuarenta se puede vislumbrar un tipo de cine genuinamente español. Varias razones sostendrían la relevancia historiográfica de un cierto tipo de cine social. Por una parte, en estas cintas aparecen de manera elocuente esas *fisuras* o *grietas* por las que asoman los problemas de un país traumatizado, lleno de rencores y culpas, de heridas sin cerrar, o de venganzas, ansioso de ajustar cuentas con ciertos hechos del pasado. Se trata de violentas historias de carácter melodramático desarrolladas preferentemente en un marco rural. Por otra parte, estos cineastas no hacen sino continuar una línea testimonial y regeneracionista emprendida por algunos de los escritores, intelectuales o artistas más sobresalientes de nuestro país, desde el melancólico viajero Unamuno hasta el tremendista Cela o el existencial Delibes, pasando por el Gutiérrez Solana de *La España negra* o el Buñuel de *Las Hurdes*. A todos les interesa publicar imágenes de una España triste, desolada, casi tercermundista, apartada del progreso de los desarrollados núcleos urbanos. Estos films son algo así como el precedente de la tendencia social aparecida en los años cincuenta y sesenta (Nieves Conde, Bardem, Berlanga, Marco Ferreri, Fernán Gómez), sin duda, uno de los capítulos más interesantes de la cinematografía española.

Vicente J. Benet ha destacado un corpus de seis películas en las que se abordan asuntos «[sobre] venganzas y rencores en el ámbito rural»: *Tierra sedienta* (Rafael Gil, 1945), *Las aguas bajan negras* (J. L. Sáenz de Heredia, 1948), *La laguna negra* (Arturo Ruiz Castillo, 1952), *Cañas y barro* (Juan de Orduña, 1954), *Sierra maldita* (Antonio del Amo, 1954) y *La venganza* (Juan A. Bardem, 1958); este es, por otra parte, «el film más representativo con el que se cierra este ciclo», «un filme marcadamente político que conducía a los personajes hacia el perdón y el olvido de las heridas del pasado» (Benet, 2012: 261). Andrea (Carmen Sevilla) al final del film dice aquello de que «La tierra es grande, cabemos todos juntos». Por supuesto, a esta lista se podría añadir *La aldea maldita* (1942), de Florián Rey. El film se inscribe en la tradición cinematográfica más genuinamente española del drama rural en la que se abordan temas como la pobreza del mundo rural, el éxodo a la ciudad, la presencia de un melodramatismo típicamente decimonónico, el caciquismo o las diferencias entre clases sociales.

Tierra sedienta y *Las aguas bajan negras* ofrecen, indistintamente, propuestas narrativas en las que se plantea como asunto central el choque entre el mundo rural (la necesidad de mantener ciertas tradiciones o valores) y el progreso (la oportunidad de coger el tren de la modernidad, no quedarse al margen o distanciados de otros lugares y gentes). Si *Tierra sedienta* abordaba la desaparición de un pueblo por la construcción de una presa, o la lucha entre los aldeanos y quienes intentan levantarla a pesar de los continuos sabotajes, en el caso de *Las aguas bajan negras* lo que destacaba es el enfrentamiento entre las gentes de la montaña asturiana, campesinos y ganaderos que vendían sus tierras -en, algún caso, emigrando a otros lugares- y los empresarios dispuestos a comprar todos los terrenos que se necesiten para explotar las minas de carbón.

El film de Sáenz de Heredia es un ejemplo paradigmático de la propuesta paradójica que, en el fondo, encierra o apuntala este subgénero fílmico: la alabanza de la vida del campo, lejos del bullicio del mundo moderno (*beatus ille*), o la descripción de una naturaleza idealizada mediante elementos característicos como los prados, las montañas o los ríos que proporcionan la felicidad suprema a los aldeanos (*locus amoenus*); al mismo tiempo, la consideración de las profundas transformaciones que están afectando a la economía; por supuesto, no a la política: este es otro cantar. Los títulos pasan sobre idílicas imágenes de la Asturias rural: en sucesivos barridos, se muestran pastos y valles, el instante fotográfico de una naturaleza tranquila. Una fuerte presencia de claroscuros, un fondo musical por momentos brusco y casi wagneriano, así como la simbólica presencia de nubarrones, son indicios de que se avecina la tormenta, de que está a punto de comenzar un relato sobre la desdicha social. En un sugestivo prólogo, una *voice over* -un narrador en primera persona, que actúa unas veces como «cronista», otras como «testigo», y algunas, muy pocas, como «protagonista»- comenta que «esta es la pequeña historia de una aldea asturiana», Rubiercos, extendida en el fondo de un valle por donde corre el río Nalón. Lo que sigue subraya el tono subjetivo declaradamente nostálgico que adopta el texto fílmico. Es este un segmento meramente descriptivo (más de 3 minutos). Grandes planos generales y largos barridos enseñan un paisaje montañoso inmenso, exuberante, en el que, por ahora, no aparece el ser humano. Otro tópico aflora en buena parte del metraje: el de *la edad de oro*, o evocación de un tiempo primigenio en el que las personas del campo viven en constante armonía en una naturaleza pródiga.

Se plantea el contraste entre un mundo rural arcaico y estancado, bruto e irracional, que quiere quedarse parado en el tiempo, y un mundo en constante evolución. Es en este punto donde se sitúa el discurso ideológico del Régimen franquista: la necesidad de (re)construir un país nuevo, la celebración del trabajo. Obviamente, el tema de los derechos de los trabajadores, o cualquier tipo de reivindicación política, brilla por su ausencia. Llama la atención, en fin, la imagen compresiva que en el film de Sáenz de Heredia se quiere dar de los ingenieros, una clara y diáfana metáfora que alude a los jerarcas del Régimen: son partidarios del diálogo con los aldeanos, de emprender la explotación sin molestarles, de evitar enfrentamientos directos. Asimismo, destaca el papel de árbitro que en este conflicto adopta la Iglesia a través del bruto y muy espontáneo padre Prisco, interpretado por el inolvidable Luis Pérez de León, que aprovecha las misas para sermonear a sus feligreses no solo sobre la esencia de la vieja España, sino también sobre la importancia de no quedarse al margen del progreso. Cinco años después este entrañable actor de reparto actuará a las órdenes de Berlanga en *¡Bienvenido Mr. Marshall!*, también en papel de testarudo cura de pueblo, solo que, en este caso, poco partidario de la modernidad (los americanos), de la entrada de ideas foráneas en el pueblo. ¿Estaba pensando Berlanga irónicamente en el personaje del padre Prisco? No deja de ser curioso y hasta muy interesante este trasvase de temas en el cine de posguerra. El religioso no es el único en comprender la importancia de *progresar*. El ganadero Nolo (Adriano Rimoldi) cree que con el dinero que obtiene con el pastoreo no puede llegar a casarse nunca con su novia Carmina (Charito Granados), por lo que se ofrece para trabajar con los mineros. En el otro extremo está el inflexible y testarudo tío Goro (José María Ladó) que prefiere morir antes de vender sus tierras a los ingenieros; una de sus posesiones, muy deseada por su riqueza minera, tiene el simbólico nombre de La Fontana. El bienestar de un pueblo (un país) pasa por la reconciliación (de los dos bandos). Las aguas dejarán de bajar negras: a partir de ahora el río llevará agua «como Dios manda».

Los aires metafóricos: las huellas de la Guerra Civil

> *[El espíritu de la colmena] nos habla de los años que siguieron a nuestra Guerra Civil, con su doble vaciado físico y moral, con sus destrucciones reales e intelectuales.*
>
> Santos Zunzunegui
>
> *Un film de milagrosa perfección.*
>
> José-Carlos Mainer

Este capítulo pretende ser un sencillo homenaje a una de las obras maestras del cine español. El hecho de que sirva de pórtico para abordar el último de los subgéneros cinematográficos de los años cuarenta obedece a distintas motivaciones. La cinta de Erice es algo así como *el cine que pudo haber sido*, pero que por razones estrictamente políticas quedó inmediatamente descartado. Y no se trata -aunque no se pueda ser tajante en este deseo- de un tipo de cine neorrealista (algo de eso existió a partir de *Esa pareja feliz*): era obvio que el bando vencedor no iba a sacar las cámaras a la calle para airear traumas, problemas e injusticias. El cine de posguerra hubiese sido otra cosa (un producto digno, más sensato) si se hubieran puesto en escena parámetros temáticos propios de un periodo de *posguerra*. Lo deseable hubiese sido que, una vez finalizada la contienda, las primeras películas hablaran implícita o explícitamente de las *huellas* de la guerra civil española. Un cine de la reflexión histórica, pero también un cine de la mostración; paisajes, espacios urbanos o rurales, rostros, diálogos o silencios; imágenes portadoras de un discurso comprometido con la historia. Pero esto no fue posible. La historia del cine español discurre por senderos que con el tiempo van poblándose (no siempre) de broza, o, lo más lamentable, de un sempiterno silencio. De roturar esos campos agrestes trata este libro, de ver en algunas superficies (textos fílmicos) ciertas *hendiduras* por las que asoman imágenes, recuerdos o escenas de un pasado doloroso. No parece legítimo, en cualquier caso, hablar de un cine de la resistencia, o de combate, a la hora de referirse a estas cintas.

El espíritu de la colmena presenta una historia elemental, accesible o sencilla, que en un primer e ingenuo visionado no plantea mayores problemas: la acción se desarrolla en un pequeño pueblo de Castilla, hacia 1940; Isabel y Ana, dos hermanas de ocho y seis años, respectivamente, asisten un domingo a la proyección de *El doctor Frankenstein* (James Whale, 1931). Para la más pequeña, este momento es una auténtica epifanía: no cesa de hacerle preguntas a su hermana mayor, quien le asegura que el monstruo existe, y que este se esconde cerca del pueblo. Esto es solo la superficie. ¿A qué se debe ese largo silencio o distanciamiento en la relación de los padres de las niñas? ¿Quién es ese huido malherido que se esconde en una casa de las afueras? ¿Es o no metafórico el «monstruo» que logra ver Ana en la corriente de un río reflejado por la luz de la luna?

No todo es silencio o elipsis en el cine de los años cuarenta. A través de ciertos recursos estilísticos como la metáfora, la sinécdoque o el símbolo, algunos cineastas se adentran en argumentos imposibles de abordar desde planteamientos realistas. Es muy pertinente, en este sentido, dejar este bloque de películas -las más atractivas se realizaron a finales de la década- para cerrar esta presentación de las distintas formas fílmicas del primer cine del franquismo. Suponen algo muy distinto, al tiempo que enriquecedor, y permiten valorar en su justa medida este cine tantas veces denostado. Castro de Paz ha precisado el nudo semántico y formal de este tipo de cine:

> la pérdida irremediable del objeto amoroso (que toma forma en una mujer *asesinada, prohibida, desaparecida*... o *traidora*) y la soledad y la melancolía [e incluso la locura] resultantes pueden leerse como metáforas de un país desolado, angustiado, poblado de agobiantes y sombríos recuerdos, soportando un complejo de culpa que brota incontrolable. Huellas de la guerra, pues, y heridas del deseo. (Castro de Paz, 2002: 213)

Visualmente, es habitual encontrar en estas cintas la presencia de atmósferas densas, desesperadas y claustrofóbicas y, desde luego, un especial tratamiento de la fotografía y de la angulación y del punto de vista enunciativo del discurso.

Once títulos conforman este interesante y reivindicable corpus fílmico (con independencia, claro está, de que se adscriban a un subgénero cinematográfico determinado): *La casa de la lluvia* (Antonio Román, 1943), *El clavo* (Rafael Gil, 1944), *Barrio* (Ladislao Vajda, 1947), *Vidas confusas* (Jerónimo Mihura, 1947) -hoy perdida-, *La sirena negra* (C. Serrano de Osma, 1947), *La calle sin sol* (Rafael Gil, 1948), *Vida en sombras* (Llobet-Gràcia, 1948), *La fiesta sigue* (Enrique Gómez, 1948), *Siempre vuelven de madrugada* (Jerónimo Mihura, 1948), *Ha entrado un ladrón* (Ricardo Gascón, 1949) y *Un hombre va por el camino* (Manuel Mur Oti, 1949). Asimismo, estas «heridas de la Guerra Civil» estarían presentes igualmente en algunas películas del ciclo genuinamente político, como *¡Harka!* (1941) y *¡A mí la Legión!* (1942), que -como se ha explicado- en algunos momentos rezuman tristeza y melancolía, o *El frente de los suspiros* (1942), un film también muy pesimista, triste y desgarrado. Casi todos los cineastas del periodo 1939-1950 cuentan con películas en la que se abordan -de manera más o menos explícita- asuntos como la tristeza, la soledad o la destrucción del momento que les ha tocado vivir.

En un ensayo posterior, Castro de Paz vuelve a insistir en este *cine de la derrota*, en el que asoman -a través de ciertos resquicios y, por supuesto, de un discurso metafórico- las heridas provocadas por la Guerra Civil. En ocasiones, la metafórica pérdida del personaje femenino se entrelaza con

> la presencia de personajes infantiles, de niño/as que, de forma simbólica o real, sufrían una orfandad paterna -motivada diegéticamente en ocasiones por esa conflictiva presencia / ausencia femenina- que les abocaba a una vida lastrada por la soledad, la locura y la muerte. Y la trágica cuestión paterna va a ser uno de los rasgos característicos de esas escrituras.

Es habitual la presencia de niños

> psíquicamente mutilados, obsesionados por una figura ausente, acallada o arrasada por la guerra -aunque evidentemente el conflicto bélico aparezca siempre metaforizado en las películas realizadas antes de la muerte del dictador- atrapados en una melancólica búsqueda del tiempo perdido, de la infancia perdida, y condenados a narrarla, en angustiosos recuerdos-imágenes que reaparecen, siniestramente circulares, en los vericuetos de la memoria. (Castro de Paz, 2017:77)

Ahora su nómina es más reducida, pero más abarcable: junto a *La sirena negra*, *Vida en sombras* y *Un hombre va por el camino*, menciona tres títulos nuevos: *Las inquietudes de Shanti Andía* (Arturo Ruiz Castillo, 1946), *Marcelino, pan y vino* (Ladislao Vajda, 1955) y *En el balcón vacío* (Jomí García Ascot, 1962). Este «submodelo» atravesaría de forma tenaz y persistente «más de medio siglo de cinema hispano», apareciendo en títulos emblemáticos de la historia del cine español como *El espíritu de la colmena* (1973), *Elisa, vida mía* (Carlos Saura, 1977) o *Madregilda* (Francisco Regueiro, 1993), adentrándose incluso en nuestros días de la mano de Guillermo del Toro (*El laberinto del fauno*, 2003), Agustí Villaronga (*Pa negre*, 2010) o Álex de la Iglesia (*Balada triste de trompeta*, 2010).

Uno de estos títulos merece ser considerado paradigma de este sombrío ciclo de la derrota. Una cinta que a día de hoy es considerada una de las obras maestras del cine español de los años cuarenta y, posiblemente, uno de las mejores películas de nuestra cinematografía. Es, por otra parte, uno de los films más estudiados de este periodo: no hay antología que no incluya entre sus páginas un estudio crítico de la maravillosa e inolvidable *Vida en sombras* (Llorenç Llobet-Gràcia,1948). Efectivamente, se trata de una de las formulaciones textuales más brillantes de esa 'herida' de la Guerra Civil, «su expresión más nítida y perfilada»; la metáfora 'España de posguerra' = 'un país desolado, angustiado, poblado de sombríos recuerdos' alcanza en el film de Llobet-Gràcia «no solo una de sus más excelsas manifestaciones, sino también una de las más transparentes» (Castro de Paz, 2018).

Su protagonista, Carlos Durán (Fernán Gómez) no solo es el *alter ego* de su director, sino también un síntoma de la figura del cineasta de posguerra. El primer tramo narrativo plantea la cinefilia de este personaje, que, curiosamente, nace en una barraca de feria en donde se proyectan películas de los hermanos Lumière. Desde su más tierna mocedad, acude asiduamente a las salas de cine, convirtiéndose en un precoz cineasta y en un crítico de cine. Toda su vida está marcada por una pasión enfermiza por las imágenes y las historias que han quedado prendadas en su retina desde su infancia. La segunda parte se centra en la mostración del estallido y de las consecuencias de la Guerra Civil. Carlos pierde a su mujer en un tiroteo y a raíz de ello su pasión por el cine se desvanece. Es sumamente emotiva la escena en la que un Carlos melancólico y apesadumbrado deambula como un fantasma por las calles de la ciudad hasta darse de bruces con los carteles de un cine de barrio. Todo le recuerda a su esposa.

A nuestro juicio, *Vida en sombras* vendría a ser una perfecta síntesis de la historia del cine español articulado en tres grandes periodos; a saber, un ilusionante cine republicano, un politizado cine bélico y un cine de posguerra malogrado, o no ejecutado en su integridad, que impidió realizar un cine personal, íntegro o de madurez. Carlos les dice a sus más allegados «el cine ha acabado para mí». La pasión con la que filmaba escenas domésticas, documentales o planos de la contienda bélica ha desaparecido. Se convierte en un cineasta de la frustración. La cinta tiene algún momento flojo, como, por ejemplo, esa manía de insertar escenas explicativas a modo de síntesis tan propia del cine español de la época. No puede estrenarse en Madrid ni Barcelona hasta 1953 y lo hará en cines de segunda categoría. El complejo discurso metacinematográfico no fue entendido en su momento; hoy, sin embargo, es considerada una película de culto. Fue proyectada en la *65 Mostra de Venecia*, en cuyo catálogo oficial figuraba el siguiente comentario: «Una excepción en el panorama cinematográfico español. No sigue los preceptos oficiales del cine nacional de los 40 y es un producto de la pasión, no del interés comercial». *Así es...*

Dirigido por ocho cineastas

Imperio Argentina con Florián Rey

Versiones de un drama rural
Florián Rey

En el fondo, la tragedia de Florián Rey tras la Guerra Civil: haberse quedado en tierra de nadie.

Agustín Sánchez Vidal

La libertad artística

Florián Rey es el nombre artístico de Antonio Martínez Castillo (1894, La Almunia de Doña Godina, Zaragoza; 1962, Benidorm, Alicante). Para muchos ha quedado en la historia del cine español como el director de *Nobleza baturra* (1935). Durante mucho tiempo se ha banalizado su obra, se la ha tildado de castiza o folclórica, sin más. Pero Rey es, ante todo, el autor de dos versiones de un drama rural, *La aldea maldita* (1930 y 1942), un auténtico poema cinematográfico. Pertenece a una familia acomodada (el padre, procurador de La Almunia), con inclinaciones artísticas y musicales: estudia en el Colegio de San Felipe de Zaragoza; se matricula en Derecho, pero abandona pronto para dedicarse al periodismo y a la literatura; lo que a él le interesa es ser actor de teatro. En 1910 realiza su primer viaje a Madrid: colabora en algunos diarios, ya con el seudónimo de Florián Rey. Entre 1915 y 1918 hace el servicio militar en Marruecos. Tras su segundo viaje a Madrid, en 1920, comienza a trabajar como actor de cine a las órdenes de José Buchs. En 1925 se casa con la actriz Pilar González Torres, que trabajará en varias películas suyas; su hijo Rafael nace en 1926. Comienza durante estos años un periodo decisivo para el cine español: será uno de los directores más prolíficos, solo superado por Buchs.

El cine silente

Florián Rey inicia su carrera cinematográfica con dos hitos del musical español de los años veinte: *La revoltosa* (1924) -gracias al impulso del entonces actor Juan de Orduña- y *Gigantes y cabezudos* (1925). Estos films hay que incluirlos en el ciclo (en realidad, en su fase terminal) de adaptaciones de zarzuelas iniciado por Buchs en 1921 con *La verbena de la Paloma,* y continuado luego con *La reina mora* (1922) y *Alma de Dios* (Manuel Noriega, 1923), entre otras. Casi el 50% de las películas en 1923 eran zarzuelas filmadas. De muchos títulos de este primer período no se conservan copias; a veces, solo fragmentos. Rey activa en estos trabajos una serie de elementos que posteriormente lo consolidan como un excelente cineasta. Así, por ejemplo, *Gigantes y cabezudos* se podría considerar un claro antecedente de su posterior *Nobleza baturra*, sobre todo por la exaltación que realiza de los valores tradicionales del pueblo aragonés. Al mismo tiempo, en esta cinta deja constancia de su enorme talento para la dirección de actores, de la importancia de la composición de algunos encuadres -en especial, en las escenas descriptivas-, o de ciertos aspectos de la puesta en escena, como es el uso del primer plano en momentos especialmente dramáticos o significativos.

El agotamiento de la veta zarzuelera da paso a otro ciclo, en la segunda mitad de los años veinte, conocido como la época heroica del cine mudo español, en el que se prodigan las adaptaciones literarias. La novela corta *Lazarillo de Tormes* (en los folletos se presentaba como «inspirada en la famosa novela de Diego Hurtado de Mendoza»), o la obra de Armando Palacio Valdés (en dos ocasiones, ambas con Imperio Argentina) son los referentes principales en los que se apuntala el cine artístico de Rey. Entre 1926 y 1930, se ve obligado a recurrir a productores independientes e incluso a autofinanciarse. Aunque es un momento de iniciativas ricas y variadas, de amplitud en la capacidad de maniobra en algunos creadores, el cine español vive, en lo económico, un momento de inestabilidad: no hay una auténtica infraestructura industrial, comercial y financiera.

Su primera etapa se cierra con la versión muda de *La aldea maldita* (1930). Ha llegado el cine sonoro: la transición o reconversión ha provocado no pocos desajustes en la industria cinematográfica española. No todos los cineastas del momento están a favor del cine parlante: Jacinto Benavente se muestra escéptico; Luis Fernández Ardavín y Fernando Delgado lo repudian; Jacinto Guerrero y Florián Rey, en cambio, se entusiasman desde el primer momento. En Europa solo los ingleses y los alemanes cuentan con los nuevos equipamientos sonoros. Entre 1930 y 1933 Rey acude a los estudios de Joinvielle-le-Pont, un pueblecito cerca de París, para trabajar como *dialogue man* en las *dobles versiones* (una en inglés, la otra en castellano) de Paramount; esto termina siendo una forma muy beneficiosa de aprender algo acerca de las nuevas técnicas del sonoro, del método de trabajo del sistema de estudios y de la *comedia cosmopolita*.

La realidad y el deseo del cine republicano

La segunda época (1933-1939) de la cinematografía de Rey coincide cronológicamente con los años de la Segunda República y la Guerra Civil. El cine republicano propiamente dicho comienza con el estreno de *La hermana San Sulpicio* (Florián Rey, 1933), a partir de un texto de Palacio Valdés, debut además de la todopoderosa Cifesa. Félix Fanés ha estudiado con sumo detalle las fuentes, el estilo y los estímulos creativos de los cineastas de la época; su método de análisis fílmico, a la hora de abordar algunos títulos señeros del mejor cine de la época, es claro, acertado y clarividente. Cifesa no ha elegido un proyecto cualquiera al azar; se trata de un arquetípico ejercicio de producción que se va a repetir algunos años después.

> En efecto, en *La hermana San Sulpicio* hay tres temas que son centrales en el film; temas que reaparecen a menudo en otras películas Cifesa. Me refiero a la intriga central, la historia de amor; a la fuerte presencia de la institución eclesiástica; y el enfrentamiento entre el carácter gallego del narrador y el andaluz de la protagonista. (Fanés, 1981: 31)

La película es todo un éxito y esto es algo que no se olvida en muchos años. Amor, religión, mezcla de comedia y drama, conflictos sociales... La cinta evidencia la existencia de un cierto gusto dentro del cine español por las historias de carácter melodramático; hay excepciones, por supuesto: el cine de Edgar Neville, por ejemplo.

La crítica es unánime a la hora de hablar de una etapa dorada del cine español gracias a la eclosión de títulos, estrellas, directores, técnicos, estudios, salas de cine, éxito de público... Lamentablemente, sobreviene la Guerra Civil y todo aquello se convierte en un largo y desdichado erial. ¿Qué tiene de especial o de particular este tipo de cine? ¿Por qué se identifica de inmediato el público con estas historias? ¿Qué ocurre para que artistas como Imperio Argentina lleguen a ser consideradas como estrellas en la línea del mejor cine de Hollywood? Para Rodríguez Conde,

> aquella nueva fórmula de cine popular, bien realizado y bien interpretado, cuya ligereza o dramatismo se servían sin pretensiones realistas, pero quintaesenciados en cuanto a tradiciones y prototipos, se adueñó de las carteleras españolas quizá con excesiva fuerza porque las secuelas, imitaciones o recreaciones de los cinco títulos famosos se repitieron *ad infinitum*. (Borau, 1998: 80)

De los cerca de diez títulos de esta etapa, cabe destacar, en primer lugar, *Nobleza baturra* (1935) y *Morena Clara* (1936), dos hitos fundamentales del género folclórico. En su búsqueda de un cine comercial digno, Rey ha dado con una fórmula para producir películas partiendo siempre de un conocimiento de los gustos del público español. Es este un terreno ciertamente algo peligroso, muy resbaladizo, esto es, uno de los géneros más estudiado y, al mismo tiempo, más estigmatizado de la historia del cine español. El *DRAE*, en su segunda acepción, define así el término «españolada» (el sufijo *-ada* ya adelanta un carácter peyorativo o simplemente despectivo): «Acción, espectáculo u obra que exagera ciertos rasgos que se consideran españoles». La forma verbal «exagera» explica el fondo de esta absurda polémica. Rey fue uno de los cineastas que más reflexionó acerca de esta voz, pues no le convencía del todo; creía que la palabra «españolada» solo se podía aplicar al cine extranjero que ofrecía una visión falsa de nuestro país; él, estudioso a fondo del folclore español, utilizaba el término «costumbrismo» (*nacional*) para referirse a cierta parte de su obra cinematográfica.

En gran medida, estas ideas están recogidas en *Ídolos* (1943), su film más metacinematográfico, una especie de película manifiesto, y desde luego en el prólogo de *Cuentos de la Alhambra* (1950). Aquí el director utiliza la figura del escritor Washington Irving como *alter ego* (también como soflama de una época) para manifestar su pasión por España. Pasan los títulos de crédito -con el rótulo «abril 1950»- sobre una serie de imágenes de la Alhambra. Con un fundido se incluye inmediatamente otro rótulo, «Nueva York 1830». En plano general, Irving, rodeado de sus criados, de su hermano Guillermo y de su cuñada, manifiesta que arde en deseos de volver a Granada. Plano medio del escritor: «Granada es mi patria, si vierais cómo tira de mí su hechizo, la nostalgia por la Alhambra». La cámara retrocede en leve trávelin lateral para dar entrada al personaje de su cuñada, que muestra un profundo entusiasmo al escuchar al escritor. Plano general, elocuentemente largo: Irving se explaya en los valores de la España imperial, frente a los tópicos de las navajas y las panderetas. ¿Qué diferencias hay entre este film y el anterior? Lo que en *Ídolos* era solo reflexión sobre qué tipo de cine hacer, ahora, siete años después, se convierte en una apología de la España franquista. Granada es solo una sinécdoque. El discurso del director se ha permeabilizado a las consignas del Régimen. Irving dice estar enamorado de la belleza y de la originalidad de España, de su alma y de su fragancia de vida, de «[su] personalidad áspera y fascinadora que hace fruncir el ceño a los mediocres porque es mucha grandeza para su vulgaridad el viril empuje de San Ignacio o la gallarda locura de Don Quijote». Plano medio de su hermano Guillermo (un caso claro de perspectivismo o desdoblamiento del autor) para ofrecer el discurso que tanto rechaza Rey: «Aquí se conoce mucho a España, los bandidos generosos, las ardientes españolas que pelean con las navajas que llevan en la liga. ¿No pondrás esas cosas en tus cuentos?». Corte de nuevo al plano anterior, que vuelve a ser largo:

su cuñada le incita a terminarlos, deseosa de conocer sus «leyendas de la Alhambra». Irving dice algo interesante: el creador debe poner amor en la creación de sus personajes, le duele hacerlos desgraciados. Pues bien, esto es precisamente lo que Rey busca en su cine *costumbrista*: ofrecer una imagen optimista y alegre del país, algo que lleve necesariamente a la identificación del espectador con los personajes. Conocer el alma de un país (sus regiones). Amarlo, en definitiva.

Florián Rey, primero (*Nobleza baturra*, 1935; *Morena Clara*, *Carmen, la de Triana*, 1936; *La Dolores*, 1940), y Benito Perojo, a continuación (*Mariquilla Terremoto* y *Suspiros de España*, 1939), se convierten en los dos principales artífices del mejor cine folclórico. Este género fija su atención en ciertos elementos del tipismo diferencial de las regiones españolas: el folclore de las fiestas y los bailes populares más emblemáticos, las hablas dialectales, el retrato de las zonas rurales más desfavorecidas, esto es, la España profunda, la notable presencia del agrarismo, señores y peones, el patriarcado y el machismo, el papel muy secundario, casi cosificado a veces, de la mujer, el (des)honor y la misoginia... El público debía reconocer de inmediato y, por supuesto, identificarse con esta imagen *autóctona* de España. No obstante, esta definición de carácter general debe ser matizada atendiendo a cada director y a cada título. No está de más recoger en este momento una de las definiciones más completas sobre lo que ha venido llamándose cine «folclórico». La cita, pese a ser larga, es apreciablemente didáctica, concluyente a la hora de articular los elementos fundamentales de este genuino subgénero.

> Se trata de toda una serie de films en los que, de una u otra forma, se dedican toda una serie de estereotipos, más o menos asentados en el imaginario popular, sin otra intención que la de ofrecer al espectador medio unos patrones de reconocimiento puramente emocional, mediante el limado de las aristas que la base populista sobre la que se asentaban este tipo de obras estaba en condiciones de ofrecer a una práctica fílmica más dispuesta a extraer todas las implicaciones de esta condición (Zunzunegui, 2018: 459).

La seminal *Nobleza baturra* se abre con un prólogo de carácter etnográfico: una canción aragonesa suena de fondo mientras, en plano general, se muestra a mujeres y a hombres segando, recogiendo haces... La cámara va de lo general a lo particular, acercándose poco a poco a la protagonista, María del Pilar (Imperio Argentina), quien, subida en una trilla, entona un hermoso y cristalino canto. Similar secuencia de apertura aparece en *La Dolores*. La cámara en un plano grúa se desplaza hacia la derecha: se mueve galana y lozana, mostrando a labriegos y ganaderos en sus faenas. Corta a plano medio para ofrecer la imagen de la heroína, la Dolores (Concha Piquer), quien, mientras ordeña una vaca, canta una jubilosa canción de primavera. No faltan tampoco los insertos de animales, como el de una cerda con sus crías. ¿Una marca de la casa? Desde luego no será la única.

Nobleza baturra, desde el punto de vista argumental, plantea un doble conflicto, social y personal. En primer lugar, se da el enfrentamiento entre dos familias ganaderas que se disputan las tierras por donde pueden (o deben) pasar las reses. Parece evidente cierta influencia del *western* americano, algo que se repite quizás con mayor evidencia en *La Dolores*. Y, en segundo lugar, se hace presente uno de los temas más apreciados por Rey, el del honor: a María del Pilar, hija del tío Eusebio (José Calle), la acusan de haberse citado con un hombre a la orilla del río (Sebastián-Juan de Orduña). Ella dice (lo reitera) que quiere a su honra más que a nada en el mundo. El film concluye con un doble epílogo: uno insatisfactorio, de carácter religioso, en el que desfilan prácticamente todos los intérpretes por la Basílica del Pilar, para que Pilar diga aquello de «Juro por ti que soy honrada, digna de estar en tu presencia»; el otro epílogo es un digno homenaje al mundo rural aragonés, un plano general que enmarca a Imperio y a Orduña subidos en una trilla en trávelin circular. Curiosamente, el film se abre también con un hermosísimo plano general de un trigal, de las faenas de la siega, y con Imperio Argentina sobre una trilla, filmada en trávelin circular, cantando una jota. Este tono arcádico lo retoma posteriormente, ya como elemento central, en la comedia *La luna vale un millón* (1945).

Rey llevó a cabo un trabajo de preproducción muy interesante, recorriendo las tierras de Aragón en compañía de Imperio para documentarse acerca de las costumbres, de los oficios y labores agrícolas, e incluso de las variaciones lingüísticas. Fueron muchos los elementos elogiados por parte de la crítica prácticamente desde el mismo momento de su estreno. Lo curioso -al cabo de tantos años- es que esta cinta no se diferencie tanto temática e ideológicamente del cine de posguerra. Es, en cualquier caso, un film semánticamente muy ideologizado: primero, en su conjunto, es una defensa a ultranza de ciertos valores tradicionales, en especial en lo que se refiere a las relaciones amorosas y al papel secundario de la mujer en el matrimonio y en la sociedad; segundo, constituye una defensa a ultranza del papel de la Iglesia en la gestión de los conflictos sociales y morales; por último, no se cuestionan las diferencias interclasistas. No era precisamente el director más adecuado para poner en pie un cine argumentalmente progresista. Tampoco en la puesta en escena va más allá del modelo de representación institucional. O sea, un cine continuista, clásico.

Con todo, no puede decirse sin más que Rey sea un cineasta reaccionario o retrógrado. No era la España de entonces precisamente la cuna del neorrealismo, ni mucho menos un país proclive a un tipo de realismo poético. Rey no cultiva, en absoluto, un cine social, pero no tiene reparos en testimoniar temas muy habituales en la España rural: las murmuraciones y las calumnias, el patriarcado, o la cosificación de la mujer... Por asuntos como este, se hace necesaria la reivindicación de este tipo de películas. Para Manuel Palacio, *Nobleza baturra* «es una de las películas mayúsculas, en sentido literal, del cine español»: a) en pocos casos se han rodado tres versiones, como sí ha ocurrido con el sainete de Tomás Bretón y Ricardo de la Vega, estrenado en 1894; b) el film se estrena, con motivo de las fiestas del Pilar, en 35 ciudades simultáneamente; c) algunos de sus números musicales han pasado a formar parte del canon de la canción popular española; y d) «la película ha sido uno de los más importantes éxitos del cine español fuera de sus fronteras, y de hecho algunos autores la han considerado como una de las fuentes de inspiración de, por ejemplo, la comedia ranchera mejicana» (Pérez Perucha, 1995).

Morena Clara sorprenderá al espectador que se acerque a ella dejando de lado algunas opiniones negativas de la crítica tradicional. Fanés reconoce que, pese a repetir las constantes temáticas de sus films anteriores como el regionalismo, la intriga amorosa, o la escena social precapitalista, etc., posee ciertas cualidades cinematográficas, y que «es un film excelente», sobre todo en la parte inicial, «lo mejor de Cifesa y probablemente también lo mejor de todo el cine republicano» (Fanés, 1981: 42). El arranque, una mezcla de cine folclórico y de comedia, puede llevar a engaño: dos hermanos gitanos, Trini (Imperio Argentina) y Regalito (Miguel Ligero), son acusados de robar seis jamones. El desarrollo del juicio (Manuel Luna es Enrique, en el papel de fiscal) es una desternillante parodia de las formas y del lenguaje judicial a la que no hubiera hecho ascos Groucho Marx. Poco a poco el film adopta un registro algo más serio, sin llegar al drama, y bascula hacia un lado más social y comprometido. Enrique pertenece a una familia acomodada, es altivo y prepotente (su padre llega a decirle irónicamente que es demasiado lírico para dedicarse a este oficio), detesta a los gitanos, y no desea mezclarse con ellos. Es justamente esto último lo que aprovecha la defensa para armar un implacable discurso contra el racismo. Trini se queja -en la copla «Gitana»- de ser como la falsa moneda que de mano en mano va y ninguno se la queda. Al final la cinta va por otros derroteros: un *happy end* al estilo del Hollywood clásico es casi obligatorio. El plano final enmarca (reja, ventana; el tan querido reencuadre del director) al fiscal y a la gitanilla: decorosamente, con cierto pudor y no poca ironía, la cámara inicia un trávelin de retroceso.

Morena Clara es un auténtico éxito: se estrena el 11 de abril de 1936, y se mantiene en cartel hasta marzo de 1937, pese a la Guerra Civil. Se proyecta en las dos zonas, pero en la republicana se retira tan pronto se sabe que la pareja está colaborando con el cine alemán. Se repone una vez concluida la contienda: una historia alegre para un país entonces triste e incierto. Las entradas se agotan en cuestión de horas. Coplas aragonesas y canciones de siega. Pastores y ganaderos. Una plaza de un pueblo de Aragón y un patio andaluz. Sánchez Vidal ha destacado la importante labor de Rey en el asentamiento y consolidación del populismo republicano:

> una de las más fecundas estrategias de aproximación cultural entre los más diversos estratos de la cultura (...) una suerte de plataforma integradora de los más diversos materiales, procedieran estos de donde procedieran: cortijos y tabernas, ruedos y academias, romanceros payos y gitanos, poetas terruñeros y vanguardistas cosmopolitas. (Sánchez Vidal, 1991: 184)

En esos años de profunda polarización ideológica, en los que el ambiente del país empieza a enrarecerse y son habituales los enfrentamientos en la calle, Rey ofrece al público un «tríptico» de notable contenido social: *La hermana San Sulpicio* se atreve con temas religiosos; *Nobleza baturra*, con las diferencias sociales; y *Morena Clara*, con el racismo y los prejuicios de clase. En cualquier caso, no debe exagerarse el alcance *ideológico* de este cine de la sinécdoque, pues su objetivo principal no es tanto ofrecer una viva visión sobre las distintas tierras de España (en especial, Andalucía, Galicia y Aragón), como ensalzar los valores -no únicamente etnográficos- de la patria. En otras palabras, determinadas imágenes de estos sitios -siempre complacientes o idílicas en lo personal, en lo social o en lo paisajístico- se convierten en un símbolo del esplendor de la *auténtica* España.

El ambiente guerracivilista condiciona el futuro de Florián Rey: *La casa de la Troya* y *Un error judicial*, dos proyectos para Cifesa, quedan truncados. Al parecer no se le permite rodar en España al haberse enfrentado, en el desarrollo de un acto de homenaje al escritor cinematográfico Juan Antonio Cabero, con un alto cargo del gobierno frentepopulista en la primavera de 1936. Comienza así su breve exilio (1936-1939): en mayo de 1936, con una exitosa *Morena Clara* aún en cartel, emprende junto a Imperio un periplo algo incierto por Francia, EE. UU., México, Puerto Rico, Cuba y, por fin, Alemania. A finales de 1937 la pareja recibe una oferta del productor Wilhem Ther para trabajar en Berlín con Hispano Film Produktion. De este «intermedio berlinés» resultan *Carmen, la de Triana* (1938) y *La canción de Aixa* (1939). La primera adapta la novela corta de ambiente español

Carmen, de Mérimée, y la segunda, un relato exótico de tema morisco de Manuel de Góngora. En 1938 la actriz Imperio Argentina llega a protagonizar dos versiones, una en castellano y otra en alemán, no muy similares: *Carmen, la de Triana* y *Andalusiche Nächte* (Herbert Maisch, 1938). Las relaciones sentimentales y profesionales de Florián e Imperio están llegando a su recta final. Al finalizar el rodaje de *La canción de Aixa*, la pareja regresa a España: él se marcha a Irún y ella a San Sebastián. La ruptura personal coincide con la fractura histórica de España.

El cine de posguerra

Su tercera época, localizada entre 1940 y 1956, es muy prolífica en temas y formas; Rey se atreve con registros bien diferentes, a veces incluso en una misma película. No se puede calificar de arte muy personal. Algo de su peculiar *cine de autor* se había perdido en el camino. ¿Obedece esto a un tipo de claudicación artística obligada por la política cinematográfica del Régimen? ¿Incurre en un excesivo mimetismo del cine americano, sobre todo en la comedia? Al parecer, durante estos años, Rey tiene algunos problemas con la gente del cine, lo que contribuye a su marginación de premios o favores profesionales. No debe catalogarse -como se ha hecho, a veces, injustamente- su cine de *franquista* sin entrar de lleno y sin prejuicios en él. Es verdad que en alguna ocasión participa en ese cine *imperial* auspiciado por el Régimen: *La nao Capitana* (1947) es un auténtico panfleto al servicio de la ideología franquista. Y no menos cierto es que a partir de *La luna vale un millón* (1945), película muy apreciable, su filmografía entra en una paulatina decadencia, con auténticos desaciertos, films ciertamente olvidables, de los que apenas se puede rescatar alguna escena, o reparar en la interpretación de algún personaje secundario.

Su cine de posguerra presenta una serie de características generales; algunas, por supuesto, ya están presentes en sus dos etapas anteriores. Por eso es inevitable en esta explicación hacer alusión a otros films en los que quedaron asentados algunos estilemas de lo que podríamos calificar como «estilo Florián Rey».

1.º Mezcla de artesano y de *auteur*. Sus películas son piezas muy bien estructuradas, cerradas, casi siempre sometidas a un modelo tradicional de carácter lineal. Pasa por ser un guionista nada desdeñable. Hay una secuencia de *Morena Clara* (1936) que ilustra perfectamente todo esto; es una idea de guion magistral. A dos hermanos gitanos los juzgan por haber robado seis jamones en una venta; el fiscal es implacable con ellos. Utiliza un doble discurso, contradictorio: primero, es patente su ideología racista, no ve nada bueno en los gitanos, no se fía de ellos, lo cual no dice nada bueno de la labor que ejerce; y, segundo, manifiesta una postura comprensiva y hasta solidaria. El juicio está visto para sentencia. Pero un buen día la joven se presenta en la casa del fiscal para recordarle aquellas palabras hipócritamente inclusivas que un día ella logró arrancarle y anotar en un papel.

Dos films suyos rodados en la inmediata posguerra ponen de manifiesto el especial interés que concede a la estructura externa e interna. *La luna vale un millón* (1945), algo así como un intento de comedia sofisticada al estilo americano, finalmente, termina siendo otra cosa. Más radicalmente compleja, en cambio, es *Audiencia pública* (1946), si nos atenemos al magistral empleo de distintas técnicas narrativas: a) el presente de la acción se desarrolla en un solo espacio, la sala de un tribunal de justicia, donde se juzga a Mary Holbein de haber intentado pasar por propio un hijo ajeno, cuya madre, Helen Fontain, lo abandonó en una inclusa (solo hay una secuencia exterior, al final, con los «nuevos» padres, «legales», los Holbein, paseando al niño); b) un montaje paralelo de dos líneas narrativas: el desarrollo del juicio, en tiempo presente, y las respectivas historias del matrimonio Holbein y de los amores de Helen y Raoul Pitois; c) el *flashback* sirve para ir reconstruyendo la historia de lo sucedido: los saltos al pasado ocupan prácticamente la totalidad del metraje; d) la alternancia de hasta seis voces narrativas: Mary Holbein (1), la hermana de Helen, Marta Fontain (2), el propietario de una fábrica de guantes, en donde trabajó Helen, Gerardo Saint-Moritz (3), la enfermera, cómplice del rapto del niño, Ana Braun (4), el ama de cría del niño, la inglesa Catherine Smith (5) y Raoul Pitois (6), el padre del niño en cuestión. Esto último lleva a pensar en la típica película de tribunales y, sobre todo, en la estructura, a base de *flashbacks*, de *Ciudadano Kane* (Orson Welles, 1941). Rey a través de su cine se convierte en un firme partidario de la narratividad. No tiene el espectador un momento de descanso, no hay tiempo muerto en su cine. Bueno, sí, las canciones y los bailes folclóricos, algunos realmente antológicos. En este punto, hay que destacar la labor del director de fotografía Guerner, con quien colabora en once ocasiones. Se observa una especial inclinación por el plano general, en especial cuando se saca la cámara al exterior, para filmar escenas de baile, o faenas del campo como la trilla, o la siega...

Sánchez Vidal ha destacado cuatro rasgos estilísticos en el («elaborado y artesanal») cine de Rey: a) el empleo de la profundidad de campo; b) la muy considerable movilidad de la cámara; c) el énfasis en marcos que subrayan el carácter de representación (arcos, umbrales, patios, etc.) o reencuadres; y d) una iluminación contrastada. A esta lista se podría añadir un quinto recurso técnico: el empleo del primer plano a la hora de fijar la atención en ciertos objetos para la recreación de ambientes (rejas, ruedas, arcos, faroles, trilla, ubres de una vaca...), pero sobre todo para la mostración de los sentimientos de sus heroínas (Morena Clara, entre la alegría y el desencanto; la Dolores y su rabia).

2.º La defensa a ultranza de un *cine costumbrista radicalmente español*. Esta idea tiene que ver con una filosofía popular muy suya según la cual al público hay que darle siempre asuntos, personajes y ambientes reconocibles. No es el suyo un cine exótico o escapista: como en otros casos, su periodo republicano es sumamente elocuente. ¿Es *Morena Clara* un film folclórico sin más? ¿Carece de un argumento sólido? No hay que confundir registro con conflicto dramático. El film es un auténtico ajuste de cuentas contra las diferencias interclasistas y el racismo (el personaje del fiscal interpretado por Manuel Luna es clave en la mostración de esta doble temática social), una reivindicación del pueblo gitano y una crítica contra el sistema judicial corrupto. Por otro lado, no son infrecuentes en sus películas espacios como las plazas, las calles, los patios, las ventas y las tabernas, las casas de vecindad o las casas nobles, las faenas agrícolas o domésticas... Por supuesto, el elemento más genuinamente costumbrista de su cine es el lenguaje, una fuente impagable para quien quiera adentrarse en cuestiones de dialectología. Véase, por ejemplo, el empleo superlativo (puede cansar al espectador actual) del dialecto aragonés en *Nobleza baturra*. Imperio Argentina ha contado en alguna ocasión cómo se recorrió algunos pueblos de Aragón para captar el acento y los giros lingüísticos del habla aragonesa; este viaje le permitió conocer la jota bailada y cantada, la «Olivarera» o «Magallonera». Se recurre a actores no profesionales, como esos peones que emplean sus propios aperos de labranza, los segadores y las recolectoras... El rodaje se realiza también en espacios exteriores, de Borja y alrededores -la plaza de un pueblo, las casas típicas con tapias de adobe, las eras para las escenas de la trilla- para hacer más creíble la historia.

Ídolos (1943) arranca con larga secuencia de apertura: se recurre a un plano fijo y a la profundidad de campo para ambientar un espacio al que acude -se ve en primer término- gente distinguida; en el centro del encuadre, un violinista, que además interpreta una canción en una lengua del folclore eslavo; y al final la orquesta. Sin transición, se da paso a un segundo número musical, una canción en francés, interpretada por una atractiva mujer, Clara Bell (Conchita Montenegro). Rey mueve la cámara *a lo Ophuls* para captar ciertos detalles de este glamuroso ambiente; a veces opta por dejar la cámara fija, y los personajes entran y salen de cuadro con naturalidad. Un trávelin en retroceso descubre el artificio: se trata del rodaje de un film (una especie de comedia cosmopolita). Clara, una famosa actriz afincada en Francia, de ascendencia española por parte de madre, le dice a su productor Paul Reymond que no está dispuesta a trabajar en la película de ambiente español *Sol de España* hasta que no conozca bien el país; decidida a que no sea una «españolada» más (en el sentido que le atribuía Rey), emprende entonces un viaje con su asistenta Jeanette, primero por Sevilla y luego, tras conocer y enamorarse del famoso torero Juan Luis Gallardo (Luis Merlo), por varios lugares de España (secuencias de montaje).

Además del lenguaje, las costumbres y las fiestas, Rey estudia a fondo la psicología del pueblo y la indumentaria de la región. He aquí una buena idea de guion. Clara se hace con los servicios del *cicerone* Salomón (Casimiro Hurtado) para ver «la auténtica Sevilla y a los sevillanos auténticos»: se observa, en plena labor, a unas mujeres bordando mantos para la Virgen y a unos artesanos ultimando los pasos de la Semana Santa; también, unos mosaicos romanos en las ruinas de Itálica. Clara asiste a una fiesta campera en el cortijo del Duque de Benarosa y se encuentra con lo más granado del toreo (Rafael el Gallo, Gallito, Manolo Martín Vázquez, Luis Fuentes Bejarano y Joaquín Murube). Allí descubre, en un hermoso espectáculo de cante y baile, el arte del rejoneo y el flamenco.

En esta línea folklórico-populista hay que situar *La Dolores*. De este film merecen retenerse algunos aspectos de su primera parte. Dolores (Concha Piquer), una moza alegre y con mucha chispa, trabaja como sirvienta en un mesón de Daroca. Acosada por el barbero y por el labrador más rico del pueblo, e insatisfecha por el tipo de vida que lleva -en especial, la intromisión de la sociedad y la misoginia de los hombres del lugar-, un buen día decide tomar la diligencia que recorre el trayecto Teruel -Calatayud. Lázaro, un estudiante de latín, está dispuesto a costearle el pasaje. No sé si Florián Rey había visto por entonces *La diligencia* (John Ford, 1939): el director incluye en un viaje a personajes muy variopintos e incide en las relaciones entre ellos; la crítica social del film lo acercaría más bien a otro referente, esta vez literario, el relato «Bola de sebo» (Maupassant, 1880).

En el bloque siguiente, en montaje alterno, se suceden las escenas en las que la Dolores despliega todo su arsenal folclórico interpretando sucesivas canciones, al tiempo que se convierte en objeto de deseo de los lugareños. La puesta en escena se basa ahora en la mostración de miradas furtivas y explícitas hacia la joven. Pero lo cierto es que la Piquer no era Imperio Argentina: excesivamente hierática y arrogante, le falta más complicidad con sus compañeros de reparto. Resultan poco agradables otros elementos de la pieza: a) por una parte, el desarrollo de una trama paupérrima con demasiados tiempos muertos que no invitan a la reflexión ni a la síntesis narrativa; b) por otra, se trata de un cine más artesanal, sin riesgos formales, de ahí ese uso casi exclusivo de planos generales. En líneas generales, no es una película muy apreciada por la crítica a pesar de estar rodada con rigor. No se entiende este afán por introducir números musicales que ralentizan el ritmo narrativo. Pero, ¿qué pasa entonces con el tipo de estructura (externa, interna) que suelen tener los mejores títulos del musical hollywoodiense? ¿Por qué en *Cantando bajo la lluvia* o en cualquier título del tándem Fred Astaire - Ginger Rogers todo funciona perfectamente? Sin duda alguna, la Piquer pudo haber hecho algo más en esta historia muy nacional que *a priori* ofrecía asuntos interesantísimos.

En cualquier caso, la gran verdad de lo que pretende Rey con este tipo de cine folclórico está perfilado en esa especie de film manifiesto, *rara avis* en el cine de posguerra, que es *Cuentos de la Alhambra* (1950). El régimen franquista pasa por un momento de crisis en el ámbito de las relaciones internacionales; en este sentido, la producción se plantea como un deseo de recuperar la imagen de España fuera de nuestro país. Para ello se lleva a cabo un interesante trabajo de escritura cinematográfica: no solo se elige un argumento apropiado -libremente inspirado en narraciones de Washington Irving, particularmente en «El gobernador manco»-, sino que también se crea un personaje portavoz, dispuesto a desmontar los más hirientes tópicos existentes sobre España. Otra cosa es que se consiga este objetivo. ¿Hay en todo esto una clara intención irónica? ¿O es un intento evidente de jugar con el espectador? A estas alturas, Rey posiblemente esté muy cansado de esta larga, pesada e infructuosa discusión sobre el cine genuinamente español y haya optado por la provocación.

3.º La pertinencia de un *cine histórico* genuinamente español. Ya en sus inicios el cineasta aragonés había declarado que la Historia es una fuente inagotable de argumentos y conflictos, de luchas y de pasiones. Sin embargo, apenas hay títulos propiamente históricos en sus dos primeras etapas: *Agustina de Aragón* (1928), encarnada por Marina Torres, es la excepción. Su principal contribución es *La nao Capitana* (1947), un híbrido del llamado *cine imperial* del primer franquismo y *cine de aventuras* al estilo de Hollywood.

4.º La importancia del componente musical. Alguna culpa tiene en todo esto su familia, muy dotada, a lo largo de varias generaciones, para la práctica musical, o su relación personal y profesional con Imperio. Al parecer, el cineasta también compuso las letras de algunas canciones incluidas en sus films: por ejemplo, la jota «Bien se ve que estás / mañica de un mañico enamorada» de *Nobleza baturra* (1935). Al mismo tiempo, debe decirse que Rey sabe planificar muy bien rítmicamente. En este sentido, *Nobleza baturra* puede ser considerado el hito de su vena musical. El autor toma como referente el modelo del musical clásico de Hollywood. En el bloque tercero, en el que se aborda el repudio social sufrido por su protagonista Pilar (Imperio), una mujer íntegra y cabal, la acción se ve interrumpida bruscamente para incluir sin justificación argumental seis números musicales que subrayan el ambiente aragonés en el que se desenvuelven esas gentes.

Se observa en su cine una tendencia a lo coral, no solo en este tipo de escenas -a veces, secuencias enteras- sino, en general, en casi todas sus películas. No me refiero al uso de los personajes fugaces. Para crear ambientes, los tipos que rodean a la pareja son determinantes: las figuras del padre, de la madre, de los hermanos, de algún familiar o de ciertos individuos del pueblo. Otras veces se reserva parte del metraje al lucimiento de su estrella, como aquella escena -también de *Nobleza baturra*- en la que Imperio interpreta una hermosa canción de amor frente al espejo. Rey aguanta el plano casi hasta el final: cree en la magia de la interpretación, en el fogonazo de algunos instantes. En *La Dolores* la parte cantada está perfectamente intercalada en el desarrollo de la trama central (el deshonor de la heroína) y en ningún momento perjudica la acción del trío principal (Melchor - Dolores - Lázaro). Las letras de las canciones interpretadas por la Piquer subrayan (a modo de acotaciones) o adelantan parte de la historia. Otra cosa muy distinta se percibe en *Cuentos de la Alhambra*, en donde los sucesivos números de Mariquilla (Carmen Sevilla) se insertan más para el lucimiento de la estrella -se suele cortar de plano general a plano medio; a veces también a primer plano- que para el desarrollo del discurso narrativo.

5.º. Su interés por el género de *la comedia tiene algo de canción renacentista*. Rey utiliza a algunos personajes para llevar a cabo una apología de la alegría de vivir tranquilamente, algo así como una versión cinematográfica de «Oda a la vida retirada», de fray Luis de León. Son personajes que viven a lo suyo, que se desmarcan de los hábitos del mundo civilizado o de la ciudad. Trini y Regalito, en *Morena Clara*, encarnan el deseo y el vitalismo frente a la burocracia e incluso la justicia. Llama la atención también esa famosísima secuencia de *Nobleza baturra* en la que un personaje rústico, un maño muy tozudo (Perico - Miguel Ligero), va subido en un borrico y se coloca delante de la locomotora del tren, replicándole «chifla, chifla, que como no te apartes tú».

Con todo, su film programático en este asunto es la comedia cosmopolita *La luna vale un millón* (1945), propuesta fílmica muy en la línea del cine testimonial y comprometido de Frank Capra, en especial de *La locura del dólar* (1932) y de su imprescindible trilogía social (*El secreto de vivir*, 1936; *Caballero sin espada*, 1939; *Juan Nadie*, 1941). En lo concerniente al trazado del esquema argumental y al hecho de que un mismo actor interprete dos figuras de distinto nivel social, se han citado influencias como el cine de René Clair (Sánchez Vidal, 1991: 300) o la comedia *slapstick* y *La Codorniz* (Aguilar y Cabrerizo, 2019: 271).

Lo que no se le puede negar a este cine es su frescura, independientemente de que se hayan asumido con mayor o menor acierto algunos elementos característicos de la comedia americana. Un Miguel Ligero en estado de gracia carga con el peso de la película: no es la primera vez que este maravilloso actor interpreta dobles papeles. Su argumento no puede ser más sencillo: Fernando, un banquero multimillonario, sufre un accidente durante un viaje. Mientras permanece inconsciente, Anselmo, un vagabundo que vive en los alrededores de la ciudad gracias a la solidaridad de los paisanos, observa el gran parecido físico que tienen y decide suplantarle. Empiezan así dos historias: la del magnate convertido en vagabundo y la del vagabundo viviendo como un acaudalado empresario. Unos años antes Rey había planteado el tema de la doble personalidad y el equívoco argumental en *¡Polizón a bordo!* (1941), un film bastante inferior a este que supuso el arranque de Suevia Films.

Otra comedia suya de esta época aborda problemas de tipo moral, y está centrada en el día a día de varios personajes de distintas clases sociales. *Audiencia pública* (1946), cuya catalogación como comedia quizás sea algo problemática, no deja de ser una apología de la familia, otra vuelta de tuerca al tema de la honra. La parte cómica descansa en dos personajes que declaran en el juicio a la señora Holbein: el señor Gerardo Saint-Mortiz, un empresario amanerado, padre de catorce hijos, y la muy inglesa Catherine Smith. Sus intervenciones en el juicio -los dos muy sobreactuados- provocan la hilaridad del público. Quizás sea más apropiado hablar de *tragicomedia* o *comedia social* para aludir a la otra línea narrativa de la cinta: Helen Fontain se queda embarazada, su novio Raoul la rechaza, su padre la echa de casa, se deshace de su hijo, y al final termina como prostituta -drogadicta y alcohólica, además- en un bar de ambiente marino. Helen quiere recuperar a su hijo y denuncia el caso a la policía, pero el jurado considera que es mejor que el niño vaya a parar al seno de una familia ejemplar, los Holbein. Es esta la única parte salvable de un film algo más que discutible en sus premisas ideológicas. La parte final nos traslada a aquellas emocionantes imágenes del realismo poético francés de Marcel Carné y Jean Renoir, un cine basado en personajes malditos, a menudo parias, como el desertor, la prostituta, o el obrero, marcados por un fatalismo que le es propio...

6.º El desarrollo de un *leitmotiv* capital con distintas variantes: el clásico, polémico y genuino tema del honor. El argumento de ciertos films se asienta sobre una estructura muy nítida y unos personajes prototípicos. Rey adopta en toda regla el molde genérico del melodrama, si bien luego parece apostar por un contrapunto cómico, en el que prevalece el consabido final feliz... Ahí están, por ejemplo, *La chavala* (1925), *La aldea maldita, Nobleza baturra* o *Morena Clara.* La honra es algo así como la reputación o el buen nombre que el individuo (por ende, la familia) tiene ante los demás; esta se pierde por una calumnia, un desprecio o un comportamiento sospechoso de la mujer. ¿Qué es lo que ha movido al director aragonés a filmar este tipo de historias? ¿Acaso está pensando en el teatro clásico español, en la fórmula del drama barroco consolidada por Lope de Vega y llevada a sus últimas consecuencias por Calderón de la Barca? Posiblemente a Rey le habría interesado más ejecutar un cine apuntalado en valores éticos: en este sentido, defiende la verdad, ataca el chismorreo y la hipocresía, pero sobre todo enaltece la virtud de la mujer.

No existe maniqueísmo alguno en estos textos fílmicos, tan solo un acercamiento realista a la mentalidad del pueblo español. Con frecuencia, el honor está asociado al tema del amor. A lo largo del film se plantea un conflicto dramático que nace de la rivalidad amorosa de dos hombres por la misma mujer: ella tiene que elegir, si bien es presionada por unos códigos sociales y por un sistema totalmente patriarcal. En *La aldea maldita* (1930) el honor es defendido por la figura del viejo, auténtico patriarca de la familia; su hijo Juan está en la cárcel y su nuera Acacia, obligada por el hambre, opta por el camino de la emigración. Al cabo del tiempo Juan, ya en libertad, la encuentra en una taberna de Segovia. Para él esto es una auténtica deshonra: todo el caserío donde trabaja de capataz habla de escándalo. Juan volverá con Acacia al pueblo. Solo le importa que su padre no se entere del pasado de su mujer; esta permanecerá en casa hasta que muera el viejo, y le impondrá, además, que no se acerque jamás a su hijo. Acacia se hunde por completo...

En Nobleza baturra, un Marco despechado (Manuel Luna, frío e inexpresivo) se inventa una historia deshonrosa de Pilar (Imperio Argentina); su novio Sebastián (Orduña) es muy respetuoso con ella, sabe esperar pese a los continuos rechazos. Muy en la línea de la Laurencia de *Fuenteovejuna,* Pilar le recrimina a Sebastián no actuar ante esta situación de acoso que sufre por parte de Marco. La gente se ríe de ella cantando la «Copla del hombre que saltó por la ventana de María del Pilar»; le escriben carteles injuriosos en puertas y paredes. Es el clímax del deshonor. Rey filma prodigiosamente, a base de primeros planos, la desolación de la joven, que interpreta una canción de amor frente al espejo; o el hundimiento de un apesadumbrado Sebastián, llorando delante de Andrea la tabernera, autora de la famosa copla. La resolución del conflicto es realmente flojo y bastante inverosímil: el amante despechado se arrepiente y, en una carta a Sebastián (y en otra al alguacil), revela toda la verdad, dejándole al mozo unas tierras con las que poder afrontar su nueva vida con Pilar. De esta manera, nadie puede reprocharle que como es un pobre no tenía derecho a casarse con una mujer de un estatus social superior. ¡Ni Dreyer fue capaz de llegar a tanto! En fin, a veces es agradecido esto de exagerar un poco.

En *La Dolores* se vuelve a plantear la historia de una mujer ultrajada por el egoísmo de un hombre (Melchor, el barbero-Manuel Luna); la joven es objeto de una copla calumniosa («Si vas a Calatayud, pregunta por la Dolores, que es una chica muy guapa y amiga de hacer favores») y de pintadas en puertas y paredes... En este caso la heroína para defenderse no recurre al tipo que la quiere, un estudiante, interpretado por Ricardo Merino, apocado y algo inmaduro; en realidad, es objeto de deseo de casi todos los hombres de Calatayud. Dolores se enfrenta cara a cara con su acosador, que presume de habérsela llevado a la chopera. Rey considera que el tema del honor es uno de los grandes lastres de nuestro país, aún no superado por ciertos sectores sociales. Con todo, en sus últimos años –en *Audiencia pública*– el autor da síntomas de no saber por dónde tirar, de que el tema de la honra se le va de las manos, de haber claudicado a los postulados reaccionarios del nuevo Régimen.

7.º La acción principal descansa en el personaje femenino protagonista. Suele ser una chica joven, alegre y extravertida, atractiva y reacia inicialmente a las aventuras amorosas, muy dueña de su orgullo y honor, pero también enamoradiza; en fin, la quintaesencia de ciertos ambientes populares, madrileños, andaluces o aragoneses. Ahí están La Chavala, la Agustina de Aragón o la Carmen Ibarra, de sus primeros títulos, o la maña Pilar, la gitanilla Trini Morena Clara, de su etapa republicana. No faltan ejemplos parecidos en su cine de posguerra: la Dolores, «la versión más reivindicativa de la libertad de la mujer filmada hasta entonces» (Sánchez Vidal, 1991: 261).

En *Cuentos de la Alhambra* Carmen Sevilla hace de la pícara gitanilla Mariquilla, que trae de cabeza a todo el mundo. La interpretación de la actriz es absolutamente magistral: la joven, para sacar provecho, se insinúa -y, por supuesto, engaña- a tipos mayores y muy poderosos, como el gobernador de Granada (el personaje más interesante de la película, interpretado por Nicolás D. Perchicot, en estado de gracia) o el escribano Cosme (un Pepe Isbert muy en su línea de jocosidad y socarronería). Una de las mejores escenas del film se desarrolla en el despacho de don Cosme (minuto 35): Mariquilla necesita un salvoconducto para huir de Granada por un asunto de robo de joyas.

Otras veces se opta por un tipo de mujer triste, ensimismada o introvertida, algo insatisfecha con su vida, pero con mucho empeño e iniciativa. Una de las constantes de su cine es el calvario que debe pasar una mujer para purgar una culpa, verdadera o no. Acacia en *La aldea maldita* y Chelo (Amparo Rivelles) en *Tres citas con el destino* (1954) son posiblemente sus creaciones femeninas más profundamente melancólicas. Acacia vive inmersa en un mundo rural asfixiante e intransigente, basado en un estricto código de moralidad. Por el contrario, Chelo es una mujer de ciudad, que trabaja en un café cabaret (el Zapico); para ella, la noche no tiene paredes: es víctima del acoso de don Pedro, un tipo mayor que bebe los vientos por ella, dueño de la bodega donde trabaja su padre. Amparo Rivelles se erige en un auténtico animal cinematográfico: su rostro llena la pantalla, mantiene en buena parte del metraje inicial una expresión de desconsuelo y de vacío. Al espectador español, acostumbrado a verla en papeles melodramáticos, o a veces también en registros cómicos, le resultaría poco creíble como cabaretera; un marinero (Antonio Vilar, en una interpretación muy digna) la encuentra en la calle y en un principio no logra sacarle nada de su vida (incluso ella le da otro nombre, Isabel), hasta que, por fin, y solo gracias al champán, averigua la verdad.

Tres citas con el destino (rodada a tres bandas, en España - Florián Rey, México - Fernando de Fuentes y Argentina - León Klimovsky) es un film fallido, una mera película de relleno, de la que prácticamente solo se salva el capítulo español. Al parecer, Miguel Mihura intentó reproducir en esta parte del film ambientes de farra gaditanos que él había conocido en su juventud. Ciertamente, al film lo salva la encantadora Amparo Rivelles, la estrella del cabaret Zapico, mujer zarandeada por extrañas circunstancias, que oculta su identidad. Sobresalen esas escenas en las que el marinero (Antonio Vilar) y la cantante (Amparo Rivelles) pasean por las oscuras calles gaditanas, entran en algunos garitos, comparten algunas confidencias... La epifanía tiene lugar esa misma noche en el Zapico: Antonio mira ensimismado cómo baila la sensual y atractiva Chelo; la cámara se fija también en el entusiasmo del público. Es, justamente, el típico intermedio tan frecuente en algunos títulos de los cuarenta, un momento intenso, dramático y emotivo, que parece no aportar nada a la trama narrativa. Pero esto no es así. El mejor cine se ha hecho también con silencios a partir de la ralentización de la historia o, en otras palabras, de la conveniencia de la participación del espectador. Se podría hablar de una especie de *recapitulación de la mirada*: véanse, por ejemplo, títulos como *Gilda*, *Casablanca* o *Ha nacido una estrella*, no necesariamente musicales, con escenas en cafés o salas de fiestas, que sirven de contrapunto a ciertos momentos serios o culminantes de la trama amorosa. ¡Qué difícil es olvidar a la Clara de

Ídolos, una Conchita Montenegro increíble interpretando a una estrella de cine a la que ya le importa muy poco el éxito! Ese rostro inexpresivo al que es tan difícil arrancar una sonrisa ya estaba en *Rojo y negro* (1942), pero ahora aparece en toda su plenitud. Aquí se emplea el tema de la máscara: ella aborrece los fastos de la fama y, en un momento determinado del film, se hace pasar por una estudiante de Filosofía y Letras.

Sin duda alguna, Florián Rey es un excelente director de actrices: la interpretación cuidada o el estudio de la psicología del personaje se convierte en un aspecto muy atendido. No escatima primeros planos a la hora de subrayar ciertas emociones: no me refiero a los momentos musicales. Él descubre a Imperio, una cantante y bailarina de diecisiete años que actúa en el Teatro Romea, para ofrecerle interpretar a una monja buena, alegre y sin vocación en *La hermana San Sulpicio*. A partir de entonces se convierte en su principal musa: con ella trabaja incansablemente entre 1926 y 1939. Curiosamente, en el cine de posguerra, este tipo de personaje femenino sería imitado una y otra vez.

La aldea maldita (1930 y 1942)

> *La aldea maldita lo juzgo sobresaliente. Fue el primer film de temática social realizado en España.*
>
> Luis Buñuel

En una entrevista concedida a Antonio Castro, Rafael Gil se lamenta de que no se ha logrado producir aún un cine genuinamente español («racialmente español»), e incluso manifiesta sentirse culpable de esta lamentable ausencia. No desea hablar de los directores actuales, por compañerismo, y porque piensa que siempre influyen «la amistad, el rencor, la indiferencia». Sin embargo, no duda en elogiar a dos de los grandes directores del pasado, manifestando abiertamente sus preferencias por algunas cintas de este interesantísimo periodo.

> Algo de esto [«atisbos» de buen cine] existía en Florián Rey y en Fernando Delgado. Florián Rey -a pesar de que ahora lo elogien tanto-, no por *Nobleza baturra*, ni por *Morena Clara*, que eran buenas comercialmente pero artísticamente eran nulas. Yo me refiero a *La aldea maldita* y *Sierra de Ronda*. (Castro, 1974: 194)

La aldea maldita (1930) es una pieza clave, una obra maestra, de transición entre el cine mudo y el sonoro. *El cura de aldea* (1926), film conservado solo fragmentariamente, se ha venido considerando un antecedente, un «ensayo general» de *La aldea maldita*, en el uso de ciertas estrategias narrativas y expositivas. Rey gusta comenzar sus films con la presentación en plano general del espacio principal de la acción, para detallar, a continuación, algunos datos sobre el personaje central. En el film de 1926 aparece el pueblo salmantino de El Carrascal del Obispo; por él desfilan un párroco caritativo, el rico Gaspar, su criado Nemesio, y Ángela, una huérfana muy trabajadora.

La aldea maldita arranca con un estilema muy utilizado por el cineasta aragonés, un prólogo textual que sirve para contextualizar la acción del film. («Sobre las ruinas de Castilla. Dicen que el cielo quiso castigar a la pequeña aldea castellana. Por eso la tierra le negará su fruto. Al ver su campanario, todos hacen la señal de la cruz»). Corte luego a tres planos generales fijos consecutivos de gentes del lugar: un tipo apoyado sobre una cruz, otro sobre una piedra, y unas mujeres hablando al lado de un burro; mientras tanto, entra en cuadro por la derecha otra pareja de ancianos en un puente, ofrecido a modo de insertos entre imágenes del lugar, de una belleza y plasticidad sobrecogedora.

Estamos ante una muestra clara de un microcosmos familiar: esta secuencia inicial se puede considerar un ejercicio maravilloso de *cine de cámara*. «Castilla, 1900». «En el hogar humilde de Juan Castilla» y «En Castilla perdura una raza de humildes hidalgos. A ella pertenece Juan, un pobre campesino con ideas y sentimientos de gran señor» indican los dos rótulos siguientes. Una aldea es asolada por la sequía. Sobre ella parece existir una maldición. Todo es ruina y destrucción. En esa triste casa viven Juan (Pedro Larrañaga), su mujer Acacia (Carmen Viance), el hijo de ambos, muy niño aún, y el padre de aquel, Martín (El viejo-Víctor Pastor). Se opta por la antítesis, un recurso habitual en el drama rural de carácter melodramático: por una parte, la ternura y la religiosidad de la madre que cuida del niño (no faltan los planos generales de la gente del lugar rezando para que por fin lleguen las lluvias) y, por otra parte, la imagen por antonomasia de la melancolía, Juan con gestos de rabia mirando por la ventana hacia ese espacio en *off*, esa tierra castigada por el pedrisco y la sequía.

Son imágenes muy rápidas en montaje alterno de gran efectividad, que vienen tras mostrar la soledad del pueblo y el inicio de la trágica tormenta: plano medio de Juan, desde dentro, con el brazo izquierdo apoyado en la ventana, mirando con rabia lo que ocurre en el exterior; corte al inserto de una imagen que, plano medio, contempla Acacia serenamente. Fundido y corte al plano anterior de Juan e inmediatamente la cámara instalada en el exterior ofreciendo la imagen del aldeano con la mirada perdida, que inicia un giro hacia donde se encuentra Acacia, fuera de campo. Plano medio de Juan de nuevo en el interior ya con gestos de rabia e ira por cuanto está sucediendo fuera de la casa. Plano medio de Juan con la mano apoyada en la ventana y, en profundidad de campo, la imagen de la lluvia que cae copiosamente. El pedrisco arruina la cosecha: los campos acaban arrasados. Plano general. Acacia continúa leyendo, como si con ella no fuera la cosa, y el viejo abatido, con las manos apoyadas en la garrota y la mirada fija en el suelo. En el siguiente plano aparece la ventana, con reflejos de los rayos. Corte de nuevo a Acacia en plano medio que continúa con el libro en la mano que ahora sí, por fin, cierra, pero sin realizar ningún tipo de aspavientos. Esta es la forma que tiene el director de presentar con una puesta en escena muy elocuente a sus dos personajes centrales, de mostrar su distanciamiento, su escasa complicidad, y, sobre todo, la diferencia de caracteres. Juan distante, enérgico, decide todo sin consultar con su mujer; Acacia, cercana, sensible, desde el primer momento parece no encajar en esa casa. También se apuntan los roles típicos del mundo rural castellano. No se contempla la posibilidad de que la mujer pueda tener iniciativa alguna. Y esto es precisamente lo que acarrea el drama del film. Entre otros aspectos de la puesta en escena, cabe destacar ese instinto especial de Rey para planificar rítmicamente: el film se plantea con un ritmo equilibrado, con un desarrollo de cinco bloques narrativos, con logrados momentos, con el planteamiento de distintos conflictos, basados en el acercamiento y alejamiento de la pareja protagonista.

El primer bloque se cierra con el primer conflicto: Juan hiere gravemente al tío Lucas (Ramón Meca), el cacique del pueblo, y es encarcelado. Por cierto, esta escena será suprimida en la versión sonora. El segundo bloque es quizás el cinematográficamente más logrado. Entre los logros principales de la película, se encuentra el espíritu humanista de sus secuencias corales y la capacidad del cineasta para observar y mostrar el mundo rural. Comienza la tragedia del éxodo de las gentes de la aldea que quieren probar fortuna en la ciudad. Lo que viene ahora es una muestra de cine poético en estado puro: gran plano general, con los preparativos de la caravana en la plaza, enfilando por las calles del pueblo, a veces con una cámara fisgona que permite ver los enseres que van en los carros, o la dificultad con la que estos se mueven. Hay un plano especialmente significativo, una antítesis entre la oscuridad del interior y la luz del exterior: la cámara está emplazada en la celda de Juan (solo vemos su sombra) que, en plano medio, con las manos apoyadas en las rejas de la ventana, observa cómo salen los aldeanos del pueblo y cómo va Acacia entre ellos. Plano medio para ver desde la calle a Juan agarrado a las rejas. Es el hambre lo que arrastra a Acacia, aunque también los consejos de su casquivana amiga Magdalena, un personaje que se desarrolla más, con aspectos peyorativos, en la versión de 1942: quedan solos en la casa el niño, en su cunita, y el viejo, a quien solo parece preocuparle el honor de la familia. Es difícil olvidarse de las imágenes de los carromatos cargados de cachivaches, de la dificultad que algunos bueyes tienen para atravesar caminos de fango. Una cámara, en plano picado, muestra la interminable caravana. Las dos mujeres más individualizadas del film -Acacia, Magdalena- se sumarán a este éxodo a la ciudad. El tercer bloque comienza tras una elipsis de tres años. Juan, ya en libertad, trabaja en una casa de labor de Segovia (Salamanca, en la versión sonora) y disfruta de una situación de desahogo y bienestar. El film está a punto de entrar en la parte más melodramática, uno de los registros preferidos por Rey. Un día descubre a Acacia en una taberna: es una mujer perdida, todo un deshonor. Juan se la lleva a la aldea con unas condiciones tremendas: en adelante, no podrá acercarse al hijo, y se tendrá que ir de allí cuando muera el viejo. Precisamente, esa idea del alejamiento o distanciamiento, impuesto por el marido a su mujer tras el reencuentro, es un elemento clave en la disposición de los personajes en el encuadre. En un trabajo muy meditado de puesta en escena, se hace uso del plano general y de la profundidad de campo: Juan, fiel a sus propósitos, no quiere separarse en toda la noche de su hijo; lo vemos en una silla, dormido, con el niño en su regazo; mientras tanto, desde el fondo, Acacia se acerca a ellos sigilosamente. Primer plano. Acacia es un rostro herido. Se arrastra por el suelo para ver a su hijo, pero sin poder tocarlo. En el bloque narrativo cuarto es cuando Acacia se va de la casa, tal como estableció Juan que debía ocurrir tras la muerte del viejo; ahora anda como alma en pena por los pueblos, con rumbo incierto. Lleva consigo un deseo («obsesión» dice uno de los rótulos) que le ha sido negado: manifestar su amor a los niños. En una dura escena, una mujer la aleja de sus hijos; en la siguiente, unos niños la apedrean porque creen que es una bruja que roba niños. La parte final es la de la reconciliación, la del perdón. El tío Lucas le pide por carta a Juan que regrese inmediatamente a la aldea con el niño. Un plano emocionante, otro más: Acacia, enajenada, mira y mueve una cuna sin niño. Corte a plano general: el hijo se acerca a la madre, le da un beso, pero ella no osa tomarlo en sus brazos. Se vuelve y arranca a llorar. Con el rótulo «Haces bien en perdonar, Juan» (palabras que el tío Lucas le dirige a Juan) concluye este emotivo film.

En 1925 Florián Rey escuchó una historia sobre el éxodo rural ocurrido en el pueblo de Pedraza y escribió el guion en menos de una semana. La financiación corrió a cargo del actor Pedro Larrañaga. El rodaje tuvo lugar en enero de 1930 en los pueblos segovianos de Pedraza de la Sierra, Ayllón y Sepúlveda. El film se estrenó en un pase privado en marzo de 1930, en versión muda, pero se comercializó en una versión sonorizada a partir de julio de ese mismo año.

La versión sonora de *La aldea maldita* (1942) se presenta de entrada, en sus rótulos iniciales, como «el poema cinematográfico», «premiada en la I Exposición Internacional de Cinematografía de Venecia septiembre 1942», «adaptación musical de Rafael Martínez y Guadalupe M. del Castillo con la Orquesta Sinfónica de Madrid». En absoluto esta cinta se acerca a la calidad artística y a la expresividad y viveza de la versión muda. En una especie de homenaje al film de 1930, un prólogo textual -con letra gótica- contextualiza el relato: «Castilla 1900. Cuando la ciudad divorciada del campo que la alimenta, dejaba al campesino desamparado en su lucha contra la inclemencia de los elementos. En consecuencia, pueblos arruinados, emigraciones y éxodos iban desangrando la vida de la nación». Se hubiera esperado quizás la *voice over* de un narrador observador externo, omnisciente total o parcial. Es, como puede leerse, una especie de discurso reivindicativo de la España vaciada. En adelante, Florián Rey mantiene un tipo de estructura externa, en forma de novela, constituida por cuatro capítulos de muy distinto metraje.

Uno: «En el día del patrón de la aldea el amo sirve a sus criados». Se ajusta el modelo canónico del cine costumbrista de Florián Rey: un plano general levemente ascendente ofrece una escena de bailes populares alrededor del fuego, gentes vestidas con ropas regionales, para celebrar el día del santo en el que -como indica el rótulo- el amo Juan Castilla (Julio Rey de las Heras) sirve a los criados. Acacia (Florencia Bécquer) vive entregada al cuidado de su niño. La escena ofrece una imagen de felicidad, en especial entre la gente de la clase baja: en el film no hay un atisbo de cuestionamiento del clasismo social, de compromiso o crítica; antes bien, un espíritu descriptivo o de mostración, de ahí esa tendencia a mover la cámara lateralmente. Todos están en el mismo barco: el pueblo lucha contra la maldición de la aldea, pero no contra el amo. Se suprimen esos hermosos planos en los que un Juan hundido miraba tras la ventana la inclemente tormenta; ahora, lo resuelve con un solo plano general, en el patio, dirigiendo su mirada al cielo. Esta primera parte se cierra con un plano medio, largo, nada baladí: Acacia abraza a su marido y trata de infundirle ánimos.

Dos: «El éxodo». El director se vuelca en esta escena en la que una caravana de carros, situada en una inmensa plaza porticada, se dispone a partir a la ciudad («unos a Salamanca y otros a tierras de Aragón»). Rodada emotivamente a base de planos generales y picados, y en un tempo narrativo muy ralentizado, los carros, cargados de enseres y ropas, atraviesan las calles de la aldea y se adentran por tortuosos caminos. Acacia sube en el último momento a un carro: una aventura incierta, una nueva etapa en su vida. Es, en este sentido, casi una copia, plano a plano, de la primera versión. Esta parte se cierra con un plano general (el antepenúltimo), con música de réquiem, ocupado por el cielo nublado y dos carros que suben penosamente una colina.

Tres: «En la ciudad. Es mejor ser amo pobre que criado». La parte inicial es una secuencia de montaje -tan habitual en su cine- de la ciudad de Salamanca: imágenes del Palacio de Monterrey, la Plaza Mayor, la Catedral y el puente romano. Elipsis de tres años. El padre de Juan, el señor Martín, ocupa su tiempo relatando historias al niño; Juan ha prosperado trabajando incansablemente en el campo. Hay un personaje nuevo, Fuensanta, cuya misión es averiguar el paradero de Acacia. Nada ha descubierto al respecto. Acacia está muerta para Juan, para todos. Otra vez se observa un mimetismo firme en el momento en el que Juan saca a Acacia de la mala vida, de un salón de variedades, o más en concreto de una habitación: un hermoso plano muestra a la mujer -en reencuadre- atemorizada ante la presencia de su marido, quien se la lleva brutalmente de regreso a la aldea, prohibiéndole acercarse a su hijo. Ni mirarle puede.

Hay algunas diferencias en la puesta en escena con respecto a la primera versión; al mismo tiempo, un intento de emular el cine mudo. Un ejemplo. Plano general: Juan sale a la calle con el niño. Plano medio. Acacia, al oír el ruido de la puerta, se encamina a la ventana (qué importantes son las ventanas en el cine melodramático de este director): la cámara inicia un trávelin lateral hacia la derecha. Plano general (la cámara emplazada en el interior, desde la ventana): Juan y el niño van por la calle. Plano medio. Acacia, desolada, con la mano derecha apoyada en el marco de la ventana, se retira hasta acercarse a un muñeco que está tirado en el suelo; lo coge y lo acaricia como si fuera su hijo. No hay ni una sola línea de diálogo. El contenido del texto se apoya en la expresividad del rostro de la actriz y en la funcionalidad de la cámara, partícipe de su vacío existencial. El viejo muere. Acacia dispone su hatillo de ropa para emprender un incierto camino.

Cuatro: «Amanecer. Nuestros campos vuelven a tener la bendición». Una larga secuencia de apertura de montaje: la cámara muestra a las gentes en distintas faenas del campo, también en procesión por un camino. Las espigas al viento. Agrarismo y religiosidad no pueden faltar en un film costumbrista. Un pastor encuentra a Acacia tirada en un camino, apoyada en una cruz de piedra. No será la última (ni la única) referencia religiosa. El film se precipita hacia un final pietista que poco tiene que ver con la versión muda. Acacia es caracterizada como una virgen sufriente -una versión fílmica de María Magdalena- que va a ser curada y recogida por la Iglesia (metonimia de la fe: ella concluye su vía crucis entrando en la iglesia de la aldea) y por la familia (símbolo de la felicidad). Juan le abre las puertas de su casa y dispone un festín para celebrarlo; todo aquel que coma el pan de esa casa debe vestirse bien para este momento. El último plano no puede ser más elocuente: en cuadro, a la izquierda, Acacia; una mezcla de emoción y abatimiento, mira a su hijo que permanece a su lado, de pie; de un lado a otro, al fondo, un coro de mujeres observa a Juan, quien, arrodillado, se dispone a lavar los pies de su mujer. Todo esto con un fondo musical climático y un sonido estridente de campanas.

La versión de 1942 es una especie de manifiesto de la ideología nacionalcatólica del Régimen. El perdón y la reconciliación familiar ocurren en el seno de la Santa Madre Iglesia. ¿A qué se refiere ese «amanecer» que anuncia el rótulo del capítulo cuatro? ¿Por qué Juan anuncia que «nuestros campos vuelven a tener la bendición de Dios»? El rodaje se llevó a cabo entre los meses de abril y junio de 1942 en los estudios Chamartín: allí se levantó el decorado de la aldea castellana. Los exteriores se vuelven a rodar en Pedraza. Florián Rey se encargó del argumento, guion y dirección. El film se estrenó el 23 de noviembre de ese mismo año en el cine Avenida de Madrid.

Estrellita Castro

De Benito Pérez Galdós a Benito Perojo

[Perojo] Pertenecía a esta estirpe de cineastas funcionales y narradores eficaces, pero es inexacto considerarle un realizador sin estilo personal.

Román Gubern

Historias de un cineasta

Adentrarse en el cine de Benito Perojo es una manera maravillosa de conocer la aventura del cine español desde sus orígenes hasta 1950. Aunque deja de dirigir, continúa de manera ostensible vinculado al mundo cinematográfico gracias a sus complejas tareas como productor. ¿Qué ocurrió para que con apenas cincuenta y seis años Perojo se apartara de las cámaras? El cineasta acababa de llegar de un corto exilio en Argentina: cuando apenas ha recuperado su interés por continuar realizando un cine muy personal, algo ocurre para que, tras filmar *Sangre en Castilla* (1950), diga «basta ya, es suficiente». A Perojo hay que situarlo en el grupo de los pioneros del cine español, al lado de Florián Rey -con quien tiene no pocas concomitancias vitales y profesionales-, Fernando Delgado, José Buchs, Eusebio Fernández Ardavín y, en cierta medida, Juan de Orduña. Es, por otra parte, un cineasta total, un hombre de cine, que participa prácticamente en todas las tareas del quehacer cinematográfico (director, argumentista, guionista, intérprete, productor). Además, cabría destacar su estilo, personal y original, y el hecho de haber tratado temas sociales en la parte central de su filmografía (1935-1942). El respeto generalizado por Perojo se circunscribe a tres cintas que no son sino tres formas elocuentes de entender el cine: *Los hijos de la noche* (1939), *Marianela* (1940) y *Goyescas* (1942). No he podido ver los títulos de su etapa muda y mi conocimiento de su etapa argentina es solo parcial. Por ello, no deben tomarse muy en serio aseveraciones tan tajantes. ¿O quizás sí?

Tres grandes etapas jalonarían su amplia, variada e interesantísima trayectoria cinematográfica, con un total de cincuenta y dos films, prácticamente ininterrumpida desde 1923, con momentos muy creativos. Cuantitativamente, hay fechas que destacan de manera especial en un rápido recuento de su filmografía: 1935, 1939, 1940 y 1945, con tres films cada año; y, sobre todo, 1948, dos años antes de su definitiva retirada, con nada menos que cuatro películas. Si alguien desconoce los avatares del cine español, si no sabe cuál ha sido su casi siempre endeble y precaria naturaleza industrial y su vinculación con otras cinematografías -Hollywood, Francia y Alemania-, y si, además, desea conocer qué pasó en los difíciles años de la Guerra Civil, o por qué razones algunos cineastas emprendieron el camino del exilio, haría muy bien en interesarse por la vida, el pensamiento y el arte del cineasta madrileño. Es solo eso: una simple sugerencia.

Es Perojo, con diferencia, uno de los directores más cultos y preparados de la cinematografía española. Nace en Madrid, el 14 de junio de 1894. Segundo y último hijo de José del Perojo y Figueras (escritor, traductor, filósofo, periodista y diputado liberal; además, amigo íntimo de Galdós) y de Ana de la Cortina y Fuentes (nacida en Filipinas, veintiún años más joven que su marido). Cursa enseñanza de primaria en el Colegio San Miguel, Madrid, y completa sus estudios de bachillerato en Hastings, condado de Sussex, Inglaterra. Al regresar a Madrid, comienza a estudiar peritaje mercantil.

Periodo silente

En su prehistoria cinematográfica sobresalen una serie de cortos cómicos de carácter imitativo inspirados en los trabajos de Max Linder (*Fulano de Tal se enamora de Manón*, 1913) y Charles Chaplin (*Peladilla cochero de punto, Clarita y Peladilla van a los toros, Clarilla y Peladilla en el Football*, 1915), que dirige e interpreta, con la colaboración de su hermano mayor José. Los Perojo fundan a principios de 1915 -junto a Pedro Nolasco de Soto y Gerardo Vargas Machuca- la productora Patria Films y construyen un estudio de cine. La industria madrileña se pone en marcha. Hay que recordar que los primeros centros de producción del cine español estuvieron localizados en Barcelona. Por aquel entonces el cine es un espectáculo muy poco apreciado por los intelectuales, y el lenguaje cinematográfico, aún muy rudimentario. Vendrá luego un breve periodo de silencio creativo de siete años, si bien no de aprendizaje. En 1917 Perojo se instala en París para trabajar primero como figurante y actor, y luego como ayudante y regidor para aprender los rudimentos de la técnica cinematográfica; la razón principal de esta «escapada» (habrá más huidas o exilios), aparte de obedecer a su carácter nómada, se debe a la ínfima y subdesarrollada situación del cine patrio. Son los años de la Gran Guerra y Francia se encuentra sumida en una profunda crisis industrial. Regresa a España en enero de 1919, para dedicarse durante tres años a negocios comerciales ajenos al cine. En 1923 retoma su labor como director de cine, fundando con el dramaturgo Jacinto Benavente Films Benavente, que no se formalizaría hasta enero de 1924.

Perojo se va a convertir en un prestigioso especialista en la adaptación de textos literarios y en un cine de calidad (*cinéma de qualité*, *film d'art*), que le ha valido el calificativo de cineasta *cosmopolita* y *liberal*. Este corpus de cintas de la segunda mitad de los años veinte se apoya en obras y escritores reconocidos por el público que acude a las salas: *Para toda la vida* y *Más allá de la muerte* (1924), sobre textos de Benavente; la exitosa *Boy* (1925), una propuesta del entonces actor Juan de Orduña, a partir de una novela del padre Luis Coloma; *Malvaloca* (1926), basada en la comedia de los hermanos Álvarez Quintero; *El negro que tenía el alma blanca* (1927), según la novela de Alberto Insúa, que supuso el debut en el cine de Concha Piquer, y a la que volverá en 1934; *La condesa María* (1927), sobre una pieza teatral de Juan Ignacio Luca de Tena; *Corazones sin rumbo* (1928), a partir de una novela de Pedro Mata, el novelista más popular del registro erótico y rosa durante la primera mitad del siglo XX.

A poco que se haga un repaso de las adaptaciones del cine español, desde sus orígenes hasta prácticamente los años sesenta, se comprueba que esta va a ser la nómina más habitual, un tipo de literatura de escritores de ideología ciertamente conservadora. Con todo, en su primer acercamiento al cine sonoro, Perojo se atreve con el siempre liberal y comprometido, el republicano y anticlerical Blasco Ibáñez. *La bodega* (1929) «sería la más *soviética* de sus películas»; el director «evacuó casi enteramente los aspectos colectivos de la lucha de clases (...) la atmósfera general está más cerca del western que del cine de denuncia social» (Gubern, 1994: 171). Se convierte en un film fundamental en su filmografía y en un hito relevante en la historia del cine español: aparece en las vísperas de la II República con un discurso crítico sobre las injusticias sociales y laborales; es, además, una propuesta formal novedosa, infrecuente en nuestro país. Asimismo, *La condesa María* (1927) pondría de manifiesto que Perojo no era un director ajeno al testimonio social, a asuntos tan problemáticos como los amores interclasistas o las dificultades de las clases sociales más desfavorecidas. Este registro será esencial en su etapa de posguerra. Un cineasta singular, sin duda.

En este momento de transición del mudo al sonoro, comienza un periodo -otro más en su dilatada experiencia profesional- de emigración a otras cinematografías. En 1930 Perojo es requerido para la realización de dobles versiones en los estudios parisinos de la Paramount en Joinville. Al poco tiempo, ya en los estudios de la Fox en Hollywood, dirige *Mamá* (1931), sobre una pieza original de María Lejárraga, adaptada por José

López Rubio. Es un producto casi *made in Spain*: el primer film rodado en Hollywood con argumento y guion originariamente español, con un reparto de lujo (Catalina Bárcena, Rafael Rivelles, María Luz Callejo, Julio Peña y José Nieto, entre otros). Sin duda alguna, se trata de una etapa fundamental en su trayectoria, sobre todo en lo que se refiere al conocimiento de técnicas de rodaje y a la adquisición de un lenguaje cinematográfico, planificación, ritmo, puesta en escena, etc.

Cuando está a punto de instaurarse la Segunda República, Perojo se ha convertido en el director español más internacional, especialmente conocido en Francia, en donde desarrolla buena parte de su primera etapa creativa, junto a cineastas como Marcel L'Herbier, Abel Gance o Jacques Feyder; es el más creativo e innovador y, por supuesto, el realizador español más prestigioso. No obstante, la beligerante crítica española ha ido tradicionalmente por otro camino en la consideración artística del director madrileño, reprochándole que acudiera a técnicos e intérpretes foráneos para sus películas, o simplemente tildando su cine de «cosmopolita, impersonal y culturalmente apátrida, acusaciones que perdurarían hasta acabada la guerra» (Gubern, 1994: 118).

Etapa republicana y Guerra Civil

La irrupción del cine sonoro agrava la ya de por sí difícil situación de la industria del cine español. Hasta mayo de 1932 no hay en España un estudio equipado, con los medios necesarios o aceptables, en el que se pueda rodar una película sonora. Sin embargo, esto no impide que Perojo retorne y se convierta en uno de los más activos cineastas, al tiempo que en uno de los principales artífices de la modernización de la industria española. Perojo rueda en los novísimos estudios barceloneses de Orphea sus primeras películas habladas: *El hombre que se reía del amor* (1932), *Susana tiene un secreto* (1933) y *¡Se ha fugado un preso!* (No existen copias). Poco a poco se convierte en uno de los principales expertos -junto a Florián Rey y Luis Marquina- del *nuevo género musical* que se pone de moda durante la Segunda República, con propuestas -variantes, registros o subgéneros- muy interesantes: la opereta de influencia centroeuropea, la zarzuela, la farsa cómico-musical, la «españolada» con bailes y canciones del folclore popular... Quizás sería más preciso, para ciertos títulos perojianos, hablar de una *forma híbrida* de zarzuela y flamenco.

Más concretamente, en lo que se refiere al empleo del componente musical, su cine destaca por el uso narrativo de canciones y números de baile. También sobresalen aspectos como la importancia del motivo matrimonial en la configuración estructural del film, o el ineludible final feliz. Nadie duda de su capacidad e inventiva a la hora de plasmar musicalmente historias o intrigas de amor o de celos, con planteamientos felices, hedonistas, no exentos de ironía y sarcasmo; antes bien, el cineasta demuestra un ingenio especial a la hora de insertar escenas de cante (con letras escritas *ad hoc* acordes con la trama narrativa) y bailes populares en films no específicamente musicales. Su actividad cinematográfica en el periodo republicano es realmente frenética. Entre 1935 y 1936 realiza para Cifesa la comedia musical *Rumbo al Cairo* (1935), la popular y castiza *Es mi hombre* (1935) -una versión muy libre de la homónima tragedia grotesca de Carlos Arniches-, y la adaptación de la conocida zarzuela *La verbena de la Paloma* (1936), posiblemente su obra maestra.

Perojo vuelve a hacer las maletas: entre 1936 y 1940 se encuentra en Alemania e Italia. Su trayectoria cinematográfica se ve notablemente afectada tras el golpe de Estado de Franco. Cifesa está en su mejor momento gracias a los excepcionales éxitos de *Nobleza baturra*, *Morena Clara* y *La verbena de la Paloma*. Pero su supremacía durante los años republicanos queda frenada por el inicio de la Guerra Civil. *Nuestra Natacha* (1936) -que algún simpatizante franquista califica de «filomarxista»- plantea la necesidad de llevar a cabo reformas y modernizaciones en el antiguo sistema pedagógico español. En principio, corren tiempos propicios para hablar de estos temas: la victoria de las fuerzas del Frente Popular es algo inminente. Cifesa, pese a ser una empresa de perfil conservador, emprende la producción de este revolucionario proyecto. En pleno rodaje, en los renovados estudios Ecesa de Aranjuez, se producen los primeros incidentes políticos, preludio del estallido de la Guerra Civil. El film se concluye en el verano de 1936. A pesar de que su estreno se anuncia durante los años de la contienda bélica en la zona republicana, el film no llega a las salas de cine. Después de la victoria de Franco, Cifesa entrega el negativo al DNC, el cual no duda en prohibir su difusión: no son tiempos de exponer temáticas excesivamente progresistas, ni de hacer apología del republicanismo. La cinta se destruye en un incendio de 1945 que asola las instalaciones del DNC. *Nuestra Natacha* se convierte así en sinécdoque del carácter fantasmal de buena parte del mejor cine clásico español desaparecido. Algunos proyectos que Perojo tiene pensados quedan interrumpidos, como, por ejemplo, *La chica del gato*.

A finales de agosto de 1936 sale de Madrid con destino a San Sebastián. Tras un año de estancia en Hendaya, en el otoño de 1937 se marcha con su familia a Berlín para reanudar su carrera cinematográfica, contratado por Hispano Film Produktion. Los años 1938 y 1939 los pasa en la capital alemana filmando una trilogía muy reivindicable; estas películas responden más bien a un tipo de *comedia musical* ágil, loca y bastante desenfadada. Son títulos de sobra conocidos -*El barbero de Sevilla* (1838), *Mariquilla*

Terremoto (1939) y *Suspiros de España* (1939)-, en los que, por encima de todo, sobresale la presencia de la chispeante artista sevillana Estrellita Castro. Al finalizar la guerra, regresa a España. Pero inmediatamente se dirige a Roma para filmar dos comedias gracias a un acuerdo de colaboración de los gobiernos de la España franquista y la Italia fascista: *Los hijos de la noche* (1939) y *La última falla* (1940). Perojo recurre al siempre original y talentoso Miguel Mihura, como dialoguista, y al hermano de este, Jerónimo, como ayudante de dirección. El rodaje en Cinecittà de *La última falla* se realiza simultáneamente con el de *Sin novedad en el Alcázar* (Augusto Genina, 1940), uno de los títulos emblemáticos del inminente cine de cruzada.

Antes de pasar al periodo de posguerra, debe repararse en un aspecto muy significativo de su filmografía que no se ha tratado suficientemente. Uno de los temas preferidos de Perojo es, sin duda, el de las relaciones sentimentales entre un viejo adinerado y una muchacha joven y atractiva, asunto, por otra parte, muy utilizado por los escritores de la Edad de Plata. Quizás el caso más llamativo se encuentra en el teatro de Federico García Loca. En su etapa silente se ha ocupado de este tema en *Corazones sin rumbo* (1928): el protagonista, Luis de Guzmán, de cuarenta años, mantiene relaciones clandestinas con María Luisa, de dieciséis, y al mismo tiempo le es infiel con su amiga Carmencita; despechada, María Luisa inicia un noviazgo con Pepe Alcaraz. El texto fílmico resultante se alejaba bastante del texto literario original, algo que suscitó comentarios muy negativos entre los críticos. A poco que se analicen con detalle algunos títulos suyos de los años treinta, en especial los que presentan cierto aire castizo y localista -al margen queda *Es mi hombre*-, es fácil comprobar cómo este tipo de relaciones entre un viejo y una joven se convierte en un *leitmotiv* capital; constituye, en sus diferentes *variantes*, el conflicto esencial de la intriga narrativa. Y en este punto surge la contrafigura del joven galán que lucha por el amor -lícito, sincero y desinteresado- de la chica. Estas películas se parecen a aquellos dramas del Barroco español que se ajustaban a una fórmula consolidada por Lope de Vega, la *comedia nueva*; al tiempo que suponía la consagración de su creador, respondía a la necesidad de amoldarse a los gustos del público. Perojo busca algo parecido con aquellas películas en esos años tan difíciles. Al analizar con detenimiento dos cintas inicialmente tan distintas como las exultantes y hedonistas *La verbena de la Paloma* (1935) -una de sus películas preferidas- y *El barbero de Sevilla* (1938), se observa que muchos de sus elementos narrativos responden a un mismo patrón. El tema principal es la exaltación del amor: el conflicto dramático nace de la rivalidad amorosa entre un viejo y un joven por una apuesta y bella muchacha.

En *La verbena de la Paloma*, el rico, estoico y libidinoso boticario don Hilarión anda flirteando con Susana, una humilde modistilla (también le gusta su hermana Casta; «las dos se deshacen por verme contento», le refiere don Hilarión a su amigo don Sebastián), quien, mal aconsejada por *la señá* Antonia, la patrona de la pensión donde se hospeda, se deja agasajar. Pero quien realmente está enamorado de la joven es el humilde e impetuoso Julián, empleado como tipógrafo en una imprenta. Para los dos ir a la verbena junto a la joven se convierte en una obsesión. En este sentido, resulta fundamental la escena, filmada con absoluto primor y montada exquisitamente, en la que unos y otros, agrupados por clases sociales en un enorme coche de caballos, disfrutan de la noche verbenera cantando la famosísima canción «Dónde vas con mantón de manila». Julián le reprocha a la chica que no lo haya elegido a él para ir a la verbena.

En *El barbero de Sevilla* la figura del joven galán está representada por el conde de Almaviva, un auténtico donjuán, quien, en una de sus huidas por asuntos de honor, conoce en plena calle a la hermosa Rosina -una muchacha huérfana y rica- y se queda prendado de ella. Su antagonista es la figura del viejo don Bartolo, tutor de la joven, que espera ansiosamente casarse algún día con Rosina no por amor, sino para adueñarse de su jugoso patrimonio. Implícitamente la obra desarrolla la idea tan querida por los románticos del poder transformador del amor. El conde la sigue hasta Sevilla; el celoso Bartolo la ha alejado de Madrid ante el temor de que el joven se la arrebate.

Los personajes -o prototipos, en realidad- de estas comedias musicales presentan rasgos muy precisos: a) el joven y la muchacha comparten belleza y vitalismo, pero sobre todo unas enormes ganas de vivir (Julián se queja a una tabernera de no tener dinero para casarse con la desinhibida y hedonista Susana; el vividor Almaviva afirma no haber sentido algo parecido por otra mujer y desea romper con su fama de conquistador impenitente); b) el viejo, en cambio, es más pragmático, frío y cerebral, y se mueve más por el placer de recuperar el tiempo perdido, por el disfrute de verse rodeado de belleza (*La verbena de la Paloma*), o simplemente por ver incrementado su patrimonio personal (*El barbero de Sevilla*). Además, en *El barbero de Sevilla* aparece la figura del criado y confidente del conde de Almaviva, el mismísimo barbero Fígaro, cómplice en sus enredos amorosos. He aquí al criado y al señor, al plebeyo y al noble, en un mismo plano o, mejor dicho, la nobleza supeditada al sentido práctico de la clase baja. Es Fígaro, ciertamente, una figura fundamental en el film: barbero y dentista, escribe cartas de amor y «hace milagros»; «el más viejo y fiel de sus criados» es quien a toda costa debe impedir la boda entre Rosina y su tutor. También debe quitarle de encima a Susana, una amante del conde que lo ha seguido hasta Sevilla. En *La verbena de la Paloma* la confidente de Julián es *la señá* Rita, la tabernera.

Puede llamar la atención, en un principio, el hecho de que figuras de autoridad como el padre o los hermanos de la joven, tan presentes en el teatro clásico, guardianes de la honra familiar, estén ausentes en estas películas. Aquí el tema de la honra brilla por su ausencia; un esperado final feliz resuelve este tipo de comedias musicales. En *La verbena de la Paloma* todos terminan detenidos en una comisaría: Julián se reconcilia con Susana y el farmacéutico queda ridiculizado; en *El barbero de Sevilla* es Fígaro el que prepara todo para consumar el matrimonio de Rosina y el conde de Almaviva ante la presencia de un juez. En realidad, del ayuntamiento salen felices tres parejas: la examante Susana y el viejo Bartolo, Rosina y el conde, y Fígaro con una gitanilla, personaje secundario añadido por Perojo para el lucimiento de Estrellita Castro. Se utiliza en el reparto de ambos films a los mismos actores para papeles muy similares: Miguel Ligero, el pretendiente viejo y ridículo; Raquel Rodrigo, la joven y enamorada; en cambio, para el personaje del joven, en *La verbena de la Paloma* opta por Rodrigo Rey, que luego brilla en el papel del barbero Fígaro, mientras que para el conde de Almaviva prefiere a Fernando Granada.

Nadie debe dudar a estas alturas de la importante contribución de Perojo al mejor cine español republicano. Ni menos aún de que se trata de un autor comprometido: quiso y supo abordar abiertamente el tema de las conflictivas relaciones sexuales, sin eludir, por otra parte, la realidad social del momento. Sus piezas transmitían una profunda solidaridad hacia los personajes proletarios. El cine de aquella época fue capaz de contar estas cosas, de acercarse a la realidad sin tapujos. A veces, se tiene la sensación de que un film como *La verbena de la Paloma* es algo así como un homenaje no reconocido a un clásico de la literatura como *La Celestina*. Otra cosa muy distinta es, en líneas generales, el cine del primer franquismo, donde la idea de que el amor pueda comprarse o venderse es prácticamente imposible, con la estimable excepción del ciclo de películas rodadas por Rafael Gil a finales de los cuarenta, magistralmente interpretadas por María Félix. En cambio, es más habitual de lo que muchas veces se ha reconocido la presencia de conflictos laborales o sociales en el periodo 1930-1950. *La verbena de la Paloma* no rehúye plantear asuntos como las diferencias interclasistas, como tampoco lo hace *Los hijos de la noche*, un film abiertamente testimonial, con el que podemos asegurar que arranca el cine de la dictadura franquista. *Rara avis*, en cualquier caso.

La inmediata posguerra

Concluida la filmación de *La última falla* (1940), Perojo regresa a España. Desde el punto de vista cinematográfico, los vencedores impulsan un cine político partiendo de las estrategias del cine fascista alemán e italiano. Se pretende así legitimar el alzamiento militar y el derrocamiento del gobierno de la República, al tiempo que asentar ciertos mitos y valores. Perojo, fiel a su ideología liberal, logra mantenerse al margen de los modelos genéricos del momento y de los discursos apologéticos, y continúa filmando con regularidad. No obstante, no se libra de los zarpazos del rígido sistema de control ejercido por las comisiones de censura: la estigmatizada *Nuestra Natacha* es prohibida e inmediatamente recluida; al guion de *Marianela* se le impone ocho cortes, y, además, se le obliga a atenuar la crudeza dramática del final; por último, en el dictamen sobre el guion de *Goyescas*, la comisión estima la necesidad de tratar con decoro y elegancia ciertas escenas de amor sugestivamente voluptuosas.

En septiembre de 1940 Santiago Ulargui funda Ufisa, disponiéndose a producir un cine de calidad. De inmediato se hace con sus servicios para la adaptación de dos títulos muy diferentes: la galdosiana *Marianela* (1940) y la liviana comedia de enredo, sobre el tema clásico del equívoco de identidades, *Héroe a la fuerza* (1941). Hacia 1941 la situación del cine español es realmente difícil: no corren tiempos de libertad, lo que hace imposible la creatividad artística. Aun así, Perojo logra sacar adelante un polémico proyecto, la costosa superproducción *Goyescas* (1942), un *drama de prestigio* con una historia nada moralizante. No parte de un referente literario. Su propósito principal es recrear la España de finales del XVIII y comienzos del XIX a partir del mundo iconográfico de Goya. ¿Acaso el cineasta madrileño, como luego hará Antonio Buero Vallejo con su teatro histórico, está pensando en la España de posguerra? Parece bastante plausible esta lectura sociológica. Se cuenta con la participación de la encantadora Imperio Argentina, que interpreta magistralmente a dos personajes antitéticos, el de la prepotente y frívola condesa de Gualda y el de la íntegra y enérgica Petrilla, una popular tonadillera; en los prolegómenos de la historia, las dos andan enamoradas del mismo hombre, el marqués de Nuévalos (Armando Calvo). Al parecer, los diálogos fueron preparados por dos autores distintos: Luis de Vargas, experto en los ambientes de la alta sociedad, se ocupa de los parlamentos de la condesa, y el andalucista Antonio Quintero, de los de la tonadillera. *Goyescas*, en su representación de las diferencias sociales, en la mostración antitética de ambientes burgueses y populares, no andaba muy lejos de *Los hijos de la noche*. En su interpretación marxista del film, Doménec Font considera: a) que el conflicto principal radica en la presentación de «hombres y mujeres -de la aristocracia siempre, en contraposición con el poco donaire del pueblo llano- sujetos a las pasiones y los amores desenfrenados»; b) que bajo todo esto subyace un planteamiento moralizante encaminado a ensalzar los valores hispánicos y a degradar

> la baja estofa extranjerizante (...) Solo a partir de esa fricción se comprenderá la labor de exhumación cultural del nuevo Estado dedicado a un tiempo a combatir y contrarrestar con valores raciales y patrióticos la influencia de los textos y las costumbres extranjeras, influencia ya presente en España desde los tiempos de la Dictadura primorriverista. (Font, 1976: 93)

Es cierto que este modelo narrativo se repite en la mayoría de las cintas adscritas al género literario, sobre todo en títulos como *Vidas cruzadas* (Luis Marquina, 1942), *El escándalo* (Sáenz de Heredia, 1943) o *El clavo* (Rafael Gil, 1944), adaptaciones muy conservadoras. No es este, en cualquier caso, un film ajeno al mundo de Perojo. Pero formalmente estamos ante algo muy distinto a su entrañable y fresco cine de los años treinta. *Goyescas* resulta «un film sorprendentemente hierático, ampuloso, acartonado y oficialista» (Gubern, 1994: 368). Ciertamente, está a punto de comenzar una nueva etapa en su carrera cinematográfica. No termina de sentirse a gusto con el tipo de cine que se está haciendo en España (militar, religioso, histórico): sus preferencias apuntan más hacia la comedia y el musical.

El exilio en Argentina

El 5 de septiembre de 1942 el inquieto y emprendedor Perojo se embarca en el Cabo de Buena Esperanza con destino a Argentina. No se trata de un exilio voluntario por motivos políticos, como ocurre con otros profesionales del cine al finalizar la Guerra Civil. Antes bien, le tienta, sobre todo, la próspera situación económica e industrial por la que atraviesa el cine argentino en aquellos años. En Buenos Aires le espera la firma de un contrato con la productora Pampa Film para realizar cinco películas: *Stella* (1943), *Siete mujeres* (1944), *La casta Susana* (1944), *Villa Rica del Espíritu Santo* (1945) y *Chiruca* (1945). Hasta su regreso a España, a mediados de 1948, aún tendría ocasión de rodar otros cuatro films: dos de temática folclórica, protagonizados por Imperio -*La maja de los cantares* (1946) y *Lo que fue de la Dolores* (1947)-, para Argentina Sono Film, y *La hostería del Caballito Blanco* (1947) y *La novia de la marina* (1948), para Emelco.

Ante todo, ya desde los mismos títulos llama la atención el protagonismo que alcanzan las figuras femeninas: en calidad de heroínas de la historia principal, estas mujeres del cine perojiano son personajes fuertes, dinámicos que, en ocasiones, deben hacer frente a egoísmos, engaños e intrigas y, aun así, siempre saben sobreponerse a un mundo hostil. Otras veces, se opta por el modelo de mujer frívola, alegre y hedonista, un prototipo femenino muy utilizado en algunas de sus comedias musicales. Resulta muy agradable la interpretación de Zully Moreno en el papel de Alejandra Fusller, la auténtica protagonista de *Stella* -y no Stella, su hermana pequeña-, quien apenas si puede integrarse en los acomodados ambientes de la burguesía bonaerense, objeto de deseo de los hombres, al tiempo que diana de dardos envenenados de las mujeres, jóvenes y no tan jóvenes, que en el fondo sienten envidia de su belleza y de su don de gentes. También sobresale el cuidado diseño de producción para la recreación de ambientes, urbanos y rurales, y esa especial atención para la disposición de los personajes en ciertos encuadres que parecen más el retrato de una familia, de una época o de un grupo social. Perojo filma con mucho mimo las fiestas de la burguesía porteña y sus liturgias.

El retorno

Perojo llega al puerto de Barcelona el día 26 de mayo de 1948. Al parecer, influiría en ello el enrarecido ambiente político que reinaba en Argentina tras el reciente ascenso al poder del peronismo; estos tiempos de exacerbado nacionalismo son poco propicios para los creadores foráneos. En lo concerniente a la realización, muy poco cine le queda por hacer al director madrileño. Un extenso, productivo y muy personal vivero de historias e imágenes está a punto de secarse. El viejo maestro entra en una fase de desencanto y melancolía: «viejo» por lo de pionero, pues solo contaba con cincuenta y seis años; o quizás un «perro viejo», en el sentido coloquial de «persona sumamente cauta, advertida y prevenida por la experiencia» (DRAE).

A estas alturas de su vida, ¿qué le ofrece el excesivamente controlado, e incluso mermado, cine español? Se siente muy descolocado, incomprendido. Una nueva camada de directores se ha ido asentando poco a poco -pero muy arraigadamente- en la industria del cine español. Filma en 1948 para la influyente Suevia Film la comedia de equívocos de personalidad *Olé, torero*, chocando de nuevo con una censura que considera el guion -en escenas que muestran paródica e irreverentemente motivos taurinos- «chabacano, zafio y grosero». No es, en absoluto, Perojo un director a quien se pueda tildar de palmero: no comparte ese tono celebrativo de algunos colegas de profesión en la nueva España. ¡Qué poco han cambiado las cosas en estos años de emigración profesional! *Todo pasa, todo queda...*

Su crepuscular trayectoria se cierra en 1950 con *Yo no soy la Mata-Hari*, una comedia que parodia el cine de espías, a partir de un guion de Mihura, y *Sangre en Castilla*, película de exaltación patriótica ambientada en la Guerra de la Independencia. Ciertamente, esta es la única cinta de propaganda política de su extensa carrera. La filma con poco entusiasmo y es un rotundo fracaso económico y artístico. Perojo se aparta de las cámaras, pero no del mundo del cine, al que sigue vinculado -algo, por otra parte, coherente con su espíritu emprendedor- en tareas de producción y de distribución. Tiene claro que es el momento de conseguir cierta rentabilidad en el mercado cinematográfico. Suevia Films - Cesáreo González se sitúa en el primer puesto de las grandes compañías, reemplazando a Cifesa. Perojo y González emprenden una política de coproducciones destinada principalmente al mercado de América Latina.

Constantes temáticas y formales

1.ª *Los conflictos y traiciones intrafamiliares normalmente burgueses*

Estos asuntos son frecuentes en títulos emblemáticos como *Para toda la vida* (1924), *Malvaloca* (1926), *La condesa María* (1927), *Mamá* (1931), *Los hijos de la noche* (1939) y *Stella* (1943). Son cintas, con cierto sabor naturalista, que hablan del egoísmo o pragmatismo de la sociedad, de las argucias empleadas por algunos personajes para obtener dinero a toda costa, o de las difíciles condiciones en las que viven algunos grupos sociales, con frecuentes escenas sórdidas y algo dramáticas en su configuración escénica. Al mismo tiempo, también se puede hablar de conflictos interclasistas, de la presencia de usureros o caciques, así como de solidaridad entre los más necesitados, o de la degeneración humana de los explotados. A los personajes les persigue un sino trágico: viven en el más puro desamparo; son frecuentes los crímenes, los odios y las venganzas (*Para toda la vida*). Un tema muy querido por Perojo es el del honor social, o personal, mancillado por distintas razones: esto es, la redención de la prostituta o de la mujer descarriada, de vida borrascosa pero de buen corazón, a partir del melodramático patrón narrativo de pasión-culpa-expiación (*Para toda la vida*, *Malvaloca*, *La condesa María*...).

Existen ciertas analogías o concomitancias con el cine de Florián Rey, en especial la tendencia a la mostración de historias protagonizadas por recias y atractivas mujeres que sufren los sinsabores de un mundo regido por hombres. En líneas generales, estas cintas se inscriben más o menos dentro del *drama rural*, uno de los géneros más populares y genuinos del cine español que, no obstante, no está entre los más utilizados por Perojo. De *La bodega*, por ejemplo, se ha dicho que es una de las primeras muestras de la españolada andalucista. Quizás la propuesta más radical sobre el conflicto de las diferencias sociales es la sorprendente, por diferentes motivos, *Mariquilla Terremoto* (1939) que, entre otras soluciones narrativas, deja en muy mal lugar a la figura del señorito inmoral, carente de sentimientos... Ya en su etapa argentina, Perojo desarrolla una variante más particular dentro del gran tema de la familia. En films como *Stella* (1943), *Siete mujeres* (1944) y *Chiruca* (1945), recurre, desde una vertiente claramente melodramática, al motivo de la ausencia paterna, o a la figura del hijo huérfano; en *Stella*, por ejemplo, el elemento narrativo del *personaje ausente* es realmente determinante en el desarrollo dramático de la acción, en la configuración de los personajes centrales y en el planteamiento de una subtrama interna que está entre lo mejor de esta irregular película.

2.ª *La confusión de identidad de los personajes*

Esto, al parecer, ya está presente en su primer título, *Hombre o mujer* (1914), en el que el propio Perojo interpreta a un travestido. Pero de manera especial se muestra en los «falsos hijos», interpretados por Estrellita Castro y Julio Peña, que protagonizan *Los hijos de la noche*. Otro tanto ocurre en algunas comedias galantes, de espíritu hollywoodiense, como por ejemplo, *Susana tiene un secreto*, que presenta sugerentes equívocos e insinuaciones sexuales (la censura franquista se encargó luego de revisarla), *Rumbo al Cairo*, donde quizás es más pertinente hablar de una múltiple confusión de identidades entre distintos personajes, o la particular *Goyescas*. En este sentido, Perojo se convierte en el principal impulsor del modelo de comedia más cultivado durante la primera posguerra: historias de enredos amorosos basados en equívocos de identidad.

3.ª *El retrato de la vida urbana*

Cabe destacar, en especial, el deseo del cineasta por reflejar los ambientes elegantes de la burguesía, de ahí también la presencia constante de personajes sofisticados, la importancia de los decorados suntuosos o la significación de la escenografía. Esto está muy presente en films como *Boy*, o *El negro que tenía el alma blanca*, el mejor film de su etapa silente. Un lugar destacado lo ocupan las películas sobre el mundo del espectáculo: esto es, un cine a través del cual se intenta reflejar la vida cotidiana, los sinsabores y los éxitos de cantantes, actores de teatro, artistas, bailarines, toreros, etc.; sus historias se sitúan en una gama muy rica de espacios que van del salón típicamente burgués al teatro, al café cantante o a las populares tabernas... Obviamente, este cine recibe la influencia directa del cine de Hollywood.

No faltan tampoco ribetes de una cierta crítica social a las diferencias raciales, de clase y de sexo. En varios títulos se refleja la intrahistoria de los profesionales del espectáculo: *El negro que tenía el alma blanca*,

Corazones sin rumbo, *El embrujo de Sevilla*, *El hombre que se reía del amor* o *Rumbo al Cairo*, entre otros. *Suspiros de España* (1939) plantea, en su esquema argumental, cómo una humilde y trabajadora muchacha llega a lo más alto del estrellato de la canción popular. El papel de Sole, la joven y autodidacta protagonista, recae en la siempre sonriente Estrellita Castro. Varias empresas del espectáculo se lanzan como buitres a explotar sus posibilidades artísticas. Finalmente, Carlos (Roberto Rey), un joven agente que solo busca el éxito empresarial, sin apenas atender a los sentimientos de la joven, la hace triunfar en los escenarios de La Habana. Es, en el fondo, una hermosa historia de amor -algo, por otra parte, esperable- que responde a un formato tradicional en el musical hollywoodiense.

La opción cinematográfica preferida por Perojo es la comedia; aquí confluyen la mayor parte de temas apuntados. Su cine se escapa a veces de los corsés establecidos por la casi inevitable influencia de la comedia sofisticada de Hollywood (Lubitsch, La Cava), con ciertas propuestas personales, que tienen algo de cine neorrealista. Por ejemplo, cabe mencionar el deambular de Pedro, el protagonista de *El negro que tenía el alma blanca*, por algunas calles y barrios populares de Barcelona. De las carencias materiales de un padre y una hija, de la vida cotidiana en los patios de vecindad y de la tragedia del fingimiento en los ambientes proletarios trata la arnichesca *Es mi hombre* (1935), hoy perdida. De toda su filmografía, *Los hijos de la noche* (1939) es su comedia más seria: se muestran las ilusiones y los sinsabores de seres marginales que habitan en el extrarradio de la ciudad, al tiempo que se ofrece un retrato inusualmente despiadado de los ambientes burgueses y acomodados. En estas cintas se opta por los personajes humildes, dignos, cálidos y entrañables, víctimas de una sociedad insolidaria. En fin, este tipo de comedia no está tan lejos del cine que en los años cincuenta nos ofrecerá el tándem Berlanga-Bardem.

De manera general, se podrían apuntar algunos rasgos formales que, en cierta medida, configuran el perfil de un cineasta muy personal, formado básicamente en el extranjero, con una vastísima cultura cinematográfica, que ha visto mucho cine a lo largo de su carrera artística. Le apasiona mover la cámara, se atreve con la filmación -no en muchas ocasiones- de algunos planos secuencia. Especialmente interesantes resultan las escenas corales de bailes o fiestas, rodadas con tomas largas, en un prodigioso trabajo que solo es capaz de conseguir un buen director de actores. Sirven para presentar ciertos ambientes populares de la sociedad de la época: cómo viven el pueblo o la burguesía, las diferencias entre el mundo urbano y el mundo rural; a veces, muestra un gusto encomiable por el detalle: la labor rutinaria de unas lavanderas de pueblo, o las tormentosas condiciones laborales de unos mineros... También gusta Perojo del empleo de la elipsis en la continuidad de la trama narrativa y de una estudiada disposición de los actores en determinados encuadres, sobre todo en los planos generales, así como de los objetos o elementos escenográficos. En cualquier caso, no es este un cine donde lo teatral cobre especial protagonismo. Cabe recordar, de manera especial, esa recreación casi documental de las fiestas populares -un cierto gusto por el tipismo o el relato etnográfico- en cintas como *Goyescas* o *La verbena de la Paloma*. El uso de la profundidad de campo permite agrandar semánticamente el sentido de ciertos encuadres, o descubrir a los personajes que se acercan desde el fondo. Perojo manifiesta un dominio total para estructurar acciones paralelas: el montaje alterno a lo Griffith le lleva a mostrar una acción principal y otra peripecia secundaria. No es muy frecuente encontrar primeros o primerísimos primeros planos en su cine, si bien en ciertos films su empleo pone de manifiesto una mirada muy atenta a los sentimientos, a los matices expresivos.

Marianela (1940)

Marianela fue un proyecto muy querido desde sus inicios como cineasta. Hacia 1925 Perojo contempla la posibilidad de adaptar varios textos literarios: la novela homónima de Pérez Galdós; *Boy*, del padre Luis Coloma; o *Malvaloca*, una comedia de los Álvarez Quintero. En aquel momento, solo aborda la realización de las dos últimas para Goya Films, una productora auspiciada por el incipiente actor Juan de Orduña. Los dos salen muy beneficiados de este encuentro: Orduña obtendrá, gracias a su lograda interpretación en el papel del apuesto oficial «Boy», su consagración definitiva, alcanzando el estatus de estrella del cine mudo; Perojo afianza así su carrera como director. El 26 de febrero de 1964, en una entrevista para el periódico *ABC*, el cineasta considera *Marianela* -junto a *La verbena de la Paloma* y *Goyescas*- uno de sus títulos preferidos. Y el 19 de noviembre de 1972, en el *Diario de Burgos*, vuelve a expresar su querencia por este film, esta vez situándola junto a *La bodega* y *La verbena de la Paloma*.

Perojo ha pasado los años de la Guerra Civil fuera de España, trabajando en Berlín y Roma. En el verano de 1940 reinicia su carrera en territorio nacional con la adaptación de una novela del principal representante del realismo español, Benito Pérez Galdós. Esto es algo insólito: no opta -como otros cineastas de la época- por adaptar a autores conservadores (Alarcón, Benavente, Concha Espina, Muñoz Seca...), sino por un novelista liberal y progresista, no muy estimado por los jerarcas políticos y culturales del Régimen.

La Revolución liberal de 1868 dio lugar a un clima de efervescencia y optimismo en el panorama literario español. Son los felices años de la narrativa realista impulsada por un grupo de escritores adscritos a la llamada Generación de 1868: Juan Valera, Pedro A. de Alarcón, José María de Pereda, Benito Pérez Galdós, Emilia Pardo Bazán y Armando Palacio Valdés. Galdós se consolida como el principal artífice del género novelesco en la segunda mitad del siglo XIX (entre 1868 y 1897) gracias a una obra extensa, original y en constante evolución: solo en el género narrativo, escribe treinta y dos novelas, cuarenta y seis *Episodios Nacionales* e infinidad de cuentos. Se movió siempre -tal como expresó certeramente en su discurso de ingreso en la RAE de 1897- por el deseo de ofrecer un retrato fidedigno de la vida cotidiana contemporánea. Galdós retrataría en sus diferentes textos narrativos el devenir de una nueva España.

Marianela (1878) se inscribe en la parte final de la primera etapa de su trayectoria novelística, una manera narrativa que la crítica literaria ha calificado como «novela de tesis» (1870-1878). El objetivo principal del autor canario sería la denuncia, desde una postura claramente liberal, de problemas como la intolerancia y el falso celo religioso, el atraso científico y cultural, el clasismo social, las penurias de la clase trabajadora, el analfabetismo y la falta de un sistema educativo eficaz y generalizado, etc. Todo esto explicaría -a su juicio- el lugar secundario de nuestro país con respecto a otros países europeos más desarrollados. La clase media urbana -en especial la de Madrid, sinécdoque de la realidad social del momento- será la fuente principal e inagotable para la configuración de sus novelas. No menos importancia tiene el pueblo llano, casi siempre derrotado, insignificante, carente de formación y expectativas, algo que, sin duda, es capital en *Marianela*. En aquel momento Galdós cree firmemente en los principios esenciales del krausismo, una corriente filosófica impulsada en España por el pensador Julián Sanz del Río, que defiende la necesidad de regenerar nuestro país a partir del trabajo serio y riguroso, la libertad individual, la educación, la ciencia, o el amor a la verdad y a la razón... Es esta precisamente la idea central o tesis de *Marianela*, que expone de manera cristalina uno de sus protagonistas, el médico Teodoro Golfín, indiscutible *alter ego* del escritor. Con todo, este propósito galdosiano de revisar los hechos y de retratar los tipos sociales, para mostrar y mejorar el presente, con el tiempo se iría apagando, fruto no solo de la situación política y social de España (la Restauración monárquica, la crisis del 98, el asentamiento del inmoral caciquismo rural, de la intolerante aristocracia o del intransigente sector eclesiástico...), sino también de su irremediable y prolongado desencanto.

La estructura interna de *Marianela* recuerda el esquema básico de un relato tradicional. Atendiendo a su contenido, se podría establecer una segmentación tripartita:

1.ª parte (capítulos I-V). Presentación de los personajes y del espacio o ámbito en el que se desarrolla la acción. Un viajero llega a las inmediaciones del pueblo minero de Socartes: Teodoro Golfín, afamado oftalmólogo, se dispone a visitar a su hermano Carlos, ingeniero de minas, y a su relamida cuñada Sofía. Golfín se encargará de operar a un joven para devolverle la vista: cree en ello, y esta ilusión es la que pretende también transmitir al resto de personajes. O sea, la confianza ciega en las virtudes de la ciencia. Los dos primeros seres con los que se encuentra son Pablo, un muchacho inteligente, intuitivo y soñador, ciego de nacimiento, y la Nela o Marianela o María (un guiño, de los muchos que hay, al *Quijote*), que le sirve a este de lazarillo, desde hace más de un año. A Nela la conocemos inicialmente por su «melancólico canto»: se trata de una pobre huérfana de dieciséis años, despreciada por casi todo el mundo (también se desprecia a sí misma), con un tremendo corazón, bondadosa, solidaria y entrañable, pero con un cuerpo deforme y feo. El narrador omnisciente, desde una perspectiva total, fija su mirada en la descripción del abrupto y casi salvaje paisaje de la zona; Galdós se habría inspirado en lugares reales bien reconocibles de la montaña cántabra.

2.ª parte (VI-primera mitad XXI). Es el nudo propiamente dicho o conjunto de peripecias (trama principal e historias secundarias). A su vez, este se articularía a partir de tres conflictos; el primero es el esencial. A) El problema de la ceguera de Pablo se podría solucionar gracias a la intervención del doctor Golfín, que representa la esperanza o entrada en una nueva etapa vital. La operación del famoso oftalmólogo es un éxito, aunque supone, al mismo tiempo, la quiebra de la más que afectuosa relación entre Pablo y Nela; esta deja de ser un «ángel» para convertirse en un «monstruo» y lo que antes era amor ahora es distanciamiento, incertidumbre, oscuridad. B) El asunto de una herencia familiar hace que el padre de Pablo, don Francisco Penáguilas, llegue a un acuerdo con su hermano Manuel: establecer un contrato de conveniencia para consolidar y perpetuar el suculento patrimonio familiar gracias a una boda entre el «resucitado» Pablo y la bella y entrañable hija de Manuel, Florentina. Es otro de los personajes buenos de la novela: desde el primer momento, la joven se muestra partidaria de acabar con las desigualdades sociales y, en particular, de ayudar a Marianela, acogiéndola en su futuro hogar. De hecho, la infeliz criatura la confundirá con la Virgen María. C) El reconocimiento: casi al final, en una escena más propia de la anagnórisis de las tragedias griegas, Pablo logra ver finalmente a la Nela, pese a las reticencias de la entonces maltrecha muchacha, quien, a raíz de este encuentro, entra en una lenta pero definitiva agonía. «Esto la mata», afirmará tajantemente el doctor.

3.ª parte (segunda mitad XXI-XXII). Es el desenlace o resolución de la trama narrativa. En realidad, sería más oportuno hablar de dos finales consecutivos. Nela es consciente de su fealdad, de que su futuro no está al lado de su *«amito»*: en una escena patética, muy emotiva, la muchacha une las manos de Pablo y Florentina y seguidamente muere. El capítulo XXII («Adiós») presenta un cierto carácter metaliterario. En primer lugar, Galdós plantea irónicamente el asunto de la hipocresía social: una joven huérfana, que solo ha recibido en vida la incomprensión y el desdén, es objeto de un entierro masivo. Ironías de la vida. Nela no ha tenido nunca casa propia: ahora descansa en un magnífico sepulcro. La historia de su vida es objeto de interés de extraños y turistas que escriben sobre ella tergiversando los hechos. Para dar cumplida cuenta de la auténtica realidad, para imprimir «la verdad», el narrador ha dejado este libro; este concluye con la promesa de escribir una novela sobre Celipín: el relato de otro antihéroe, un ser sencillo, humilde y desfavorecido, extraído de las vilipendiadas clases bajas que, en la España de la Restauración, vive en condiciones infrahumanas.

Además, en la parte central de la novela se podrían distinguir cuatro bloques temáticos que tienen que ver con la focalización de determinados personajes. A) La entrañable relación de amistad (o de amor) entre Pablo y Nela y la conceptualización sobre el mundo de la belleza exterior e interior: los dos pasean diariamente, conocen cada rincón de los alrededores de Socartes, al tiempo que expresan abiertamente sus sentimientos. B) La historia de los Golfines, Teodoro y Carlos, que provoca el principal desajuste entre la fábula y la trama: el empleo de la analepsis sirve para contar hechos del pasado, desde su difícil infancia o el esfuerzo constante y la dedicación al estudio en su vida universitaria, hasta el momento actual, con la seguridad que les da ser médico e ingeniero, respectivamente. C) Los pensamientos de Nela, su condición soñadora e imaginativa: hay un momento culminante en la identificación de Florentina con la figura de la Virgen María. D) La historia de Celipín, un pobre e inculto muchacho que sueña con salir del ostracismo en el que vive, marchándose a la ciudad para progresar.

Galdós expone con afán didáctico y con absoluta convicción algunas de sus ideas sobre la educación, la ciencia o el bienestar social a través de ciertos diálogos y digresiones. Dos son los momentos más decisivos en lo que se refiere a la mostración de su discurso ideológico. El primero ocurre en el capítulo IX («Los Golfines»). Tras un largo *flashback* en donde el narrador omnisciente repasa los orígenes humildes de Teodoro y Carlos –los dos comparten una vida llena de dificultades, de trabajo, pero, al mismo tiempo, de iniciativas; Teodoro es el que tiene un corazón más «aventurero»-, se relata el incidente del «mal criado y antojadizo» perrito de Sofía (Lili, un terrier) que a punto está de sufrir una desgracia en el abismal socavón conocido como la Trascava. La oportuna aparición de la Nela salva al animal de un más que probable accidente mortal. A continuación, Teodoro, Carlos, Sofía y la taciturna Nela -malherida por meterse entre las zarzas y «las asperezas de la peña»- emprenden el camino de regreso al hogar. Es justamente en el curso de este trayecto donde tiene lugar una charla transcendental. Quizás una lectura apresurada nos impida reparar en ciertos detalles fundamentales para comprender la ideología de Galdós. Con no poca ironía, Teodoro le reprocha a su cuñada Sofía el excesivo celo que tiene hacia ese animal al tiempo que hurga en su prácticamente nulo sentido de la caridad. A Sofía le indigna la apreciación de su cuñado: no permite que le dé lecciones. Pero Teodoro vuelve a la carga abundando en ciertas costumbres de una parte de la sociedad burguesa que, bajo la coartada de la solidaridad social, se prodiga en ciertas costumbres para recabar fondos que en absoluto solucionan los problemas de los más necesitados. Esas rifas, funciones dramáticas o corridas de toros organizadas por las hipócritas damas de las acomodadas familias solo sirven para dar de comer a «unos cuantos holgazanes, quedando solo para los enfermos un resto de poca monta». Sofía lo tacha de filósofo al tiempo que se pregunta -aquí aflora el cinismo de esta dama solidaria- «¿para qué permite Dios que tales criaturas vivan?... ¿qué es lo que se puede hacer por ellas?».

Teodoro / Galdós pone así al descubierto las miserias morales de una clase media (de ciertos tipos de la acomodada burguesía) carente de ideales sociales. No sería muy acertado ver este incidente como un caso de misoginia. Si hay un autor en la literatura española que destaca por haber trazado con maestría personajes femeninos, por tratar con delicadeza los problemas de la mujer, ese es sin duda Galdós. Carlos no cree que Nela sea tonta o «atrasadilla», en expresión de la pusilánime Sofía; antes bien, la ve despierta y aguda de ingenio. A su juicio, el problema se debe al hecho de que nadie se ha tomado nunca «el trabajo de enseñarle alguna cosa». Efectivamente, cree que se trata de un problema de «ignorancia», pero también obedece al hecho de tener una fe ciega en ciertos presupuestos religiosos. Teodoro desea llevar la conversación al asunto de la orfandad y de la miseria infantil. No es algo que se solucione aislando a los niños en asilos: «[deben] tener derecho a entrar en calidad de hijo adoptivo en la casa de un matrimonio acomodado que carezca de hijos. Ya se arreglarían las cosas de modo que no hubiera padres sin hijos, ni hijos sin padres».

Hay otro momento decisivo a la hora de valorar la opinión del escritor sobre ciertos asuntos sociales, morales o espirituales. Teodoro Golfín, que acaba de triunfar en la operación de Pablo, se siente algo melancólico o angustiado al ver el irremediable final trágico de Nela: la joven es una víctima de un sistema que mira hacia otro lado, que en el fondo no se ha preocupado de acogerla y de educarla; la incomprensión o la insolidaridad social es lo único que la pobre ha conocido en su vida. Manuel Penáguilas, el padre de Florentina, dice no oponerse —es el otro personaje cínico y clasista de la novela— a que Florentina acoja en su casa a la pobre y prácticamente moribunda Nela, pero cree que es mejor organizar «una de esas solemnidades que se estilan en la corte, y en las cuales sabe mostrar sus buenos sentimientos lo más selecto de la sociedad». Una rifa, una función de aficionados, una corrida de toros. O reunir algunos billetes entre los amigos para destinarlos a los asilos de la beneficencia. Otra vez el mismo argumentario que defiende Sofía: la solidaridad como lucimiento de la hipócrita burguesía, pero nada de la inclusión social. Teodoro hace caso omiso del plan de ayuda social pergeñado por el clasista don Manuel, que algo antes ha afirmado que los ricos no deben relacionarse con los pobres. El médico acaba de comprender que no se ha ocupado lo suficiente de Nela, quien, además, le está recordado en qué lamentable estado se encuentran algunos sectores de la sociedad española del momento. Concluye un larguísimo parlamento afirmando que la educación es la única forma que puede proporcionarle a Nela -y por tanto a los pobres- la luz de la razón. Pero ya es demasiado tarde.

En otras partes de la novela vuelve a aparecer esta veta de literatura comprometida tan habitual en el primer tramo narrativo de Galdós. Unas veces el narrador y otras veces algunos personajes (Celipín trabaja doce horas diarias) se lamentan de las condiciones laborales brutales que padece la minería cántabra, entre cuyos obreros hay niños de condición humilde. A este tipo de narración se la hubiera catalogado, de haber sido escrita en los años cincuenta del siglo XX, de *novela social* o de *realismo social*. Y es que por las páginas de muchas de sus novelas corre ya el germen de la literatura comprometida.

Sin duda alguna, la versión de *Marianela* rodada por Perojo es uno de los mejores melodramas del cine español. Una serie de imágenes muy significativas, como los planos de los rostros, la fijación en ciertos aspectos del paisaje agreste, así como el uso de interiores marcadamente opresivos, actúan como signos evidentes del contenido esencial del texto fílmico. Su fuerza no reside en los diálogos ni tampoco en la interpretación de los actores; esto no quiere decir que ambas cosas sean decepcionantes. La cinta es superior a la versión de 1972 de Angelino Fons. Es obvio que en *Marianela* existe una voluntad estilística muy clara por parte de Perojo; en este sentido, el melodrama es una de sus grandes películas, una cinta decididamente personal.

Ya desde la primera secuencia del film se observan ciertos elementos formales que me permiten situarlo en su mundo cinematográfico. Por una parte, cabe destacar el magistral arranque con una cámara que sigue al personaje de Teodoro Golfín por una naturaleza agreste y que sirve para presentar de manera simbólica el choque entre el mundo urbano y el mundo rural, un espacio aún mental y físicamente sin roturar. A Perojo le gustan los arranques brillantes.

Al igual que la novela, el texto fílmico permite establecer una segmentación tripartita de carácter tradicional. Perojo no tiene prisas en la presentación de los personajes -están todos los más relevantes- y del espacio narrativo en el que se desarrolla la acción. Aquí puede estar la clave del film, una más que plausible interpretación naturalista del personaje de Nela; a saber: la conducta de la joven huérfana está determinada por su fisiología; es un ser de aspecto inmaduro, físicamente poco agraciada, una especie de monstruo. No menos crucial es el ambiente de pobreza e incultura que le rodea y las leyes de la herencia: fue abandonada en su más temprana infancia; su madre, alcohólica y de turbia vida, la dejó y terminó suicidándose. Perojo, un director apasionado por el diseño de producción, por la escenografía y por la disposición de los elementos dentro del encuadre, comparte ese gusto de Galdós por la sinécdoque, la metonimia o la metáfora.

El film se abre con un primer plano de unos pies que atraviesan con cierta dificultad un camino fangoso, deteniéndose durante un instante, no sabiendo si continuar o desandar. Se muestra la parte superior de este misterioso viajero, con el rostro oculto por un paraguas. Es una hermosa metáfora premonitoria de los avatares que le esperan: el reto de emprender -con el riesgo que eso conlleva- la entrada no tanto en el pueblo minero de Socartes como en la vida de ciertas personas. Teodoro (Rafael Calvo) reemprende el trayecto inicial, escucha el dulce canto melancólico de una muchacha que permanece fuera de campo; entra entonces en cuadro el personaje de Pablo (Julio Peña) acompañado de su perro Choto que -ironías de la vida- le guía por el agreste paisaje minero. Lo que sigue es sencillamente una prodigiosa escena rodada en forma de trávelin de izquierda a derecha, bellamente iluminada. El ciego y el médico caminan lentamente por el interior de unas galerías. En plano general, con una cierta profundidad de campo, aparece, desde lo más profundo del frondoso paisaje, la entrañable Nela (Mary Carrillo). Una puesta en escena similar privilegia el empleo del plano medio y del trávelin ralentizado. A partir de este momento, el director opta por la mostración alterna de los ambientes burgueses, como la casa de Carlos y Sofía o la mansión de don Francisco de Penáguilas, y los de la clase social baja, en especial la humilde casa de los Centeno, las cuadras, un destartalado desván o el claustrofóbico comedor. Son dos mundos muy distintos que el director presenta con un gusto primoroso por los detalles: por ejemplo, la escena en la que la cámara atraviesa ese agobiante desván, lleno de cachivaches y objetos, donde duerme Nela. Fundido a negro. El film adquiere en una rápida secuencia de montaje un aire de documental ofreciendo las tareas de la mina.

Se vuelve a optar por el empleo del trávelin. En una escena que guarda cierto parecido con el mejor cine de Jean Renoir (esas historias ubicadas en espacios naturales), Pablo y Nela pasean su felicidad por el arcádico paisaje montañés con el que se sienten tan identificados. El guion sigue de cerca esta parte de la novela en la que los personajes reflexionan sobre la belleza del mundo. Cuando Pablo se refiere a la belleza de Nela, el director opta por el uso del primer plano. La cara de Mary Carrillo transmite desolación a pesar de que acaba de escuchar hermosas palabras de Pablo. Es este uno de los rasgos formales más singularmente atractivos de la cinta. Más adelante, otra escena emocionante muestra el vacío y la desolación de la pobre huérfana al escuchar a Pablo, muy contento, anunciándole el asunto de su operación. Perojo alterna un plano medio de Pablo, recreándose en las ilusiones de lo que está por llegar, y un primer plano de Nela, que se contempla estupefacta en un espejo con gestos -ella apenas habla durante esta escena- de extrañeza, de asco hacia sí misma. Nela mueve el espejo por distintas partes de su rostro. Está comprendiendo la verdad de su fealdad, una triste realidad que poco tiene que ver con la opinión de Pablo. Es, sin duda, un primerísimo primer plano intenso, significativo. Los últimos primeros planos muestran las lágrimas que brotan de los ojos de la muchacha.

El nudo propiamente dicho del film comienza en el momento en el que Teodoro Golfín apunta la posibilidad o «milagro» de operar a Pablo para devolverle la vista: es un empeño personal del padre, don Francisco Penáguilas (Jesús Tordesillas), que no parece atender a otros menesteres; muy pronto manifiesta su deseo de casarlo con una prima suya, Florentina. Para Teodoro Golfín, es un reto profesional, si bien sabe que la operación tiene sus riesgos. Perojo aguanta un tiempo el plano medio, Pablo escucha atentamente las palabras del doctor -la interpretación de Peña es magistral-, y le conmina a seguir «adelante». Todo es felicidad en el hogar de los Penáguilas.

En la segunda parte cobra especial protagonismo el personaje de Florentina (María Mercader), prima de Pablo, que acude a Socartes para casarse con él. Nela la confunde con la Virgen María. En un bellísimo plano general, la cámara se recrea en la belleza de la recién llegada, que recoge flores en el campo. La puesta en escena descansa en la interpretación de lo que ve Nela; la escena está entre lo mejor de la interpretación de Mary Carrillo. Es, obviamente, el otro elemento discordante que acaba con la idílica relación de Pablo y Nela; en realidad, idílica solo para Nela, no para Pablo, que está a punto de conocer otra vida. Lo que en principio parece una emocionante epifanía se convierte de inmediato en una experiencia decepcionante. Mary Carrillo tira de un amplio y elocuente muestrario de gestos para mostrar cierta perplejidad; otras veces, decepción y un profundísimo vacío existencial. Sofía repara en el mirar extraño de la joven. Nela se aleja física y emocionalmente del entorno de Pablo. Qué ironías de la vida: él recobra la vista (la luz), algo que solo entiende al verse reflejado en un espejo; la vida de ella, por el contrario, se va oscureciendo poco a poco. Para Nela la vida no tiene sentido: solo regresará a la casa de los Penáguilas para morir.

Marianela es una película hermosa e inolvidable, pero no una obra maestra. Perojo ha soslayado la intención crítica del texto original. Pese a seguir de cerca la trama central, ha decidido dejar al margen la parte ideológica eliminando la tesis galdosiana que impregna el punto de vista del narrador, muy presente, además, en muchos parlamentos de Teodoro. He aquí un ejemplo elocuente. Nela acaba de salvar de un final trágico a la perrita de Sofía: texto literario y texto fílmico coinciden plenamente. Pero la cinta concluye con un momento realmente flojo, eliminando los parlamentos de un Teodoro comprometido con el problema social. Lo único que le recrimina a su cuñada es que se gaste el dinero en complementos para el perrito y no se preocupe de comprarle unos zapatos a Nela. Perojo ha sido valiente en un film como *Los hijos de la noche* a la hora de articular un discurso de denuncia social. Por el contrario, aquí es todo más tibio o superficial. Posiblemente, el Régimen franquista no hubiera permitido una adaptación más fiel a las convicciones morales de Galdós, portavoz en los años de la Restauración de la crítica social. Tampoco utiliza Perojo el discurso final de Golfín (capítulo XXI): el autor canario, a través de este personaje, se muestra como un ardiente defensor de la educación y del auxilio social. En el film se limita a decirle a Florentina que la salvación de Nela es cosa de los dos. ¡Qué poco queda del entrañable y consistente personaje literario! Perojo parece haber puesto sus ojos en ciertos personajes prototípicos del drama hollywoodiense.

El Teodoro Golfín del film es cualquier cosa menos el *alter ego* del novelista. No es tampoco muy convincente su final: un primer plano muestra en toda su crudeza el rostro iluminado, una vivísima imagen de la muerte de Nela, tras lo cual la cámara inicia una brusca panorámica hasta encuadrar la ventana. Un suave viento agita la cortina en la que se refleja una sombra en forma de cruz; la aparta y deja al descubierto un cielo con enormes nubes. Continúa un trávelin de acercamiento, atravesando el marco, encuadrando sobre el cielo. No es muy difícil interpretar el sentido metafórico de este acentuado final cristiano. Una *voice over* (el rezo del padrenuestro) y el sonido de un coro angelical subrayan el momento climático, melodramático, transcendental.

El lugar de Juan de Orduña en el cine de posguerra

No he hecho el cine que quería. Lo más algunas escenas de ciertas películas, pero la película que yo quería, la que yo sentía, no la he hecho nunca. No me han dejado. Unas veces por obligaciones políticas de la empresa, otras por razones de conveniencia comercial, otras por la censura, otras por los guiones que me imponían.

Juan de Orduña

El artista integral

¿Es Juan de Orduña uno de los grandes directores del cine español? ¿Está a la altura de Florián Rey y Benito Perojo? ¿A qué obedece su incursión en el ámbito de la realización a la edad de cuarenta años? ¿Le interesaba acaso más la faceta de actor teatral o cinematográfico? ¿Y la de creador literario? ¿Ha envejecido mal su famoso *ciclo histórico*? En líneas generales, ¿tiene su cine *calidad artística*? Son muchas las preguntas que surgen al estudiar una obra cinematográfica tan variada en formas y temas, con cerca de cincuenta títulos en apenas treinta años, muy poco conocida. Un análisis textual detenido de su filmografía, al margen de ciertos tópicos o apriorismos, permitirá dar respuesta a todas estas cuestiones.

De familia acomodada -su padre, Inspector General del Cuerpo de Ingenieros de Caminos, Canales y Puertos- y de raíces literarias -su madre, descendiente de una familia de alcurnia, los Fernández-Shaw; su tío Carlos Fernández-Shaw, poeta, dramaturgo y autor de zarzuelas-, Juan de Orduña Fernández-Shaw manifiesta muy pronto interés por las actividades artísticas, en especial por el teatro y la poesía. Entre 1921 y 1939 desarrolla una actividad como actor teatral nada desdeñable en las compañías Emilio Thuiller, Oliver-Cobeña, María Fernanda Ladrón de Guevara-Rafael Rivelles, Teatro Fontalba, Cinema-Teatro, Margarita Robles-Juan de Orduña, Társila Criado-Orduña, Casimiro Ortas... Concluye la carrera de Derecho y se convierte en un actor de moda en la etapa del cine mudo, protagonizando films como *La revoltosa* (Florián Rey, 1924), *Boy* (Benito Perojo, 1925) y *El misterio de la Puerta del Sol* (Francisco Elías, 1929), primer film sonoro del cine español; además, actúa en *Nobleza baturra* (Florián Rey, 1935). Cifesa le ofrece un contrato en exclusiva.

Al igual que otros intelectuales de talante regeneracionista, acoge, en un principio, favorablemente la llegada de la República. Pero también es de los primeros en abrazar y ensalzar la nueva España militarista y nacionalcatólica. Los años de la Guerra Civil los pasa en Madrid actuando en compañías, controladas por los sindicatos CNT y UGT, y en el Teatro de la Zarzuela. No llega a empuñar las armas. Esto explica que no sea objeto de depuración como otros cineastas coetáneos. A partir de entonces se dedica plenamente a la dirección cinematográfica.

Primera etapa: apogeo

Es sin duda su mejor etapa; a sus 39 años Orduña decide ponerse detrás de la cámara gracias al empuje de Vicente Casanova, el propietario de Cifesa. Con los cortos *Ya viene el cortejo...* (1939), *Feria en Sevilla* y *Suite granadina* (1940) adquiere experiencia como director y conoce los entresijos de la producción. En 1941 funda POF (Producciones Orduña Films), con la que realiza quince filmes entre 1941 y 1966. Pero lo más sobresaliente de su producción, desde 1942 hasta 1951, son los catorce largometrajes que dirige para Cifesa, en especial su tetralogía de *cine histórico*. No van a ser siempre proyectos de su gusto, pero es verdad que, en líneas generales, gracias a ellos obtiene éxito comercial y reconocimiento profesional. Es un director muy beneficiado por el Estado y por el SNE; al mismo tiempo, recibe un trato especial de Cifesa, lo que le permite contar con actores, técnicos y jefes de producción muy buenos. Con todo, Orduña se queja de la tibieza de la productora a la hora de emprender un cambio en la industria del cine español. Pese a todo, no la considera una «productora oficial o estatal».

Segunda etapa: mantenimiento

Tras el rotundo fracaso de público de *Alba de América* (1951), Cifesa entra en crisis y Orduña en un cierto descrédito. Tras casi dos años de forzoso retiro, a consecuencia de un grave accidente de tráfico en diciembre de 1951, retorna a la dirección en noviembre de 1953, articulando una nueva fórmula que le permite mantener su sólido prestigio a la vez que recuperar el favor del público y la consideración oficial del Régimen. Su producción durante esta nueva etapa es realmente amplia y variada; cabe destacar, en primer lugar, una tibia aproximación al cine neorrealista en tres films rodados en 1954, *Cañas y barro*, *El padre Pitillo* y *Zalacaín el aventurero*; tras otro parón de algo más de dos años, esta vez ocasionado por problemas con la censura y con algunas productoras, rueda una interesante trilogía nostálgico-musical (*El último cuplé*, 1957, uno de los grandes éxitos de la historia del cine español; *La Tirana* y *Música de ayer*, 1958); por último, ya en los sesenta, sobresale el film *Teresa de Jesús* (1962). Resultan absolutamente fallidos *El amor de los amores* (1962) -por un excesivo y desatado catolicismo melodramático- y el *remake* de *Nobleza baturra* (1965).

Orduña reconoce que en su etapa anterior se había plegado a los deseos de Cifesa de hacer un cine espectacular de ambientación histórica, un modelo de superproducción de *qualité* que buscaba ante todo obtener los mejores rendimientos comerciales. Pero a él le interesaba emprender otro rumbo hacia un cine realista, sencillo y humano. *Cañas y barro* (1954) aborda temas sustanciales como la lucha por la subsistencia de los pescadores y arroceros en La Albufera de Valencia, las diferencias sociales entre los grandes propietarios, arrendatarios y prestamistas extranjeros y los braceros pobres, la fe en el trabajo y las dificultades de los medios técnicos para realizar determinadas tareas, la solidaridad de los pescadores a la hora de sortear los puestos de pesca, o el contrabando de tabaco. Plantea también una defensa de la autenticidad y nobleza de las gentes del mundo rural, en una especie de mezcla de registros, entre lo etnográfico y lo naturalista, lo costumbrista y lo melodramático. Esas escenas en las que la familia Paloma intenta denodadamente ganarle terreno al agua para cultivar el arroz, o los momentos en los que el tío Paloma (Félix Fernández) explica a su nieto Tonet (Virgilio Teixeira) algunas técnicas para la pesca de la anguila, poseen un extraordinario valor documental, no muy lejos de lo que plantea *La terra trema* (Luchino Visconti, 1948), uno de los primeros títulos neorrealistas; este film narraba la lucha de un humilde pescador -curiosamente 'Ntoni ; en el de Orduña, Tonet es el nieto y Toni, interpretado por José Nieto, el padre- para liberarse de la explotación de los mayoristas del mundo de la pesca. En la cinta española destaca, especialmente, el personaje femenino de Neleta (Ana Amendola), esa heroína tan habitual en su cine, que se debate entre el dinero y la pasión amorosa, entre la realidad y el deseo, redimida al final -cómo no- por la religión. Es, sin duda, una de las películas más crudas del cine de posguerra.

Ese mismo año Orduña rueda dos películas algo más convencionales, en donde esa línea de denuncia social se atenúa considerablemente, desviándose hacia un cine de aventuras o de recreación histórica y un cine religioso, respectivamente. En *Zalacaín el aventurero* se dignifica el mundo del trabajo y de la vida rural: en una escena, relevante en el desarrollo de la trama narrativa, el aldeano Martín Zalacaín (Virgilio Teixeira) se enfrenta al rico del pueblo, el carlista Carlos Ohando (Carlos Muñoz), para reivindicar su labor de jornalero frente al mundo de ilusiones y dispendio que este representa.

¿Y qué decir de *El padre Pitillo*? Érase una vez un pueblo de Castilla, de cuyo nombre la *voice over* no quiere acordarse, con un río y con una humilde iglesia. La presentación en tres escenas consecutivas plantea de entrada dos líneas narrativas fundamentales: primero, las diferencias de clase entre una familia acomodada y otra humilde, entre las cuales solo existe odio y resentimiento por algunos hechos del pasado y por cierto caso deshonroso que acaba de ocurrir; segundo, la vida cotidiana del humilde párroco don Froilán (Valeriano León), conocido popularmente como el padre Pitillo, un tipo sencillo, gruñón, cascarrabias, de espíritu extraordinariamente bondadoso, a cuyo servicio está su hermana Camila (Aurora Redondo), mujer de mucho carácter. El párroco se interesa por los problemas de sus parroquianos: reparte limosnas, acoge en su casa a Rosita (Margarita Andrey), una mujer seducida por un señorito (Virgilio Teixeira) que la abandona al enterarse de que está embarazada. El cura se atreve a luchar contra la hipocresía social de la clase pudiente, la familia de los Ojeda. El peso de lo religioso cobra protagonismo conforme avanza el relato, con un final de reconciliación algo desilusionante propio del cine de aquella época. Muy poco se ha dicho acerca de los aportes de Orduña al cine social que comienza a verse en esos primeros años de la década de los cincuenta. Con todo, todavía habrá que esperar un tiempo para asistir al asentamiento de un auténtico realismo cinematográfico.

Tercera etapa: decadencia

El impulso creativo de Orduña entra en decadencia después de rodar el melodrama religioso *Teresa de Jesús* (1962). Su cine va a ser más descuidado formalmente, alejado de las propuestas del Nuevo Cine Español, que por entonces contaba con la protección de las autoridades cinematográficas. Entre 1967 y 1968 consigue realizar siete zarzuelas para la serie de TVE *Teatro Lírico Español*, cuatro de ellas proyectadas en cines de estreno. En sus últimos trabajos aparecen dos de los rostros más famosos y taquilleros del tardofranquismo, Lina Morgan y Manolo Escobar. Un final realmente inmerecido para un cineasta necesitado de una digna recuperación. *¡Ay, el crepúsculo de los dioses!*

Cine político

Orduña no tiene reparos en reconocer que muchas de sus películas contienen asuntos políticos, o simplemente defienden una ideología determinada de exaltación patriótica. Efectivamente, sus tres primeros films conforman una trilogía sobre la guerra civil española muy peculiar. Esto no deja de ser una rareza, «porque, contra lo que parecería lógico por la proximidad del conflicto, el cine español evitó generalmente tocar tan peliagudo tema» (Nieto, 2014: 164). Es verdad que estas cintas no plantean, en la totalidad de su metraje, historias sobre el devenir de la contienda en uno u otro bando; no hay escenas bélicas de ficción propiamente dichas. La Guerra Civil no se muestra directamente: más bien está de fondo, siempre desde la perspectiva del bando nacional. De aparecer imágenes del frente, estas son siempre de archivos documentales en breves secuencias de montaje.

Porque te vi llorar (1941) se abre con una secuencia rodada con brío y mucho oficio, independientemente del discurso maniqueo y partidista que plantea. Un cámara en constante movimiento ofrece imágenes de un pueblo asturiano; los títulos van pasando, con un acompañamiento musical del maestro Juan Quintero que parece estar preparándonos para el drama. Esta especie de prólogo etnográfico se alarga con la mostración de planos generales de escenas de ganaderos y gentes del campo en sus faenas al son de *Asturias, tierra querida*. Orduña no tarda en utilizar esas metáforas visuales que tanto le gustan: unos cielos negros, unos nubarrones tremendos y un mar embravecido con olas tremendas azotando contra el acantilado presagian momentos de miedo y de dolor. La Guerra Civil está a punto de desencadenarse.

La mar está en calma: es la metáfora (carácter connotativo / empleo de la antítesis) que alude a una vida tranquila. Es de día. Dos jóvenes pasean por una playa concurrida: María Victoria de Luanco (Pastora Peña), hija de una familia de rancio abolengo asturiano, y José Ignacio de Llanos (José María Seoane), un joven e inteligente ingeniero de Minas, también de familia ilustre. Van pensando en los hijos que tendrán: son «la pareja feliz». La petición de mano se celebra en la magnífica casa que los marqueses de Luanco (Manuel Arbó y Eloísa Muro) poseen en las afueras. Todo es tranquilidad y júbilo entre las gentes, aunque hay rumores de que algo está ocurriendo en África. José Ignacio también tiene malos presagios en este fatídico 18 de julio de 1936. Se inserta un plano de olas chocando bruscamente contra el acantilado y una música estridente de fondo. Se opta por el recurso de la antítesis. María Victoria interpreta una hermosa canción de amor; su novio la observa muy emocionado. Se mantiene fija la cámara en plano medio. Todo esto acabará pronto. Al siempre pesimista José Ignacio se le rompe una copa y se viene abajo. El ama de la joven barrunta que «algo va a pasar y no bueno». Es lo mismo que les dice el marqués a sus amigos en una conversación, tras haber llamado a Madrid. El ambiente está presidido por el miedo.

En montaje alterno, asoma un camión de milicianos avanzado por una carretera; mientras tanto, suena una música alegre y las parejas bailan. Un niño en un portón le comenta al casero que «avise a los señores, que vienen a por ellos». A continuación, aparece una de las imágenes más estereotipadas del cine político de la inmediata posguerra: los milicianos presentados como una masa enfervorecida, cruel; unos tipos mal vestidos, encolerizados, armados -vestidos, algo desarrapados- entran en la fiesta con un afán vengativo. Cinco planos son suficientes para mostrar la crueldad del bando republicano: un plano medio de José Ignacio que, agarrado por dos milicianos, mira cómo se llevan a su novia; plano general, el marqués les entrega una cantidad considerable de dinero; plano general, a punta de pistola, sacan al ingeniero de la casa y lo suben a un camión, que inmediatamente desaparece por la izquierda; plano medio del cadáver de José Ignacio, tirado en una cuneta; y, por fin, en plano general, por la puerta de la terraza entra María Victoria casi muerta; acaba de ser violada. Puede interpretarse esta violación como una alegoría (María Victoria -España noble). Sigue a continuación una secuencia de montaje con muy pocas imágenes de la guerra y la entrada victoriosa del ejército de Franco en Madrid. Son apenas doce minutos. Nada más sobre la Guerra Civil se muestra en este film: solo las consecuencias psicológicas, las huellas del drama, en el personaje de María Victoria. Acabada la guerra, la joven tiene que vivir con la vergüenza de haber tenido un hijo no deseado; su familia y el entorno social le dan la espalda. La solución se presenta de forma inesperada gracias a la aparición de José Valdés (Luis Peña), quien dice ser el padre de la criatura; termina casándose con ella. En la parte final se descubre que Valdés no es el miliciano que la violó aquella triste noche, sino un mutilado de guerra del bando nacional, que estaba en Oviedo luchando con las tropas franquistas. Se produce la definitiva confesión de José: un día entró en una iglesia y vio que María Victoria estaba llorando; esta imagen le conmovió profundamente y le llevó a involucrarse en su vida. ¿Es la idea de la reconciliación entre dos personas de distintas clases sociales una alegoría más del film (Victoria y José Valdés-la nueva España)?

La cinta se puede analizar también como un ejemplo elocuente del melodrama de mujer que plantea una historia de traumas y culpas -la subtrama implícita de ciertos hechos ocurridos en el pasado, por las heridas del amor, es fundamental- con una redención final gracias al amor. Con todo, parece más razonable una lectura preeminentemente política; estamos ante una muestra evidente de la opinión del franquismo acerca de la peligrosidad del bando republicano. *Porque te vi llorar* no hace sino afianzar algunos temas, mitos e imágenes que aparecían por primera vez en el documental propagandístico *España heroica* (Joaquín Reig, 1938), y que luego se retomarían en algunos films del primer franquismo; a saber, la presentación de masas agitadas (los despiadados y brutos milicianos) y de desórdenes en la calle (la irrupción brutal o caótica del proletariado en los hogares burgueses y nobles) en rápidos y comprimidos *collages*. La familia del marqués sería sin duda una sinécdoque de esa otra España: en el film representa los valores propios de una familia y clase social compacta. No está de más contar aquí el escándalo que provocó en algunos ciudadanos de la época el hecho de que los papeles de los novios fueran interpretados por Luis y Pastora Peña, hermanos en la vida real.

¡A mí la legión! (1942), quizás el film más militarista de Orduña, recoge buena parte del aparato retórico del cine propagandístico impulsado por el franquismo. La figura del legionario capaz de dar su vida por la patria, que acude en su defensa en momentos difíciles, sacrificando la familia o el amor, no deja de ser el símbolo perfecto del ciudadano español patriota. La película es realmente una historia de amistad y de fraternidad, o, mejor dicho, una historia subterránea, implícita o entre líneas de amor homosexual de el Grajo (Alfredo Mayo) y Mauro (Luis Peña), dos individuos con vidas difíciles y muy enigmáticas. Se desarrolla desde un primer momento la idea de que no se sabe nada acerca de dónde vienen ni de quiénes son estos tipos que terminan en la legión. Para desarrollar esa *historia de amor* entre dos hombres se opta por una puesta en escena basada en los silencios. Son habituales, en ese sentido, los momentos en los que aparecen estos personajes con la mirada perdida; cuando Mauro es obligado a licenciarse -algo que no se aclara en ese momento-, los amigos se despiden emotivamente; o, en la parte final, en plano medio, Alfredo Mayo solo, ausente, cabizbajo, apartado del resto, no reacciona ante nada, hasta que de pronto su rostro cambia radicalmente al escuchar que Mauro acaba de incorporarse al cuartel, dándole un fortísimo abrazo y un beso en la mejilla. Otra vez los dos juntos, inseparables, algo que se subraya en la secuencia final, en la que los dos amigos aparecen siempre juntos en todos los planos para emprender la defensa de la patria.

La mayor parte del metraje se desarrolla en un solo espacio escénico y en un tiempo concreto: un campamento militar en el norte de África, 1926. El Grajo, el más valiente de todos, no duda en participar en las misiones más difíciles. Es un tipo huraño, difícil, sin sentimientos: su vida cambia al conocer a Mauro. En una noche de farra, una desafortunada circunstancia da lugar a la muerte de un hombre. Mauro es acusado de asesinato. El film da un giro y entra en una breve trama policíaca. El Grajo intenta encontrar al auténtico culpable. Elipsis de diez años. Mauro y el Grajo viven vidas muy distintas. Se nos tiene reservada una auténtica sorpresa. Faltan solo seis minutos para el final. Una última secuencia nos sitúa ante los prolegómenos de la Guerra Civil. Por un documento (una invitación a una fiesta) sabemos que es el 18 de julio de 1936. Como era de esperar, el "alzamiento" provoca el reencuentro de los viejos amigos, que acuden de inmediato a la llamada de la patria. Un destacamento de legionarios en formación entona una canción. El comandante (Manuel Luna) arenga a su tropa. La

Luis Peña

cámara se sitúa detrás de él, en sombra, enmarcando al numeroso grupo en un reencuadre nada baladí. Es la imagen colectiva de los *salvadores* de la patria. Le sigue una brevísima secuencia de montaje con imágenes de archivo de explosiones, tanques, alambradas; en plano medio, desfilan Mauro y el Grajo, alegres y jubilosos, dispuestos a colocar en lo alto de una loma la bandera de España.

Es difícil pensar que un director tan sensible, poético a veces, e inclinado por cierta estética literaria, disfrutara mucho con el éxito alcanzado por esta cinta «legionaria». Para Alberto Elena, quizás fuera el éxito de *¡Harka!* (1941) lo que animara a Cifesa a rodar este film, «una suerte de remake en donde la gravedad y el hieratismo del modelo cedieron paso al costumbrismo y al humor, siempre al servicio de idénticos planteamientos ideológicos» (Pérez Perucha, 1997: 134). El guion es obra del entonces jefe de producción Luis Lucia, quien -por razones personales, familiares y profesionales- no pareció sentirse muy a gusto con estos temas. Cifesa se posiciona claramente como garante de una ideología, de un sistema, de una época.

El frente de los suspiros (1942) es una especie de film manifiesto en donde se deja meridianamente clara la postura del director a la hora de plantear este ciclo guerracivilista. Es, ante todo, un relato desde la retaguardia, un cine «patriótico»; así, en términos generales, prefiere calificarlo Orduña, por la idea de que su mensaje persigue la defensa de ciertos «valores». En esta película se alude constantemente a ciertos hechos de la Guerra Civil ocurridos en febrero de 1937, pero, eso sí, sin ofrecer ni una sola imagen referencial. La acción se desarrolla íntegramente en la ciudad de Sevilla. Otra vez se vuelve a optar por un núcleo familiar de clase acomodada, formado por un padre, el atormentado viudo don Ricardo Cañaveral (Manuel Arbó), y sus dos hijos, María de los Reyes (Pastora Peña) y Ricardito (Fred Galiana). Un día, inesperadamente, aparece Pablo Cañaveral (Alfredo Mayo), primo de aquel, un personaje transcendental para la resolución del drama, no muy bien recibido en un primer momento. Las partes más dramáticas, que tienen que ver con ciertos conflictos entre los miembros de la familia, ocurren en el patio andaluz de la casa de los Cañaveral.

La cinta es ante todo una mezcla de relato policíaco y melodrama. Ricardito desea alistarse en la Marina, pero su padre se opone a ello. ¿A qué obedece la bravura del joven? O, mejor dicho, ¿qué pretende en realidad? Se opta por una puesta en escena basada en el empleo de primeros planos con una fotografía e iluminación muy marcadas, focalizando los ojos de los actores. Ricardito se siente un desdichado, un cobarde; ve cómo sus amigos se han ido voluntarios a la Escuadra, cree que se reirán de él, y no quiere ser un enchufado. Ya han ido al frente muchos chicos de su edad e incluso más jóvenes. Le emocionan las esquelas que dicen «murió por Dios y por España a los diecisiete años de edad», «se va derecho al cielo como los mártires». No le tiene miedo a la muerte. Una tarde regresa emocionadísimo a su casa: «Papá, papaíto, hemos tomado Teruel». El júbilo de la familia es mayúsculo, absoluto. Los dos hermanos se disponen a ir a una "manifestación" en las calles de Sevilla: una vez más, nada se nos muestra. En cualquier caso, este es el aldabonazo que necesitaba Ricardito para tomar la decisión de alistarse en la legión sin el permiso paterno. Regresa al poco tiempo («aquello es magnífico»); su padre le autoriza a irse voluntario a la Escuadra. Orduña parece estar hablando a través del tío Pablo en una escena que tiene mucha importancia en la construcción del discurso político del film. Plano medio y fijo. Este se encuentra rodeado de varias muchachas jóvenes, amigas de su sobrina María de los Reyes; tras lamentar no poder estar en el frente por su edad, les habla de los tres frentes que existen en una guerra:

> El de los soldados que luchan, el de los civiles que trabajan y el de las mujeres que suspiran. El frente de los suspiros. Las madres suspiran por sus hijos, las mujeres por sus maridos y las chicas por sus novios.

El director madrileño utiliza al actor Alfredo Mayo como *alter ego* para plasmar en la pantalla sus reflexiones guerracivilistas. El film se cierra con una secuencia que está en la línea melodramática de la que abría *Porque te vi llorar*. Los republicanos no tienen piedad: acaban de bombardear un hospital de urgencia. Solo vemos a una joven moribunda. Música de violín de fondo. La vida sigue. En el patio sevillano -con una enorme cruz iluminada en el centro- un coro de bailarinas ameniza la fiesta. La cámara inicia un trávelin lateral para mostrar, simbólicamente, los jubilosos chorros de una alegre fuente.

Comedia

Tras estos primeros títulos de carácter político con no poca importancia del registro melodramático, en los que puede verse una cierta forma de hacer un cine personal, Orduña se pliega al sistema de producción comercial de Cifesa para realizar un ciclo de siete comedias al más puro estilo americano, una combinación de *alta comedia* o *comedia sofisticada* y *screwball comedy* (Lubitsch es su director preferido), e italiano (las comedias de teléfonos blancos). Una serie de constantes se repiten en este interesante ciclo cómico.

1. *Quomodo fabula, sic vita* (la vida es como una obra de teatro) o *theatrum mundo* (el teatro del mundo o de la sociedad). Cada ser humano

desempeña un papel determinado en la vida. Estamos en las antípodas de un planteamiento filosófico-moral o serio, por tanto, barroco, del tema basado en el desengaño de la existencia, la inconsistencia de la vida o la vanidad de las apariencias. Esto es otra cosa muy distinta: ¿acaso una parodia de este tópico literario? Nadie es quien dice ser: todo es mentira, fingimiento, pura representación. Unas veces la actuación viene motivada por un móvil noble: conocer bien a una persona, abrirle los ojos ante la realidad, enamorarse de alguien; agradar a quien tiene los días contados, haciéndole pasar un buen rato; ayudar a un amigo en un trance difícil; ganarse la vida sin que ello conlleve perjudicar a otros; alcanzar un cierto estatus social o simplemente no renunciar a un *modus vivendi* de riqueza o esplendor... Otras veces, en cambio, los personajes fingen para conseguir el éxito, para desvelar un misterio oculto, para desenmascarar a los impostores.

2. La farsa determina la estructura externa e interna del film. Una parte importante del metraje lo ocupan ciertas secuencias en las que un personaje en complicidad con otros -casi siempre la familia o amigos- inventa una vida ficticia. Coincide con el nudo. Una constante temática es el asunto del doble o máscara, o la sustitución de personalidades.

3. El hilo argumental gira en torno a una peripecia sentimental. Cobran especial relevancia los romances entre una mujer joven y atractiva, decididamente moderna, y un hombre no tan joven, más inseguro, algo pusilánime. Al final siempre triunfa el amor, representado en ese *happy end* tan hollywoodense: los amantes se funden en un abrazo o en algo más: algunos están casados, pero no han llegado a consumar el matrimonio; están a punto de iniciar una nueva vida...

4. La importancia de la ironía y de la sátira. Se ofrece una burla fina y disimulada de las costumbres de la clase media alta y, sobre todo, de la aristocracia. Pero a veces se va más allá: el objeto último es censurar o ridiculizar. Los ricos que habitan enormes mansiones no quieren renunciar a su tren de vida; los nuevos ricos anhelan los títulos de la aristocracia. ¿Amor o dinero? Se pueden tener las dos cosas... No son pocos los matrimonios de conveniencia: el fin justifica los medios. La clase baja está representada por los criados.

5. Carácter moralizante. La lección final es que la vida no es lo que parece. A poco que se indague en tipos, parejas o familias, es fácil descubrir que la vida es un circo. No debe verse, con todo, como un cine social. Simplemente, «poderoso caballero es don Dinero».

Deliciosamente tontos (1943) plantea la historia realmente enrevesada de un matrimonio de conveniencia y del cobro de una sustanciosa herencia. La iniciativa ha partido de María Espinosa (Amparo Rivelles), una joven inquieta, algo excéntrica y soñadora, que vive en La Habana; se ha comprometido con Ernesto Acebedo (Alfredo Mayo), un español que goza de una situación algo privilegiada. Este pasa por una especie de desequilibrio sentimental, quizás por leer tanto *Romeo y Julieta* de William Shakespeare, todo un hermoso homenaje a *Don Quijote*. Se celebra una boda rara: se casan por poderes. Para presentarse, Ernesto, que no termina de fiarse del «negocio», le manda a María una foto de su criado Dimas, un tipo poco agraciado. A partir de aquí comienza el juego y la impostura. La farsa se desarrolla durante una travesía en un transatlántico: Ernesto desea conocerla, quiere saber si es capaz de enamorarse de una mujer a quien solo conoce por cartas. El viaje en barco se convierte en una experiencia amorosa de dos personas que no se conocen, a pesar de estar casados.

En *La vida empieza a medianoche* (1944) la confusión entre realidad y farsa es ya hiperbólica. Una mujer muy independiente, Silvia Heredia (Marta Santaolalla), necesita un lugar donde pasar la noche antes de encontrarse al día siguiente con la famosa escritora María Lintz (Julia Lajos) para la que empezará a trabajar como secretaria. Se hospeda en el apartamento de su mejor amiga, una actriz que se va a Barcelona. La farsa está a punto de comenzar. Ricardo Aliaga (Armando Calvo), músico y compositor de la pieza *La vida empieza a medianoche*, la «contrata» como «actriz» para fingir ante su abuelo (Pepe Isbert) que es su mujer; también «alquila» a un niño que hace pasar por su propio hijo. Los dos intentan fingir ante el moribundo abuelo -luego sabremos que él también fingeser la pareja perfecta, evitándole así un desengaño o desilusión. Por si esto fuera poco, aparece la auténtica actriz (María Isbert), la que en un principio había sido contratada para esta escena farsesca. No acaba aquí todo. Al poco entra en escena la escritora que resulta ser una ladrona: se ha apropiado de unos manuscritos inéditos de su difunto marido. Esta historia de plagio la descubre Álvaro, un supuesto admirador suyo (José María Seoane). La comedia concluye con la pareja protagonista declarándose su amor o, en otras palabras, con la claudicación de la mujer independiente en brazos del marido. Eran tiempos de moralidad ultracatólica. Si algo resulta llamativo no es tanto este cruce de personajes que llega a ser sumamente lioso, como la historia de amor que surge y que progresivamente va creciendo en el curso de la farsa. Primero hay desprecio o ninguneo entre la dama y el galán, al poco comienzan a intimar («hacer el amor» es la expresión más utilizada) y por fin confiesan estar enamorados. No se puede decir que el amor haya surgido a primera vista; antes bien, ciertos roces o diferencias les han permitido conocerse más y mejor.

Cine histórico

Con el marbete de *cine de cartón piedra* se suele calificar el corpus de películas históricas dirigidas por Orduña. Un film aparentemente poco histórico como *Serenata española* (1947) explica cómo es el oficio del cineasta. Se trata más bien de un *biopic* del músico español Isaac Albéniz, interpretado por Julio Peña: no abarca toda su vida, sino solo anécdotas legendarias recreadas en la ficción por Luis y Eduardo Marquina, algunas de muy dudosa credibilidad.

En la primera parte (1867) se relatan algunos hechos de la difícil infancia del músico; al cabo de unos años (1882), está ya entre lo más granado del ambiente musical de Bruselas. Una noche asiste a una fiesta, invitado por la famosa cantante Laura Salcedo (Maruchi Fresno), quien, a su vez, le presenta a Franz Liszt (Arturo Marín). Los consejos que Albéniz recibe del famoso compositor húngaro son determinantes en adelante para su labor creadora:

> Franz List: En mi opinión todo arte debe ser sincero y expresar algo. En su canción la sinceridad y la fuerza expresiva están principalmente en el tema. ¿Y cree usted que una tierra como la suya no puede aspirar a algo universal? Siga por ese camino, líbrese de influencias extrañas que torcerían su rumbo, siga el que le marque la vida misma, pero no en ningún país que le sea extraño. Viva en España. Nútrase de ella. Recorra sus caminos. Sufra si es necesario, pero llénese el alma. Y entonces sentirá la comezón de vaciarla en su arte. Una tierra que ha dado artistas ilustres, *héroes insignes*, todavía no encontró el músico que la defina en el pentagrama. Puede ser usted. ¿Le parece poco? Ese es su rumbo.

A continuación, en una secuencia de montaje musical, desfilan por la pantalla imágenes de lugares emblemáticos como el Alcázar de Segovia, un molino de viento manchego, el castillo de Bellver, la mezquita de Córdoba... Una escena clave, sin duda. He aquí el ideario de un cineasta que acaba de abandonar el «rumbo» incierto, sin duda, de la comedia, para recorrer otros «caminos» que han de llevarle a «llenar su alma» con las verdaderas esencias de España, que luego «vaciará» en sus películas folklóricas e históricas.

Sobre la tetralogía de cine histórico de Orduña se han vertido ríos de tinta, con juicios críticos que oscilan entre el elogio, la descalificación o el comentario juicio discreto. *Locura de amor* (1948) y *Agustina de Aragón* (1950) aparecen en un momento de auge de este tipo de cine; en cambio, *La leona de Castilla* y *Alba de América* (1951) son ya las últimas manifestaciones de un ciclo próximo a extinguirse. En todos los casos, se adopta un punto de vista antiliberal, patriótico y católico. Se ofrecen imágenes de etapas relevantes del pasado, como el Imperio Español o la Guerra de la Independencia, o de figuras ilustres, como los Reyes Católicos, Juana de Trastámara o Carlos I.

Son relatos protagonizados casi siempre por un tipo de heroína especialmente particular: ante retos o momentos cruciales, muy difíciles también en lo personal o sentimental, estas mujeres se muestran valientes e intrépidas, con un derroche increíble de fuerza, entereza y decisión, de ofuscación autodestructiva incluso, en un mundo gobernado por hombres. En *Locura de amor*, Juana de Trastámara (Aurora Bautista) recibe el mandato de su madre Isabel la Católica para hacerse con las riendas del reino de Castilla; enfrente tiene a un influenciable y amilanado Felipe el Hermoso (Fernando Rey) y a otros conspiradores que intentan incapacitarla por loca. ¿A qué obedece esta importancia de la figura femenina? Para Benet, «a pesar de que la política oficial del Régimen destinaba a las mujeres un papel secundario en la sociedad y limitaba escandalosamente sus derechos, su papel era decisivo como consumidoras de los productos culturales de masas» (Benet, 2012: 230). Así pues, la mente de los productores está puesta en los espectadores, mejor dicho, en las espectadoras, que acuden asiduamente a las salas para ver estas tramas melodramáticas interpretadas por sus estrellas favoritas. Gubern ha hablado de «ciclo matriarcal» para referirse a este corpus de películas en las que se le concede un papel preeminente a la mujer; en ellas sobresale el poder femenino, su enérgico e incluso épico proceder: *Reina Santa* (Rafael Gil, 1947); *Sangre de Castilla* (Benito Perojo, 1950) -a su juicio «la que ofrecía una más nítida coloración feminista»-, *Agustina de Aragón*, *La leona de Castilla* y *Catalina de Inglaterra* (Arturo Ruiz Castillo, 1951), entre otras (Gubern, 1994: 443).

Agustina de Aragón se desarrolla en plena Guerra de la Independencia. Por azar, Agustina (Aurora Bautista) se ve inmersa en un asunto de Estado: proteger unos documentos secretos sobre la resistencia. Es una mujer de palabra, muy terca: «Nadie podrá arrancarme nunca ni una palabra»; la *voice over* del prólogo la presenta como «símbolo del valor de la raza». El desarrollo de los trágicos acontecimientos que está presenciando en tierras aragonesas la llevan a tomar plena conciencia de la transcendencia del acontecer histórico. En un momento difícil, con la ciudad sitiada y a punto de capitular, Agustina se pone al frente de los aragoneses, a quienes anima con su valor y patriotismo. Cifesa consolida en esta cinta una de las imágenes más míticas y espectaculares del cine político de posguerra: es justamente un plano general de apertura; antes de que pasen los títulos de crédito, en el centro aparece un cañón y, a la izquierda, Agustina gritando, dispuesta a prender la mecha. Tras disparar el cañón, el nombre de la actriz abarca prácticamente todo el encuadre: Aurora Bautista. La *voice over* (de Orduña) precisa el significado de la heroína: «la impar figura de Agustina de Aragón, símbolo del valor de la Raza y del espíritu insobornable de independencia de todos los españoles».

En otras palabras, se trata de representar la defensa de la patria (Zaragoza / la España franquista) del peligro exterior (Napoleón / los enemigos externos del Régimen). El simbólico y mítico plano inicial de Agustina disparando el cañón reaparece en la penúltima escena del film: Agustina pone fin a la rememoración de aquellos trágicos acontecimientos. La última escena está reservada para la audiencia de su majestad Fernando VII. La heroína aragonesa realiza una *entrada espectacular*, similar a la de Juana de Castilla en la catedral de Burgos para dirigirse a las Cortes, o a la aparición de María Pacheco ante el Concejo de Toledo, o a la presencia de Cristóbal Colón con un grupo de indígenas en la Catedral de Barcelona ante los Reyes Católicos. Agustina se postra ante Fernando VII. El rey reconoce el valor de su gesta y prende en su pecho una condecoración. Agustina gira entonces la cabeza. La mirada perdida, el gesto de abatimiento, pero también de satisfacción por el deber cumplido. *Agustina de Aragón* es un film cargado de ideología, pero también un ejemplo de cine de entretenimiento. Aurora Bautista se ha convertido en la actriz más célebre del cine español y en la estrella principal de Cifesa.

No menos espectacular es la interpretación de Amparo Rivelles en *La leona de Castilla* en el papel de María de Pacheco, esposa de Juan de Padilla (Antonio Casas), que se enfrenta a Carlos I en la Guerra de las Comunidades. Al morir Juan, ejecutado en el patíbulo por las tropas imperiales, María se hace cargo del gobierno de la ciudad de Toledo y continúa denodadamente la lucha contra las tropas del Emperador. No hace sino continuar la petición que le ha hecho su marido en una carta póstuma. Otra vez una historia protagonizada por una mujer de palabra, fuerte y virtuosa, aquí convertida en símbolo de lucha contra la opresión y en defensa de la libertad. Sin duda, es este un tema muy polémico e ingrato para el Régimen; es preciso, por tanto, hacer algunas advertencias. En un prólogo textual, tras haber visto pasar los títulos de crédito la imagen de un patíbulo, sinécdoque del final que les espera a los traidores, se aclara la condición y naturaleza de María: el narrador realiza un elogio de los grandes logros externos de la España Imperial, para centrarse luego en un problema interno, la revuelta de los comuneros, que «se levantaron en armas contra el rey» para mantener sus fueros y privilegios. La cámara ofrece una serie de panorámicas -de izquierda a derecha; de derecha a izquierda- del Tajo, en primer término, y, al fondo, de la ciudad de Toledo. «Es una historia triste».

Tras esta particular contextualización espacio-temporal, se pasa a la presentación de la heroína. Tras un fundido, observamos un espacio en ruinas. La cámara se adentra por entre los escombros de un cementerio de Oporto, donde andan pastando unas ovejas. Se focaliza el epitafio de una lápida: «María de alta cuna derivada, esposa fiel del inmortal Padilla, honor del sexo, yace aquí enterrada. Descansa en paz Leona de Castilla». Una bella metáfora del olvido que habitan algunas vidas ilustres. Cierra el prólogo el interesante diálogo de dos personajes que conocieron a la regidora de Toledo, pertenecientes a los dos bandos: don Pedro de Guzmán, duque de Medina-Sidonia (Virgilio Teixeira), por los imperiales, reconoce que poco importa ya que su rebeldía no tuviera razón; don Lope (Jesús Tordesillas), por los comuneros, afirma que su grandeza residió en ser fiel a su palabra. Castilla, claro, sinécdoque de España. No deja de provocar confusión esta mezcla de rebeldía y patriotismo. ¿Cuál es la prioridad de su discurso político? ¿Se trata acaso de una metáfora de la reconciliación de las dos Españas? Este juego de contrastes y paradojas está entre lo más interesante del film.

Con *Alba de América* se cierra este ciclo histórico de carácter político. A Orduña le horroriza *Christopher Columbus* (David MacDonald, 1949), la cinta sobre Cristóbal Colón que los ingleses han producido con el actor Frederick Marck como protagonista; le escandaliza la imagen denigrante que se ofrece de España, de la gesta del almirante y, sobre todo, de los Reyes Católicos. Con todo, no queda del todo satisfecho con la película que, a su juicio, no resulta una obra de arte completa, aunque algunas escenas estén bien conseguidas. La película sufre algunas limitaciones presupuestarias, pero logra salir adelante.

Alba de América presenta una hermosa factura; muchas secuencias, escenas o planos se recuerdan vivamente. Es una cinta fantástica. Ahora el protagonismo recae en el personaje del almirante Cristóbal Colón, interpretado por el actor portugués Antonio Vilar. En los títulos de crédito se anuncia la «colaboración especial» de Amparo Rivelles para el papel de la reina Isabel la Católica. No sería exagerado afirmar que, a pesar de que su presencia en la pantalla es mucho menor al de las otras heroínas del ciclo, su peso en el desarrollo de la trama narrativa resulta fundamental. El mensaje es el siguiente: el descubrimiento de América se debe, ante todo, al empeño y perseverancia de Colón y a la intervención de la reina Isabel; muchos fueron los enemigos que le salieron a paso: marineros, banqueros, o gentes de la Corte. El empeño de la reina es doble: evangelizar a los pueblos indígenas, pero también hacer grande a Castilla. Sus apariciones están contadas y casi siempre lo hace para entrevistarse con Colón.

Desde el primer encuentro, Isabel se identifica con el proyecto de este «forastero», soñador y aventurero, que permitirá «alumbrar la noble familia de las Españas». Además, los guionistas dejan muy claro el determinante papel de la Iglesia en este magno proyecto. Colón encuentra el apoyo firme de los frailes del monasterio de la Rábida que le aconsejan que sea perseverante y que, ante las posibles negativas de los monarcas, esté siempre cerca de la Corte. Porque ese es también parte del mensaje: Dios ha elegido al reino de Castilla para emprender esta misión. Frente a todo esto, al rey Fernando se le presenta como alguien más realista o pragmático a la hora de tomar decisiones, llegando incluso a tildar a su mujer de «soñadora». Con todo, Isabel vence en este mundo de hombres. Y esto se pone de manifiesto en una puesta en escena teatral. En los planos de conjunto, a la hora de componer el encuadre, Fernando siempre ocupa un lugar secundario con respecto a la reina; la cámara focaliza a Isabel, rodeada de súbditos, entre los que el rey parecer ser uno más. Además, los pocos primeros planos que hay en la cinta los copa ella para atestiguar su determinación y firmeza. Ocurre algo parecido con el personaje de Juana de Castilla en *Locura de amor*: la grandeza de la heroína no es solo personal o sentimental sino también política.

En su primera aparición en escena, la reina Isabel entra en un campamento para mostrar su solidaridad con los heridos de la guerra. En la segunda entrevista con Colón, tras elogiar sus dotes como cartógrafo, se muestra como una estadista firme en sus juicios. Le recomienda que sea paciente, pues antes de nada es necesario «pacificar» las tierras conquistadas por los moros. «Con la paz -concluye-, Castilla se echará a la mar». En las capitulaciones de Santa Fe, Colón establece una serie de peticiones, entre ellas ser nombrado Almirante Mayor de la Mar Océana y Visorrey de las tierras descubiertas. Es ya la tercera entrevista: la reina toma las riendas del asunto; es ella quien decide que esta empresa debe ejecutarse. Al llegar a su destino, Colón reconoce en público que la reina Isabel adivinó desde el primer momento el éxito de este proyecto. Dos primeros planos cierran el film: primero, el de una reina sonriente, orgullosa, que sabe que con este viaje Castilla pasará a la historia; segundo, en una especie de metáfora cristológica, una silueta de la figura de Colón, mirando el cielo, sobre la que aparece la palabra *fin*.

El análisis fílmico de una secuencia de *Locura de amor*, de gran densidad poético-narrativa, permite ilustrar cómo en gran medida este tipo de cine histórico descansa en la interpretación del personaje femenino. De sobra es conocido el asunto del film: la hija de los Reyes Católicos y heredera del reino de Castilla, Juana de Trastámara o Juana la Loca (Aurora Bautista), siente una pasión amorosa irrefrenable y hasta morbosa por su marido Felipe I (Fernando Rey), soberano de los Países Bajos e hijo del emperador alemán Maximiliano I de Austria y María de Borgoña. En cambio, el archiduque la desdeña: prefiere irse de farra con otras mujeres. El relato suele comenzar *in extrema res*, cuando la heroína está en su senectud (*Locura de amor*; *Agustina de Aragón*), o agonizando (*La leona de Castilla*): uno de los personajes -observador externo o partícipe en los hechos- refiere a otro (u otros) la historia de la heroína; la excepción es Agustina de Aragón. Para Juan M. Company, en el caso concreto de *Locura de amor*:

> La frondosidad enunciativa de la narración viene dada por el hecho de estar concebido el film como un relato en *flashback* que el capitán Alvar [Jorge Mistral] hace al futuro Carlos I [Ricardo Acero] para explicarle los orígenes de la locura de su madre, la reina Juana (...) el recurso a la narración retrospectiva de acontecimientos no cumple tanto la función de ilustrar al personaje interlocutor como la de dotar al espectador de un saber redundante. (Company, 1997: 11)

Estamos en 1508: a su llegada a España, Carlos I visita a su madre, muy enferma, recluida desde hace tiempo en Tordesillas debido a su lamentable estado de salud; el capitán Alvar comienza entonces el relato de la vida de doña Juana, justo en el momento de la muerte de la reina Isabel la Católica. Juana es en aquel momento duquesa en Flandes: se convierte en el pilar del Estado, algo que no parece cumplir, a priori, la contrafigura del archiduque Felipe el Hermoso, juerguista, irresponsable y mujeriego. Según el relato de Alvar, Juana ha sorprendido a su marido en un pabellón de caza en medio de una fiesta, cortejando a una dama, justo en el momento en que ella va a comunicarle la noticia de la muerte de su madre. Dolor y traición serán, en adelante, los basamentos de esta triste relación conyugal entre Juana y Felipe. Entre los episodios evocados por Alvar está la aventura de Felipe con Aldara (Sara Montiel), una mora vengativa que solo aspira a entrar en la Corte. El archiduque prefiere las aventuras con otras mujeres, situación que trastoca completamente a Juana; su locura se acentúa con la prematura muerte del marido.

No hay límites para el componente melodramático. El empleo del *flashback* no es tanto un estilema del cine de Orduña como un componente formal que define gran parte del ciclo histórico. En el caso de *Alba de América*, conviene hablar de un relato *in medias res*: en una de las carabelas que se dirige a las Indias, Pinzón se dispone a relatar a los marineros las vicisitudes por las que tuvo que pasar Colón en Castilla antes de emprender esta aventura. En la primera secuencia de *Locura de amor*, se ofrece la imagen de una Juana de Castilla, recluida en Tordesillas, descansando en sus aposentos, completamente enferma, trastornada, rodeada de los más íntimos, entre ellos su hijo Carlos I; este quiere conocer algunos hechos del pasado que expliquen cómo y por qué ha llegado su madre a esta situación. El capitán Alvar, que amó en secreto a la reina, da comienzo a su relato. Un primer *flashback* nos traslada a Bruselas: en montaje alterno, se observa primero a Juana, entonces duquesa, disfrutando de una vida apacible en palacio; entretanto, el archiduque pasa su tiempo emborrachándose, entre mujeres. La corte flamenca es un foco peligroso de intriga e inmoralidad. Tras una elipsis de cinco años, la acción continúa en Tudela. Ha muerto la reina Isabel la Católica: Juana, a quien sus súbditos califican de «buena» y «generosa», recibe el mandato directo de su madre de convertirse en reina de Castilla; a Felipe lo vemos en una montería e intentando seducir a la joven mesonera Aldara.

Desde este momento, dos aspectos configuran la psicología del personaje de la reina Juana de Castilla (el primero agrada al Régimen; el segundo le molesta): políticamente, una mujer independiente y libre, preocupada por gobernar su reino con buen criterio, a partir del ejemplo de su madre; pero, en el plano sentimental, una mujer obsesionada por un hombre, histérica, trastornada por los celos, fácilmente maleable. Es una ilusa: una y otra vez se cree sus mentiras, le perdona sus infidelidades. Pues bien, este carácter algo bipolar es utilizado por propios y extraños para considerarla una estadista incompetente. La secuencia se abre con un plano medio que rezuma melancolía: Juana, entristecida, mira fuera de campo, esperando la llegada de Felipe. Un grupo numeroso de súbditos la acompañan. La cámara inicia un trávelin de acercamiento a la heroína que, ahora sí, reacciona al evocar palabras que el siempre seductor Felipe le dijo en una escena anterior (*voice over* de Fernando Rey). No deja de ser una curiosa premonición de su inminente llegada. Juana sale de su ensimismamiento y grita irritada: «Callad, por favor, callad, no toquéis esa melodía». Está abatida. La cámara en trávelin lateral sigue a una súbdita, confidente de sus quejas de amor, a la manera de aquellas hermosas jarchas mozárabes de la Edad Media. Al parecer, los médicos -mandados por el rey- han aconsejado a Juana este retiro en Tudela para sanar de «esa dichosa enfermedad de la que todo el mundo habla». La interpretación contenida de Aurora Bautista es magistral, al saber mezclar nerviosismo, deseo e incertidumbre.

Hasta aquí solo el lado personal e íntimo de Juana; la llegada de Felipe desencadena la alternancia del discurso político y el conflicto sentimental. Es de noche. Este se presenta por sorpresa y solicita el perdón de la reina relatándole una ristra de mentiras. Un trávelin de acercamiento descubre las dos caras de la Juana sentimental, celosa y, al mismo tiempo, entregada a su marido. Felipe sale de cuadro. Casi un primer plano. Juana evoca con ternura a su madre. El lado político del personaje se afianza conforme avanza la película. Los nobles castellanos le piden que intervenga firmemente en el reino de Castilla. El punto culminante es su entrada en la catedral de Burgos, donde se han convocado las Cortes; la reina está dispuesta a defender con seguridad y firmeza su corona, enfrentándose a quienes quieren inhabilitarla y recluirla por loca: el propio rey Felipe el Hermoso, alentado por algunos conspiradores de la nobleza flamenca. Para una lectura política del film, no debe pasarse por alto el hecho de que los enemigos de Castilla proceden de fuera, del extranjero; el almirante de Castilla cree necesario conspirar contra este enemigo foráneo, aunque ello provoque una guerra civil. ¿Es esto una justificación de la sublevación franquista que dio lugar a la guerra civil española?

En la parte final se retoma el *leitmotiv* de la locura de Juana; la muerte de Felipe la trastorna por completo. No podía ser de otra manera tratándose de un melodrama histórico. Un trávelin de retroceso muestra a Juana -Aurora Bautista, en estado de gracia- abandonando el lecho de muerte de su marido, pidiendo a todo el mundo silencio. Juana vaga con su féretro de pueblo en pueblo. Plano final: Juana la Loca velando el cadáver de Felipe el Hermoso (recreación de un cuadro de 1877, de Francisco Padilla). Aparece la palabra *fin*.

Cine literario

Los estudiosos de la obra de Orduña suelen coincidir en señalar la intensidad expresiva que este pone en sus películas y relacionan esto con la omnipresencia de los elementos melodramáticos. A este cineasta le preocupan más las emociones, que una secuencia o un plano pueden suscitar en el espectador, que los elementos propiamente narrativos. ¿De qué recursos se sirve para conseguir este *cine emotivo*? Un elemento capital es el empleo de la metáfora visual: así, por ejemplo, el mar embravecido o tranquilo y el acantilado, en *Porque te vi llorar*, alude a la exposición de sentimientos de firmeza frente a las adversidades; o la presencia de rejas en el patio sevillano, espacio fundamental en *El frente de los suspiros*, sugiere la represión de los afectos o la comunicación. A lo largo de su amplia trayectoria cinematográfica, el director madrileño acude en no pocas ocasiones a textos literarios, unas veces de autores poco conocidos, o al menos hoy prácticamente olvidados (Manuel Tamayo y Baus, Francisco Villaespesa, Ricardo León...), otras veces, en cambio, a autores de prestigio (Cervantes, Benavente, los hermanos Machado, Baroja, Arniches...). El film *de época* o *melodrama de ambientación histórica Pequeñeces* (1950) destaca de manera especial entre las adaptaciones literarias del cine de posguerra. Orduña acude a una polémica novela del jesuita Luis Coloma publicada por entregas entre 1890 y 1891. El film ha suscitado elogios de manera prácticamente unánime: «un soberbio retablo, un relato inolvidable» (Torres-Dulce, 2014:14), «el más logrado título de este período [último tramo de los años 40]» (Nieto, 2014: 325).

¿Qué tiene de especial este título? ¿Aporta algo nuevo a su filmografía? En el nivel semántico, destaca el retrato mordaz y despiadado de la aristocracia madrileña en los tiempos del rey Amadeo de Saboya, la I República y el golpe del general Pavía, y, muy especialmente, la interpretación magistral de Aurora Bautista en el inolvidable papel de la casquivana e independiente condesa Curra de Albornoz. La configuración de los personajes -quizá, el elemento narrativo más conseguido- es sumamente llamativa: una protagonista doblemente infiel se mueve en un entorno social corrupto e inmoral. ¿Guarda esto algún tipo de similitud con el paisanaje que apoyó el levantamiento franquista? En el nivel formal, cabe destacar una muy estudiada puesta en escena y un cuidado en el trazado de las diferentes secuencias. No tiene nada que ver el papel de Curra con el de Juana de Castilla o el de Agustina de Aragón. Aquí se trata de una mujer más sofisticada y cínica, que, aburrida de la vida matrimonial, no duda en buscar amantes para saciar sus deseos sexuales, u otros fines más materialistas. Pertenece a esa frívola, irresponsable y degradada aristocracia española finisecular. Se sabe objeto de murmullos; es más, le gusta pasear a sus amantes, le excita tenerlos cerca en las fiestas; de hecho, tanto Juan Velarde (Ricardo Acero) como Jacobo Téllez (Jorge Mistral) trabajan en su propia casa, como «secretarios» de su timorato marido, el conde Villamelón (Juan Vázquez). A rey muerto, rey puesto.

Hay dos secuencias en las que Aurora Bautista está maravillosa: la primera ocurre en una fiesta de la aristocracia -de las muchas que hay en la película-, una noche en la que la dama se emborracha con uno de sus amantes; la otra, en la parte final, cuando los de su clase le hacen el vacío y la dejan plantada en una fiesta que ella ha preparado con mimo para recuperar su estima perdida precisamente por sus continuos escándalos. ¡Qué buena idea hubiera sido concluir el film con esta escena! Una heroína independiente, y en ocasiones muy cínica, cuyo principal propósito es medrar y ser reconocida socialmente. También poner en práctica el horaciano *carpe diem* gracias a sus innumerables dotes seductoras (Odas, I, 11).

Ella, él y sus millones (1944)

> *Ella, él y sus millones estaba bastante conseguido, porque incluso mis detractores dicen que es una película muy encajada en el momento técnico-artístico en que se realizó.*
>
> Juan de Orduña

Orduña había mostrado desde muy joven un cierto interés por el mundo del cine: para él, este *arte nuevo* no debía centrarse tanto en las adaptaciones de zarzuelas, de novelas o dramas, algo habitual en el cine mudo español, como en historias propias. Dos elementos resultaban fundamentales en la escritura del guion de su primera película, *Una aventura de cine* (1928): en primer lugar, la influencia del cine cómico norteamericano, en donde destaca la elegancia cosmopolita, asuntos como el azar, los encuentros inesperados y el amor, las escenas farsescas para el fingimiento o las falsas apariencias, o los raptos y las huidas; en segundo lugar, el magistral empleo del registro irónico para retratar a la sociedad española, en especial a las clase media y alta, a la mujer rica, frívola, cursi, soñadora, ilusa, y al hombre tímido, introvertido, a veces malvado o pícaro. Todo ello, además, con una evidente intención moralizante. Así pues, imitación del cine de Hollywood, pero también costumbrismo popular de raíz nacional. Para Aguilar, la llamada «alta comedia», a la que pertenece indiscutiblemente *Ella, él y sus millones*, presentaría los siguientes rasgos:

> a) películas de escasa diversidad interna, pero a menudo artísticamente magníficas; b) ubicadas por definición entre personajes / ambientes de elevado nivel social; c) se rodaba en su práctica mayoría en estudio, en suntuosos platós; y d) maliciosa e inteligente aclimatación carpetovetónica de las comedias románticas a la sazón de moda en Hollywood. (Aguilar, 2017: 39)

Algunas ideas apuntadas en la seminal *Una aventura de cine* se mantienen en la comedia *Ella, él y sus millones*; esa dualidad o, si se quiere, alternancia entre lo extranjero y lo costumbrista, es la base del ciclo de comedias que Orduña rueda para Cifesa entre 1941 y 1948. Concretamente, esta cinta está inspirada en una pieza teatral homónima de Honorio Maura, estrenada en el teatro Infanta Isabel en 1928. Del guion se encargan dos de sus colaboradores más habituales: Alfredo Echegaray y Manuel Tamayo. El rodaje se lleva a cabo entre mayo y julio de 1944. Una de las grandes virtudes del cine cómico de Orduña es su perfecto andamiaje estructural. El film mantiene el esquema básico de un episodio narrativo: el planteamiento (o presentación de los personajes en sus respectivos espacios), el nudo (la peripecia narrativa o desarrollo de la farsa) y el desenlace o resolución (la reunión de los amantes y la lección moralizante).

A su vez, la presentación se apoya principalmente en el empleo de la antítesis y la hipérbole. Los guionistas perfilan quiénes y cómo son los personajes, qué relación existe entre ellos, qué móviles justifican sus actos y qué importancia tienen en el desarrollo de la trama narrativa. Una primera secuencia nos sitúa ante Arturo Salazar (Rafael Durán), un empresario de 35 años, llegando a su despacho; se trata de un poderoso y orgulloso hombre de negocios, alguien muy influyente que despierta en sus subordinados respeto y admiración. El ritmo desde la primera escena -en realidad, de todo el film- es realmente trepidante: don Arturo y sus trabajadores solo saben hablar de sus quehaceres laborales; no hay apenas resquicios para la expresión de sentimientos o afectos. Hasta aquí un retrato nada complaciente de los tipos que medran y se sostienen en las altas esferas del mundo empresarial. Pero ocurre que Arturo desea a toda costa poseer algún título nobiliario, «entrar en el Gran Mundo»; acude al desaprensivo y cínico marqués de Hinares (Roberto Rey) con el objeto de conseguir una novia de sangre azul. Entiende Arturo que así logrará triunfar socialmente. El retrato del burgués adinerado termina de perfilarse con esta caracterización de tipo acomplejado. Por cierto, existen notables coincidencias, en lo que respecta al asunto planteado, entre este film y *La luna vale un millón* (Florián Rey, 1945), otra destacable comedia de la época.

A continuación, la acción salta a la casa de los duques de Hinojares (José Isbert y Guadalupe Muñoz Sampedro), de quienes es yerno el mencionado marqués de Hinares, con el objeto de presentar individualmente a sus integrantes. Se trata sin duda de una auténtica sátira de las costumbres de la aristocracia, una clase venida a menos, derrochadora, que ha dilapidado todo su patrimonio pero que sabe mantener muy bien las formas de cara al exterior. Y lo peor de todo: una clase incapaz de trabajar. Pese a ser una comedia muy divertida, el retrato ofrecido por Orduña no puede ser más implacable. El primer personaje en aparecer en escena es precisamente el marqués de Hinares, aún en la cama, a medio vestir, tras una noche de farra; la marquesa de Hinares (Ana M.ª Campoy) -hija de los duques- es la siguiente en mostrarse, reprendiéndole a su marido por el tipo de vida que lleva y el poco caso que le hace. En los diálogos del marqués es donde se observa el tratamiento irónico del tema del matrimonio, uno de los asuntos más satirizados del primer cine de posguerra; esta «unión» es una auténtica pantomima, la primera farsa de las muchas que se ofrecen al espectador. La escena en la que fingen ser felices ante el criado Dimas (Fernando Freyre de Andrade) es demoledora. Toda la cinta es una crítica del *postureo* del que hacen gala los integrantes de esta arruinada familia aristocrática. La marquesa anda histérica por toda la casa aireando sus problemas conyugales. Aparecen, a continuación, con constantes entradas y salidas de cuadro, sus hermanas Diana (Josita Hernán) y Noemi (Luchy Soto), su madre, la señora duquesa de Hinojares (Guadalupe Muñoz Sampedro), su hermano Loyola (Raúl Cancio), y, por fin, el señor duque de Hinorajes (Pepe Isbert). Es este quizás el momento más logrado del film.

La escena arranca con un plano medio del duque, elocuente y serio, que está dictándole un discurso farragoso, absurdo y surrealista (¡para ingresar en la Academia!) a su secretaria (María Isbert). Para ello es imprescindible también interpretarlo: la cámara lo sigue, en trávelin lateral hacia la derecha, por todo el salón. La sátira se completa con el retrato algo infantil de la secretaria que repite algunas palabras del «discurso» sin saber muy bien qué quieren decir; esta, además, aprovecha las pausas del recitado para leer una novela. Nadie en la familia lo toma en serio, ni siquiera él parece tener claro el contenido del texto. Es este un modelo de personaje que se repite con insistencia en la abundante, variada e interesante filmografía del actor madrileño. Para Llinás, el secreto del éxito de Isbert radicaba «en el abismo que separa su deseo de ser alguien y la realidad del pequeño burgués sin porvenir, que no puede ser tomado en serio» (Pérez Perucha, 1984: 31). A este molde interpretativo se acopla magistralmente el actor, desplegando un sinfín de gestos, ademanes y movimientos absolutamente personales, haciéndose el amo absoluto del espacio escénico. En fin, el retablo de personajes es sumamente esperpéntico. Nadie trabaja en esta arruinada familia. Nadie se ocupa de los problemas de los demás. En un punto sí coinciden todos, en la necesidad de tener dinero para poder seguir manteniendo un alto nivel de vida. La bomba está a punto de estallar: el administrador les anuncia que la familia está en bancarrota. Todo un deshonor para esta ilustre y aristocrática casa. Hemos llegado así al final de esta larga presentación, en la que, además, ha quedado formulada la intención satírica del film. Una vez más, «poderoso caballero es don Dinero».

El nudo abarca la mayor parte del metraje y presenta, a su vez, varias subpartes. Es el momento de la farsa y de la mostración de la capacidad que tiene el amor para cambiar a las personas, uno de los temas más habituales en este ciclo cómico. Lo que en un momento parece una sátira termina convirtiéndose en lección moral. El matrimonio de un burgués adinerado y de una aristócrata arruinada acaba triunfando gracias al amor. El señor marqués inicia sus gestiones para encontrarle al rico y cínico Arturo Salazar una mujer de alta alcurnia. El duque convoca un *consejo de familia* para informar de la ruina familiar: solo les queda dinero para un mes si siguen manteniendo el tren de vida que llevan. Es curioso: ninguno de los hijos se lamenta, saben que la influencia social del escudo Hinojares les puede ayudar. Irónicamente, el único que se entristece ante el derrumbe familiar es el fiel Dimas. Diana, condesa de Valrubio, y Noemi, vizcondesa de Pando, están dispuestas a «sacrificarse» por la familia.

Comienza la farsa. Las dos se ofrecen para el matrimonio de conveniencia con el señor Salazar: para este es un negocio más, 10 000 pesetas a cambio de un apellido ilustre. Desde luego, el retrato social y moral que ofrece el film no puede ser más despiadado. Arturo no puede decidirse por ninguna, aunque en un momento le pregunta al marqués cuál es mejor título, el de Diana o el de Noemí: necesita primero conocerlas. Cinismo en estado puro: «Resulta muy complicado esto de comprar un título». Finalmente, la elegida es Diana. La escena, absolutamente magistral, transcurre en un salón en casa de los duques, al estilo de aquellos films de William Wyler con la maravillosa Bette Davis. Plano general. Arturo, de pie, y Diana, sentada en un sillón, mantienen una charla muy fría sobre las condiciones del «negocio matrimonial». Se inicia un trávelin de acercamiento. La cámara acompaña en todo momento a Diana; de pronto esta se pone en pie y comienza a deambular por el salón. A partir de ahora ella lleva el peso de la conversación. Arturo asiente a cuanto la joven dice, queda algo empequeñecido. Es más: se abre a ella comunicándole ciertas intimidades; eso que dicen de él no es verdad, algunos lo acusan de «contrabandista", de «usurero» e incluso de «asesino». Diana sale de campo. La cámara sigue en trávelin lateral hacia la izquierda a un Arturo desconocido. Diana vuelve a entrar en cuadro. Le exige que sus padres no conozcan nada «de todo esto», «hay que mentirles con la mayor naturalidad». En dos planos se sitúa en primer término al personaje de Diana, la auténtica heroína de la subtrama amorosa que acaba de echar a andar; ella les confiesa de inmediato a sus hermanos Noemí y Loyola haberse quedado prendada de Arturo.

Lo que viene a partir de ahora es una de las constantes en el cine cómico de Orduña. El (re)conocimiento de la otra parte es una forma de (des) enmascararse. Unas veces son los personajes masculinos los que llevan la iniciativa (Alfredo Mayo, en *Deliciosamente tontos*; o Ricardo Aliaga, en *La vida empieza a medianoche*) acudiendo a la máscara o impostura. En este caso, es Diana quien está dispuesta a todo para que su marido llegue a enamorarse realmente de ella. Recurre a la farsa. Implica a su amigo Joaquín (Luis Peña) para darle celos. En un chaplinesco viaje de novios, Arturo empieza a comprender que en este «negocio» hay algo más que el deseo de poseer un título. Por momentos, las actuaciones de Arturo y Diana llegan a ser algo crueles. Esta parte se alarga demasiado y el ritmo del film se desequilibra: se ensartan los gags, las escenas bufonescas. Arturo empieza a replantearse la naturaleza del «negocio», pero Diana desea ir más allá. Su actitud llega a ser sádica, hasta el punto de abofetear a su marido en un momento en el que este intenta besarla. La subtrama amorosa da un giro inesperado. Arturo se desencanta; solo en la rutina del trabajo diario encuentra la felicidad.

El desenlace comienza a gestarse en una larga secuencia filmada con oficio y sumo detalle. Diana, siempre con esa seguridad que la caracteriza, quiere recuperar a Arturo. Es la tercera y definitiva farsa de la cinta: la reconciliación. Para ello es preciso implicar a sus hermanos, a su cuñado y a su amigo Joaquín. Intenta sorprenderlo -lo que desea es terminar de saber si siente algo por ella- con una fiesta para presentarle a lo más granado de la sociedad del momento. Ha de ser una interpretación apoteósica. Cada uno debe *representar* cabalmente su papel, una puesta en escena por todo lo alto. El evento más que emocionar a Arturo, quien parece haber olvidado su deseo de medrar socialmente, va a servir para que vuelvan a aflorar sus celos por Joaquín. Orduña nos tiene preparada una hermosa escena de amor -otra más- de Arturo y Diana, sacándolos del salón de baile y llevándolos a la biblioteca. Una cámara en continuo movimiento acompaña el deambular nervioso de los personajes. Plano contraplano para filmar la última discusión del matrimonio. Corte a plano medio, uno de los más largos: Arturo le pide perdón por su actitud materialista, al tiempo que le confiesa estar enamorado de ella. El uso de la antítesis se pone de manifiesto ahora en una cuidada puesta en escena. Los momentos de sinceridad se resuelven con planos fijos y largos (el amor); los que tienen que ver con la arrogancia y el orgullo, a base de movimientos de cámara rápidos y del clásico plano contraplano (el negocio). No nos sorprende el cierre: música de fondo de Mendelhson (¡ay la ironía!). Diana se agarra del brazo de Arturo para llevárselo a su dormitorio. Por fin, pasarán su primera noche juntos después de casi un año de matrimonio. La puerta se cierra (¡ay Lubitch!) y aparece la palabra *fin*.

Orduña ha retratado finamente las apariencias e hipocresías de la burguesía y aristocracia madrileñas. Cabe destacar la descripción que se hace de un tipo de mujer independiente, vividora, con iniciativa, que encandila a los hombres. El momento en que las dos hermanas, Noemí y Diana, comienzan el cortejo de Arturo es una buena prueba de ello. Con todo, al final terminan triunfando las ideas del matrimonio y la necesidad de vivir bajo la protección del hombre. Sin duda, es este un cine de evasión, escapista, intranscendente, muy alejado de la realidad social. Su objetivo es entretener al público, hacerle pasar un rato entretenido, no pensar en nada.

Dos años antes, Gonzalo Delgrás estrenaba *Un marido a precio fijo* (1942), con un argumento muy parecido y también con Rafael Durán como actor protagonista; en este caso, la heroína es la frívola, independiente y caprichosa Estrellita Vilar (Lina Yegros), una joven millonaria, ahijada y heredera de un acaudalado empresario (Luis Villasul), que un buen día decide dejar plantado a su novio y emprender un viaje por Europa. Existen varias concomitancias con el film de Orduña e incluso ciertas coincidencias en los diálogos. Efectivamente, tiene que ver con la trama amorosa de una pareja que comienza su relación con la firma de un contrato matrimonial que beneficia a ambas partes: se imponen la obligatoriedad de no enamorarse. Delgrás es menos sutil a la hora de retratar a los jóvenes de la clase alta; parecen peleles o fantoches, ocupando su tiempo en juegos inanes e infantiles. Rafael Durán y Josita Hernán habían trabajado juntos anteriormente: Levante Films, fundada en abril de 1940, los ha contratado como la «pareja ideal» para protagonizar tres comedias (*La tonta del bote*, 1939, de Gonzalo Delgrás -primer gran éxito del cine español tras la Guerra Civil-, *Muñequita*, 1940, de Ramón Quadreny, y *Pimientilla*,1941, de J. López Valcárcel) muy en la línea de *Ella, él y sus millones*. Durán se pasa enseguida a Cifesa para actuar en los melodramas de época de Rafael Gil; Josita, deseando deshacerse de este tipo de papeles estereotipados, abandona el cine en 1947 (con treinta y tres años) y se pasa al campo de la literatura.

La crítica coincide en señalar que *Ella, él y sus millones* es la comedia más lograda de Orduña, la que quizás más se acerca al cine de las alusiones sexuales implícitas de Lubitsch. Esto se explica en gran medida por el hecho de que las condiciones de producción son mejores: un presupuesto muy superior a las comedias anteriores y un plan de rodaje mayor, además de un amplio reparto de estrellas. La versión fílmica se recibe con alborozo el día de su estreno el 25 de diciembre de 1944.

Conchita Montes

La otra generación del 27 y el cine. Edgar Neville

Edgar Neville disfrutó haciendo cine, su cine, y eso se nota.
Ramón Sala Noguer

Un señorito culto y refinado, un enamorado de la vida

Edgard Neville (Edgardo Neville y de Romrée) es considerado por la crítica cinematográfica, de manera prácticamente unánime, el autor más destacado de la *otra generación del 27* y, al mismo tiempo, el cineasta más interesante de los años cuarenta. Su producción, aparte de variada, es muy amplia, pues abarca prácticamente treinta años. Adentrarse en su mundo es realizar un viaje ciertamente maravilloso por los avatares del cine producido en España durante la Segunda República, la Guerra Civil y la posguerra; su filmografía termina en los años en que comienza a gestarse el llamado *Nuevo Cine Español.* Neville no necesitó de impulsos institucionales para consolidar una obra original, coherente, muy personal. Aficionado a la modernidad, es uno de los primeros en adscribirse a los movimientos de vanguardia, en acudir a las famosas tertulias del iconoclasta Ramón Gómez de la Serna. Al mismo tiempo, pasa por ser un intelectual regeneracionista, apasionado por la tradición sainetesca española y, en general, por las raíces de lo popular; en esto último, el magisterio de Ortega y Gasset, por un lado, y la amistad con Lorca, por otro, resultan cruciales.

Casi treinta títulos jalonan su trayectoria cinematográfica. Son producciones nacionales, en su mayoría, pero no faltan tampoco algunas coproducciones con otros países, en especial con Italia: cortos, documentales, obras de ficción, adaptaciones novelescas y teatrales. Neville es, además, un excelente dramaturgo, con propuestas o reescrituras interesantísimas; unas veces adapta textos fílmicos, como, por ejemplo, la reelaboración de *La vida en un hilo* (1942) para una obra homónima estrenada en 1959; otras, realiza versiones fílmicas a partir de piezas teatrales propias, como *El baile* (1959), basada en una creación estrenada en 1952. Su obra literaria está recogida en los mejores catálogos y colecciones en solventes ediciones críticas.

Neville procede de una familia acomodada y aristocrática (su madre es hija de condes; el padre, un ingeniero inglés). En el Colegio del Pilar de Madrid hace sus primeros amigos. La vocación literaria empieza a manifestarse en él desde muy joven; también su afición por el mundo de las tertulias, los cafés y la vida bohemia. Comienza la carrera de Derecho, pero la interrumpe para ir, en 1921, a la guerra de Marruecos; desde allí escribe crónicas para el diario *La Época*, firmadas con el seudónimo «el voluntario Ben-Aquí». A su regreso entra en contacto con Gómez de la Serna, con los movimientos de vanguardia y con otros autores de la otra generación del 27. Conoce al filósofo Ortega y Gasset. Publica en 1926 su primer libro de cuentos, *Eva y Adán*. Por estos años inicia también su carrera diplomática. En 1928 es destinado como agregado diplomático a la Embajada española en Washington. En Hollywood conoce a Charles Chaplin, Douglas Fairbanks, Mary Pickford, Adolphe Mejou, Bebe Daniels, Joan Crawford y, al parecer, vive un apasionado romance con Constance Bennett. *El demonio y la carne* (Clarence Brown, 1926) -en especial, la interpretación de Greta Garbo en el papel de una seductora mujer que se interpone entre dos oficiales- despierta en él la pasión por el cine. En Hollywood trabaja en las versiones hispanas de las primeras películas sonoras, ocupándose de la traducción de los diálogos en producciones de la MGM. Regresa a Madrid en 1931. Es de los primeros intelectuales en celebrar con alborozo la llegada de la República; al poco tiempo, muestra su más absoluta disconformidad.

Marcha de nuevo a Hollywood (1931 y 1936); en su tercer viaje intima -se conocen, en un encuentro fortuito, a principios de 1933; ella tiene diecinueve años, y él, treinta y tres- con la mujer más decisiva en su vida y en su obra, Concepción Castro, luego convertida en Conchita Montes, una de las mejores actrices del cine de posguerra. Conchita ha llegado por su cuenta a EE. UU. en octubre de 1935 en condición de profesora de español (Vassar College, Nueva York). Neville recala en Nueva York en mayo de 1936. Desde ahí los amantes se van a Hollywood. Los dos son modernos, cultos, inteligentes, ricos, liberales, y a los dos les apasiona el cine y la literatura. Posiblemente sea esta la más hermosa historia de amor vivida entre un director y una actriz, en la que no faltan desencuentros y rupturas forzosas. Neville, en ese momento, tiene en España una esposa y dos hijos.

La pasión por Hollywood y por el sainete

La primera etapa de su trayectoria fílmica abarca los años treinta (1930-1939). En realidad, no se puede hablar de un cine personal hasta 1941, aunque, ciertamente, aún con algunos titubeos. Tres títulos conforman su «prehistoria» cinematográfica. En primer lugar, cabe mencionar *¡Yo quiero* *que me lleven a Hollywood!* (1931), que la crítica de la época despacha como «un tonteo sin importancia», «una nueva astracanada». Vienen luego un par de cortos: *Falso noticiero* (1933), una especie de parodia de los noticiarios a partir de una serie de reportajes humorísticos, que recoge una supuesta inauguración muy solemne de unos urinarios públicos; y *Do, re, mi, fa, sol, la, si o la vida privada de un tenor (Parodia de zarzuelas)* (1933), cinta perdida, que hay que situar en las tendencias renovadoras del humor en cine y literatura.

Algo de su talento artístico se vislumbra ya en estos años republicanos. En *El malvado Carabel* (1935) y *La señorita de Trevélez* (1936) se evidencia, entre otros aspectos, el gusto del cineasta por el mundo sainetesco y costumbrista. En la primera Neville continúa su predilección por la comedia de carácter vanguardista, irreverente; el apocado Carabel se ve obligado a convertirse, por su inestable situación socioeconómica, en un «delincuente». Pese a tratarse de una buena película, Neville no la reconoce como propia al haberse tenido que plegar a ciertas exigencias de la productora U-Films. *La señorita de Trevélez,* a partir de un texto homónimo de Carlos Arniches, se convierte en un vivo ejemplo de adaptación muy renovada y de revitalización del subgénero de la *tragicomedia grotesca,* al tiempo que una reivindicación del personaje femenino principal (Florita). Unos tipos insolentes e irrespetuosos deciden gastarle una broma a la solterona Florita de Trevélez, haciéndole creer que uno de ellos se ha enamorado perdidamente de ella.

Neville ha decidido otorgarle mayor protagonismo al personaje femenino. El tipo de problemas y exigencias de la mujer del siglo XIX parece haber quedado muy atrás, si bien algunos estereotipos siguen condicionando el funcionamiento de la sociedad de su época. Necesita un modelo de actriz que no sea reconocido inmediatamente por el público español, alguien que realmente le inspire y le anime a configurar una heroína particular. Quien mejor representa este tipo de mujer es su musa, su amor, su compañera de viaje: Conchita Montes.

Las heroínas de Neville

La muchacha de Moscú (1942) puede considerarse su auténtica ópera prima, una película que, en principio, sigue de cerca el subgénero de comedia romántica al estilo de Hollywood, pero que, finalmente, se muestra como un panfleto más del peculiar cine político del primer franquismo. Algo que, por otra parte, vuelve a darse en su siguiente film, *Correo de Indias* (1943), esta vez incluso más patriótico, más anclado en un cine colonial. Otra cosa ocurre con *Café de París* (1943), un film bisagra en su trayectoria; Neville desea apartarse del discurso oficial y dejar paso, por fin, a historias corales, con un fuerte protagonismo femenino, en las que impera el deseo de vivir, de afianzar tipos peculiares de la bohemia e incluso de la burguesía y la clase trabajadora.

No todo lo que se plantea en *La muchacha de Moscú* resulta desagradable. No sería nada descabellado incluir el film dentro del subgénero del cine religioso o, incluso, como precursor del posterior cine anticomunista. Los títulos de crédito iniciales van pasando sobre un primer plano de Conchita Montes. ¿Por qué llora? ¿De qué se lamenta? ¿O es que acaso está rezando? Un prólogo textual anuncia no solo la ideología del film sino también el *leitmotiv* central sobre el que descansa una historia harto melodramática. La primera parte constituye más bien un desarrollo o tratamiento fílmico del tópico literario del *carpe diem*. Es el relato del penúltimo día de una agradable travesía: los viajeros de un lujoso transatlántico disfrutan, descansan, dialogan amablemente entre sí; no faltan tampoco las escenas de flirteo o de seducción. Entre tanta gente alegre y frívola, destaca la figura de un cura ataviado con la clásica sotana negra, quien -como aclara enseguida- viene de realizar labores evangelizadoras, trabajando como médico entre los leprosos. La cinta vendría a ser algo así como un borrador de temas y formas que poco a poco Neville va afianzado. Forja un modelo particular de mujer que, con distintas variantes, va perfilando y desarrollando en cintas posteriores. Conchita interpreta el papel de Nadia, una periodista rusa, moderna, independiente, marxista y, sobre todo, atea -otro *leitmotiv* clave, el desprecio por la religión y la milagrería-, sumamente atractiva y sensual; despierta el interés de los hombres, le gusta divertirse, no depender de nadie. No siente interés alguno por el matrimonio, que considera una atadura innecesaria y un convencionalismo social.

Se prodiga el uso de planos generales con el empeño de caracterizar a la gente que viaja ociosamente en un transatlántico, en un contexto de hedonismo y frivolidad. Hay un cambio brusco cuando Nadia entra en escena: en un plano medio la vemos jovial, hablando con un tipo, y mirando a través de unos prismáticos; sale del encuadre, pero no del relato. El espacio en *off* cobra importancia: el tipo no deja de mirar hacia su izquierda, a donde se encamina esta bella y enigmática mujer. Una manera muy sutil de mostrar cómo surge o se desencadena eso tan raro y especial llamado amor. En el siguiente plano otro tipo la aborda e intenta seducirla. Nadia quiere dejarle claro quién es ella, con quién pretende pasar un rato. Neville alarga el plano, no mueve la cámara; es un momento delicioso: ellos dos adelantados, disfrutando de la charla, fuman y toman algo; mientras tanto -ahora interesa la profundidad de campo- un camarero prepara un cóctel. Una elocuente manera de presentar al personaje, de situarlo en este mundo dominado por hombres. La primera parte se cierra con un incendio en la sala de máquinas; la señal de alarma origina una escena rápida, nerviosa, trepidante, de gente corriendo caóticamente, lanzándose al mar. Nadia es rescatada *in extremis*; viaja en compañía de otros náufragos en una barcaza. La apesadumbrada mujer se sitúa al lado del cura que trata de animar a los supervivientes. Se abandona el registro aventurero para centrase en el discurso eminentemente religioso. Son esenciales los silencios y los gestos casi despreciativos e incrédulos de la heroína. En ese incierto trayecto Nadia escucha con bastante recelo las palabras del padre Lorenzo, cura-médico-misionero (Javier Merchante). Más adelante Nadia visita lugares religiosos y luego escribe sobre ellos: irá conociendo así algo más la labor educadora de la iglesia.

La parte final se centra en la mostración del largo, sinuoso y arduo camino de Nadia hacia la fe. En Nápoles vive un apasionado romance con el apuesto profesor Paolo Gresci (Amadeo Nazzari). Esta romántica historia sufre un giro casi irreversible cuando Paolo enferma de lepra. Los consejos o la ayuda moral del padre Lorenzo resultan cruciales. Nadia, la otrora propagandista comunista, atea convencida, descubre el poder que puede llegar a tener una sencilla oración cuando el hombre que ama se encuentra a las puertas de la muerte. «Milagro» es la palabra más repetida a partir de este momento; la conversión de Nadia es ya una realidad. Se reserva el primer plano más elocuente del film para la conversión de la desesperada atea. Es prácticamente el mismo que vemos en los títulos de crédito, la figura angelical de una Conchita entregada, pero poco convincente. Paolo entra por sorpresa en la estancia donde Nadia llora amargamente postrada ante la imagen de la Virgen María. Está curado. «Un milagro, un milagro, un milagro», añade Nadia, poco antes de emprender el camino que la lleva a postrarse ante la imagen de la Virgen. *Tiempo de amar, tiempo de morir*... Según Neville, un director de cine es una especie de novelista que tiene que ser capaz «de darle vida, lógica y realidad a los personajes, saber hacerlos simpáticos o pintorescos, y, además, tener especial cuidado con el trabajo interpretativo de los actores, marcarles hasta el más pequeño gesto, entonación y ademán (...) ayudarles a dar sinceridad y naturalidad a su juego escénico». Ciertamente, al cineasta aún le queda mucho que pulir, mucho que eliminar, sobre todo, ciertos gestos, miradas o diálogos, e incluso interpretaciones inconsistentes.

De *Correo de Indias* (1942) ni convence del todo la actriz principal ni tampoco ciertas escenas de amor de la pareja protagonista. Es aún un cine algo acartonado. Conchita interpreta a la esposa del virrey del Perú (Armando Calvo): la elegante dama vive una apasionante y melodramática historia de amor con un capitán de barco (Julio Peña). Otra vez se hace presente esa idea de la *donna angelicata* tan de Neville: la virreina, en boca de todos, muy pronto es objeto de deseo de un donjuán, si bien es del capitán de quien finalmente se enamora. Se opta por el plano medio -a veces, el americano- para acercar afectiva o amorosamente a los personajes. Conchita no ejecuta una interpretación muy lograda; antes bien, su dicción es imprecisa, casi desganada, y su discurso, apresurado. Hay algo en este tipo de mujer (no es una *femme fatale*) que hace que los personajes masculinos la consideren algo así como una criatura divina. Y, por esta razón, el acercamiento de Neville al amor, en estos dos primeros films de los cuarenta al menos, es tan elevado y profundo. El modelo vuelve a ser otra vez Hollywood, esta vez bajo el ropaje del cine de aventuras, si bien el texto fílmico se deja arrastrar por estímulos patrióticos. La concepción o trazado de los encuentros amorosos entre el capitán y la virreina es un ejemplo palmario del clasicismo característico de su primer cine, el llamado Modelo Institucional de Representación (MIR); se trata de un tipo de narrativa que avanza siguiendo una lógica causal y progresiva, en donde el montaje se entiende como trabazón de la continuidad de escenas y planos. Toda huella enunciativa queda borrada -algo que no ocurre, por ejemplo, en *La vida en un hilo*, (1945)- y la cámara se limita a mostrar atendiendo a una clara linealidad cronológica. No le resultará nada problemático al espectador observar esos puntos de sutura que hilvanan una intensa historia de amor.

Neville afirmó haberse citado entre 15 y el 16 de julio de 1936 con Lorca con el objeto de estudiar la adaptación cinematográfica del *Romancero gitano*. Con este proyecto, finalmente frustrado, se cerraría su etapa republicana propiamente dicha. No tarda mucho en revisar su postulado ideológico, en rectificar su inicial adhesión al programa del Frente Popular, identificándose con el *nuevo* Estado surgido de la guerra fratricida. Con todo, no fue un autor muy dado a los discursos ideológicos, a las soflamas; su particular concepción hedonista de la vida, esa mezcla de estoicismo y epicureísmo del que tanto alardea, no se lo permitía.

Edgar Neville -en compañía de Conchita- emprende un tercer viaje a Estados Unidos en la primavera de 1936. Son solo dos meses. Los amantes regresan a Madrid el 13 de julio de 1936, el mismo día del asesinato de José Calvo Sotelo, líder de Renovación Española, un partido de la aristocracia terrateniente y financiera. Estalla la Guerra Civil y desde un primer momento se decanta por el bando sublevado, rebelde o nacional. No es el suyo un posicionamiento radical: es más, se toma este *tiempo de guerra* con cierta normalidad, una postura casi escapista, aunque vive muy de cerca los trágicos acontecimientos de un país que sufre. Eso sí, se afilia en 1937 a la Falange Española. En algún momento el frívolo Neville equipara la guerra con una «excursión campestre», con un espectáculo cómico y pintoresco.

Cine castrense

Los primeros años de la guerra los pasa, tras una estancia muy breve y peligrosa en Madrid (44 días, verano de 1936), en diferentes destinos: Londres, como secretario de la Embajada, entre finales de agosto y primeros días de octubre de 1936; en Biarritz y París, el otoño de 1936, en labores de espionaje a favor de los sublevados; en algunos lugares de Bélgica, desde inicios de 1937, ya separado definitivamente de su trabajo como diplomático. Es su ruptura definitiva con la España republicana, «una página triste de mi vida». En 1937 se instala con Conchita en San Juan de Luz (Francia); desde allí espera un salvoconducto que le permita entrar en la zona nacional. A finales de marzo de 1937, obtiene el ansiado documento y regresa a España: inicialmente, permanece un tiempo en Salamanca desempeñando labores de propaganda política; después en Ávila, en La Granja... Su deseo es ir de inmediato a las trincheras: sin duda, una forma de limpiar su pasado republicano, una estrategia de depuración. Es así como en mayo de 1937 ingresa en las tropas franquistas; el 22 de mayo está en el frente de Madrid, y algo después en Bilbao, Toledo, San Sebastián, Brunete, Tarragona... Desde entonces y hasta el final de la guerra, se encarga de la propaganda radiofónica.

El azar se cruza en su camino. La Delegación del Estado para Prensa y Propaganda le encarga a Fernando Delgado el documental *Altavoces en el frente*; el veterano cineasta renuncia por falta de medios; es entonces cuando entra en escena Neville, presentando un nuevo guion, cuyos protagonistas son, por un lado, las tropas marroquíes y, por otro, un miliciano que se pasa al bando nacional. La alegría, la camaradería, la valentía de la juventud falangista... He aquí el germen de los elementos centrales que configuran su primer cine. No llega a cuajar este proyecto, pero sí quedan textos de un discurso fílmico reutilizado luego por el cineasta. Neville alardea años después de haber sido un incansable propagandista de «nuestra causa» en las tertulias de la capital, de haber convencido a «gentes hostiles». Se pone al servicio del DNC para rodar films de propaganda. Su experiencia personal y, sobre todo, su firme apoyo al bando nacional, están muy presentes en cuatro textos fílmicos, a medio camino entre la propaganda y la autobiografía: los cortos *La Ciudad Universitaria* (1938), *Juventudes de España* (1938) y *Vivan los hombres libres* (1939), y el film de cruzada *Frente de Madrid* (1939). Son testimonios muy subjetivos de un inaguantable maniqueísmo. Se habla con desprecio de la población que apoya la causa republicana; en este sentido, palabras como «asesinos», «ladrones», o «criminales» son muy frecuentes en sus inaguantables diálogos; en España se enfrentan la «canalla», «los resentidos y envidiosos» de un lado, y, del otro, los «españoles auténticos»; la culpa de esta cruel guerra es de los incompetentes gobernantes republicanos, de los irresponsables, paletos e incontrolados milicianos. Madrid ha sido mancillada por gente pueblerina y analfabeta, sucia y grosera, masa comunista, chusma enloquecida...

En abril de 1939, Neville prepara un viaje a Italia: lo reclama el productor Renato Bassoli, que arde en deseos de comprar los derechos de una conocida novela suya sobre la reciente guerra civil española. Cuando las tropas de Franco entran en la capital, está ya en Roma dispuesto a rodar en los recién inaugurados estudios de Cinecittà la abiertamente maniquea *Frente de Madrid* (1939). Este film hay que situarlo en un ciclo de cine político auspiciado por el régimen franquista con el objetivo principal de legitimar el levantamiento militar. Conchita llega a Roma en mayo para colaborar en la escritura del guion. Una leyenda cuenta que, tras percatarse los productores de su belleza, piensan de inmediato en darle un papel importante, o convertirla en estrella. Pero la historia oficial no lo explica así. El rodaje debe posponerse hasta finales de 1939, filmándose en doble versión hispano-italiana. Neville se apresura a conseguir un contrato cinematográfico para Conchita que acaba de terminar sus estudios de Derecho y, al parecer, mantiene cierto interés por la carrera diplomática.

Frente de Madrid tiene mucho de testimonio autobiográfico. El protagonista es el joven falangista Javier Navarro (Alfredo en la copia italiana; lo interpreta Fosco Giachetti), *alter ego* del director, un tipo rebelde e inquieto que cree tener la razón y la oportunidad para salvar a la patria de la «miseria comunista». Le mueve el espíritu de crear una «nueva España» y no teme a la muerte. Se muestra como un íntegro quintacolumnista capaz de poner en peligro su vida por llevar a cabo una difícil misión de ida y vuelta: al no poder volver a Madrid, ciudad dominada entonces por el bando republicano, Javier/Alfredo tiene la oportunidad de cruzar el frente para entregar un mensaje al jefe de la resistencia (Juan de Landa) y, además, visitar a su novia Carmen (Conchita Montes), que acaba de salir de una de esas temidas checas; la joven vive en la calle Serrano bajo la protección del padre de una de sus doncellas, contrario a la política de purgas y asesinatos del bando republicano. Pese a que la novela original «se centraba exclusivamente en la peripecia bélica del protagonista masculino, el guion desarrolla considerablemente la parte del personaje de Carmen. O sea, una añagaza de Edgar para asegurarse la presencia de Conchita» (Aguilar y Cabrerizo, 2021:48).

Comienza la historia el 16 de julio de 1936. Carmen y Javier/Alfredo están a punto de casarse: pasan su tiempo entre preparativos y fotos. No podrá cumplirse de momento: la guerra los separa. Un trávelin en retroceso muestra a una novia en todo su esplendor; es una forma muy repetida en su cine de presentar a la heroína. Entretanto, los milicianos se arman. Es esta la parte más panfletaria, en la línea de los dos cortos anteriores: escenas de detenciones indiscriminadas, asaltos a templos religiosos, denuncias y registros, el miedo padecido por algunas familias ante el acoso rojo, el vandalismo, milicianos desarrapados -alguno incluso caracterizado con joroba-, etc. Este Madrid del miedo y del terror recuerda sobremanera al de *Rojo y negro* (1942). Con todo, Conchita Montes no llega a realizar una interpretación tan magistral como la de Conchita Montenegro. No tiene la misma determinación y parece no entender muy bien de qué va esta guerra fratricida. ¿Acaso el papel desagradaba a una actriz de ideología republicana, liberal, muy alejada del fanatismo nacionalista? Montes espera la deriva de los acontecimientos; Montenegro sale con determinación a la calle, se expone al peligro «rojo». Neville acude a unos primeros planos de la actriz desnudos e inexpresivos.

La segunda parte comienza con una secuencia de montaje, en la que alternan imágenes de archivo del frente con otras de edificios destruidos. No cesa de moverse la cámara mostrando un paisaje humano de absoluta desolación; solo la detiene una vez para armar una escena de camaradería de unos soldados del bando nacional comiéndose unos huevos fritos. Neville es uno de ellos: el más alegre, el que entona algunos cantos falangistas. Ahora todo es amistad, compañerismo, esfuerzo y entrega, lo contrario que observamos en las secuencias en las que muestra el bando republicano. La historia personal se inserta en el relato colectivo. A Javier/Alfredo se le encomienda una misión muy peligrosa: debe hacerse pasar por miliciano -entrar por un túnel- para acceder a la ciudad y entregar una carta, un mensaje cifrado, unos documentos importantes; en definitiva, el desglose de la estrategia para intentar hacerse con Madrid. Pero para él esta acción es, sobre todo, el pasaporte para ver a su amada. Es la parte con más suspense y, por inesperada, quizás la más personal y lograda del film. Los quintacolumnistas luchan desde dentro y es con ellos con quienes Javier/Alfredo debe enlazar. ¿Logrará regresar este al lado nacional? Carmen y Javier/Alfredo tienen un encuentro breve, se despiden sin saber qué será de sus vidas. Aún quedan unos quince minutos de metraje. Él intentará volver al frente, pasar al lado nacional; ella se queda en la retaguardia, mezclada entre los quintacolumnistas. Un primer plano silente -el más plástico de todo el film- de Carmen: fuma un cigarro, se vislumbra en su vida un negro horizonte. La policía republicana está al acecho; a ella no le importa morir.

Con todo, lo auténticamente sorprendente de la parte final es el polémico encuentro entre Javier/Alfredo -malherido, refugiado en el parque del Oeste- y Pedro, un miliciano agonizante (Carlos Muñoz), que cree estar desangrándose. Intentan auxiliarse inútilmente. Neville opta por el plano general para encuadrar a los dos personajes, para matizar la desesperación de Javier/Alfredo, quien apenas tiene fuerzas para animar a Pedro, que poco a poco sale de cuadro. Este *polémico* final provocó muchos recelos en las autoridades franquistas. Neville en diferentes momentos ha optado por preservar el reencuentro fraternal de los dos bandos, por la defensa de un horizonte donde el pasado sea perdonado o, a ser posible, olvidado. Pero la censura oficial no está dispuesta a permitir tal osadía. Se acude al modelo de films bélicos americanos basado en el uso de la música para reforzar el dramatismo de la escena, en el empleo de la elipsis para evitar la muerte -Pedro sale de cuadro, Alfredo imagina que se reencuentra con Carmen-, en el discurso lacrimógeno y en la justificación patriótica de la muerte. Otra concomitancia más con el film de Arévalo. En cualquier caso, no llega a alcanzar el lirismo y la plasticidad de *Rojo y negro*: en el film de Neville, Javier/Alfredo busca mentalmente el reencuentro con Carmen; en el de Arévalo, el joven encuentra el cadáver de su amada.

Neville nos está contando su vida. «Autoficción» es un término que se emplea ahora mucho para hablar de esta práctica autobiográfica en el arte narrativo. La película se estrena primero en Italia con el título de *Carmen fra i rossi*. Es todo un éxito. Mussolini disfruta con ella: la ve en un pase privado en enero de 1940. Algo similar ocurre con su estreno, en enero de 1943, en la Alemania nazi, sin cortes de censura, con el título *In der roten Höle* (*En el infierno rojo*). En España las cosas no van tan bien: en 1940 aparece una versión *remontada* del film. Los cortes sorprenden a su director. El público responde favorablemente, pero no así la crítica oficial del Régimen. La España victoriosa no ve con buenos ojos ese final metafórico que plantea el perdón y la reconciliación de los dos bandos. Neville se cansa de trabajar en los estudios de Roma; no aguanta los caprichos de algunos productores italianos.

La(s) posguerra(s) de Neville (I)

Verbena (1941) abre la segunda etapa de la filmografía de Neville (1941-1950), la más interesante de su amplia producción, con al menos cuatro obras maestras: *La vida en un hilo* (1945), *Domingo de Carnaval* (1945), *El crimen de la calle de Bordadores* (1946) y *El último caballo* (1950). Antes de entrar en sus films, conviene señalar algunas líneas del ideario estético del cineasta y puntualizar otros aspectos referentes a la recepción o consideración crítica de su obra fílmica.

1.º Una apuesta decidida por la *tradición* y la *modernidad*. A Neville le atrae la recreación de ambientes populares y apuesta por la estilización del sainete. Madrid es, sin duda, el espacio preferido de su filmografía. El director cultiva un cine *costumbrista* muy personal. En varios films de posguerra recrea su concepto de la *belle époque* que le permiten retrotraerse a una añorada infancia, cuyo recuerdo queda modelado por referentes teatrales y literarios. Se borra cualquier huella de un período republicano, convertido en un paréntesis odioso. No es infrecuente encontrar alguna que otra escena en donde se recrean verbenas populares, carnavales, estampas de varietés y de organillos, canciones pícaras, bailes desenfadados, tabernas y cafés, o encuentros de té en los salones de distinguidas familias... Le encanta focalizar el relato en torno a un tipo de mujer bella, sofisticada y seductora; la siempre atractiva Conchita es una vez más la heroína de sus films.

2.º El rechazo por un cine estrictamente social. Neville dice querer huir de «la pobretería», del cine cursi y pacato de temática naturalista y personajes sórdidos. Antes la belleza que la pobreza. La risa al llanto. Lo melodramático desaparece poco a poco de su cine. Con todo, no faltan ciertos elementos temáticos que permiten situarlo en el horizonte del llamado neorrealismo, sobre todo en *El último caballo*, un título maravilloso y desconcertante filmado en 1950.

3.º El gusto por el elemento melodramático y el cine de género. Esto se cumple, especialmente, en su primer cine de posguerra.

4.º Preferencia por el *registro cómico*. En su cine suele triunfar la felicidad, la alegría, el vitalismo, el azar, la espontaneidad, la sorpresa, lo anticonvencional... Se prodiga una «comedia de la felicidad» en la que se celebra el amor y la amistad con un profundo sentido hedonista. No falta tampoco la práctica de un tipo de comedia *fantástica*, un híbrido, en el fondo, de humor e ironía. Cada día parece más moderna e imaginativa esa joya de 1945 titulada *La vida en un hilo*.

5.º Titubeos con el cine político. No siempre fue partidario del cine *triunfalista*, de alardes retóricos, en el que primaba la estrategia política, y cuyo fin no era otro que el de justificar las prácticas del *nuevo* Estado.

6.º Firme oposición al cine folclórico. Neville lamenta el exceso de films adscritos a la «españolada», que opone a la visión de lo popular reivindicada por su amigo Lorca. Con todo, no renuncia a insertar números musicales de flamenco puro en algunos films para aligerar el dramatismo de la historia y de paso reivindicar la emoción del espectador. Entre sus mejores trabajos están el documental *Duende y misterio del flamenco* (1952) y el ensayo *Flamenco y cante jondo* (1957).

7.º La presencia de elementos fantásticos, oníricos, o imaginativos. La idea de soñar otros mundos alternativos hace posible una concepción más amplia del término «realismo». Unas veces, el autor plantea la existencia de un Madrid suburbano, secreto, regido por unos jorobados; otras, cuenta dos historias, una que fue y otra que pudo haber sido.

8.º El empleo del relato intercalado y el *flashback*. No es partidario de la linealidad narrativa: sus films suelen comenzar *in extrema res*; uno de los personajes adopta el papel de narrador para, saltando al pasado, rememorar ciertos hechos o indagar en la vida de un personaje.

9.º Sus films más personales apenas gozan de los favores de las juntas de censura y clasificación franquistas. Neville tiene roces con algunos censores de la época: los reparos se relacionan con cuestiones morales. El realizador madrileño es un *bon vivant* que defiende un cine del disfrute.

10.º No es un cineasta dócil, previsible: no le importa el favor de la crítica, ni le preocupa el éxito. Muchas de sus películas más personales, estrenadas con mucho retraso, tienen malos resultados de taquilla. A su parecer, el público español no está preparado para entender su elegante y elaborado humor.

Esta segunda etapa de su trayectoria es absolutamente frenética: ocupa íntegramente la década de los cuarenta con catorce títulos en su haber. Director, productor, guionista o argumentista. Se podría hablar, a su vez, de dos subperíodos. Entre 1941 y 1943, se alternan registros muy diferentes entre sí. *Verbena* (1941) adapta un relato suyo escrito tiempo atrás bajo la influencia de las vanguardias: su protagonista, una mujer barbuda, trabaja como cupletista cómica. No es raro encontrar este tipo de figura femenina en su cine posterior. Poco después estrena el corto *La parrala* (1941). Las dos forman parte de un interesantísimo proyecto llevado a cabo por el emprendedor Saturnino Ulargui (Ufisa) para producir una serie de cortos bajo el título *Canciones* a partir de composiciones del maestro Quiroga con letras de Rafael de León. Apenas ha aparecido el *Neville autor*, capaz de aunar en un mismo film humor y crítica social, que se presta a lo coral, pero con interpretaciones individuales absolutamente maravillosas. Aflora su lado más imaginativo, original y personal; *Café de París* -que, incomprensiblemente, él califica de «ligera, amable y fácil» y de la que raramente habla en sus entrevistas- es ese film seminal en el que se apoya su cine posterior.

La(s) posguerra(s) de Neville (II)

Entre 1944 y 1950, se sitúa su etapa de plenitud: nueve films, su cine más personal, en donde produce el despliegue de un mundo propio, la configuración de un universo con temas y tipos peculiares, o una puesta en escena muy estudiada, un cine coral. Un *film de Edgar Neville.*

La fresquísima *La vida en un hilo* (1945) recrea una de sus obsesiones temáticas, la influencia del azar en el destino del ser humano. Sin duda alguna, es ya su primera obra maestra, un film muy personal, en el que están ya apuntalados los pilares básicos de su mundo cinematográfico. Se ha propuesto dirigir dardos muy envenenados contra ciertos convencionalismos sociales de la clase burguesa. Se sostiene gracias a tres figuras del cine de posguerra: Conchita Montes (Mercedes), Rafael Durán (Miguel) y Guillermo Marín (Ramón); además cuenta con la siempre convincente Julia Lajos (la adivina). Su guion es espléndido y sus diálogos, muy brillantes. ¿Qué decir del uso magistral de la elipsis y del ritmo narrativo para distinguir espacios o situaciones diferentes? Cabe destacar el personaje de Mercedes, socarrona e independiente, uno de los trabajos más emblemáticos de Conchita a las órdenes de Neville. Sobresale la secuencia que se desarrolla en un pueblo, donde la protagonista se ve obligada a enfrentarse con los modos y gentes de la España más tradicional, rancia y profunda.

Como es habitual en su cine, la película se organiza en tres partes: un prólogo, a modo de planteamiento del asunto principal; la parte central en forma de relato retrospectivo con una formalización sumamente original; y, por último, una especie de epílogo, con una vuelta al tiempo presente de la enunciación y con un inevitable final feliz. Se elige una estación de tren en una ciudad de provincias -elemento clave para entender el film- para dar comienzo al relato: Mercedes, una viuda muy atractiva, emprende un viaje hacia una vida nueva, distinta, acorde a lo que es o, mejor dicho, pudo haber sido. Comparte departamento con una singular y extravertida adivina que predice el porvenir y el pasado. Este es el primer elemento innovador que aporta el guion. Efectivamente, la adivina predice lo que pudo ocurrir y no ocurrió; solo mirando el fondo de sus ojos es capaz de saber qué otra vida pudo haber tenido la hasta este momento resignada e infeliz Mercedes. Comienza un original *flashback* a dos voces, o si se quiere la mostración de dos relatos intercalados ofrecidos en una singular muestra de montaje paralelo. Merece la pena evocar esta escena inicial: la adivina acaba de explicarle a Mercedes la idea de que un buen día a la gente se le presenta la posibilidad de optar por dos o tres caminos, y tiene que decidirse por uno. Esta historia tiene lugar un día lluvioso, cuando Mercedes sale de una floristería y se dispone a tomar un taxi. Se le aparecen dos hombres y opta, como apunta la adivina, por el camino equivocado: la joven elige a Ramón, un tipo aburrido, cerebral, que solo sabe hablar de la construcción de puentes, mientras que (¡ay!) rechaza al tipo del traje gris, ese apuesto hombre que le ofrece su coche para llevarla a su casa. Este es justamente el final de la película, una vez que la adivina y Mercedes se despiden al llegar a Madrid. Mercedes y Miguel coinciden a la salida de la estación, pero inicialmente no se reconocen. Él le ofrece de nuevo su taxi para ir al barrio de Salamanca. No pude dejar escapar por segunda vez esta ocasión, este camino o aventura. Una hermosa epifanía: Mercedes acaba de reconocer a Miguel... Mercedes recuerda, aunque «muy vagamente», esa escena de la tienda de flores. Solo sabe que allí conoció a Ramón, pero nada más. No se acuerda apenas de ese «muchacho de traje gris». Mercedes relata su monótona y tediosa vida al lado de quien a partir de aquel día «crucial» se convertirá en el hombre de su vida (¡ay!), el aburridísimo, frío e insustancial Ramón, en tanto que la adivina imagina cómo hubiera sido la vida de Mercedes al lado del apuesto, simpático y encantador Miguel, esto es, el camino de la aventura o la «felicidad», *leitmotiv* clave en el cine de Neville.

Otro aspecto interesante del film es su carácter social o testimonial; el texto fílmico tiene mucho de posicionamiento contra un tipo de vida tradicional, que el cineasta quiere ver en formas y costumbres de ciertos tipos sociales no solo de la vida de provincias, sino también de la vida urbana. Conchita destacaba en una breve pero emotiva semblanza lo difícil que era, en aquella época, realizar un cine crítico:

> Una serie de estamentos sociales han sido muy bien fustigados por Edgar Neville. *La vida en un hilo*, por ejemplo, era una crítica fabulosa de toda una burguesía ñoña, cursi e hipócrita. No se podía hacer una cosa más cruel en el fondo. Pero tuvo que luchar ¡y cómo! para hacer la crítica de esa sociedad que en aquellos años era respetada y estaba muy bien vista, aunque al juzgarla nunca fue vulgar ni ordinario. Lo hizo más o menos -más bien menos- disimuladamente. (Montes, 1982: 16)

Entre 1944 y 1946 Neville despliega otro registro cinematográfico ciertamente inaudito en aquellos años cuarenta, el cine criminal, policiaco o detectivesco. No es propiamente un policiaco clásico en la línea del modelo hollywoodiense, que, en otros momentos, tan de cerca ha seguido. Tampoco se puede hablar *sensu stricto* de cine negro. Las tres cintas permitirían situarlo en un lugar destacado del periodo de posguerra; de muy personal se puede calificar el esquema policíaco -en algún sentido, arquetípico- construido por el director madrileño en esta trilogía «inconfesa de carácter liberal», «auténtico ejemplo de pragmática y calculada disidencia» (Castro de Paz, 2002: 151). *La torre de los siete jorobados* (1944) cuenta con la colaboración en el guion de José Santugini, a partir de una novela atribuida a Emilio Carrère. *Domingo de Carnaval* (1945), inspirada en la obra del pintor y escritor José Gutiérrez-Solana, es un film valiente, atrevido, maravilloso. Por último, *El crimen de la calle Bordadores* (1946) es ya una obra de autor en un sentido pleno: argumento, guion y dirección de Edgar Neville. En realidad, es muy difícil adscribir este tipo de cine a un género concreto.

Parte del modelo tradicional de relato policíaco, pero no duda en llevárselo a su propio terrero: el costumbrismo casticista y sainetesco.

La ciudad de Madrid -una de sus mayores pasiones- se convierte en la protagonista de este peculiar ciclo. Al ver las tres cintas, se tiene la sensación de estar asistiendo no tanto al esclarecimiento de unos hechos criminales como a la mostración de las vidas de las gentes en las zonas más castizas de la capital, como, por ejemplo, la plaza de la Paja, la calle del Rollo, la zona del Rastro, la Puerta del Sol... Este cine criminal es algo así como un intento de llevar -en palabras del propio cineasta- «un galdosianismo al ambiente y a la plástica del cine»; en otras palabras, este otro cine suyo se acerca a un cierto tipo de *costumbrismo cinematográfico*; Neville parece estar más interesado por los usos y costumbres sociales del Madrid de época, en muchos casos sin analizarlos críticamente. Se opta por un tipo de descripción expresionista, y llena de colorido, de tipos, oficios y costumbres: ahí están, por ejemplo, las casas de juego, el café Rubí, donde actúa cada noche la cupletista conocida como la Bella Medusa, la presencia de la típica «mamá de teatro», los usureros y prestamistas, los sumisos criados y doncellas, los porteros -o guardianes nocturnos- de las viejas casas señoriales, de *La torre de los siete jorobados*; o la simpática fauna de la corrala del Madrid castizo, los diferentes comerciantes del Rastro, espacio tan amado por escritores y literatos bohemios, o la singular figura del sereno de *Domingo de Carnaval*; o, en fin, figuras como el chulo, la lotera, la humilde criada o la rica usurera, o las verbenas de barrio de *El crimen de la calle de Bordadores*.

Por cierto, en estas tres películas apenas se explicitan fechas ni acontecimientos históricos relevantes: presumiblemente, se trataría de un periodo circunscrito al primer tercio del siglo XX. Poco importa esto en el desarrollo de la singular, estrafalaria y -por qué no decirlo- peculiar trama criminal. En *La torre de los siete jorobados*, el pusilánime Basilio Beltrán (Antonio Casal), aficionado al juego y a la arqueología, «tonto de capirote», cierta noche que anda fracasando en el juego, recibe la visita del enigmático y fantasmal don Robinsón de Mantua (Félix de Pomés) que le encomienda -a cambio de ayudarle en el juego- investigar quién lo asesinó hace ya diez años. El caso se cerró en su día al considerar jueces y policías que se trató de un suicidio. Pero Basilio no es precisamente un tipo intuitivo y perspicaz: antes bien, el film lo presenta como alguien torpe, descuidado, o desencaminado en sus juicios o valoraciones. Pistas y pesquisas algo azarosas le conducen al descubrimiento de una ciudad subterránea donde opera a sus anchas un grupo o secta secreta de jorobados, capitaneados por el extraño, sórdido y camaleónico doctor Sabatino (Guillermo Marín); al final resulta ser un nido de falsificadores de moneda. El hecho de que

Basilio sea el único que vea al doctor Robinsón de Mantua -al que se nombra también como el señor Catafalco, el Tuerto o «mi sombra negra»-, que se le aparece hasta en cuatro ocasiones, y de que sea este tipo misterioso el que encamine o dirija el curso de la historia, permite situar este curioso film -junto a la no menos original *La vida en un hilo*- en la órbita de la llamada comedia fantástica. Además, el film incorpora una endeble subtrama amorosa que no está en la novela original y que, ciertamente, no aporta nada a esta cinta que poco a poco se encamina al relato fantástico, o mejor dicho hacia la comedia detectivesca.

De la trilogía policiaca, *Domingo de Carnaval* es, quizás, el film que mejor se ajusta al subgénero criminal al más puro estilo hollywoodiense. Según Neville, se trataría de «un sainete madrileño en el que está entrelazada la intriga de un asesinato». Se podría hablar de tres partes claramente diferenciadas: el asesinato, la investigación, y el desenlace, o esclarecimiento de los hechos y exposición de los móviles del asesino. Con una puesta en escena que recuerda al cine criminal de Hitchcock, se comienza mostrando ciertos lugares de la ciudad y a algunos tipos que pululan por calles jubilosas. Lo más insólito es la elección del principal espacio escénico de la cinta: la cámara se adentra por determinadas zonas del Rastro madrileño, siguiendo -en un marcado trávelin lateral de izquierda a derecha- los pasos del sereno que está a punto de concluir su jornada de trabajo. Le queda aún un servicio por realizar, despertar a la *señá* Remedios, una conocida prestamista del barrio. La usurera ha sido estrangulada. Comienza una de las tramas detectivescas más insospechada, graciosa y surrealista que se puede ver en una pantalla de cine. Todo el que pasa por el lugar de los hechos opina, refuta y concluye sobre la verdad del caso de la *señá* Remedios.

El film deviene en una especie de sainete, gracias a una serie de escenas de carácter costumbrista y popular, que se apoyan no tanto en el esclarecimiento del crimen como en la interpretación de tipos peculiares del Madrid castizo. Esto no está reñido con un marcado carácter realista, si bien aún no se puede hablar *sensu stricto* de neorrealismo. Se observa cierta ligereza en la entrada y salida de personajes. Y no se puede obviar el hecho de que en algunas escenas se parece estar asistiendo a eso que en algunas ocasiones se ha llamado -con cierto desprecio- teatro filmado o película teatral. En *Domingo de Carnaval* a veces la sintaxis del cine y el teatro confluyen, sobre todo en aquellas escenas que se desarrollan en la vivienda de la finada, o en la comisaría donde unos apáticos agentes de policía no parecen estar muy entusiasmados por este extraño caso.

Uno de los momentos más deliciosos es la escena del entierro de la sardina, filmada con una cuidada y estilizada fotografía, casi un plano secuencia, por los barrios populares, los arrabales y desmontes de la ciudad de Madrid. El plano final es una muestra evidente de la concepción pictórica del cine de Neville: un plano general recuerda sobremanera las pinturas madrileñas de Goya. Conchita admiraba el «valor artístico extraordinario» de esta película «expresionista», ese aire tan especial que tanto le recordaba la pintura de Gutiérrez-Solana. No explica las razones de este parentesco, pero quizás esté pensando en esa fotografía feísta, o en la mostración de los ambientes más bajos de una España sórdida y grotesca o, quizás, en el trazo grueso y denso en la conformación de sus personajes de la humilde clase trabajadora.

La sorprendente *Nada* (1947) está basada en la novela homónima de carácter existencialista de Carmen Laforet. Conchita se responsabiliza del guion y se apropia del papel principal. Es todo un reto para la actriz madrileña: a sus 33 años tiene que encarnar a una joven estudiante de Filosofía y Letras de apenas dieciocho. En 1947 Neville aborda asuntos tan incómodos como la Guerra Civil y sus consecuencias morales y sociales, si bien solo se mencionan a través de ciertas alusiones, las diferencias de clase en la España de posguerra, con una mirada muy incisiva a la burguesía catalana, o situaciones relacionadas con el amor, el incesto o la atracción entre mujeres. El cine existencial ofrece un relato en primera persona, con ciertos momentos que recuerdan la técnica del monólogo interior, y el protagonismo de un personaje introvertido, solitario, con dificultades para comunicarse y especialmente desorientado en los laberintos de una vida a todas luces insatisfactoria. Neville no ha llegado a tanto en su cine anterior, ni lo hará en adelante, en esas cintas claramente crepusculares, llenas de nostalgia, con la única excepción de *La calle*, película en la que es determinante la reflexión y su formalización escénica del tema de la muerte.

Al director madrileño le gusta iniciar sus films con una mujer independiente y moderna que está a punto de emprender una *aventura* de enorme atractivo, bien por llevar hasta el momento un tipo de vida insatisfactoria o vacía (*La vida en un hilo*), por rehacer su vida (*Correo de Indias*), o por conocer otras culturas, otras gentes (*La muchacha de Moscú*). El símbolo del viaje en tren o en barco es más que evidente. En este caso, se extiende en la presentación de los personajes (el film tenía mucho de cine coral) y del espacio (la Barcelona de posguerra). Es de noche, llueve copiosamente. La joven Andrea (Conchita Montes) -repárese en la ilusión manifestada en los primeros planos- acaba de llegar en taxi a la vivienda de unos familiares. En un hermoso plano de claras resonancias simbólicas, el sereno de la calle Aribau le da una cerilla para que -lento trávelin de acercamiento- entre en la «oscura» vivienda de la abuela Edurne (Juanita Mansó), un lugar tormentoso, difícil y extraño; la joven está a punto de atravesar las puertas del infierno, un extraño lugar en el que difícilmente logra desenvolverse, habitado por seres despreciables que se odian los unos a los otros: el infeliz matrimonio de su tío Juan (Tomás Blanco), persona desequilibrada e infeliz, y la melancólica Gloria (la convincente Mary Delgado); la autoritaria tía Angustias (María Cañete), esa «bruja» que ejerce de implacable tutora de la joven -tan parecida a la lorquiana Bernarda Alba-; o el mezquino y seductor tío Román (Fosco Giachetti).

En los dos primeros días en la ciudad Andrea se adentra en otro mundo totalmente diferente: las gentes de la Facultad de Filosofía y Letras de la Universidad de Barcelona, justo todo lo contrario de lo que encuentra en ese pozo de la amargura que es el piso de su familia. Ena (Maria Denis), una apuesta y hermosa muchacha, reclama de inmediato su atención, quizás por todo lo que representa y que, obviamente, ella tanto desea: la libertad de pensar, de elegir. Pertenece a una familia adinerada, tiene un novio, pero no se siente atada a nadie ni a nada; su radiante personalidad, antítesis de lo que representa Andrea, es en adelante el acicate necesario, pero también en parte el prejuicio que le lleva a luchar contra ese ambiente opresor, sórdido, sin duda alguna, reflejo de la traumatizada sociedad española salida del reciente drama de la Guerra Civil. Andrea tampoco saca nada de ese primer año en la Universidad, lo que la lleva, en un estado de lamentable desolación, a regresar a su hogar, a ese otro pozo del que inicialmente ha huido. Puro *existencialismo*.

En dos secuencias fundamentales se plantea el sentido último del film. La primera tiene lugar el segundo día de la estancia de Andrea en Barcelona. Desde un primer momento, la joven se queda prendada de su tío Román, parece seducirle su extravagancia, su espíritu provocador y hasta la leyenda de haber sido un donjuán. Este le enseña su «palacio», una singular buhardilla en la que ha montado su particular campamento, que viene a definir, metafóricamente, cómo es esa casa y, por ende, esa familia: un microcosmos destartalado, descompuesto y desde luego muy variopinto. Román reivindica vivir al margen de las consignas sociales y hasta familiares, refugiarse en el mundo del arte o la creación artística (en su caso, la música y la pintura), y ser una especie singular, distinta. ¿Es Román un *alter ego* del cineasta madrileño? No parece que Neville sintiera una pasión especial por este oscuro y maquiavélico personaje.

Más interesante es la otra secuencia. Estamos ante el primer conflicto importante del film, momento con el que comienza propiamente el nudo. Andrea ha caído enferma; unas fiebres muy altas le obligan a quedarse en casa. Es entonces cuando el pasado de esta extraña familia (el conflicto interno) aflora con todas sus consecuencias. Se trata de una secuencia muy larga que hay que visualizar con detenimiento, porque, entre otras cosas, viene a ser algo así como una sinécdoque de la reciente historia de España. Gloria y la entrañable abuelita cuidan de la joven: alternan, en sus respectivos relatos, referencias a la experiencia de Juan en la guerra y a las detenciones, torturas y encarcelamientos sufridos por Román. Andrea comprende así los motivos que han llevado al paulatino desmoronamiento moral o psíquico de esta familia.

Andrea intima con su tío Román: no se sabe muy bien si se ha enamorado de él o si simplemente es el espejo donde quiere mirarse, al ver un ser distinto, inquieto, insatisfecho con una realidad social hostil, conformista e insatisfactoria. La música actúa como un elemento de enlace entre estos dos seres a la deriva, como asidero o punto de unión. Por supuesto, también es importante a partir de este momento su amistad con Ena, compañera de estudios y de farra en diferentes saraos en la capital catalana. Esta quiere conocer al controvertido, peculiar y seductor tío Román. Insiste en intimar con él, algo a lo que la celosa Andrea no parece estar dispuesta en un principio. Este es precisamente el segundo conflicto importante del film. Ena no necesita a Andrea para llegar hasta la buhardilla de Román, porque ella hace casi siempre lo que se propone. Esta cínica y maquiavélica mujer juega con los sentimientos de un «desequilibrado» Román, «un pobre loco», uno de los personajes masculinos más redondos de la filmografía de Neville. Parece un ajuste de cuentas, una especie de venganza. Se entera de que su madre también tuvo hace años una amarga aventura amorosa con Román. La relación entre las dos amigas es uno de los aspectos más interesantes de la puesta en escena: pocos primeros planos, concentrados prácticamente en la entrañable amistad -no es difícil suponer cierto enamoramiento- de estas dos jóvenes, en el fondo muy insatisfechas con el tipo de vida que llevan, deseosas de emprender juntas -como sugiere el final abierto- un camino distinto, lejos del mundanal ruido.

Otro elemento relevante del film es la importancia concedida al espacio escénico de la casa de los tíos, una fisura más por la que se cuela la amarga realidad de la época. Una de las constantes del cine de posguerra fue el empleo de ambientes cerrados, claustrofóbicos u hostiles como reflejo de un país hermético, aislado. En esta cinta sobresale especialmente el minucioso trabajo del reputado director de fotografía Manuel Berenguer a través de la presencia de claroscuros, ideal para una historia demasiado sórdida. Tras finalizar su amarga experiencia universitaria, Andrea no permanece ni un día más en ese asfixiante y aniquilador pozo.

A pesar de que el film está terminado en el verano de 1947, Cifesa pospone el estreno en Madrid hasta abril de 1949, lanzando una versión reducida de apenas 75 minutos (el montaje original era de 110 minutos), en la que se eliminan los pasajes más deprimentes. La plasmación de la sordidez de la posguerra no es del agrado ni de los censores, ni mucho menos de los espectadores de la época. Este estreno accidentado desmoraliza a su principal impulsora: a partir de este momento Conchita se refugia en el estimulante mundo del teatro.

Un renacentista en plena posguerra o la poesía cinematográfica

La segunda etapa del cine de Neville se cierra con la maravillosa película *El último caballo* (1950), con guion original del propio director, y con un reparto ejemplar encabezado por Fernando Fernán Gómez y Conchita Montes, con la participación de ilustres secundarios como José Luis Ozores, Mary Lamar, Julia Lajos, Fernando Aguirre, Manuel Arbó, Manuel Aguilera, Julia Caba Alba, María Cañete y José Franco. Rodada en distintas localizaciones de Madrid y Alcalá de Henares y en los estudios CEA, la cinta está considerada como una de sus obras más personales, una obra maestra. Es precisamente en este film donde definitivamente Fernán Gómez construye su personaje de proletario madrileñista de naturaleza arnichesca, continuado luego en títulos como *Esa pareja feliz* (1951), *La vida por delante* (1958), *La vida alrededor* (1959) y *El mundo sigue* (1963). La cinta se presenta fuera de concurso en el Festival de Cannes de 1951 y, al parecer, es boicoteada por ciertos «funcionarios» del Régimen franquista que ponen toda clase de impedimentos. Para Aguilar, *El último caballo* es, junto con *Plácido* (1961), una de las obras maestras de una «vertiente negra» dentro del cine cómico español (1950-1961), que centra su interés en la plasmación de aspectos desagradables, sórdidos o amargos de la realidad social -como las desigualdades económicas, la precariedad laboral, la falta de confianza en las instituciones, etc.-, con un discurso implícitamente crítico, y un humor caricaturesco, descarnado e hiperbólico, lo que le acarrea no pocos problemas con la censura; en contraposición, una «vertiente rosa» responde a un tipo de comedia más edulcorada, más amable o tierna, que goza en líneas generales del beneplácito del Régimen; en este último grupo se sitúan *Recluta con niño* (Pedro L. Ramírez, 1955), *Fulano y Mengano* (J. L. Romero Marchent, 1956) y *Salto mortal* (Mariano Ozores, 1961) (Aguilar, 2017: 33).

Ciertamente, desde su singular arranque, *El último caballo* es algo distinto, muy personal. Unos títulos de crédito atraviesan las imágenes de Madrid, una ciudad bulliciosa que rebosa vida, con un tráfico trepidante; el film se erige en una especie de canto a la vida tranquila, que poco tiene que ver con el desagradable ruido de los coches, con esta multitud sin rumbo cierto, símbolos de un mundo moderno en el que apenas tienen cabida el sueño o la felicidad de apurar los buenos momentos que el protagonista cree encontrar, por ejemplo, al lado de unos buenos amigos en un paseo nocturno, o tomando unos tragos.

Fernando Vallejo (Fernán Gómez) es quizás el personaje más quijotesco del cine de Neville; no renuncia fácilmente a sus sueños, consciente, eso sí, de la inhóspita, intransigente e insolidaria realidad en la que se desenvuelve. Un elocuente barrido en plano aéreo ofrece la imagen de un cuartel militar. Se trata del último día del servicio militar de un regimiento de caballería que inmediatamente se convertirá en un regimiento motorizado. Todos los caballos irán a parar a un empresario; todos menos uno. Fernando tiene el noble gesto de comprar a Bucéfalo, para lo cual está dispuesto a aplazar sus planes de boda con su novia Elvirita (Mary Lamar), empleando todos sus ahorros. Una bella escena con cierto aire documental muestra a unos niños desarrapados -otra vez esa veta de cine social- jugando en la calle, simulando una corrida de toros. Una escena de fondo muy sutil sugiere el más que posible destino trágico que les espera a esos caballos que el Ejército acaba de vender al mejor postor.

El segundo bloque narrativo plantea la situación trágica por la que atraviesa Fernando no solo desde un punto de vista afectivo o sentimental, al ser rechazado por su novia, por culpa sobre todo de una suegra muy egoísta (Julia Lajos), sino también laboral, pues, si bien vuelve a reingresar a su antiguo puesto de trabajo, una y otra vez es objeto de constantes amenazas de despido, algo que finalmente termina ocurriendo. ¿Se puede hablar entonces de un neorrealismo a la española? ¿Aflora el Neville más comprometido con un cine social? Por ciertas grietas de la película asoman asuntos como la precariedad laboral, la pobreza, las diferencias sociales, el clasismo, la difícil vida cotidiana y las miserias de la clase media y baja, o la denigrante situación de la mujer... A esto se debe añadir la filmación preferentemente en espacios exteriores, en las calles de Madrid, o el gusto por una ambientación naturalista, con pocos decorados, una mayor movilidad de la cámara, cierto aire de improvisación en muchas escenas, la fulgurante voluntad de sinceridad a la hora de describir la realidad social, siempre con una finalidad algo moralizante, o, en fin, el predominio del sentimiento sobre la imagen, etc. En este sentido, *El último caballo* debe considerarse como el punto de arranque de ese neorrealismo que se prodiga en el cine español durante los años cincuenta e inicios de los sesenta (Berlanga, Bardem, Ferreri, Nieves Conde, Saura, Fernán Gómez).

Otros problemas acucian a este antihéroe de posguerra que no termina de encontrar su sitio en una sociedad mercantilizada en la que apenas aflora la solidaridad o el compañerismo. Fernando acude a su antigua pensión, pero los precios han subido porque la vida también lo ha hecho. Al mismo tiempo, comprueba que ya no quedan coches de caballos en Madrid, ni una sola cuadra en la que instalar a Bucéfalo, quizás en la Cava Baja o en un picadero o en un pueblo cercano.

Uno de los elementos narrativos más interesantes que aporta esta cinta al cine de posguerra es la atípica relación surgida en la pareja protagonista. No es, en absoluto, una convencional historia de amor romántico, sino una relación entrañable que se afianza día a día apoyándose en la amistad y en la complicidad. Fernando tiene en la historia su particular Dulcinea, otra maravillosa criatura del cine de Neville: la chaplinesca florista Isabel (Conchita) ilumina el tránsito del joven por una realidad a todas luces hostil. Se trata de un papel pequeño al principio -secundario, incluso-, pero que va creciendo poco a poco a lo largo del film, hasta llegar al clímax. No menos interesante es la presencia de otro secundario de lujo, José Luis Ozores, que encarna a Simón, antiguo compañero de Fernando en el servicio militar; ahora trabaja como bombero. Isabel le deja a Fernando flores secas para alimentar a Bucéfalo; y le presenta a un cochero borrachín que quiere alquilárselo, algo que, durante un tiempo, le permite a Fernando salir de su indigente situación económica, al tiempo que, gracias al dinero obtenido, rehacer (¡ay, triste realidad!) su relación con Elvirita; por otra parte, su amigo Simón, a riesgo de ser despedido por ello, se lo lleva una noche al parque de bomberos en la que quizás sea la escena más humorística o absurda. Lo mejor está por llegar. Neville en estado de gracia lanza un canto a la vida que desde luego es difícil encontrar en otros directores de este periodo. Hacia el minuto sesenta comienza otra película, un segmento narrativo que rezuma alegría, vitalidad y una frescura que recuerda a cierto cine de la modernidad. Los tres amigos recuperan el caballo (símbolo de la necesidad de soñar) que, en un ataque de desesperación, el cochero ha vendido a un contratista: finalmente, logran rescatarlo de una corrida de toros, o lo que es lo mismo, de las garras de la muerte. Esta parte se podría segmentar en tres subsecuencias.

1.ª La primera se desarrolla en una taberna adonde han ido a parar los tres amigos con la intención de festejar tan grato desenlace. Conchita se muestra con un encanto especial, dispuesta, valiente y alegre, acaso un homenaje a ciertas heroínas del mejor cine de Chaplin. Son apenas tres planos: los amigos plantean un brindis antológico «por el mundo antiguo». Se apuesta claramente por la defensa del amor, la amistad y la bondad como virtudes supremas frente a una vida violenta y estridente que está a punto de destruirlos. El plano fijo a la altura del minuto sesenta y cuatro es quizás lo más entrañable del film. Neville aguanta en una puesta en escena muy exigente para los actores, pero que a la postre deviene en auténtica epifanía para el espectador.

2.ª Idéntico interés tiene el valleinclanesco paseo nocturno por las calles de Madrid. Montes, Ozores y Fernán Gómez, desatados, en estado etílico, son detenidos por escándalo público («¡Abajo la motorización, la gasolina y los camiones!»). Al día siguiente, el bombero y el oficinista son despedidos. Lo que en un drama social hubiera derivado en una amarga escena, emotiva al menos, en el cine de Neville se resuelve de manera optimista.

3.ª El huerto de Isabel adquiere una relevante carga simbólica en un film que no tiene un desenlace claro; antes bien, se plantea en estos últimos minutos la necesidad de volver a una vida tranquila y sencilla, al cultivo de las pequeñas cosas, a la valoración de la amistad. Tras el cataclismo provocado por el mundo moderno, un Neville algo moralizante reflexiona sobre el final de un tipo de vida, al tiempo que urde una filosofía con cierto espíritu renacentista. Parece estar sugiriendo que una nueva manera de mirar y vivir es posible. Esta es, sin duda, una película contra la aceleración, la impostura y el materialismo del mundo moderno; a nadie le importa la vida de ese caballo; a las novias solo les interesan las joyas, y a sus madres, situarlas bien económicamente; a los empresarios, el dinero. Y, por supuesto, una diatriba contra la mentira -el cochero, el contratista, la novia de Fernando- y Fernando, un antihéroe quijotesco.

En ese huerto (*locus amoenus*) labora sin prisas, pero con apasionamiento, el entrañable Marcelino (Manuel Arbó). Fernando ha entendido esta especie de vida «pastoril» de Isabel, por eso es tan hermoso ese plano final en el que marchan sonrientes en un coche de caballos. Es una versión clara del horaciano *beatus ille* que hace referencia a la alabanza de la vida sencilla que comienza en ese rincón de las afueras de Madrid frente a la vida de la ciudad (oficinas, plaza de toros, parque de bomberos, casas de una falsa burguesía, etc.). En ninguna otra película Neville ha mostrado un perfil de vida tan claro, un modelo ideológico tan optimista como en *El último caballo*, algo que, por otra parte, no le impide lanzar sus dardos contra los beneficios del desarrollismo industrial. Se erige así en una maravillosa oda al mundo pequeño, sencillo y sobrio amenazado por la implacable e imparable modernidad. Lo que más aprecia el director es el éxito de público que esta cinta tan personal obtiene en el momento de su estreno. («Yo creo que no hay humor si no hay poesía. Y que el humor no es cosa de minorías. Mi película da muy bien la sensación de lo poético»).

Testamentos cinematográficos

Neville cierra su filmografía con dos obras personales, dos títulos que se plantean como una suerte de díptico reflexivo a través del cual condensa buena parte de su filosofía sobre la felicidad de vivir no exenta de cierta dosis de melancolía e incluso ajuste de cuentas con la historia de España.

De los dos, el más triste y pesimista es *El baile* (1959), un film de cámara poco convencional con tan solo tres actores y un solo espacio escénico, en el que destaca el planteamiento de una temática profunda a través de una trama relativamente sencilla. Mientras pasan los títulos de crédito, la cámara ofrece un simpático esbozo del paseo de coches del parque del Retiro. La acción se localiza a principios del siglo XX, si bien abarca, a través de sucesivas y profundas elipsis, un amplio periodo de tiempo. La primera parte se convierte en una continua presentación de escenas de amor y celos de tres personajes que conviven en una misma vivienda, un curioso *ménage à trois*: Adela (Conchita), que ocupa un lugar privilegiado y está casada con Pedro (Alberto Closas); el segundo elemento de la relación es Julián, el peculiar amigo íntimo de la pareja (Rafael Alonso), quien manifiesta haber estado enamorado de Adela toda su vida. No resulta nada fácil la convivencia entre todas las partes. De hecho, a veces parece que los papeles se intercambian, algo que ya se deja ver en la primera escena en la que el amigo-amante le recrimina a la extravertida Adela que, para ser realmente honesta, su manera de mirar a los hombres es de una absoluta frivolidad. Poco a poco Adela va cobrando más protagonismo hasta convertirse en el punto álgido de la relación amorosa y pasional, especialmente a partir del momento en el que se sabe que una enfermedad grave puede acabar con su vida. Julián y Pedro pasan su tiempo repasando su colección de bichos en aburridísimas disquisiciones entomológicas; Adela -el personaje más hedonista de su filmografía- parece más preocupada por poner en práctica el ideario del *carpe diem*, al identificar la vida con el placer sensorial, vestir bien, resultar atractiva, acudir a fiestas, sentirse atraída y seducida por los hombres. Cree que la aventura es cosa de hombres; las mujeres, en cambio, esperan sentirse deseadas. Y algo así es lo que ocurre a continuación: en una escena hermosísima, Julián y Pedro, esto es, el amante-amigo y el marido-amigo, se alternan en el flirteo, cortejo, o seducción, con vals y brindis incluidos.

La primera gran elipsis da paso a la segunda parte. Han pasado veinticinco años, el matrimonio tiene una hija, Carmen, que vive en el extranjero. La crisis de la edad, la pérdida de las ilusiones y los problemas de salud son los pilares temáticos de este segmento narrativo. Adela percibe cómo pasa el tiempo, cómo se acerca lentamente la vejez. No sabe aún que le quedan tres meses de vida. Es entonces cuando el film llega a su clímax: Adela le dice a Julián que no está contenta con su vida, y que quizás no tenga sentido continuar prolongando una existencia anodina. Harta de la monotonía, siente deseos de irse, de ser lo que no ha podido ser hasta ahora. Adela sufre mucho, pero no tanto por los estragos de la enfermedad como por el aburrimiento. No hay en el cine de posguerra una formulación más explícita del *tempus fugit*, un motivo que alude a la conciencia del inexorable paso del tiempo, al igual que -repárese también en el implícito *carpe diem*- una invitación a vivir o exprimir cada momento de la vida como si fuese el último. Una Adela sola y libre se dispone a iniciar un viaje sin un claro destino: a ella solo le importa el impulso de vivir y parece tener claro que no ha de «volver la vista atrás», que esa otra «senda nunca se ha de volver a pisar». *Todo pasa, todo queda*... En esta parte, a través de Adela, se nos invita, como «caminantes», a pensar en nuestra propia vida, a decidir nuestro propio «camino». Pero a partir de aquí *El baile* es ya otra película: la tercera parte comienza con otra brusca elipsis, con las imágenes de los cipreses, con los rostros envejecidos de Pedro y Julián, sentados en un banco del parque del Retiro. Adela lleva ya muchos años muerta. Lo que queda de metraje deviene en una honda y amarga reflexión sobre la senectud y la muerte. Con todo, la presencia de la nieta Adelita (Conchita) aminora la carga pesimista al plantear el inicio de una estimulante relación «triangular» en el seno de esta singular familia madrileña.

En este momento culminante de su trayectoria, Neville se muestra como un creador genuino de un tipo de *cine poesía*. El prólogo de *Mi calle* (1960) es uno de los segmentos fílmicos más estimulantes de su cine. La dulce voz de Nati Mistral interpreta una popular canción, una hermosa balada, que habla de ese aire madrileño tan especial del mes de abril, mientras pasan -entre los títulos de crédito- imágenes de algunos parques, calles, portales, e incluso del Teatro Real, primero con un trávelin lateral de derecha a izquierda, o, tras suaves encadenamientos, planos fijos, leves contrapicados y barridos que parecen estar acariciando las ramas de los árboles, y, finalmente, esos planos generales que tanto entusiasman al director madrileño. A través de los tejados de un popular barrio de Madrid, la cámara desciende poco a poco hasta situarse en medio de una calle. La *voice over* del narrador -o explicador, otra constante en su cine- sitúa al espectador en un aquí y en un ahora determinados. Es un plano general, fijo, de larga duración: un cuadro de un realismo absoluto, a pesar de haberse realizado en un estudio de cine. Unas viviendas desiguales, pero humildes en general, algo cochambrosas; una calle sin asfaltar; a ambos lados dos carros, en uno de los cuales andan afanando dos tipos que, por su indumentaria, parecen arrieros o gente del campo. En un trávelin lateral la cámara acompaña a Blas, el sereno. Es el primero de la larga lista de personajes que conforman este singular barrio, esta entrañable «colmena» del viejo Madrid; hay muchos más: un vendedor de bandurrias y acordeones, un tipo de ideales conservadores; un vieja y crepuscular familia aristocrática; un vendedor de paraguas, defensor a ultranza de la República; un carnicero enamorado de una atractiva tiple; la figura de la peluquera, la más charlatana de todo el barrio; una humilde criada, enamorada de un organillero, un trepa, un vivales, que solo busca medrar; un astrólogo que predice el futuro...

Lamentablemente, el film tiene un cierto tufillo ideológico que desmerece el resultado final. Es verdad que no faltan ciertos juicios críticos, dirigidos a los oportunistas que aprovechan los tiempos de crisis para enriquecerse (la segunda parte, dedicada a los años de la *belle époque*), o esas alusiones a las carencias estructurales de la ciudad, sobre todo en temas de pavimentación; además, se ofrece la imagen de una ciudad estancada en un fuerte conservadurismo, en cierta misoginia, o en el patriarcado; la emancipación de la mujer es un tema tabú. Neville no recula en su posicionamiento político, sobre todo en lo concerniente a la entrada de ideas comunistas en nuestro país, según él mucho antes del estallido de la Guerra Civil. Es, en este sentido, una pieza claramente revisionista; ni siquiera se había atrevido a tanto en el maniqueo *Frente de Madrid*. En la parte final la acción se sitúa en 1931. Para ilustrar las últimas horas de la monarquía y la inminente llegada de la República, se utilizan -en una breve escena de montaje- imágenes de una ciudad en llamas: la *voice over* del narrador acusa a «la conjunción anarcocomunista» de la trágica situación del país. Hasta este momento el film se ha enfrentado con la realidad de la sociedad española no tanto con el objeto de denunciarla -aunque hay cierta crítica social- como con el propósito de afianzar la amistad, la solidaridad o el compañerismo. Presumiblemente, Neville está recogiendo influencias de novelistas españoles anteriores a la Guerra Civil (Baroja y su idea de que la novela debe reflejar la vida; Valle-Inclán y su interés por los relatos colectivos y, por supuesto, por el esperpento o deformación de la realidad; o Gómez de la Serna y su visión humorística de la vida madrileña), pero también de autores del realismo existencial (Laforet) y social (*La colmena*: el realismo crítico, la complejidad estructural y temática, el tratamiento del amor y de la mujer...). El predominante tono nostálgico, emotivo y hasta elegíaco, se torna agrio, amargo. Una nueva secuencia de montaje ilustra los duros días sufridos por los madrileños durante la Guerra Civil: asesinatos, desapariciones, registros, hambre, mercado negro, penurias... Es, sin duda, la parte más maniquea de un film que, sin embargo, ha relatado con mucho cuidado el devenir de unos tipos entrañables. La liberación de Madrid llega por fin en abril de 1939.

El epílogo no es menos decepcionante. A través de la metáfora del décimo de lotería, se sugiere que una nueva etapa, de paz, de tranquilidad o de esperanza, está a punto de comenzar. E incluso -en un comentario no exento de cinismo- se afirma que durante estos años se han eliminado las diferencias de ideología y de clases sociales. Queda para el recuerdo la valiente imagen del organillero, ciego a causa de un metrallazo, junto a la pobre mujer que durante tantos años ha estado enamorada de él. Son, por distintos motivos, dos víctimas de la implacable guerra civil española. Uno de los momentos de más alta calidad poética del cine de Neville. La crítica en general ha considerado el film como una obra menor, uno de los peores títulos de su extensa filmografía, y a su autor, un «conformista y conservador».

El crimen de la calle de Bordadores (1946)

Para Barroso y Gil-Delgado, el gran acierto de *El crimen de la calle de Bordadores* (1946) es el hecho de ser una especie de compendio de todos aquellos géneros o registros por los que su director sentía especial predilección; a saber, la cultura popular, la comedia sainetesca, el género policíaco y, sobre todo, el empleo de «un humor fino algo cínico o melancólico» (Barroso y Gil-Delgado, 2002: 106). También se podría hablar de un pastiche fílmico en el sentido de que el autor imita o toma determinados elementos y los combina, de forma que da la impresión de ser una obra independiente, inimitable y muy personal (DRAE).

A partir de cierto momento de su vida, Neville no está dispuesto a plegarse al tipo de cine auspiciado por el DNC. Antes bien, finalizada la etapa de furor por cierto tipo de cine castrense, religioso o colonial, el director de *Mi calle* opta por aunar dos tradiciones literarias: una foránea y otra española, el cine policiaco de detectives y el sainete popular, respectivamente. Ríos Carratalá ha utilizado el término «renovado casticismo» para referirse a esta nueva etapa que comienza en la segunda mitad de los años cuarenta, o, más concretamente, a ciertos títulos en los que la ciudad de Madrid se convierte en protagonista (Ríos Carratalá, 2007: 309). Pero probablemente hay algo más. *El crimen de la calle de Bordadores* se ofrece al espectador como un muestrario de las principales inquietudes temáticas de su director. También sobresale una peculiar puesta en escena en la que se antepone la mostración del personaje colectivo con esa especial atención por los planos generales y medios. Solo en ciertos momentos, en los que la cinta deriva a un registro más serio o melodramático, Neville hace uso de primeros planos.

Pero lo cierto es que *El crimen de la calle de Bordadores* es -como las otras dos cintas- un film de personaje colectivo: trepas, arribistas, chulos, loteras, cupletistas, frívolas señoras de la clase pudiente, infieles criadas, señoritos de casino, ciertos periodistas más preocupados del chismorreo que de la noticia bien contrastada... Tipos singulares participan episódicamente dentro del film; salvo raras excepciones -Antonia Plana y Mary Delgado-, no se desenvuelven individualmente, sino más bien a través de su participación en ciertas escenas corales. El director apunta a la clase frívola y acomodada de la alta burguesía madrileña, a los «inútiles» (*vitelloni*), muy castizos todos ellos, mujeriegos incorregibles, bohemios que exprimen la noche madrileña, que engañan a ingenuas muchachas, otro colectivo muy interesante de este magnífico fresco.

De nuevo se opta por una estructura interna de carácter lineal -algo más alambicada en el fondo y en la forma- que, según los cánones tradicionales, permite dividir el relato en tres partes: 1) una presentación impresionista de los personajes y hechos principales del asunto criminal; 2) el nudo o investigación de ciertos acontecimientos del pasado que explican los intereses o móviles de algunos personajes: 3) el desenlace a partir de un relato judicial. La película incluye más cosas que conforman algo así como una especie de intermedio puramente etnográfico, que sirve de contrapunto a la trama policíaca, y que ralentiza el ritmo de la película. No faltan los planos generales de la bulliciosa Madrid ni tampoco la música popular mientras van pasando los títulos de crédito. Es, quizás, su película más típicamente madrileña, el relato diacrónico de un barrio del Madrid antiguo.

En la Puerta de Sol un juglar se dispone a desplegar ante un grupo de personas el relato sobre un asesinato ocurrido en Castroviejo. Es, además, un ejemplo de visualización (*storyboard*) a partir de distintas viñetas diseminadas en un gran mural. Por allí pasan Miguel (Manuel Luna), el prototípico chulo de ciudad, un bribón, que intenta seducir a toda mujer que se cruza en su camino; y Lola (Mary Delgado), una lotera encantadora que vende sus décimos por calles y garitos de la ciudad. La cámara sigue los pasos de Miguel, quien, aleccionado por una joven, entra en una casa. Una elocuente elipsis nos impide conocer los detalles del asesinato: Petra, una vieja criada (Antonia Plana), acaba de descubrir el cadáver de su señora, doña Mariana de Pacheco (Julia Lajos), una dama de la alta burguesía madrileña. Junto al cadáver, a la vista, una plancha; y, escondidos, en distintas estancias de la vivienda, el maquiavélico Miguel y la enigmática criada. Comienza la investigación, o, para ser más exactos, el esclarecimiento no tanto de los hechos como de la vida de Miguel y de sus fortunas y adversidades. Y es que el film -al focalizar buena parte del metraje en este personaje- tiene algo de novela picaresca contemporánea.

En una escena satírica con cierto aire arnichesco, que recuerda a *La señorita de Trevélez*, un grupo de hombres chismorrean acerca de la verdad sobre el caso de la señora de Pacheco. Hay entre ellos algún periodista que sugiere la necesidad de investigar qué ocurrió durante estos meses. La idea es buena, por supuesto, pero el relato retrospectivo que está a punto de comenzar adolece de un elemento clave en cualquier texto narrativo, la figura del narrador. Se podría haber empleado la *voice over* del periodista, por ejemplo, o haber optado por la simultaneidad de varias voces narrativas; no sabemos quién nos cuenta estos hechos, de dónde extrae la información, ni quiénes son los auténticos destinatarios del relato. Se opta por segmentar el *flashback* en varios tramos, empleando la elipsis en momentos muy puntuales de la narración. Miguel es un auténtico estafador que ha engañado a esta rica señora con la promesa del matrimonio; lo único que pretendía era exprimirla, sacarle dinero para poner en marcha una fábrica. No parece enterarse de nada su ingenua amante que alardea de su aventura amorosa cuando acude a los distintos eventos y saraos de la alta burguesía madrileña. El ambiente de Miguel es otro bien distinto: se rodea de sinvergüenzas, vive en una especie de patio de Monipodio; gusta de visitar tabernas, terrazas, verbenas o populares cafés del Madrid antiguo. En este tipo de escenas de los bajos fondos se encuentra más a gusto el cineasta. Se trata de un momento nuclear, un intermedio etnográfico, que rompe con el discurso narrativo central.

Uno de los logros de *El crimen de la calle de Bordadores* vuelve a ser el tratamiento de la temática de contenido social. Se urde una intricada trama interior que permite no solo conocer en profundidad el pasado de algunos personajes (Petra la criada y Lola la lotera, madre e hija, algo que esta nunca sabrá), sino también preparar al espectador para la resolución del caso. Petra es la asesina: todo lo que ha hecho en su vida -las mentiras, los silencios, el asesinato- ha sido por proteger a su hija. Para conocer en profundidad el trágico devenir de esta humilde familia, habrá que esperar a la larga secuencia del desenlace que se despliega con el formato tradicional de las películas de juicios. El guion está muy bien construido, los ambientes marginales de la ciudad de Madrid, logradísimos, y fabulosos los actores, no solo los protagonistas (Mary Delgado, por supuesto; Manuel Luna, no tanto), sino también los admirables secundarios (Antonia Plana). No menos interés presenta el detallado costumbrismo de algunas escenas que, a veces, recuerdan al gran Galdós, o ese gusto por los motivos folclóricos, por presentar poéticamente ciertos momentos en los que el cante o el baile ocupan un lugar privilegiado en un momento concreto de la trama. Miguel intenta seducir a Lola, emborrachándola; la lotera -Mary Delgado, en estado de gracia- le responde con una emotiva canción.

Amparito Rivelles

Ignacio F. Iquino o la mixtura cinematográfica

[Iquino] Técnicamente, era un hombre que sabía todos los secretos del cine. Su evolución cualitativamente descendente no ha sido la única del cine español. Piénsese en Juan de Orduña, Rafael Gil, Pedro Lazaga, Sáenz de Heredia y Antonio del Amo.

Ángel Comas

Un hombre de cine

IQUINO (así, con mayúsculas, como a él le gusta aparecer en los títulos de crédito) es, con ochenta y siete films, uno de los directores más prolíficos de la historia del cine español; solo le superan Pedro Lazaga, con noventa y tres; Mariano Ozores, noventa y nueve; y Jesús Franco, con doscientos seis. Su amplia producción abarca cincuenta años, desde la Segunda República hasta la segunda legislatura de Felipe González. Para muchos aficionados al cine, su nombre se asocia al cine erótico de la Transición. *La zorrita en bikini* (1976), *Emmanuelle y Carol* (1978), *¿Podrías con cinco chicas a la vez?* (1979), *La caliente niña Julieta* (1980) o *Inclinación sexual al desnudo* (1982), por citar solo algunos títulos *emblemáticos* del cine del *destape*, no invitan a pensar en un extraordinario cineasta, un hombre de cine en el sentido amplio de la palabra, esto es, guionista, fotógrafo, montador, director, productor, distribuidor y propietario de estudios de rodaje y doblaje. Estas cintas han condicionado a buena parte de la crítica que lo ha menospreciado. Iquino manifestó en alguna ocasión que el cine era su gran pasión, que solo junto a la cámara era feliz, y que el rodaje de una película le alargaba la vida. Ni el gran François Truffautt ni el siempre hiperbólico Jean-Luc Godard han llegado a declarar su amor por el cine de manera tan bella y poética. Además, resulta que era también dramaturgo y novelista. Pragmático, seguro de sí mismo y bastante oportunista, sabe ver en cada momento qué es aquello que más puede interesarle al público español. Apenas se implica políticamente. Puede vivir y trabajar a gusto, y con sorprendente continuidad, desde que, por primera vez, en 1935 se pone detrás de una cámara. Filma en los años republicanos, en plena Guerra Civil, en la posguerra, en la Transición; su último film es de 1984: tiene entonces setenta y cuatro años. Trabaja con rapidez y efectividad: a veces puede producir en un mismo año cuatro (1944) o cinco películas (1982).

No le tiene miedo ni excesivo respeto a casi nada: se atreve con todos los géneros, con casi todos los temas.

Ignacio Ferrés Iquino nace en Valls (Tarragona) el 25 de junio de 1910. Su padre, Ramón Ferrés, es compositor, arreglista y director de orquesta, y su madre, Teresa Iquino (Teresa Idel, artísticamente), actriz y cantante. Esto explica una de las grandes pasiones del director, la música, absolutamente omnipresente en su cine. Realiza estudios de primera enseñanza en los *Gabriels*, un colegio religioso muy prestigioso fundado por frailes franceses. Es un muchacho conflictivo y rebelde y no llega a terminar bachillerato. Estudia música, pintura y escultura. Se marcha de casa a los dieciséis años, primero a París y luego a Barcelona. No termina de sentirse a gusto en ninguna de estas artes. Al cine llega a través de la fotografía. En 1935 funda con unos amigos Emisora Films. Debuta ese año con el policíaco *Al margen de la ley*. En julio de 1936 rueda *Diego Corrientes*, un film sobre la figura del bandolero generoso. Al estallar la Guerra Civil, la industria cinematográfica catalana pasa a manos del sindicato anarquista CNT, para el que filma el mediometraje *Paquete, el fotógrafo público número uno* (1936), con Paco Martínez Soria y Mary Santpere. Nunca manifiesta interés alguno por el documental político. Hace todo lo posible para no ir a la guerra: finalmente, sirve en la milicia en tareas administrativas. Al finalizar la contienda, no sufre ninguna persecución política. Se gana la vida como fotógrafo profesional. Dirige, entre 1940 y 1943, para Aureliano Campa, un ciclo de nueve comedias de entretenimiento, baratas, de rodaje rápido. Resucita Emisora Films, junto a su cuñado Francisco Ariza, con unos planteamientos muy parecidos a los de Hollywood; dirige películas de carácter más realista, principalmente dramas psicológicos, cine criminal e histórico y melodramas nostálgicos. Finalmente, pone en marcha su propia productora, Ifi (1949-1982), una auténtica escuela de cineastas.

En este capítulo se aborda el estudio del grupo de comedias del binomio Campa-Iquino, rodadas en exclusiva para Cifesa, y de otros films realizados por el cineasta tarraconense en los años cuarenta, unos para Emisora Films, y otros para Ifi. Se intentará demostrar, con breves calas en algunos títulos llamativos, la existencia un tipo específico de *comedia Iquino*. Este hace un cine que agrada al público lo cual le permite ganar mucho dinero. Pero esto no tiene por qué estar reñido con una cierta preocupación artística. No llega a ser el suyo un *cine de autor*; con todo, ciertos rasgos formales o temáticos de esta etapa permiten hablar de un *estilo concreto*. En los años de Ifi prevalece un cine de género, de consumo popular de serie B, e incluso de una categoría inferior. Iquino huye de esas altas pretensiones o ínfulas de creador: de hecho, califica su trabajo como un tipo de "cine medio". Adentrarse en su cine de posguerra es toda una sorpresa; estas divertidísimas comedias, de metraje corto y notable calidad, no se agotan en un solo visionado. En ese primer cine confluyen diversas influencias cinematográficas y literarias fácilmente reconocibles de manera más o menos simultánea. El director acude a uno u otro registro en función del argumento de la comedia que se dispone a filmar y, a veces, emplea ingredientes de distintos subgéneros en una misma película.

La literatura sainetesca y social

La primera muestra de este tipo de cine está ya en su primer film, *Sereno... y tormenta* (1934), un corto del que no existe copia, un sainete rodado con el actor Juan Espantaleón. *Alma de Dios* (19411) es -según los títulos de crédito- una «adaptación de la famosa obra de Carlos Arniches y Enrique García Álvarez». Arniches es uno de los artífices del llamado *casticismo* español gracias a la creación de personajes basados en la realidad inmediata, muy peculiares, tipos populares que viven en un mundo de carencias y que no pierden nunca la alegría de vivir; tienen, además, una forma muy peculiar de hablar: acortamientos, vulgarismos, locuciones y frases hechas, jergas sociales, etc. Este cine castizo vuelve a estar muy presente en un film muy apreciable, *El hombre de los muñecos* (1943). Hay mucho en él de ese teatro arnichesco conocido como *tragedia grotesca*: se juega con la comicidad externa y con una profunda gravedad en el contenido. Melchor (Fernando Freyre de Andrade) es un tipo ridículo, extravagante, pero con un corazón inmenso: malvive vendiendo muñecos en un mercado; anda con un grupo de carteristas, con los que se emborracha algunas noches en un tugurio cochambroso. El film tiene también la loable voluntad de denunciar el inmovilismo social y la hipocresía.

Iquino es un autor comprometido que apenas tiene problemas con los comités de censura cuando intenta poner en pie un proyecto. De los films analizados en este capítulo, debe repararse especialmente en *Alma de Dios*, la historia de Eloísa (Amparito Rivelles), una pobre huérfana, que vive en un pueblo y que sufre la explotación y malos tratos de una señora que dice «haberla sacado de la calle». La joven emprende una nueva vida en Madrid, sirviendo en casa de una tía suya que la obliga a trabajar, a «avenirse al trabajo de la casa» como criada para pagar su hospedaje. Hay muchos momentos interesantes en la cinta. En primer lugar, se inserta una secuencia de montaje en la que vemos a Eloísa en distintas faenas domésticas, lavando la ropa, planchando, cosiendo, fregando los suelos, limpiando los muebles, cocinando..., sin perder jamás la sonrisa. Pero, además, el film focaliza una línea narrativa que habla de la supervivencia social en la inmediata posguerra. Otra historia no menos importante es la de su prima Irene que anda con hombres mucho mayores que ella, a los que trata de exprimir con la complicidad de su madre. En una de estas aventuras furtivas, un caso de prostitución encubierta, Irene se queda embarazada y más tarde se deshace del niño. Otra «celdilla» del film nos ofrece la vida cotidiana del humilde matrimonio formado por Matías, el castañero (Pepe Isbert), y la *señá* Ezequiela (Guadalupe Muñoz Sampedro) que viven en un buhardillón con un niño pequeño.

Iquino ofrece de esta manera un retrato fiel, coral sin duda, de la sociedad madrileña de la época, muy próximo a lo que cuenta *La colmena* de Cela. Ese submundo social de las ciudades queda muy bien plasmado también en *El hombre de los muñecos* (1943); le bastan tres escenas para recrear unas vidas de delincuencia y de escaseces. El film comienza con una secuencia de ambientación popular: en un mercado muy concurrido, la cámara acompaña a Melchor que, al grito de «Nicanor, tocando el tambor», va ofreciendo muñequitos a la gente. Por aquí pululan toda una fauna de carteristas que hacen su agosto; Melchor está conchabado con ellos. En la secuencia siguiente esta especie de *troupe* de Monipodio reunida en una taberna se divierte tomando unos chatos de vino, leyendo en grupo la noticia del robo de un niño. La cámara se traslada -en la secuencia tercera- a la buhardilla de Melchor, un lugar humilde en el que viven hacinados la pareja y unos gemelos que acaban de nacer. A partir de aquí la acción se desarrolla íntegramente en la casa de una marquesa. Se ofrece la otra cara de la sociedad, esto es, la frivolidad, la amoralidad, el incivismo... No es infrecuente encontrar muestras del tipo de vida ociosa, frívola y parasitaria que llevan ciertos tipos de la clase acomodada: el arranque de *Los ladrones somos gente honrada* (1942) es un ejemplo brillante de la recreación de ambientes, con una cámara en constante movimiento.

El cine musical

Iquino demuestra una gran pasión por la música norteamericana, en especial por distintos registros del *jazz*; otras veces le da por introducir en sus películas ritmos latinos. No es raro encontrar insertos de números musicales en sus películas cómicas: con cierta tibieza, se pretende ensalzar esa especie de filosofía de la vida, marca de fábrica de su cine, basada en el puro hedonismo o la alegría sublime. Estas películas no terminan de ser auténticas comedias musicales, no están estructuradas teniendo en cuenta los números de canto o baile: es más bien un intermedio, un descanso que se le concede al espectador, en el visionado de estas piezas tan locas y trepidantes. Son sencillamente comedias con música y bailes. Unas veces la música es un auténtico *leitmotiv*, una pieza clave en el entramado argumental; otras veces, en cambio, da la sensación de que su presencia se desvanece, que pierde consistencia conforme avanza el metraje. Iquino solía aconsejar a los músicos de sus películas colocar los números tras un momento determinante. Por ejemplo, en *Alma de Dios*, inserta un número musical de cante flamenco: en montaje alterno, un plano general, silente, muestra a Irene entregando su hijo recién nacido a una familia de gitanos. Un poco más adelante, otra escena musical es ya puramente folclórica: la caravana de gitanos va por un camino, pero, sorprendentemente, un viejo no canta flamenco sino una canción de zarzuela. Con todo, lo más sorprendente es el inserto del tercer número musical, una copla y una escena de baile, a diez minutos del final, en el clímax, cuando está a punto de resolverse la historia de la calumnia que pesa sobre Eloísa.

En sus repartos Iquino solía incluir un buen número de bailarinas, de cuartetos u orquestas, normalmente actuando en salones de casas burguesas, en terrazas de hoteles, o en algunos garitos de ambiente popular. En *Alma de Dios*, Trini Borrul baila, y Pastora Soler, Emilio Vendrell, Consuelo del Amo y el cuarteto vocal Orpheos, dirigido por el maestro Durán Alemany, interpretan diferentes canciones. En *El difunto es un vivo* (1941), el personaje de Elsa (Mary Santamaría) encuentra en la música una salida a una vida monótona; su deseo es ser una diva de la música, aunque solo sea para encandilar y tener a su alrededor a los hombres (menos al suyo, con el que no es feliz). Otra película en la que tiene especial relevancia la música es *La culpa del otro* (1942), sin que por otra parte llegue a ser un musical. Antes bien, es un film con música y con músicos: comienza con un plano secuencia, un largo trávelin de más de cuatro minutos, en el que una joven interpreta *Tatuaje*; una cámara cómplice la acompaña, es testigo del placer que produce en el público la voz de la chica y la letra de la canción. Varios son los espacios en donde se desarrollan las escenas musicales: una taberna portuaria, con un aire barriobajero, decadente y popular, por donde pululan delincuentes, borrachos, prostitutas e individuos de vida oscura; un salón de la aristocracia; el liceo donde debuta la joven María del Carmen (Isabel de Pomés)... Iquino rompe moldes en este film introduciendo piezas ligeras, pese a tratarse, en algunos momentos, de un trágico melodrama.

Sus dos primeros trabajos finalizada la Guerra Civil son cortometrajes musicales: *Concierto Costa*, con música de Schubert, Mozart y Bach, y *Música de hot*, con piezas compuestas por su padre, e interpretadas por las Orquestas Plantación y Rovira y por el Quinteto Albalat. A partir de entonces, desde una postura claramente ecléctica, no deja de utilizar música y escenas de baile en sus películas. Para Àngel Comas, la inclusión de números musicales dentro de estas historias, tan llenas de equívocos y de situaciones picarescas, se debe muy especialmente al género revisteril del Paralelo de Barcelona, que tanto frecuenta el director en su juventud (Comas, 2003: 54).

La influencia de la *screwball comedy*

La comedia disparatada fue un género muy popular durante los años treinta. Iquino utilizaba en sus repartos un personaje femenino fuerte, redondo: Mercedes Vecino y Mary Santamaría, protagonistas, como mujeres malas y egoístas, auténticas *vamps* del cine de posguerra; las vehementes e impetuosas Mary Santpere y Guadalupe Muñoz Sampedro, entre las de reparto. La relación con la parte masculina resulta muy problemática. Se suceden diálogos muy rápidos y se amontonan las situaciones ridículas, a veces ocasionadas por noviazgos y matrimonios imposibles. Es este un mundo loco, irreal o surrealista, repleto de escenas musicales jubilosas, donde la gente anda constantemente de farra.

Su intención principal es ofrecer al espectador un rato de diversión, de evasión, si bien no faltan ribetes de crítica social; muchas de estas comedias hablan de conflictos sociales, de prejuicios y de servilismos. La clase a la que más duramente apuntan sus dardos envenenados es la aristocracia. Solo se ha visto algo parecido -por supuesto, con mayor hondura y con un registro de humor negro que no tiene el catalán- en el cine de Luis García Berlanga, concretamente en su trilogía "Nacional".

El tema del doble

Este asunto suele ocasionar una serie de equívocos o malentendidos entre los personajes y una complicación o confusión de la trama narrativa que requiere de un espectador atento. Todo finalmente se acaba aclarando. Este tema está presente en casi todas sus comedias, pero hay una que es realmente brillante, *El difunto es un vivo* (1941). Antonio Vico interpreta el personaje de Inocencio Manso y Remanso, presidente de la Sociedad Protectora de Animales; Vico llega a asumir cuatro papeles distintos: Inocencio, su hermano Fulgencio, y sus padres, don Heliodoro y doña Urraca, que en determinado momento cobran vida para reprender y aconsejar al amedrentado Inocencio. Despreciado por Elsa, su mujer (Mary Santamaría) y por doña Restituta, su suegra (Guadalupe Muñoz Sampedro), se refugia en el cuidado de los bichos, con los que se siente inmensamente feliz. Es un animalista ensimismado, muy infeliz con el tipo de vida familiar que lleva; no se pierda de vista el lado irónico y satírico del film. En un momento de la historia, se hace pasar por su hermano Fulgencio para intentar reconquistar a Elsa.

Un enredo de familia (1943) es un auténtico experimento narrativo en lo que se refiere a la configuración de los personajes. Apoyándose en el conflicto inicial de *Romeo y Julieta* -los Capuleto y los Montesco, dos familias enfrentadas; los jóvenes Romeo (Montesco) y Julieta (Capuleto) se conocen en una fiesta-, se arma una comedia realmente alocada, un fresco satírico e irónico de ciertos tipos y comportamientos sociales, no tanto una historia de amor. Al film se le reprocha en su momento su escasa originalidad o, en otras palabras, una excesiva dependencia temática y formal con respecto al cine de Hollywood. Para Company, es un producto híbrido, resultado de la confluencia de

> determinadas tradiciones excéntricas heredadas del *music-hall* -y cuyo atípico lugar ocuparan los hermanos Marx durante su etapa previa a la firma del contrato con la MGM- combinadas con los usos corrientes en las comedias astracanescas y disparatadas del Paralelo barcelonés, donde la atropellada acción quedaba interrumpida por números musicales. (Pérez Perucha, 1997: 155)

Un enredo de padres e hijos, de suplantación de personalidades, es también el *leitmotiv* de *El hombre de los muñecos*: el travestismo del actor de reparto Fernando Freyre de Andrade, ahora protagonista, está entre lo mejor de esta película y del cine cómico de posguerra.

Rasgos estilísticos del primer cine de Iquino

El cine de Iquino no conoce los tiempos muertos. Su prioridad central es narrar de forma lineal una historia -o, a veces, varias, simultáneamente-, procurar atraer al espectador con un relato trepidante en el que estén ocurriendo constantemente hechos, conflictos inesperados. Eso sí, el final suele ser casi siempre el típico *happy end*: un plano general fijo muestra a los protagonistas en un coche, encaminándose a una nueva vida, como Mary Santamaría y Antonio Vico, en *El difunto es un vivo* (1941), o Mercedes Vecino y Luis Prendes, en *Boda accidentada* (1943). Efectivamente, suele arrancar de un mismo patrón argumental, muy básico, a partir del cual ofrece distintas variantes. Una mujer joven, guapa y extravertida, apasionada por la música, muy dada a la fiesta, está casada, o a punto de casarse, con un tipo muy distinto a ella, de su mismo estatus social, burgués y acomodado; no se siente del todo realizada, se aburre, gusta de las relaciones sociales, necesita sentirse querida; finalmente, encuentra a alguien con quien ser feliz, alguien que se ajusta a su *modus vivendi*. Son pues personajes planos: su evolución psicológica, prácticamente nula.

Desde luego, el film que más se ajusta a este esbozo narrativo seminal es *Boda accidentada* (1943). La dulce, alegre y frívola Ketty (Mercedes Vecino) está comprometida con Cándido (Pedro Mascaró), un rico empresario que solo tiene tiempo para sus negocios. Un buen día aparece un viejo amigo de su infancia, Nico (Luis Prendes, espléndido), a quien va a utilizar para «entretener» a su novia mientras él anda en reuniones y juntas de accionistas. Es, sin duda, uno de sus guiones más redondos, uno de sus films mejor estructurados. Ketty interpreta una dulce canción de amor que habla de la búsqueda de un camino en su vida, de la espera de un amor que llene su corazón para poder poner fin a su sufrimiento. Ese amor es precisamente Nico. Poco a poco Mercedes Vecino y Luis Prendes se hacen con las riendas de la película, apuntalando una trama amorosa que pasa por momentos de repudio y rechazo, de acercamiento y flirteo, de seducción y enamoramiento -lo mejor del film, sin duda- y una escapada final.

También se podría citar en este punto *El difunto es un vivo* (1941). Elsa se muestra desdeñosa con su infeliz marido, Inocencio, y, con la complicidad de su madre, empieza a flirtear con un famoso actor de cine. Es realmente este mundo de *glamour* y de fama el que ella anda buscando y con el que se siente colmada. En la escena inicial un plano medio fijo muestra a un apesadumbrado Inocencio y a una maleducada Elsa, quien constantemente entra y sale de cuadro; es esta una forma muy sutil del guionista de presentar a la heroína como una persona inquieta y nerviosa. La funcionalidad del espacio en *off* es uno de los estilemas más característicos del director catalán. Por otra parte, no se acude al registro dramático, sino a situaciones aparentemente serias o transcendentes. Inocencio vive y es feliz a su manera en su particular *locus amoenus*, lleva una vida tranquila, pasea por el campo, cuenta con una especie de casa-zoo. Inocencio no aguanta más su situación de infelicidad y así se lo hace saber a su amigo Luquitas (Paco Martínez Soria). La comedia tiene preparada una sorpresa en forma de carta: le notifican a Inocencio que acaba de fallecer su hermano gemelo Fulgencio, un ilustre pianista, por el que Elsa sí se sentía muy atraída en otra época. Inocencio finge haberse suicidado para hacerse pasar por su hermano Fulgencio. Con este truco recupera el amor de Elsa. Se observa un cierto paralelismo en el entramado del guion o, en otras palabras, ciertas rimas internas en la puesta en escena. Una especie de plano secuencia arranca con la imagen de una puerta del salón; la cámara se dirige, en trávelin descendente, a una licorera, con unas risas estridentes de fondo; inicia luego un leve movimiento para enmarcar, ahora sí, a Elsa y a Fulgencio/Inocencio, en plano medio, bebiendo, sin parar de reír. Lo que sigue es una auténtica escena de seducción que culmina con ciertas sugerencias de aproximación. La dulce viuda -como las heroínas de Lubitsch- se despide del cariñoso cuñado/marido en la puerta de su dormitorio. De hecho, tiene que sacarlo, ofreciéndole su mano para un último beso. Corte a primer plano: Elsa con una sonrisa cómplice. Inocencio ha rehecho su vida. («Viva mi viuda y viva mi mujer»; «Mi mujer me engaña, pero no me importa, es conmigo mismo. Me casaré con mi viuda»). En realidad, Elsa lo sospechaba todo.

Iquino se mantuvo fiel a este molde argumental hasta sus últimas películas. *La caliente niña Julieta* (1981), obra clave del cine de destape, relata la vida de Julieta (Andrea Albani), una joven y atractiva mujer, infeliz -a pesar de moverse en ambientes burgueses de riqueza y dispendio de la Costa Brava- e insatisfecha con su vida matrimonial; Julieta exprime, chantajea y repudia sin parar a su marido, el rico Pierre (Antonio Maroño). Fiel a su filosofía hedonista, la heroína busca otras propuestas alternativas: a) una aventura con su amiga Rita (Vicky Palma), que se presenta por sorpresa un día en su mansión («¡Qué diablos tienes tú que me vuelves así de loca!»); b) una relación adúltera con Mario (Joaquín Gómez), marido de su amiga Silvia (Eva Lyberten), con quien satisface sus fantasías («tengo unos deseos increíbles de morder. Déjate de caricias. Pégame. Seré más feliz que nunca. Pega, marqués de Sade, mi admirado marquesito»), si bien tampoco acaba de sentirse satisfecha; c) un trío lésbico con Rita y Silvia. Es el clímax del film. No ha sido un hombre (aquí está la variante) el que ha salvado a la mujer insatisfecha de una vida anodina, sino dos mujeres. Julieta le cuenta a sus amigas y amantes sus planes de futuro: divorciarse, exprimir a su rico marido e irse mientras tanto un mes a las Bahamas.

Otro rasgo fundamental del cine de Iquino, que se repite en otros cineastas de posguerra, es el papel transcendental de los secundarios. Se apuesta por el *star-system* de prestigio de aquella época: como protagonistas, casi siempre interpretando a una pareja de jóvenes enamorados, destacan Amparo Rivelles, Isabel de Pomés, Mercedes Vecino, Luis Prendes, Antonio Vico y Mary Santamaría; entre los actores de reparto, Paco Martínez Soria, Pepe Isbert, Mary Santpere, Guadalupe Muñoz Sampedro, Antonio Riquelme y Fernando Freyre de Andrade. Podrían ser más... Muchas veces se diluye la relevancia de los protagonistas, por lo que resulta muy difícil realizar una catalogación narratológica de este elemento narrativo.

Iquino demuestra una cierta tendencia al cine coral: la locura de sus comedias estriba en la entrada y salida constante de personajes, en el amontonamiento de grupos de personas y de objetos dentro del encuadre. Hay una escena magistral en *Alma de Dios* en donde es fácil comprobar cómo el peso de la acción se sostiene gracias a actores de reparto como Pepe Isbert (tío Matías), Guadalupe Muñoz Sampedro (la *señá* Ezequiela) y Paco Martínez Soria (Saturiano); la leve trama amorosa (Amparo Rivelles y Luis Prendes) queda apartada durante un buen rato. Un plano general muestra la humilde buhardilla en la que Matías anda de un lado a otro cuidando de su hijo -la cámara no para de moverse- mientras intenta preparar la comida. Saturiano se presenta por sorpresa. Un plano medio largo presenta a los dos cómicos en un derroche interpretativo que recuerda mucho a actores como Keaton, Lloyd, Chaplin... Un plano medio largo otra vez. El mismo procedimiento de un director especialmente dotado para rodar deprisa y con pocos recursos. La escena demuestra cómo los actores, además de emplear un lenguaje claramente arnichesco, se sirven de gestos, miradas y un buen número de tics para interpretar su papel. La cámara inicia un trávelin lateral para mostrar la desesperación de Saturiano que le cuenta a su «primo» Matías la «miseria» en la que viven, sin apenas trabajo, sin un «mendrugo» que llevarse a la boca. Matías está preparando algo en una sartén; a Saturiano se le van los ojos. El tema de la comida es prácticamente lo único de lo que hablan los amigos. Pero Martín le tiene preparada una sorpresa, quizás la parte más cómica y picante de esta secuencia. Se resuelve en apenas cuatro o cinco planos. Plano medio, siempre la misma disposición: Isbert a la izquierda, Martínez Soria a la derecha. Matías es un *voyeur*, que ha descubierto a una vecinita de veintidós años. Un corte a plano general para mostrar lo que ven desde la ventana de la buhardilla Matías y Saturiano: Eloísa está tendiendo la ropa. Plano medio. Los dos tipos asomados, sin rubor, a la ventana, dan inicio a un breve y jocoso diálogo con la joven. En breve la *señá* Ezequiela -plano general, en profundidad de campo- asiste asombrada a la «interpretación» del fresco de su marido, y a las risotadas de su amigo. A la actriz le bastan ciertos gestos y movimientos para demostrar su indignación, pero también su solidaridad. Pasa de golpear enérgicamente a su marido, o de insultar al amigo, a pedirle a este que se quede a comer con ellos.

Martínez Soria se impone como un actor especialmente dotado para la comedia, solapando las interpretaciones de Prendes y Rivelles. Se sirve de dos recursos dramáticos de enorme eficacia: el lenguaje sainetesco, muy cañí, y el histrionismo de cara y cuerpo, aparte de una indumentaria algo bufonesca; la ropa le queda grande, un chaleco sobre una camiseta corta, pantalones abombados, una boina, además de un ridículo y enorme bigote y una dentadura incompleta, en la que le faltan la mayoría de los dientes centrales, una risa exagerada que contagia a los demás. Plano general: una carretera. Asoma a lo lejos un camión en el que van muy alegres Saturiano y Agustín. Acaban de pinchar; la pobre Eloísa cree que lo han hecho para recogerla y amablemente les agradece el gesto. Martínez Soria se hace con la escena, no deja su torrencial discurso hasta llegar a Madrid.

Otro actor de reparto muy habitual en las comedias para Campa es Fernando Freyre de Andrade: un físico algo escuchimizado, una dicción correcta y un tono de voz claro le hacen fácilmente reconocible, le dotan de unas posibilidades especiales para desempeñar papeles no exentos de cierta complejidad con un peso muy específico en el desarrollo de la trama. Es difícil olvidarse de dos magníficas interpretaciones suyas. La primera, en el papel del tío del gabán, un ladrón de guante blanco, en *Los ladrones somos gente honrada* (1942), junto al inolvidable Antonio Riquelme; en varios robos infructuosos, termina descubriendo que esa digna sociedad no es tal, que los burgueses son todos unos hipócritas y unos «ladrones». La segunda, en *La culpa del otro* (1942), en el papel de Cornelio Romero, un detective privado que anda siempre despistado y muy lejos de aclarar el caso del asesinato de un marqués. Es este otro ejemplo más del interés que tiene Iquino por parodiar los géneros narrativos tradicionales. Cornelio, un investigador lentísimo, lleva 17 años intentando encontrar al culpable. Al final reúne en el salón a todos los sospechosos, según el modelo de las novelas de misterio o policíacas clásicas (Agatha Christie). Pero es otro personaje (el hijo del marqués) quien termina desvelando la verdad del caso. En *El hombre de los muñecos* (1943), Freyre de Andrade se convierte en el protagonista absoluto, interpretando a un pícaro y espabilado vendedor de muñecos, Melchor, que anda también en tratos con un grupo de maleantes. Azarosamente, se ve metido en un asunto turbio; un tal Curruqui ha robado a un hijo de la marquesa de Siete Almenas y lo lleva a casa de Melchor. La marquesa termina recuperando al niño. Pero no a su hijo, sino a uno de Melchor, que piensa que solo así puede el pobrecillo tener un porvenir más justo.

Otro rasgo definitorio del primer cine de Iquino es su carácter ahistórico. Es cierto que hay referencias sociales que pueden verse como un fondo de la España de posguerra. Pero, en líneas generales, es muy difícil discernir un cronotopo español. Estas comedias podrían ocurrir en cualquier parte del mundo, en una época moderna o actual imprecisa, situándose normalmente en ambientes de clase social alta, en los que existen marqueses con casas palaciegas y un amplio servicio. Las cintas están desconectadas de la realidad nacional, una España rota y empobrecida. Los films buscan hacer reír, sin más: hay quien pensaba que así la gente se olvidaba de los problemas y las penalidades...

Al hablar del ciclo de cine histórico, se comentó el fuerte carácter ideológico de *El tambor del Bruch* (1948). A Iquino, que en absoluto es un nacionalista convencido, le atraen los temas «catalanes». Con todo, no se trata de una película muy catalanista. Este título es un ejemplo claro de ese gusto del director por la mixtura de géneros, esto es, una combinación de relato histórico -intimista, sentimental, épico- y de cine político de exaltación patriótica.

Por último, Iquino es un pionero del cine criminal genuinamente español. A través de Ifi se convierte en el principal impulsor de un *ciclo cri-*

minal, con títulos como *Brigada criminal* (1950) y *Camino cortado* (1955), ambos dirigidos por él, o *El ojo de cristal* (1955), de Antonio Santillán; en todos se vislumbra la influencia del cine norteamericano. Para Gubern, probablemente sea «su aportación estética más consistente, como realizador y como productor» (Gubern, 2003: 12).

Alma de Dios (1941)

Alma de Dios se ofrece como el ejemplo más evidente de este tipo de mixtura cinematográfica a la que tan aficionado es Iquino. La película tiene un arranque algo *neorrealista* con un fondo melodramático que recupera en distintos momentos de su metraje. Este carácter social tan limitado se va perdiendo poco a poco; conforme avance el film, la historia adopta -en la más pura tradición sainetesca- un registro predominantemente cómico. Su cine es imprevisible: al comenzar a visualizar un film suyo, no se sabe muy bien por dónde va a tirar; en todo caso, sí se puede intuir, más o menos, cómo va a terminar. Se bifurca constantemente, va por meandros imprevisibles; hay personajes que permanecen apartados durante parte del metraje, y luego, inesperadamente, cobran especial protagonismo.

Tras unos títulos de créditos con un fondo musical popular, de resonancias zarzueleras, muy cañí y algo brioso, da comienzo la primera secuencia, la presentación de un espacio rural a partir de varias estampas. Primer plano de una fuente. Una leve panorámica hacia la izquierda muestra una bella y elocuente imagen: una joven intenta sacar agua. Plano americano. Una mujer embrutecida arremete contra la muchacha por no haber sabido lavar bien la ropa. Amparo Rivelles es, sin duda, uno de los grandes «animales cinematográficos» del primer cine franquista; con tan solo dieciséis años, interpreta a una especie de cenicienta de posguerra. La parienta la persigue para pegarle con una pala de madera. En ese intento de profundizar en el contraste de estas dos mujeres, la cinta ofrece en montaje alterno a) a la señora que dice haberla recogido de la calle golpeando una puerta, y b) a la joven, aterrada, encerrada en un cuarto. Plano medio: la chica se apoya en la ventana. Plano general: el paisaje exterior del pueblo. Vuelta al plano de la joven en la ventana que sonríe al abrir una jaula, coger un pájaro, besarlo y ponerlo en libertad. Con este remate simbólico, en apenas tres minutos, se ha presentado con una increíble densidad narrativa a Eloísa, una huérfana que vive con una intratable señora. Más adelante, a través de una puesta en escena basada en la expresividad de los primeros planos de la *adolescente* Amparito, se articula un discurso de rebelión basado en la decisión de la joven de escapar a Madrid, de buscarse la vida. En un hermoso encadenado, manteniendo aún el primer plano, vemos cómo la joven pasa de estar encerrada en esa «cárcel» (o jaula, como el pájaro liberado) a caminar con cierto júbilo por una carretera. No hay apenas diálogos en esta parte inicial del film, algo que, por cierto, estaba en otro film analizado en este libro; en *La aldea maldita*, la cámara de Florián Rey se recreaba también en el rostro de una mujer, Acacia, que emigra a la ciudad, no por maltrato familiar, sino por penurias, por hambre, por pura necesidad. Se imprime un ritmo más lento a la película.Eloísa tiene algo de esas heroínas del neorrealismo italiano. La secuencia es maravillosa, lenta: alternan los primeros planos de la joven con insertos de un bloque de piedra, que señala los kilómetros que faltan para llegar a Madrid, y, sobreimpresionado, un primer plano de sus pies. Esta preciosa sinécdoque expresa el camino tan incierto -temeroso, e incluso peligroso-que acaba de emprender esta melancólica muchacha.

Aquí prácticamente acaba la parte más seria o dramática. A partir de este momento, sin apenas transición, se opta por el registro cómico. Eloísa es recogida por un joven camionero (Agustín-Luis Prendes) y un ayudante muy socarrón (Saturiano-Paco Martínez Soria). No es la solidaridad lo que les ha hecho parar, sino un pinchazo de una de las ruedas delanteras. La muchacha recupera la felicidad gracias a estos dos tipos tan joviales; una nueva y estimulante vida está a punto de comenzar. Todo lo malo parece haberse quedado atrás. Con todo, sobre la joven Eloísa pesa la incertidumbre de si la va a recoger una tía suya que vive en Madrid. Es este, por otra parte, uno de los motivos que con más frecuencia se va a repetir en algunos títulos del mejor cine español de posguerra, ese que comienza con *Surcos* y que convierte la emigración del campo a la ciudad (de los pueblos de la España profunda a Madrid) en pieza clave del engranaje narrativo. Un cine, en fin, con una clara intencionalidad testimonial y, por su puesto, crítica.

La tercera secuencia tiene otro arranque en forma de montaje: fachadas y escudos de varios edificios de la capital, de la Cibeles, del arco de Moncloa, de la Puerta de Alcalá... El camión -cámara subjetiva- se adentra por una calle céntrica hasta llegar al portal donde viven su tía Marcelina (Teresa Idel) y su prima Irene (Pilar Soler). No termina aquí la parte melodramática y menos aún la importancia del retrato social de la sociedad del momento. Todos, de una u otra manera, luchan por sobrevivir. Eloísa vive de prestado en casa de su tía, pero a cambio debe trabajar gratis para ella; su prima Irene se arrima a los poderosos («a los buenos» que diría la madre del cínico Lázaro de Tormes); el señor Saturiano se deja caer por la casa de su «primo» Matías y de la *señá* Ezequiela para pillar algo de comida... No obstante, no espere el espectador un relato tan desesperado y triste de la vida en la ciudad como el que ofrece, por ejemplo, Nieves Conde en *Surcos*; no es, en absoluto, *Alma de Dios* una muestra representativa del llamado *cine social*. En *Surcos* es una familia la que se ve impelida a emigrar a la ciudad por la falta de expectativas de trabajo en el mundo rural. La prostitución, el estraperlo, la inestabilidad laboral, el trapicheo, etc., es lo que les espera; por todo ello, el regreso a la aldea se convertirá en algo inevitable. Es aún demasiado pronto para airear abiertamente los problemas económicos, sociales e incluso políticos de un país sumido en una profunda autarquía. Tampoco tiene *Alma de Dios* ese tono trágico del drama rural iniciado por Florián Rey en 1930, en el que también se da un éxodo colectivo de una sociedad rural que ve arruinada sus cosechas por el pedrisco. Para Vicente Ponce, el film es «un suculento melodrama con hijo ilegítimo escondido, honra mancillada de la buena pariente pobre y violento arrebato del novio engañado»; gracias a la magistral interpretación de un trío soberbio de secundarios (Isbert, Muñoz Sampedro y Martínez Soria) la cinta se escapa de los moldes del melodrama tradicional y sus desmesuras «introduciendo varios huecos de comedia» (Pérez Perucha, 1984).

Así pues, el diseño de este elenco de personajes no recuerda, *sensu stricto*, al formato *neorrealista*. Martínez Soria es un tipo cómico sobreactuado y la pareja de la *señá* Ezequelia y el tío Matías evoca sobremanera al típico matrimonio reñido; la mujer suele imponerse, por su fuerte temperamento, al marido, rebatiendo todo cuanto dice y hace, ninguneándolo en algunos momentos. El apocado Matías es dominado por su impetuosa mujer: quizás sea esta una de las pocas ocasiones que vemos a un Pepe Isbert superado por una compañera de reparto. Y es que la *señá* Ezequelia es posiblemente la criatura más relevante, emocionante y verosímil de *Alma de Dios*. En sus siguientes trabajos, la interpretación de Isbert será siempre prodigiosa, independientemente de que el actor madrileño haga de capellán, taxista, alcalde pueblerino, jubilado, verdugo, etc. Rasgos muy suyos como la socarronería, el carácter bonachón y campechano de tipo humilde, de clase media baja, casi siempre madrileño, pero también el estoicismo, ese estar de vuelta de todo, le llevan a convertirse en uno de los grandes actores de reparto del cine español. Aquí se da una razón más para valorar las películas de esa época. Si algo queda en la memoria de esas cintas, hoy prácticamente olvidadas, es esta *fauna* de secundarios tan atractiva. Uno de ellos -no el único- es el magistral Pepe Isbert.

Iquino gusta de sacar la cámara a la calle. Esto ocurre normalmente cuando filma a la joven pareja, que se conoce azarosamente aquel día en la carretera: algunas veces quedan para dar un paseo por las calles de Madrid, otras veces por el campo. Aquí pasan los ratos más felices, proyectando llevar a cabo una nueva vida juntos. Una elipsis de varios meses -típica secuencia de montaje basada en el paso de las hojas de un calendario- ilustra la mejoría de Agustín en un negocio de transportes. Este trabaja con el señor Adrián (Manuel González), el amante de Irene, que se dedica al negocio de la construcción.

La parte final retoma de nuevo el registro melodramático: Irene y su madre viven felizmente gracias a la protección del señor Adrián. Pero para llegar a ello han tenido que pergeñar una farsa: endilgarle a la pobre Eloísa un niño que, en realidad, es hijo de Irene, fruto de una relación anterior con otro amante. La resolución del conflicto es sencillamente magistral: se convoca a todo el elenco de actores, principales y de reparto, en el Registro del Juzgado Municipal en una sucesión de diálogos y chistes absolutamente trepidante. Aún no se ha aclarado la calumnia. La *señá* Ezequiela ha decidido llegar al final del asunto para lo cual procede a realizar averiguaciones por su cuenta. En una escena, más propia de un relato policíaco, Irene reconoce finalmente ser la madre de la criatura. Se cierran magistralmente las diferentes historias; solo se echa de menos la aparición de Saturiano.

No son muy positivas las reseñas en el momento de su estreno. Y la crítica actual tampoco se pone de acuerdo sobre su naturaleza, impacto o transcendencia. Para Comas, «su argumento queda algo desfasado» y su mensaje moralizante «parece una apología del perdón (todos perdonan, perdonar es lo más grande de esta vida y los que perdonan son almas de Dios)» (Comas, 2003: 60). Una vez más, se trata de aseveraciones tajantes sin una apoyatura textual que evidencia ese desfase argumental. En este sentido, merece la pena recoger aquí una de las lecturas más lúcidas e interesantes que se han realizado sobre *Alma de Dios*. Todo cuanto se dice en las líneas siguientes apuntala la idea de que *cierto* cine español de los cuarenta plantea (no siempre explícitamente) una imagen de la sociedad española nada complaciente. O, en otras palabras, la sombra de la guerra civil española es más alargada de lo que muchas veces se ha pensado. Pepe Isbert interpreta al tío Matías, un personaje pobre que sobrevive en la gran ciudad gracias a su sentido práctico de la vida. Pérez Perucha ha hablado de «discurso resistente» para referirse a la postura ideológica del cineasta, configurada a partir de unos asuntos, una puesta en escena y, sobre todo, a la presencia de un intérprete madrileño -generalizable al resto de secundarios- que conocía de primera mano las corrientes culturales castizas.

> En este personaje, y en su interpretación, ya se encuentra, más en desarrollo que en germen, aquello que granjeará a Isbert el glorioso lugar de pantalla proyectiva y figura de identificación para las inquietudes y angustias de unas clases populares, madrileñas primero, más amplias después, vencidas en una guerra civil. (Pérez Perucha, 1984: 73)

Es esta una interpretación muy oportuna en la que no hay que dejar de insistir: ciertos personajes populares, derrotados, con voluntad de hacer frente a la vida -no pocas veces con artimañas propias de la novela picaresca-, resisten, luchan, sin perder en ningún momento la esperanza de mejorar («medrar» que diría Lázaro). Sin ánimo de exagerar, se podría hablar de cierto neorrealismo español *avant la lettre* (Perojo, Iquino, Gil, Sáenz de Heredia...). No son infrecuentes en el cine de los cuarenta los personajes de la clase social baja, artesanos, trabajadores o gente con empleos precarios, tipos que viven en el extrarradio o en pisos extremadamente pobres, que arrastran algún trauma, pero que al mismo tiempo se muestran solidarios entre sí. ¿Son acaso estos personajes una metáfora de las «víctimas» de la guerra civil española? O, en otras palabras, ¿puede verse claramente en el dibujo de estas vidas marginales una representación ficcional del «vencido»?

Los diferentes títulos que se citan a lo largo de este libro -entre los que se encuentra, obviamente, *Alma de Dios*- confirman la necesidad de cuestionar -o revisar, sin más- la idea de que el cine español de los cuarenta fue siempre un *cine de evasión*. Esta no es, en absoluto, una tendencia habitual, preferente o significativa en la inmediata posguerra. Iquino no es, en su totalidad, un cineasta del escapismo; antes bien, algunos títulos de su extensa filmografía dan muestras de una poderosa densidad narrativa. Una película como *El Judas* (1952), por su argumento, se pensaría representativa del subgénero religioso, pero puede analizarse también como un film testimonial, algo *noir* también, con un importante trasfondo social. El protagonista es un individuo de malos sentimientos que actúa al margen de la ley y de las habituales convenciones sociales: está dispuesto a todo con tal de satisfacer su avaricia; se rebela socialmente al rechazar el papel de Judas que encarna en la tradicional Pasión que se viene representando en su pueblo. Su deseo es interpretar a Jesús, algo que a la postre es decisivo en su proceso de recuperación de la fe. Pero la película aborda además cuestiones sociales como la miseria, la usura o la emigración de los campesinos, algo que, ciertamente, constituye el pilar central de un film netamente social como *Surcos*.

José Nieto

Los triángulos amorosos del cine de José Luis Sánchez de Heredia

José Luis Sáenz de Heredia fue sin duda un director, también guionista, muy competente. Su filmografía es tan diversa como irregular, e incluye algunos títulos que lo subrayan como uno de los más destacados, si no el más eximio, de los cineastas franquistas.

M. Vidal Estévez

Historias del cine español

Sáenz de Heredia es el director de *Raza* (1942), el film posiblemente más polémico de este periodo. Franco se convierte, además, en una auténtica obsesión para este cineasta madrileño, quien, desde una postura muy sesgada, no duda en humanizar su figura con el soporífero documental *Franco, ese hombre* (1964). A partir de cierta época su cine cae en los adocenamientos más bochornosos, el *mester* de un cineasta oportunista que intenta por todos los medios explotar el filón de ciertos registros sin ninguna pretensión artística. Acude a fórmulas como el *landismo* para hacer caja; se sirve de lo mejor del *star system* -Concha Velasco (once películas), Lina Canalejas y Alfredo Landa- para hablar de mujeres que están hartas de sus maridos, o desarrollar tramas criminales absurdas que no dejan de ser una metonimia de la represión en la España tardofranquista. Otras veces opta por el romance musical con la estrella del momento, Manolo Escobar (cinco películas). Es este un cine insustancial, disparatado: en no pocas ocasiones se roza el absurdo o el delirio de la incomprensión. Comedias románticas, intrigas criminales con ribetes esperpénticos, o cine de propaganda, por ejemplo, que, finalmente, ensalzan asuntos como la importancia de la pareja, los hijos, la necesidad de una idílica vida en común, la verdad, el amor y la confianza... A veces, también se habla del talento y, sobre todo, del esfuerzo del individuo para triunfar en un contexto hostil. *Pero... ¿en qué país vivimos?* (1967) es seguramente el film más paradigmático de este momento. No es difícil ver en su mensaje cierto posicionamiento de un director algo misántropo, hedonista y hasta cínico, que llega a convertir -desde *El indulto* (1960)- a Concha Velasco en su auténtica musa. Esta actriz en otras cinematografías hubiera gozado de mayor suerte y hoy sería recordada por títulos más honrosos. ¿Por qué no fijaron su atención en ella los directores del Nuevo Cine Español? ¿Acaso no utilizó Carlos Saura en su cine más críptico y metafórico al increíble José L. López Vázquez?

Sin afán de polemizar, o más bien, con la intención de comprender algunos aspectos del universo creativo de Sáenz de Heredia, comenzaremos con el análisis fílmico de *Pero... ¿en qué país vivimos?* Se puede considerar algo así como un film bisagra entre un cine personal, directo y sin cortapisas, independientemente de si se está o no de acuerdo con títulos tan ideologizados como *Franco, ese hombre* o tan insustanciales y ridículos como *Los derechos de la mujer* (1963) o *El grano de mostaza* (1962), en algunos casos apegado al realismo costumbrista, y ese otro más alimenticio, previsible y absurdo, adscribible a lo que se ha dado en llamar la «comedia cinematográfica española» (Álvaro del Amo, 2009). ¿Qué tiene de reivindicable una comedia musical protagonizada por Concha Velasco y Manolo Escobar? Posiblemente, aquí se encuentra el lado más conscientemente lúdico, irreverente, provocador e incluso cínico de este director.

En una especie de secuencia prólogo, una *voice over* presenta a los dos protagonistas de esta historia que adopta muy sutilmente el formato de fábula. Bárbara (Concha Velasco) es una «cantante dinámica» que vive en una especie de retiro vacacional buscando la inspiración (no falta la socarronería del director en algunas de estas escenas); representa la música moderna, especialmente la anglosajona. En cambio, Antonio (Manolo Escobar), un artista laborioso y muy serio -no en vano siempre aparece en un estudio de grabación-, está anclado en la música tradicional. No se conocen. La idea de juntarlos en un concurso musical de televisión se le ocurre al extravagante e histriónico Alfredo Landa en el papel de Rodolfo Sicilia, «hombre de ideas fulgurantes», que trabaja como relaciones públicas para una importante empresa de publicidad. La «idea» es unir a dos empresas grandes para obtener más rendimientos económicos: una de ellas dedicada a la venta de whisky (lo foráneo); la otra, a la manzanilla (lo autóctono). Los artistas interpretan varias canciones en días sucesivos; a continuación, la gente vota cuál es su música preferida. Los guionistas se muestran más afines a la tradición, a algo que está más asociado al terruño, o a la normalidad de una sociedad que camina poco a poco apoyada en los valores nacionales sin necesidad de estimulantes externos. Pero tampoco existe un rechazo explícito hacia las letras y acordes de la música extranjera. El *happy end* debe entenderse como la posibilidad de conjugar lo tradicional y lo moderno para hacer prosperar a un país. A Antonio (lo tradicional) le ha costado reconocer el encanto de Bárbara (lo moderno), pero es ella quien finalmente parece amoldarse a las formas antiguas. Si queremos que todo siga como está, es necesario que todo cambie (*El Gatopardo*).

Esta podría ser la interpretación *metafórica* de este simpático film. También es cierto que para hacer este viaje no hacían falta estas alforjas: la cinta, en el fondo, no deja de ser un documento fílmico sobre el machismo ibérico. No tiene desperdicio la parte documental que, en montaje alterno, incorpora el director, a modo de entrevistas a pie de calle, para conocer de primera mano qué piensan los españoles. Un jubiloso Manolo llega al cénit en su interpretación de «La morena de mi copla», ante lo cual Concha no tiene más remedio que *feminizar* el tema («El moreno de mi copla»). Para Pérez Rubio, algunos aspectos de la puesta en escena ponen de manifiesto el intento por parte del director de «insuflar» al film de una cierta modernidad formal por medio de zooms, congelados de imagen, angulaciones extremas, contrarrestados por las secuencias de carácter documental, cercanas al periodismo televisivo (Pérez Perucha, 1997: 655). Estos elementos formales dibujan de manera clara el giro definitivo de un cineasta tradicional, clásico y oficialista.

El cine Sáenz de Heredia abarca algo más de cuarenta años: es uno de los artífices del mejor cine de la etapa republicana, también del más genuino cine oficialista que pone en pie el Régimen; su tercer periodo, el más prolífico de su trayectoria cinematográfica con más de veinte títulos, supone un retroceso considerable, un estancamiento en sus aportes más creativos. Se convierte así en un cineasta desorientado: sus textos fílmicos no aportan nada a ese *nuevo cine* que se está gestando con fuerza y pujanza en España. En ese momento, su discurso fílmico carece de la frescura y pasión de sus mejores títulos de los años cuarenta, década en la que, sin duda alguna, ocupa un lugar privilegiado.

Una vida de cine

De los directores analizados en este libro, Sáenz Heredia es -junto con Edgar Neville- el que cuenta con la bibliografía crítica más abundante. Un amplio número de estudios abordan su obra cinematográfica desde distintos puntos de vista: unas veces, mediante el ensayo biográfico (Vizcaíno y Jordán, 1998); otras, a través del método de la entrevista exhaustiva que, en gran medida, recuerda el modelo que inaugura Truffaut en su minucioso acercamiento a la obra de Hitchcock (Abajo de Pablos, 1996). No ha faltado tampoco el acercamiento a su obra desde los postulados críticos del *microanálisis textual*, esto es, «una *nueva historia* del cine español» desprejuiciada, basada en el análisis pormenorizado de los textos fílmicos «desde una muy amplia pluralidad de enfoques» (Castro de Paz y Nieto Ferrando, 2011). Hasta hace poco su obra se abordaba exclusivamente desde la perspectiva del cineasta oficial del Régimen; en su valoración ha pesado mucho el hecho de ser familia de José Antonio Primo de Rivera, que nunca ocultara sus simpatías por el Régimen, pero sobre todo el hecho haber realizado un film inspirado en un relato del dictador Francisco Franco.

Cineasta republicano

Sáenz de Heredia quiere ser marino, dedicarse a la abogacía, a la arquitectura. Aprueba por los pelos el bachillerato. Sin haber cumplido aún los veinte años, colabora en revistas estudiantiles de carácter cultural al tiempo que ejerce diversos oficios que compagina con la escritura de piezas teatrales con la colaboración de Federico Vázquez Ochando. Durante un tiempo trabaja como escribiente en las oficinas del Canal de Isabel II. Veinte años tiene el director madrileño cuando se proclama la Segunda República. Su entrada en el cine tiene lugar en 1933 en tareas de doblaje y sincronización de películas extranjeras.

Conoce entonces a Serafín Ballesteros, que ha levantado en el madrileño barrio de Embajadores unos estudios de rodaje. Debuta como argumentista y guionista con la comedia caricaturesca *Patricio miró a una estrella* (1934), que termina realizando y montando, sustituyendo al veterano Fernando Delgado. El chaplinesco Antonio Vico (Patricio) interpreta al dependiente de una mercería que vive obsesionado con el cine; es tal su perturbación que llega incluso a enamorarse platónicamente de una famosa actriz. El cine se convierte en un referente indispensable para la sociedad española del momento, que, poco a poco, acude asiduamente a las salas. La gente se entusiasma leyendo revistas o viendo fotografías de sus actores y actrices preferidos. (Este asunto se plantea de manera palmaria en una de las subtramas de *Don Quintín el amargao*, film clave del cine republicano; la hija de unos pobres campesinos crece humana y emocionalmente admirando a la Garbo y a la Dietrich). Al parecer, inicialmente Ballesteros le encarga un guion de un corto para pasarlo en los descansos entre película y película; le gusta tanto que le anima a ampliarlo con la idea de realizar un largometraje. El film se adscribe al *sainete* popular, cómico y sentimental, una de las fórmulas más habituales no solo en el cine republicano (Jean Grémillon, Sáenz de Heredia, Luis Marquina), sino también en algunos títulos relevantes de los años cuarenta y cincuenta (Iquino, Quadreny, Neville, Marquina, Lucia o Berlanga, entre otros). No resulta exitoso. Esto no impide que la colaboración entre director y productor continúe, primero con el corto de muñecos animados y personajes reales *Cuento de Navidad* (1934, hoy perdido) y, a continuación, con la distribución de *Raza* (1941), y la producción de *El escándalo* (1943), *El destino se disculpa* (1944) y *Mariona Rebull* (1947), tres títulos fundamentales.

Sáenz de Heredia realiza para Filmófono SA, bajo la supervisión de Luis Buñuel, *La hija de Juan Simón* (1935) y *¿Quién me quiere a mí?* (1936), dos relevantes películas, que, junto a *Don Quintín el amargao* y *¡Centinela, alerta!* (Jean Grémillon, 1937), forman una peculiar *tetralogía*, mezcla de comedia, melodrama popular y sainete. Son cintas de bajo coste, muy del agrado del público de la época: hoy en día, sin ninguna duda, se estiman como piezas de culto entre cinéfilos y estudiosos de la historia del cine español. En su gestación tiene un papel muy relevante Buñuel, quien por aquel entonces ya ha rodado las surrealistas *Un chien andalou* (1929), *La Edad de Oro* (1930) y el polémico y censurado documental *Las Hurdes. Tierra sin pan* (1933), pomposamente subtitulado «ensayo cinematográfico de geografía humana». El cineasta de Calanda realiza las labores típicas de un productor ejecutivo, y, además, aparece acreditado en tres de ellas como guionista. Hay testimonios que reconocen que este llega a dirigir algunas secuencias. Buñuel le encarga a Sáenz de Heredia la adaptación de un texto de Nemesio M. Sobrevila, que acaba convirtiéndose en *La hija de Juan Simon*, y el guion de *¿Quién me quiere a mí?* Para el director de *Raza*, esta experiencia al lado de Buñuel resulta muy satisfactoria y gracias a ella cimenta una gran amistad. Por miedo a que lo pillen los milicianos en su casa, Sáenz de Heredia suele dormir en domicilios de parientes o de amigos, en los Estudios Ballesteros, e incluso al aire libre, en bancos públicos o en unos chiringuitos del Paseo de la Castellana. Es detenido a finales de agosto de 1936 por un grupo de socialistas. Buñuel acude a la checa del Partido Comunista (calle del Marqués de Riscal) para declarar a favor del joven cineasta. Este es liberado inmediatamente.

Los cuatro films responden a un mismo patrón con ligeras variaciones formales y argumentales: historias de amor imposible, casi siempre interclasistas, con una enorme carga romántica. Es el eterno conflicto entre la realidad y el deseo: unas fuerzas sociales o familiares se oponen al amor de dos jóvenes enamorados, lo que obliga a una larga y amarga ruptura sin atisbos de reencuentro. La joven se suele llevar la peor parte, al quedarse embarazada, y verse rechazada por su entorno familiar; es entonces cuando decide emprender un camino incierto en busca de sosiego y solidaridad, en algunos casos mendigando por las calles; en cambio, el joven adopta dos perfiles: por una parte, la figura del emprendedor que emigra con el objeto de mejorar su situación económica para volver algún día con la joven de la que se enamoró, y enterarse, además, de que es padre de una hermosa criatura; por otra parte, el tipo vividor y mezquino que engaña y explota a la joven y la deja embarazada, desamparada. Es curioso cómo los papeles positivos en este corpus fílmico lo ocupan artistas entregados denodadamente a su oficio (Angelillo, cantaor, en dos ocasiones; Lina Yegros, cantante), o mujeres con una voluntad de hierro en un mundo rabiosamente hostil (Ana María Custodio, en dos entrañables interpretaciones).

La carga melodramática de estas amargas historias de (des)amor, apuntaladas con recursos estilísticos como la hipérbole y la antítesis, es ciertamente considerable. También es frecuente la misoginia o el uso de ciertos chistes machistas. Aparece habitualmente el submundo del juego, el de los escenarios del cante, de los cabarets y de los ambientes tabernarios. Se insertan números musicales para subrayar ciertos momentos relevantes de la historia. En montaje alterno, se suceden escenas sórdidas frente a momentos de éxito, o la infelicidad frente a la prosperidad. Al mismo tiempo, algo que no podía faltar en un texto fílmico de la época republicana es la presencia de temas como la conciencia y la solidaridad. Por mucho que el armazón de algunas de estas cintas sea el género del sainete, y, por ende, pueda hacer pensar al espectador que se dispone a ver un relato entre folclórico y cómico, el resultado dista mucho de la realidad. Es este un cine social -eso sí, algo repetitivo-, que muestra las heridas de unos personajes rotos por circunstancias ajenas e incontrolables. El ritmo suele ser endiabladamente rápido: son muchas las elipsis empleadas para hacer avanzar la acción. Un cine de la emoción no podía concluir sin la anagnórisis final: esto es, el reencuentro y reconocimiento de los amantes a los que el tiempo, ciertos equívocos y, sobre todo, las circunstancias sociales han separado. La letra de una de las melancólicas canciones (casi todas lo son) que interpreta Angelillo al final de *¡Centinela, alerta!* resume muy bien la filosofía de este ciclo melodramático: «Yo sin ti no sé vivir. Solo el amor nos infunde valor. Quiero ser feliz al fin».

Un momento absolutamente shakesperiano abre *La hija de Juan Simón*: las imágenes, a modo de prolepsis, preparan al espectador, le anticipan elementos del texto dramático que se dispone a ver. Es de noche. Unos sepultureros preparan el foso en el que introducirán un pesado ataúd. Uno de ellos, que está casi todo el tiempo sentado en una lápida, pregunta por la identidad del finado; el otro, que es quien realmente se afana en disponer el enterramiento, responde que se trata de una pobre desgraciada de la capital que ha muerto en el hospital. Dos planos medios completan el relato de la desgraciada heroína. Esta es la suerte a la que están abocadas las mujeres de estos relatos. Pero no siempre llega a cumplirse ese trágico final: soledad, sí; hambre, también; abandono, solo a veces. En ningún caso se constata un desenlace trágico: bueno, sí, María López (Luisita Esteso), un personaje secundario en el papel de la infeliz esposa de don Quintín. El *happy end* parece de exigido cumplimiento: es el homenaje del cine republicano a la mujer española. Se retienen con emoción esos primeros planos de Pilar Muñoz, Lina Yegros y, sobre todo, de Ana María Custodio. Un cine inolvidable.

Cine oficialista

La guerra civil española interrumpe la carrera profesional de Sáenz de Heredia, que decide empuñar las armas y encaminarse al frente bélico. Logra salir temporalmente de España a bordo de un barco inglés y con pasaporte cubano -gracias a su hermana Nieves, refugiada en la Embajada de Cuba- rumbo a Marsella. En el *Wolwitch* coincide con el político republicano Mariano Ansó -luego ministro de Hacienda con Negrín- y con el periodista Víctor de la Serna. Su principal deseo es regresar cuanto antes a España con el firme propósito de entrar en la zona nacional. Atraviesa la frontera por el paso de Dantxarinea el 12 de octubre de 1936 y se presenta en la comandancia militar de Pamplona: combatirá activamente junto al ejército franquista, primero como alférez en Burgos y Vergara, a cargo de unos cañones antiaéreos; más tarde, al frente de una batería de artillería, en Sigüenza y en la famosa batalla de Teruel, terminando con el grado de teniente. Al finalizar la Guerra Civil, se plantea seriamente retomar su oficio de cineasta, volver al mundo mágico de los platós.

En 1939 Manuel A. García Viñolas, principal responsable del DNC, lo nombra jefe de producción y le encomienda la supervisión de una serie de noticiarios de carácter propagandístico; en 1940 dirige los cortos de carácter documental *Vía Crucis del Señor en las tierras de España*, *Hierro en Vizcaya* y *La ganadería en la zona sur*. Es, sin duda, uno de los *nuevos* directores que abraza con más firmeza, elocuencia y convicción la ideología y la praxis del nuevo Régimen político.

Sobre fotogramas de varias imágenes religiosas de la pasión de Cristo, en sucesivos y breves encadenados, filmadas primero en plano fijo y finalmente en una leve panorámica, aparecen los títulos de crédito de *Vía Crucis del Señor en las tierras de España*. El discurso *político* se explicita en una especie de prólogo textual: PARA CONSTANCIA DEL DOLOR QUE HICIERON LAS FURIAS DEL COMUNISMO AL SEÑOR EN SU SANTA IGLESIA ESPAÑOLA. Una mano se dispone a abrir el LIBRO DE LAS LAMENTACIONES. Encadena a lo que parece una orden de clausura: un trávelin de acercamiento se dispone a reflejar las imágenes de quienes están orando -oímos estas voces más de lamento que de oración-, una metáfora con cierto aire de misticismo que habla de la pasión de gentes devotas que viven en conventos y monasterios. Lo sorprendente es lo que se dispone a ofrecer el texto fílmico a partir de ahora: un plano medio de la Pasionaria, seguramente alentando contra las fuerzas nacionales, y un plano general en el que un grupo de exaltados milicianos se disponen a entrar en un convento para extraer algunas de esas imágenes sagradas que luego pasearán en coche por las calles. La *voice over* acentúa la brutalidad de estos hechos, hablando de la «muerte de Dios». La puesta en escena es la prototípica en el documentalismo nacional del primer cine de posguerra: planos fijos, primeros planos, insertos de objetos y figuras religiosas, o de personas afines al Régimen, filmados siempre con mimo y expresividad. Se encadenan ciertos planos, con una fuerte carga lírica, para mostrar los cuerpos de individuos maniatados y fusilados al amanecer. Luego están los planos generales para formalizar el retrato despiadado de un personaje colectivo; en el bando «rojo» no se suele individualizar; antes bien, se opta por el registro bufonesco, como la imagen de dos tipos «oficiando» el culto religioso desde el púlpito de una iglesia.

Es clave en este tipo de cine el recurso de la sinécdoque cuando lo que se pretende es relatar los hechos (la brutalidad), y no tanto caracterizar al individuo (el miliciano carece de personalidad). Ahí están, por ejemplo, esas manos que descuelgan imágenes religiosas de las paredes de un templo, o esos cuerpos que las amontonan, que las pisotean y que bailan alrededor del fuego. A veces solo se ven las sombras de los infieles, proyectadas en las desiertas paredes. Mientras tanto, en plano fijo, un miliciano sube a un altar para desmantelarlo sin piedad. Plano medio: el risueño personaje -al que se retrata con una asquerosa dentadura y una sibilina sonrisa-, que porta orgulloso algunos objetos, desdeña el ceremonial religioso en el que se celebra el sacramento de la Eucaristía y el memorial de la muerte y resurrección de Jesús. Pues bien, este primer cine -mezcla de falangismo tradicional, ferviente catolicismo y discurso ultraconservador- se irá relajando con el paso de los años. Lo panfletario dejará de ser una obsesión para convertirse en algo intuido, o simplemente en un elemento decorativo. Estos catorce minutos no tienen nada que ver con su cine posterior; *Vía Crucis* es simplemente una floja película propagandística de contenido religioso.

Durante los años siguientes, la obra de Sáenz de Heredia fluctúa entre los géneros fomentados desde las instancias oficiales y su interés por realizar un cine estético o «de calidad», a partir de una muy estudiada selección de novelas pertenecientes al Realismo conservador o a la novela realista tradicional. Prácticamente, ningún formato le resulta ajeno: el cine militarista (*Raza*, 1942); la comedia disparatada, absurda e intranscendente (*¡A mí no me mire usted!*, 1941) o romántica (*Bambú*, 1945); el cine religioso (*La mies es mucha*, 1948); o ese otro tipo de cine a través del cual -sin llegar al realismo crítico- plasma las costumbres y mentalidades de la España negra (*Las aguas bajan negras*, 1948). Ahora bien, lo más interesante y personal de su cine se encuentra, primero, en un tipo de comedia fantástica, donde destaca especialmente *El destino se disculpa* (1944), y, segundo, en un cine de acción, donde sobresalen *Los ojos dejan* *huellas* (1952), *Diez fusiles esperan* (1959) y *Los gallos de la madrugada* (1971).

Breves calas sobre la comedia fantástica

La auténtica opera prima de Sáenz de Heredia es la entretenida, original y fascinante comedia *¡A mí no me mire usted!* (1941), una especie de híbrido fílmico, que, si bien no se puede adscribir *sensu stricto* a la comedia fantástica, apunta maneras en el tono, en el argumento y en el diseño de los personajes que permiten entender mejor el cine que está a punto de llegar. La importancia de la autoría de este proyecto se observa ya en su acreditación como argumentista y dialoguista. El protagonista del film es don Anselmo Carranque, interpretado por el veterano e histriónico Valeriano León, un maestro de escuela que es despedido por utilizar la hipnosis como método de enseñanza. No tiene desperdicio esa secuencia inicial en la que unos niños de un pequeño pueblo de «Castilla la Nueva, España» asimilan, ensimismados, nociones de matemáticas, de la Reconquista de España y de la Geografía nacional, fijando la atención no en los libros o en los mapas sino en la atenta, curiosa y mágica mirada de don Anselmo. El maestro hipnotiza a los alumnos sin darse cuenta y él mismo se contesta por boca de los chicos cuando les pregunta la lección. Es un auténtico «nigromante», en palabras del alcalde (Manuel Arbó), cuyo mayor empeño es despedirlo, apartarlo del «magisterio». Es esta una «enfermedad» que ni él mismo conoce, pero que provoca la actuación de las fuerzas vivas del pueblo. Don Anselmo marcha a América al conocer que ha sido beneficiario de una jugosísima herencia; allí conoce al oportunista Garrido (Fernando Freyre) quien le enseña a utilizar sus dotes de hipnotizador en un oscuro negocio de anuncios.

Ciertos contenidos sociales se cuelan en algunos filmes de los años cuarenta. Las costuras del tejido del primer cine franquista han quedado algo sueltas; por aquí asoma a veces la realidad de un país pobre, roto y atrasado. Don Anselmo reclama más y mejores medios para su lamentable escuela, una «pocilga» según uno de los niños. La señorita Matilde (Rosita Yarza) lamenta, sobre todo, la situación socioeducativa de sus alumnas. Sáenz de Heredia filma una hermosa escena con cierto aire documental: los dos maestros, tras impartir sus respectivas lecciones, y disciplinar a sus «becerretes», se quedan solos. Magistral y espontánea es la entrada y salida de cuadro de unas niñas, revoloteando como mariposas. Con una puesta en escena realmente austera, se muestra la felicidad de unos niños jugando. Matilde habla del desinterés de los gobernantes por la educación. Don Anselmo se queda impresionado al escuchar el reivindicativo parlamento de la joven, síntesis de lo mejor del modelo regeneracionista de la Institución Libre de Enseñanza.

Matilde: En vez de preocuparse de reformar el casino, deberían preocuparse de esto. Da pena ver que a estas criaturas les falta lo indispensable para aprender de verdad. El sueño de mi vida es tener un día el dinero suficiente para coger todo esto, quemarlo y decir a mis pequeños, qué queréis, qué necesitáis, clases calientes y acogedoras, jardines repletos de juegos, piscinas, gimnasios. Pues ahí los tenéis. Porque yo lo tengo y yo me gozo en daros lo que es vuestro.

En otra escena antológica, poco antes de marcharse del pueblo, el viejo maestro, en estado ebrio, se enfrenta a los «verdugos» que lo han echado de las aulas, no sin antes lanzarles una promesa. Se va a otra tierra, a otros ambientes, pero a su vuelta piensa fundar un gran grupo escolar para Matilde. Don Anselmo solo ha sido capaz de decir estas cosas (el deseo) con unas copas de más; es consciente de que su despido es inminente, que poco puede hacer en una sociedad intransigente, que mira hacia otro lado (la realidad).

El destino se disculpa (1945) es uno de los títulos más conocidos del cine de posguerra, ejemplo paradigmático de la llamada *comedia fantástica*. Las posteriores películas *Todo es posible en Granada* (1954) y *Faustina* (1957) jalonan el quehacer cinematográfico del director madrileño en la siguiente década. La RAE a la hora de definir el término *fantástico, ca*, en su 1.ª acepción, alude a lo «quimérico, fingido, que no tiene realidad y consiste solo en la imaginación». Efectivamente, en esta otra veta cómica son muy frecuentes los elementos sobrenaturales, paródicos o imaginativos. Unas veces es el socarrón y divertido destino con forma humana que parece estar de vuelta de todo; otras, la presencia de un joven diablo no siempre dispuesto a acatar las misiones que le encomiendan. No faltan cuevas, tesoros enterrados, pergaminos o encantamientos, e incluso misteriosos anticuarios expertos en conjuros. Es este un mundo de fantasía muy peculiar -especialmente ibérico, por aquello de los toros, el fútbol, la Alhambra, el folclore nacional, etc.-, que no debe tomarse muy en serio, con no pocos elementos surrealistas o esperpénticos.

Los títulos de créditos colocan a Rafael Durán a la cabeza del reparto, pero el auténtico protagonista de esta «fantasía occidental» es el inolvidable actor de reparto Nicolás Perchicot, que interpreta al inquieto y extravertido «destino», «modesto y digno funcionario», que un buen día decide fijar un letrero en una pared con apenas dos chinchetas; está muy harto -nos dice- de que todo lo que ocurre en este mundo se lo atribuyan a él, de ser la diana a la que van a parar los dardos envenenados de una sociedad a la que juzga de frívola e irresponsable. Los hombres no hacen un uso correcto de «su libre voluntad»; es más, se lamentan en exceso de sus propios errores. Se dirige a la cámara para saludar a «todos los mortales» -el narratario de su *didáctico* relato- quitándose el sombrero, con el firme propósito de contar una «fabulilla absurda y disparatada», que dice haber compuesto en sus ratos de ocio. En el fondo, desea abordar asuntos tan serios como la libertad de acción y el sentido común. A juicio del «destino», el lamento de cualquier ciudadano viene dado por la mala administración de su libre albedrío. En definitiva, de lo que quiere tratar este «funcionario» es del buen o mal uso de la libertad de acción «que concede la providencia». El sentido común es «el altavoz de nuestra auténtica conciencia»; antes de comenzar al relato, asegura que él no es ningún monstruo y que procurará ser simpático.

Esta forma de comenzar el texto fílmico es una curiosa variante de la *captatio benevolentiae*, un recurso retórico a través del cual los autores clásicos intentaban atraer la atención y buena disposición de los lectores, al tiempo que solicitaban de estos su comprensión ante los posibles errores, si bien en muchos casos se trataba de una falsa modestia. La figura del destino es, en cualquier caso, uno de los mejores personajes del primer cine de posguerra: su alocución inicial no es tanto captar el interés del espectador, como criticar la actuación del individuo. Es otro, pues, el propósito del destino. Y al espectador le toca resolver si peca o no de un exceso de moralismo. ¿Hasta qué punto se puede considerar a este curioso personaje un *alter ego* del director madrileño? No hay que olvidar que este venía de rodar, en apenas dos años, dos films tan ideologizados como *Raza* y *El escándalo*. Así pues, la cinta -a partir de esta estrategia discursiva- se va a convertir en

> una de las más singulares y relevantes particularidades formales de nuestro cine posbélico, [por] su decidida voluntad autoconsciente, reflexiva y metacinematográfica, por la constante presencia de efectos deconstructores que desvelan de algún modo el carácter artificial de la representación. (Castro de Paz, 2011: 107)

Atendiendo sobre todo a las distintas (re)apariciones de este misterioso personaje, la fábula, a su vez, se podría dividir en cinco partes claramente diferenciadas. El asunto del relato intercalado es bien sencillo: Ramiro Arnal, autor teatral (Rafael Durán), y Teófilo Dueñas, actor en ciernes (Fernán Gómez), son dos grandes amigos que comparten aventuras y desventuras, y que tienen parecidas inquietudes culturales. Viajan juntos a Madrid con el propósito de triunfar, pero inicialmente todo parece ir de mal en peor. Ocupan la mayor parte de su tiempo deambulando por las calles de Madrid. Al estoico Teófilo no parece preocuparle mucho esta situación;

Ramiro, en cambio, se muestra desencantado, sin apenas ilusión por nada, no aprecia el valor de ciertas personas que se acercan a él. En medio de tanto descontento y ociosidad, a Ramiro se lo ocurre la genial idea de que el primero de los dos que muera tiene que ocuparse del otro para guiarle en su vida, advirtiéndole de sus errores. Con esta escena clave concluye la primera parte que hasta este momento no está tan lejos de lo que luego, en la década de los cincuenta, dará en llamarse cine social, realismo social, o neorrealismo a la española.

A Teófilo el «destino» le será adverso: a los pocos días muere víctima de un atropello mortal; por el contrario, a Ramiro, en líneas generales, la vida le sonríe, los buenos sucesos se le encadenan, reconoce que la diosa fortuna parece haber reparado en él. Primero, se le quedan prendidas en el calzado unas entradas para asistir a un partido de fútbol del Real Madrid contra el Atlético; después, una compañía de radio repara en su atractiva voz y le ofrece un contrato de 750 pesetas; por último, él y su abnegada hermana Benita (Milagros Leal) se convierten en millonarios gracias al testamento de un tío suyo. Ramiro, en fin, solo tiene ojos para la arribista y camaleónica Elena (Mary Lamar), una joven muy atractiva, una especie de *femme fatale* a quien solo le atrae su dinero. Obviamente, es esta una de las lecciones morales que persigue en última instancia este film abiertamente ejemplarizante. En su errático e incierto devenir, el nuevo rico ignora a Valentina (María Esperanza Navarro), una joven angelical que ha venido a Madrid en busca de oportunidades; esta termina alojándose en el piso de Benita. A partir de aquí, se presenta de manera alterna una subtrama amorosa, una historia romántica que solo en la parte final se resuelve felizmente. Todo está filmado en rápidos planos medios: las miradas, los gestos y ciertos silencios componen una hermosa y trabajada puesta en escena.

Ramiro parece haber perdido la memoria. ¿Qué hay de aquella propuesta formulada a su amigo Teófilo? ¿Qué queda de su profunda amistad? ¿Qué grado de certeza o de impostura existe en la vida de un individuo totalmente obnubilado por el poder del dinero? De esto precisamente trata la segunda parte, que se corresponde con el segmento realmente «fantástico» gracias a las continuas (re)apariciones de los dos personajes sobrenaturales. Por una parte, bajo el ropaje de narrador omnisciente, está el entrañable destino, que realiza breves paradas en este relato planteado de manera cronológica o lineal, segmentándolo en secuencias narrativas perfectamente discernibles, e intercalando continuas reflexiones sobre el sentido común -o la actitud moral de los dos personajes centrales- según avanza la vida de Ramiro. El destino aparece por segunda vez arropado por un paraguas que le protege de una lluvia insistente. Es eso lo que les espera a Teófilo y a Ramiro, una auténtica tormenta de acontecimientos. En plano medio, dirigiéndose siempre a la pantalla, al tiempo que narra la escapada de los dos amigos a Madrid, en busca de fama y éxito, el destino juzga el comportamiento de estos antihéroes de la España franquista. Por otra parte, destaca la sorpresiva e impertinente presencia de Teófilo, adoptando formas muy diversas (como una percha, un bastón, una pequeña estatua de don Quijote, un perro y un queso que se derrite al lagrimear), que viene a cumplir la promesa: anunciarle a Ramiro sus desgracias, o adelantarse a la toma de decisiones que puede echar a perder todo cuanto este ha conseguido. Especialmente emotiva es su cuarta aparición en forma de perro. Ramiro sufre una profunda depresión; el amigo -la *voice over* de Fernán Gómez- le pide que recapacite y que no haga ninguna estupidez. Con todo, este trasgo o espíritu fantástico no logra en sus continuas apariciones convencer al amigo, cuyas desacertadas decisiones lo llevan al fracaso económico, moral y social más absoluto: se queda sin dinero, deprimido, sin amante, sin amigos y sin familia. Ramiro no ha llegado a comprender que la felicidad estaba muy cerca; Teófilo se le aparece, en forma de queso, para advertirle de que su prosperidad (Benita le propone un negocio familiar) y su felicidad (Valentina siempre lo ha amado) dependen de una sabia decisión. No otra cosa esboza el destino poco antes de despedirse de todos «los mortales». Efectivamente, no podían faltar -el film se estrena en 1944- esas líneas que configuran el duro armazón ideológico del Régimen autárquico, nacionalcatólico, tradicionalista.

Sáenz de Heredia llevaba un tiempo muy interesado en esta historia de Fernández Flórez -un cuento delicioso recogido en su libro *Fantasmas*-, uno de los autores más adaptados en la década de los cuarenta, artífice de un tipo de literatura de humor no exenta de elementos sociales. Con todo, el director madrileño -como ocurre con Gil, Orduña o Rey- con el paso de los años se sentirá más atraído por un cine de *qualité*, levantado a partir de argumentos dramáticos de autores adscritos al Romanticismo, al Naturalismo, o al Realismo tradicional. Es consciente de que

> el humor tiene menos clientela, por decirlo así, menos adictos, menos *tifosis* que el drama; en el drama estamos todos de acuerdo, y en el humor todos muy distantes... No siempre se puede hacer el cine que uno quiere. El cine de humor, digan lo que digan, limita más que el drama.

Pese a tratarse de una muestra paradigmática de comedia *moralista*, en el film pueden rastrearse alusiones a las penalidades del momento, como la alienación y el escapismo provocados por el fútbol y la radio, la inestabilidad laboral, o la presencia de pícaros y timadores... También están presentes el ternurismo o la solidaridad tan necesarios en esos tiempos difíciles.

La fantasía cómica continúa muy presente en algunos títulos de su amplísima filmografía, pero ya nada será lo mismo. Los personajes principales y de reparto, la elaboradísima estructura externa e interna, la configuración minuciosa del punto de vista con alternancia de voces narrativas, el formato documental en el trazado de las coordenadas espacio-temporales, en definitiva, la magia y la frescura de *El destino se disculpa* se pierden casi por completo en sus siguientes películas. Muy poco o casi nada resulta atractivo de *Todo es posible en Granada* (1954), adaptación libre de uno de los relatos incluidos en *Cuentos de la Alhambra*, a pesar de contar con la encantadora Merle Oberon (Margaret) y el galante Paco Rabal (Fernando). Su amor por Andalucía le mueve a poner en pie este proyecto; además, intenta acabar con esa imagen estereotipada, simplista o superficial que se ofrece en algunas cintas de contenido folclórico. Este film quiere llegar a «la entraña, la filosofía y el modo de ser andaluz tan particular», si bien -dice el cineasta- «el film debe de ser malogrado porque nadie ha reparado en esa intención, ni se ha hablado de ella» (Castro, 1974: 374).

En cambio, *Faustina* (1957) sí parece algo más reivindicable, gracias sobre todo al encanto de su protagonista Fernando Fernán Gómez, un fijo en el mejor cine de la inmediata posguerra. El modelo estructural es, sin duda alguna, similar a *El destino se disculpa*: la alternancia de un texto principal y un relato intercalado. Las dos principales diferencias con respecto a aquel texto seminal son, por un lado, una mayor presencia e importancia del personaje fantástico en la trama narrativa, un tal Mogó, un diablo regresado a la Tierra que llega a convertirse en el narrador protagonista, y, por otro, una mayor carga cómica en detrimento del moralismo o didactismo.

Cierto cine de acción

Sáenz de Heredia y Serafín Ballesteros continúan colaborando en los años cincuenta para Chapalo Films en una serie de producciones rodadas en los remozados Estudios Ballesteros: *Don Juan* (1950), *Los ojos dejan huellas* (1952), *Todo es posible en Granada* e *Historias de la radio* (1955). Gorostiza López ha reparado en la importancia que tuvo este tándem en el cine español de posguerra:

> A veces se ha apuntado que, sin la amistad de Ballesteros, quizás Sáenz de Heredia hubiera acabado como un simple libretista de teatro frívolo; pero igualmente cabría suponer, a la inversa, que el productor tampoco habría salido adelante sin aquel. (Borau, 1998)

No obstante, lo más relevante en este punto de su trayectoria es la inclusión, en su equipo de colaboradores, del guionista Carlos Blanco, acreditado en sus títulos más señeros. Blanco fue un republicano convencido, condenado en un juicio sumarísimo por haber combatido en el bando republicano y preso después de la guerra, como tantos artistas, escritores e intelectuales. Se convertirá en uno de los guionistas más prestigiosos del cine español; de él son los textos de *La princesa de los Ursinos* (Luis Lucia,1947) y *Locura de amor* (Juan de Orduña, 1948). Gracias a este encuentro, el universo temático, el estilo e incluso la concepción de la puesta en escena de Sáenz de Heredia se enriquecen notablemente. Para este *cine de acción*, guionista y director se sirven no solo del *thriller* policíaco, sino también del drama de ambientación histórica en el que se alternan las aventuras bélicas con los romances melodramáticos; además, en estas historias hay algo de ese «cine de la España negra». El ritmo de las películas es trepidante; las historias -a veces, varias subtramas- no siempre se presentan de manera lineal o cronológica; antes bien, es habitual el empleo del *flashback*, e incluso se experimenta con ciertas técnicas narrativas como el rompecabezas temporal y la presentación caleidoscópica o alternancia de voces narrativas. Da la sensación de que el cineasta madrileño ha querido renovar su cine, superar el relato realista tradicional privilegiado en los años cuarenta, sustituyéndolo por una especie de cine testimonial basado en historias más apegadas a la realidad del momento. Otras veces opta por ambientar el relato en el siglo XIX, si bien al final resulta que la época es un mero telón de fondo para contar una trepidante historia de amistad hecha añicos por conseguir el amor de una mujer. Y es que este cine de *acción* vuelve a confirmar la importancia del componente misógino en su cine.

Los personajes femeninos en *Los ojos dejan huellas* o bien son jóvenes descocadas convertidas en amantes frívolas que viven solo el presente, o bien mujeres casadas, insatisfechas, sumisas. Blanco se atreve a retocar el prototipo clásico de *femme fatale* al presentar a una mujer que llega a provocar una relación, convirtiéndose en la amante de un tipo que presumiblemente es el asesino de su marido. En *Diez fusiles esperan* (1959) la heroína juega con los sentimientos de dos hombres; mejor dicho, se compromete con el que no ama, dándole falsas esperanzas de matrimonio, mientras que flirtea a escondidas con el otro. En *Los gallos de la madrugada* (1971), Concha Velasco, en una de sus más logradas y convincentes interpretaciones, borda el papel de una joven apasionada que aparece por sorpresa en un pueblo de pescadores; allí vive al margen de los convencionalismos morales y sociales, seduciendo a un hombre y a su hijo -son numerosas las escenas interiores de los dos maltratándola- o flirteando con todo bicho viviente. Este tipo de cine no puede acabar así: hay que cargarse a la mujer (*Los ojos dejan huellas*, *Los gallos de la madrugada*), o apartarla incomprensiblemente del relato (este es el principal desacierto del guion de *Diez fusiles esperan*, quizás la película más floja de la trilogía).

Los ojos dejan huellas distribuye los sucesos de la narración siguiendo la típica estructura lineal; en este sentido, el texto («la comedia dramática») presenta tres partes claramente diferenciadas. En los primeros veintitrés minutos asistimos a una larga presentación de los cuatro personajes fundamentales; además, se sitúan los hechos en un lugar (Madrid) y en un tiempo (la predilección por la noche) determinados. Es decir, se forjan los fundamentos del relato criminal. A la manera del mejor cine negro americano, el film se abre con una serie de planos generales de la bulliciosa ciudad de Madrid: una céntrica y ruidosa avenida, un metro atestado de gente. La acción propiamente dicha comienza en un concurrido café a donde cada noche suele acudir Martín Jordán (Raf Vallone), un tipo bruto, taciturno y desagradable, un abogado frustrado que se dedica a la venta de perfumes. Martín es abordado por un antiguo colega de la Facultad de Derecho, Roberto Ayala (Julio Peña), al que dice no haber visto desde hace diez años. Este representa justamente lo contrario que Jordán: es un vividor y un donjuán -la primera vez que aparece está hablando por teléfono con su amante- extravertido y, sobre todo, un triunfador. Es un tipo camaleónico, un impostor, algo que queda patente desde sus primeras intervenciones: no se sabe muy bien a cuento de qué manifiesta de pronto tanto interés por Jordán.

La acción de la segunda secuencia se traslada al apartamento de Roberto, lo que da lugar no solo a la presentación de su esposa, la correcta, comedida y encantadora Berta (Elena Varzi), sino también a la gestación de la subtrama amorosa entre esta y Martín, que irá adquiriendo una complejidad inusitada. El guion es sumamente explícito y no deja nada suelto. La primera escena entre Berta y Martín es un buen ejemplo de ello. Plano general. Berta baja las escaleras con la intención de agradecerle a Martín que haya acompañado a su marido a casa. Hasta ese momento, los personajes han querido guardar las formas, aparentar y silenciar, mirar hacia otro lado. Plano medio de Berta y Martín. Se opta por una puesta en escena basada en los silencios, en las miradas o en la disposición de los personajes en el encuadre, algo distantes uno del otro para caracterizarlos. También el espacio en *off* resulta muy relevante en la construcción de la escena. A partir de este momento la mirada representada metonímicamente con la palabra «ojos» se convierte en el *leitmotiv* del film; la verdad y la mentira, el fingimiento y la posibilidad de ser otro(s) al mismo tiempo, o el deseo y la realidad son los móviles de estos oscuros personajes que campan a sus anchas por un mundo ciertamente turbio, imprevisible. Martín y Berta vuelven a sincerarse unos minutos más tarde en una sala de fiestas; ambos son dos muñecos en manos del embustero y cínico Roberto. Un poco antes se procede a la fugaz presentación de la encantadora y extravertida Lola (Emma Penella), cantante folclórica, en el papel de amante de Martín.

Diez fusiles esperan (1959) es, en líneas generales, un film más deslavazado, mal compuesto o inconexo; el carácter imprevisible del protagonista masculino, José Iribarren (Paco Rabal), un teniente del ejército carlista, detenido y condenado a muerte en Consejo de Guerra por los isabelinos, es de lo más reivindicable. No constituye un film bélico al uso; al contrario, el ambiente histórico de la primera guerra carlista (1883-1840) sirve de fondo para relatar la lucha interior de un tipo entrañable, fiel y enamoradizo. Es, además, la historia de la larga y entrañable amistad de dos hombres que terminan enfrentándose por culpa de una mujer. Todo esto se relata en un larguísimo *flashback* que ocupa las dos terceras partes del metraje.

Los gallos de la madrugada (1971) es la última colaboración de Blanco con Sáenz de Heredia, un trabajo ciertamente impecable. De lo poco que se puede salvar de ese vasto páramo en que termina convirtiéndose su última etapa como cineasta. ¿Qué tiene de especial esta película? ¿Aporta algo nuevo o es simplemente una ampliación, variación o desarrollo de sus constantes temáticas? La naturaleza peligrosa de la mujer, la presencia de triángulos amorosos, la alternancia de dos tramas, una amorosa y la otra criminal, o la presencia de personajes enigmáticos, extraños o peculiares, son algunos de sus rasgos más característicos. Pero ahora se adopta un tono absolutamente *radical* tanto en la forma como en el contenido. Una historia de este tipo, rodada en las postrimerías del franquismo, no hubiera tenido cabida en el primer cine de posguerra. No ha habido en nuestro cine una muestra más clara y lograda de exaltación de la libertad de la mujer como la que vemos en esta película. El asunto es bien sencillo; otra cosa es cómo se cuenta, esto es, la forma del discurso narrativo, o la escritura dialógica de que se sirven los guionistas para expresar, en un registro en su mayor parte coloquial, los pensamientos, razonamientos, sentimientos o deseos de sus complejos personajes.

La película se abre con una secuencia prólogo justo antes de los títulos de crédito. Una panorámica nos acerca lentamente hasta las tranquilas aguas de una playa (símbolo bisémico de la pasión y de la muerte, eros y tanatos): entre las rocas se halla el cadáver de una mujer (Lola). Un tipo corre por la playa y llega alarmado al cuartelillo de la Guardia Civil reclamando (se intensifica su desesperación con un zum) la presencia del cabo, la autoridad máxima de la localidad (José María Escuer). Los dos encuentran en la playa a un joven algo malherido muy cerca del cadáver de la chica. Lo sacan del agua. Plano general y zum. Un afilador observa todo esto atentamente. Se trata de una secuencia prácticamente silente. Plano general: el cabo se lleva en la moto al joven. Primer plano: el afilador aparta el flequillo de la víctima, al tiempo que, ya en plano general y zum, le quita lentamente las medias y las arroja con ira al mar.

Los autores de la película conceden una importancia especial a la estructura narrativa, a la posición del narrador (o narradores), al punto de vista y a las personas narrativas. Por una parte, asistimos en tiempo presente al interrogatorio realizado por un juez a distintos ciudadanos de un pueblo pesquero acerca del asesinato de Lola (Concha Velasco). Y, por otra parte, a través de diversas técnicas narrativas -el empleo de *flashback*, el montaje caleidoscópico y la presentación abrupta, sin aclaración, de los hechos- se reproduce el relato de los hechos ocurridos en un pasado relativamente reciente. Todo comienza unos meses antes, cuando Lola llega al pueblo despertando las pasiones de todos los hombres, si bien solo un viudo (Alfredo Mayo) y su hijo (Tony Isbert) consiguen sus favores. No está claro que ocurriera lo mismo con un extraño afilador y especie de buhonero (Fernán Gómez) que aparece también un día por sorpresa en el pueblo, testigo mudo de todo cuanto allí acontece. Los autores han buscado la complicidad del espectador en diversos niveles. El diálogo es un elemento fundamental del film. Las secuencias en el interior del cuartelillo están constituidas casi exclusivamente por conversaciones, algo que contrasta con la importancia de los silencios en el prólogo.

En *Los gallos de la madrugada*, como en las otras dos cintas de acción, lo relevante se sitúa en un triple plano: existencial (el malestar, el desencanto, la búsqueda), social (las fortunas y adversidades de un pequeño pueblo pesquero de la España profunda) y artístico (la fecundidad imaginativa del guionista, el virtuosismo técnico del guion y la riqueza de matices de los diálogos). Debe añadirse, además, que la combinación de gravedad y humor, la ironía y la crítica social -no quedan en buen lugar las gentes del pueblo- es compatible con una mirada penetrante, triste y emocionante. En suma, un film hermoso, singularmente placentero, que el cineasta siempre ha recordado con mucha ilusión.

El maestro y sus discípulos

Son los alumnos jóvenes y progresistas del IIEC (luego EOC) quienes imponen la candidatura de Sáenz de Heredia como director del centro, cargo que ejerce entre 1959 y 1963; al mismo tiempo que sigue dirigiendo, el veterano director asiste a la diplomatura de la promoción de Angelino

Fons, Julio Diamante, Basilio Martín Patino, Miguel Picazo, Mario Camus, José Luis Borau, Francisco Prósper, Francisco Regueiro, Antonio Mercero, Manuel Summers..., los cineastas más representativos del *nuevo cine español*. De su ingente labor al frente de dicha institución, se recuerda especialmente su empeño por crear un centro de enseñanza propio para el desarrollo de todo tipo de actividades, académicas o culturales, su esfuerzo por realizar proyecciones públicas -en el madrileño Palacio de la Música- de las prácticas realizadas por los futuros directores. También cabe destacar el intento por establecer un sistema de becas que permita la llegada a la capital de jóvenes del resto del país. La Escuela de Cine carece de una sede oficial; profesores y alumnos trabajan siempre de prestado en los platós de conocidos estudios de la capital. Saénz de Heredia se volcó en crear un centro prestigioso con más medios y mejores profesionales. En aquel momento el centro le parecía un lugar «un poco extraño, refugio de gente con ideas un tanto raras». Todo indica que no supo controlar esos focos de resistencia antifranquista surgidos en el seno de la industria cinematográfica. Ciertos juicios suyos, hechos años después, se antojan algo revisionistas, más propios de un militar acomplejado: «Al cabo de un tiempo yo propuse al Ministerio que se pudiera hacer expediente en la Escuela a los alumnos que se dedicasen a la política, ya fueran de derechas o de izquierdas».

Los triángulos amorosos

No hay película suya, independientemente del género elegido, o de la época o periodo cinematográfico en la que se haya realizado, en la que no aparezca como *leitmotiv* el planteamiento de un triángulo amoroso. Se trata, más o menos, de realizar variaciones a partir de un mismo patrón narrativo: dos hombres, amigos íntimos o viejos conocidos (*El destino se disculpa*, *Bambú*, *Mariona Rebull*), incluso padre e hijo (*Los gallos de la madrugada*), se disputan el amor de una mujer, normalmente muy atractiva, sensual y, a veces, desinhibida y provocadora (Lola, en *Los gallos de la madrugada*). No siempre se mantiene este modelo: otras veces, en el marco de la narrativa realista del siglo XIX, el hombre soltero se debate entre el amor adúltero y el más puro. Es este el planteamiento que subyace en *El escándalo* (1943), primer título señero en su filmografía, una película fundacional que supone el inicio de muchas cosas que llegarían después. Además, representa una ruptura con ese primer cine militarista, castrense o de cruzada. Se trata de un empeño muy personal, incluso anterior a *Raza*: Sáenz de Heredia manifiesta que *El escándalo* (Pedro A. de Alarcón, 1875) es la única novela que ha leído hasta entonces y que lo ha hecho de un tirón. Es una de sus películas más largamente preparada: al parecer, mientras está en el frente bélico, ya está trabajando en la adaptación del texto literario; al finalizar la guerra, retoma el proyecto, si bien tarda dos años en sacarlo adelante. El éxito de este film convierte a Alarcón en una fuente indispensable para buena parte del cine literario del primer franquismo.

Madrid, finales del siglo XIX: el joven, seductor e inmoral conde de la Umbría Fabián Conde, veintiún años (Armando Calvo), lleva una vida absolutamente disoluta; entre sus amantes se encuentra Matilde, treinta y cinco años (Mercedes Vecino), conocida como «La Generala», prototipo literario de esposa infiel, en la línea de las heroínas del XIX (Emma Bovary, Ana Ozores, Fortunata...); su marido es un general anciano, un «noble veterano», destinado temporalmente a las islas Canarias. Con el fin de evitar las habladurías entre amigos y vecinos, o gentes de su clase, Matilde hace venir a su sobrina Gabriela, catorce años (Porfiria Sanchiz), que vive en Zaragoza, para que haga de tapadera en su adúltera relación que dura ya dos años. Lo que no imagina Matilde es que Fabián terminará enamorándose de la joven, una auténtica *donna angelicata*, iniciando un peligroso camino de seducción. Matilde es consciente de que le dobla la edad a su amante, de que pronto será vieja y de que este terminará casándose tarde o temprano. Es, sin duda, una de las heroínas más subyugantes de este primer cine de Sáenz de Heredia; este papel lo interpreta Mercedes Vecino, una de las actrices fetiches de Ignacio Iquino, que la convertirá en el prototipo de mujer fatal en la década de los cuarenta. Entre las curiosidades de *El escándalo* debe apuntarse el hecho de que es la primera película de posguerra en la que se autoriza la representación del adulterio. ¡La actriz protagonista daba el primer beso en pantalla en una película española! Esto provoca gran malestar. Al parecer, el censor eclesiástico, el reverendo A. García Figar, calma las aguas con un texto conciliador publicado en la entonces relevante revista de cine *Primer plano*. Con todo, «la película resuelve los conflictos que plantea su historia dentro de los parámetros ideológicos y morales del nacional catolicismo», esto es, «concentra en sí misma novedades formales, insufladas de catolicismo, y un contenido importante, ejemplar, capaz de impartir una lección moral» (Nieto Ferrando, 2011: 12, 103). ¡Un éxito arrollador en Madrid (cuarenta y nueve días en el Palacio de la Música) y en toda España! A partir de este momento, el estreno de una película suya se convierte en uno de los acontecimientos más esperados de la temporada. Es un film capital para la configuración de una nueva cinematografía. Hizo bien el cineasta en alejarse de esa línea propagandística a la que él había contribuido el año anterior con *Raza*.

En *El destino se disculpa* (1944) es Elena la que, pérfidamente, vuelve locos a Teófilo y Ramiro, los dos amigos que se trasladan de la provincia a la capital en busca de éxito y prosperidad. El primero la descubre, se queda prendado de ella, pero enseguida comprende que la camaleónica joven -quien solo busca la fama, el dinero- ha puesto sus ojos en su amigo Ramiro. Mientras inicia su relación con este, aún le queda tiempo para flirtear con otros tipos; al comprobar que este está arruinado, Elena toma las de Villadiego sumiendo al iluso escritor en una profunda depresión.

No menos deprimidos terminan de sus respectivas relaciones amorosas los protagonistas de *Bambú* (1945) -Luis Peña, como el célebre músico Alejandro Arellano- y *Diez fusiles esperan* (1959) -Paco Rabal, el enamoradizo teniente carlista José Iribarren-, dos cintas que, pese a estar muy separadas en el tiempo, siguen más o menos el mismo patrón argumental. Una fría, cínica y calculadora Mary Lamar vuelve a ser un elemento desestabilizador: interpreta, en los prolegómenos de *Bambú*, el papel de la amante de Alejandro, a quien no duda en abandonar después de que el estreno de una obra suya sufra el revés del público. Todo es un espejismo. Alejandro se marcha entonces voluntario a la guerra de Cuba y allí traba una entrañable amistad con otro militar, Antonio (Fernán Gómez): los dos caen en las redes de la encantadora Bambú (Imperio Argentina); entre ellos no tarda en surgir la rivalidad amorosa. No es esta una historia con final feliz. Con todo, se cumple, eso sí, otra constante en las tramas amorosas del cine de Sáenz de Heredia: un resignado Antonio cede, decide -en aras de la amistad- apartarse al comprobar los derroteros de esta extraña relación amorosa.

Es justamente esto lo que -en *Diez fusiles esperan*- hace José Iribarren: alejarse de Teresa (Rosita Arenas), la mujer a quien con tanta pasión ha amado, refugiándose en los brazos de la fiel, constante y enamoradiza Marichu (Berta Riaza). A José le cuesta sobremanera asumir que Teresa se haya enamorado de su amigo Miguel (Ettore Manni), otro militar carlista, una de las criaturas más convincentes del film. En una escena maravillosa, Teresa y Miguel -muy elocuentes los primeros planos, los silencios y las miradas de los amantes- deciden por fin aclarar esta situación. No es justo darle esperanzas a José; Teresa no entiende que en apenas dos días y medio este se haya enamorado de ella.

Asimismo, en *Los gallos de la madrugada* Alfredo Mayo y Tony Isbert se disputan, como si de una pieza de caza se tratara, el cuerpo de la sensual Concha Velasco. Es esta una historia sobre la desenfrenada pasión que el físico de Lola provoca en todos los hombres de un pueblo. En la composición del film resultan muy relevantes el diseño de vestuario, la frecuencia de primeros planos, planos medios e insertos de un cierto espíritu fetichista. Además, el film explota los encantos de una guapísima Concha Velasco, magistral en su interpretación.

La actriz participa también en *El indulto* (1961), una película cruda, desgarrada y tremendamente pesimista y naturalista. Los personajes parecen están determinados por un cierto *fatum* trágico; al mismo tiempo, se pretende reflejar con mucho realismo la parte más desagradable de ciertos tipos sociales. Desde luego, quien se lleva la peor parte es la heroína. Ahora son dos hermanos, el arrebatado Lucas Sánchez (Pedro Armendáriz) y el pusilánime y bonachón Pedro (Manuel Monroy), los que se disputan a la mujer, Antonia (Concha Velasco), uno de los personajes femeninos más trabados del cine de Sáenz de Heredia. La boda de Lucas y Antonia no es como las demás: la firma del acta matrimonial en la sacristía de la iglesia es su sentencia de muerte. En una durísima escena, entre lágrimas, la joven firma y se larga a su casa. Las dos familias han pactado que, a cambio de cierto patrimonio (tierras, molino, dinero), el niño que espera Antonia pueda tener un reconocimiento legítimo. Es entonces cuando entra en escena Pedro, a quien le da asco y vergüenza este casamiento; este, tras romper con su hermano, trata de consolar a la desamparada Antonia. El film se podría adscribir hoy en día a ese tipo de películas que valientemente abordan la temática de la violencia de género: la joven esposa se pasa todo el tiempo huyendo de un marido maltratador y psicópata; este la reclama a la Guardia Civil «porque es de ley», con el único propósito de seguir exprimiendo su patrimonio. Además, la cinta presenta cierto aire de suspense: una abatida Antonia sufre ataques de pánico, continuos desfallecimientos. Nada puede hacer a este respecto Pedro. Vivirán, eso sí, una breve época de felicidad, serán cómplices de unos sentimientos, de unos deseos, pero sin llegar a olvidar que el asesino acecha, que se aproxima y que, en cualquier momento, puede romper este idilio. Pedro y Antonia recuperan la sonrisa en una breve escapada a un pinar a las afueras del pueblo en donde ella está escondida. Este momento es algo más que un inocente paseo, esto es, una puesta en escena basada en el empleo de planos generales, a modo de cuadros, para suscitar en el espectador una reflexión sobre las relaciones de estos amantes desgraciados. *Vita somnium.* ¿Qué es la vida? Una ilusión, una sombra, una ficción. La vida es un sueño. Y los sueños, sueños son. Una hermosa, poética y amable secuencia que sobresale en una película muy desasosegante. Con todo, constituye un auténtico fiasco cinematográfico: no gusta ni al público ni a los críticos. Para el propio director, se trata de una de sus peores películas, una obra de encargo (Suevia Films) llena de desaciertos. ¡No es para tanto! Lo único que confirma una cinta como esta es que «Sáenz de Heredia nunca se ha conformado con hacer lo mismo y sus convicciones fueron inamovibles hasta su último cine» (Barroso y Gil-Delgado, 2007: 98).

Del cine...

A la hora de analizar la estructura interna de *Mariona Rebull* (1947) -una adaptación de dos novelas de Ignacio Agustí, *Mariona Rebull* (1943) y *El viudo Rius* (1947)-, se debe establecer una distinción entre *tiempo externo*, que hace referencia al momento histórico en que se sitúan los acontecimientos que forman parte de la historia (desde el último tercio del siglo XIX hasta la primera década del siglo XX: la segunda novela finaliza con los sucesos de la Semana Trágica, entre julio y agosto de 1909), y el tiempo propio de la narración, o *tiempo interno*, que marca las relaciones cronológicas entre el relato o discurso y la historia; el llamado tiempo del discurso será el orden en que se narren ciertos acontecimientos de la vida del país, de la ciudad de Barcelona y de su protagonista, el industrial Joaquín Rius. La relación entre el tiempo de la historia y el del discurso marcará el ritmo narrativo.

La primera parte se sitúa en un tiempo específico: la crisis del 98 obliga a un grupo de industriales catalanes a realizar un viaje a Madrid con el objeto de presentarle al «presidente del Consejo» una serie de reivindicaciones con el objeto de reactivar la economía de la región. La «comisión de industriales» está encabezada por Joaquín Rius (José María Seoane), uno de los grandes empresarios del ramo textil; el grupo viaja en tren de regreso a Barcelona. El viudo Rius (un «erizo», un «imbécil», según sus compañeros) es caracterizado como un tipo serio, firme e intuitivo. Muy pronto se sabrá que, en estos días de trabajo en Madrid, Rius ha conocido a Lula (Sara Montiel), una bailarina de cabaret de la conocida sala de fiestas Chantecler, una «damita» de compañía, y que él le había prometido llevarla a las mejores ciudades de Europa. Rius cree ver en todo esto algo más que una aventura: en este momento, el tipo rechaza lo que le prometió en «estos días atropellados de Madrid». Recapacita y, de inmediato, entra en el departamento de Lula con el objeto de disculparse, de darle una «satisfacción», contarle por entero su vida.

Comienza otra película. La segunda parte se corresponde con un largo *flashback* que ocupa las dos terceras partes del metraje; Joaquín Rius va relatando a Lula su vida al lado de la mujer de su vida, Mariona Rebull (Blanca de los Silos), a la postre heroína de este drama de época o melodrama familiar. Varios segmentos jalonan esta trama narrativa.

Presentación de los personajes. El largo trávelin de un padre (José María Lado) y su hijo por las calles de la ciudad catalana en los momentos iniciales es de una precisión temática y formal impecable; este es también el final del film en un planteamiento circular de evidentes resonancias simbólicas. El sonar de las campanas de la ciudad anuncia la mañana.

Un diálogo de fuerte contenido social ofrece la imagen de dos modelos empresariales muy distintos: la humildad, la solidaridad y el acercamiento al mundo obrero (el padre) y la necesidad de «arrimarse a los buenos», vivir a tono con la clase a la que se pertenece (el hijo). En plena fase de «exploración social», el joven Rius conoce a Mariona, hija de don Desiderio Rebull, famoso joyero de la capital. En esta primera escena se alude a una ruptura, a una desavenencia entre Joaquín y Mariona, o, mejor dicho, al hecho de que se trata de una relación ciertamente compleja ya que ambos pertenecen a clases sociales muy distintas: la vieja aristocracia empresarial (los Rebull) frente a los nuevos ricos surgidos del reciente desarrollismo industrial (los Rius).

La escena clave de esta primera parte ocurre a continuación: Joaquín recibe la visita de un viejo amigo de estudios, Ernesto Villar (Tomás Blanco), ahora medio novio de Mariona, que, no obstante, reconoce no estar enamorado de ella. Es el auténtico antagonista del film: el típico donjuán, cínico y descreído, pero al mismo tiempo modelo de vividor que pugna -sin dobleces, sin hipocresías- contra la voluntad de su oponente. No menos sincero se muestra en este momento Joaquín al confesar que rompió la relación porque en el fondo no estaba enamorado de ella. En este punto, el film es algo ambiguo: se habla de una «relación» sin apenas entrar en detalles; en cambio, en la novela se relata cómo el joven Joaquín, «apenas tendrá 25 [años]», anda tras los pasos de Mariona, con tan solo 15 años, por las calles o a la salida del colegio, y cómo acude el día de la celebración de la puesta de largo a la casa de campo de los Rebull dispuesto a casarse con ella. Mariona Rebull cobra fuerza por fin: se moldea con mimo, con un detallismo descriptivo -como personaje ausente, claro está- cada rasgo de su personalidad huidiza, camaleónica e incluso aventurera. Joaquín Rius quiere volver a intentarlo. Una hermosa escena, de una absoluta austeridad, da cuenta de este momento. Plano fijo. Trávelin de acercamiento a la mesa: Joaquín se dispone a redactar una carta de reconciliación. Se inserta la mano, la pluma y el texto epistolar (*work in progress*).

El reencuentro. Un decidido y enérgico Joaquín visita la casa de campo de los Rebull en Santa María del Vallés para ver a Mariona que se repone de una extraña enfermedad, una especie de «desengaño». Prácticamente, ese será este el único momento feliz que vivirán los jóvenes: a partir de aquí -al margen de la boda, del viaje de novios, o de la llegada del hijo- se relatan los desencuentros, los engaños y los silencios de este frágil matrimonio.

Vidas difíciles. La felicidad matrimonial dura muy poco. Por una parte, está la muerte del padre de Joaquín, uno de los pilares de su vida; por otra parte, este enlace se gesta desde la duda y la resignación. Mariona se siente cada vez más sola, aburrida. Joaquín, que parece haber cumplido su deseo de entrar en la clase de los privilegiados, pasa la mayor parte del tiempo en la fábrica. Entra en escena Ernesto, el elemento más desestabilizador en la vida de los Rius. Sáenz de Heredia arma una secuencia ejemplar en el Liceo con una puesta en escena muy conseguida a base de miradas, de silencios y de una peculiar disposición espacial de los personajes (los palcos, los anteojos); el espectador contempla, simultáneamente, cómo se desmorona el matrimonio de los Rius, al tiempo que se afianza la relación adúltera de Mariona y Ernesto.

Vidas complicadas. Mariona se ha retirado a su casa de campo. El flirteo con Ernesto va en aumento, lo que provoca los celos de Joaquín; cada día que pasa está más atormentado, pero también más resignado, al escuchar de la propia Mariona cómo hace tiempo estuvo enamorada de Villar. Por otra parte, en montaje alterno, se va desarrollando el quehacer cotidiano de la fábrica textil, las vidas de algunos empleados, entre los que sobresale el señor Llobet (Alberto Romea), el entregado, voluntarioso y eficaz contable de la empresa; este trata de subsanar un asunto turbio en el que ha intervenido su hijo (Carlos Muñoz), incorporado recientemente a la empresa.

Horas casi felices. La relación matrimonial sufre un giro inesperado; es el tiempo de la farsa. Mariona está especialmente dotada para el fingimiento, para guardar las apariencias. La situación social de la ciudad va enrareciéndose; la prensa da cuenta de las revueltas de los obreros, de las huelgas, de los anónimos que reciben los empresarios, víctimas de algunos atentados terroristas. Este trasfondo histórico cobra cada vez mayor protagonismo. Falta poco para la inauguración oficial de la nueva temporada de la ópera en el Teatro del Liceo con la presentación de la famosa cantante italiana Carlota Vallini. Se avecina el clímax de la película. Joaquín nunca se sintió tan dichoso, tan satisfecho de sí mismo, creyendo, equivocadamente, que el amor de su esposa era sincero. Se funden por un momento -algo, por otro lado, habitual, en los dramas históricos de Sáenz de Heredia- el trasfondo social o colectivo (trama 2.ª: prosiguen los atentados terroristas; el industrial don Ramón Llopis es asesinado) y la historia individual o el drama personal (trama 1.ª: el final de una triste relación). La escena está basada en los hechos reales acaecidos el 7 de noviembre de 1893, cuando el pistolero anarquista Santiago Salvador lanzó una bomba a los palcos del Liceo. Los personajes asisten a la representación de *Aida*, al tiempo que Mariona pergeña cómo acudir al encuentro con Ernesto.

Además de concederle importancia a los silencios y las miradas (de desasosiego en Mariana; de incertidumbre o de desconfianza en Joaquín), ahora se opta por el recurso de la elipsis o la no mostración del conflicto más relevante de la historia. El atentado acaba con las vidas de Mariona -su mujer ha fingido sentirse en la obligación de acudir en el entreacto al palco de los Puig- y de su amante; se reanuda la obra y Joaquín permanece solo en el palco, y en el encuadre, mirando con cierto nerviosismo a uno y otro lado del Teatro. Estalla la bomba: el caos es absoluto. Unas pocas imágenes son más que suficientes para explicar algo que el espectador sospecha, pero que no logrará ver. Plano medio, trávelin de retroceso: Joaquín entra en un palco de la tercera planta, pero no ve a Mariona. Se acuerda entonces de que en alguna ocasión Ernesto le ha dicho que a veces suele ocupar un palco familiar en la platea (*voice over* del amante). Plano medio. Trávelin de acercamiento: Joaquín -de espaldas- avanza por los pasillos del Teatro; encuentra a los amantes mortalmente abrazados en un palco de la platea. Corte a dos primeros planos: las manos de Joaquín agarran la cara de Mariona y lentamente las retira; el indignado marido abofetea el sanguinolento rostro de Ernesto. El siguiente plano (general, trávelin de acompañamiento) es de un patetismo absoluto, radical: para evitar que este deshonroso incidente trascienda, Joaquín coge el cuerpo de su mujer, sube lentamente las escaleras del Teatro, encaminándose hacia su palco. En un plano de detalle, de evidente carga metafórica, van cayendo al suelo algunas piedras de un collar que porta Mariana esa fatídica noche de amor y muerte. Estas resuenan siempre en la memoria de Joaquín. Eros y Tanatos. Lo más hermoso sucumbe tarde o temprano. En la siguiente escena -contraste evidente- Joaquín contempla cómo duerme plácidamente su hijo Desiderio. Sin lugar a dudas, es preferible el melancólico final de la novela, una especie de «trávelin de seguimiento». *Cosas del cine y de la literatura.*

Aquí termina el tiempo de la historia de la primera de las novelas adaptadas: en la media hora siguiente, la acción vuelve al presente de la narración. De nuevo, esta es ya otra película. En la tercera parte del film el foco del relato apunta a las revueltas sociales ocurridas en la ciudad de Barcelona durante la primera década del siglo XX. Los huelguistas arremeten contra el sector industrial: Joaquín se muestra firme ante las provocaciones o amenazas, que le llegan directamente a la empresa en forma de anónimos, y sobrevive a un atentado. No así su fiel contable, asesinado por dos pistoleros en plena calle. Una elipsis relevante. *La vida sigue...*

La cuarta parte del film se muestra en su ritmo narrativo algo más serena: todo ha vuelto a la normalidad. A partir de este momento es el hijo del finado Llobet quien se hace cargo de la contabilidad de la empresa; Joaquín está cada vez más solo. Su único aliciente es transmitirle a su hijo Desiderio (un pusilánime Mario Berriatúa) -que regresa al hogar familiar después de cursar estudios en Inglaterra- esa pasión que él siempre ha sentido por el trabajo, o ese compromiso inquebrantable con la empresa que heredó de su padre. Desiderio, en principio, parece estar más interesado por el mundo del arte; se siente atraído, además, por las ideas del anarquismo. Entonces vuelve a cruzarse de nuevo el personaje de Lula; Joaquín es consciente de que su tiempo ya ha pasado: se pregunta entonces si es posible aún emprender otro tipo de vida, si hay motivos para la esperanza, para la dicha y sobre todo para la verdad; en fin, el empresario considera rehacer -al lado de esta joven, emblema de la juventud- su alma rota.

Mariona Rebull tiene dos desenlaces y en ambos es crucial la determinación del industrial catalán. El primero se desarrolla en una larga secuencia de seis minutos: un avejentado y «fracasado» Joaquín Rius, muy cansado ya de todo, busca a Lula, que actúa en un famoso local de la capital (Eldorado). La entrevista tiene lugar en el camerino. Los dos personajes se miran fijamente. Seoane-Rius expresa cierta ansiedad o desazón; Sara-Lula, contención y seguridad. Rius le confiesa a la joven corista que la necesita; esta vuelve a recordarle la promesa que le hizo en aquella aventura madrileña. Joaquín -continúa esta larga confesión- no sabe si Lula es el remedio que puede poner fin a una vida de tristeza, soledad y amargura. En tres horas y media podrían al fin emprender juntos esta huida. Pero Lula sabe -así se lo transmite a una vieja criada- que Joaquín no va a volver nunca más.

En el segundo desenlace, más breve, Desiderio se siente avergonzado de haber sido ingrato y torpe y decide acompañar a su padre ese día a la fábrica. Este recapacita y desiste en su «huida» con Lula. Un paradigmático ejemplo de estructura circular: *Mariona Rebull* se cierra con el mismo trávelin de acompañamiento con que se iniciaba, con diálogos prácticamente idénticos, solo que ahora son otros los personajes que circulan por las calles de Barcelona (el padre, Seoane; el hijo, Berriatúa). Padre e hijo caminan abrazados por la calle. Suena una alegre música popular mientras aparece la palabra *fin*.

... a la novela

Tal como indican los títulos de crédito, *Mariona Rebull* se ha realizado «según las novelas de Ignacio Agustí *Mariona Rebull* y *El viudo Rius*». El escritor Ignacio Agustí (1913-1974) se sitúa dentro de la «Primera Generación de posguerra», y más concretamente entre quienes cultivaron un «realismo tradicional»: Juan Antonio de Zunzunegui (1900-1982), José María Gironella (1917-2003), o Francisco García Pavón (1919-1989), entre otros (Sanz Villanueva, 2010). *Mariona Rebull* ve la luz en junio de 1944: una semana después la primera edición se agota. A este primer título -conformando su exitosa pentalogía, o *novela río*, sobre la ciudad de Barcelona titulada «La ceniza fue árbol»- le seguirán *El viejo Rius* (1945), *Desiderio* (1957), *19 de julio* (1965) y *Guerra Civil* (1972). El propósito de su autor es que esta obra crezca «lenta y orgánicamente como la propia vida de los seres que la integran»; el resultado es un fresco deslumbrante e inolvidable de la ciudad de Barcelona entre finales del siglo XIX y la primera mitad del siglo XX.

Mariona Rebull comienza relatando el momento de auge y esplendor económico de la nueva burguesía industrial y concluye con una magistral evocación del atentado del anarquista Santiago Salvador (noviembre de 1893, en el Liceo) en el que muere la heroína de la novela. Así se pone fin a la historia de un matrimonio infeliz, sin amor. Joaquín se casa solo para mejorar su posición familiar; Mariona, por su parte, en la estela de las heroínas del realismo decimonónico, busca la felicidad en los brazos de un antiguo amor. Se mezclan los celos y el retrato de los ambientes burgueses de Barcelona: es la crónica social de una época a la vez que una historia de amor, que a la postre constituye la trama central de la novela, y el punto del que derivan y en el que convergen los restantes episodios de la acción. En esa historia de (des)amor se distinguen dos partes: una, el noviazgo entre Joaquín Rius y Mariona; la otra, el matrimonio que fracasa y deriva al adulterio femenino, uno de los temas clásicos de la novela del XIX, que el autor recupera con los tres personajes del triángulo (el marido austero y aburrido, la casada insatisfecha y soñadora y el amante vividor y frívolo).

Si bien se trata de una adaptación bastante fiel al original literario, se soslaya esa parte inicial (capítulos I y II) en la que queda muy patente la prepotencia de las clases pudientes de la ciudad (plateros y joyeros), que asisten al ascenso imparable de los nuevos industriales (emprendedores, honrados y muy trabajadores). Todo esto se encuentra en un par de secuencias: en la tertulia en la joyería de don Desiderio Rebull (I), mentidero de insolentes y arribistas arruinados, y en la afable cena en casa de los Rebull (II), en la que don Desiderio no parece mostrar mucho agrado por el joven Rius.

El viudo Rius es la continuación de *Mariona Rebull*. Muerta Mariona en el atentado del Liceo, en 1893, la novela retrata la crisis del 98 (capítulos I y II, sobre todo). El viudo Rius, además de a sacar adelante la fábrica textil heredada de su padre, prepara la educación de su hijo Desiderio. Es, además, un retrato de la ciudad de Barcelona durante la primera década del siglo XX, en donde, ininterrumpidamente, se suceden casi a diario revueltas sociales, huelgas, atentados...

Sin duda alguna, se trata de una novela muy desaprovechada. Se soslayan temas, personajes o conflictos que hubieran dado a la cinta un tono mucho más realista e incluso crítico. Primero, Joaquín vuelve a «encapricharse» de una mujer mucho más joven que él: se llama Carmen Fernández y es la hermana mayor de un amigo de su hijo Desiderio. Carmen es un personaje redondo, mucho más elaborado que el de Mariona Rebull. Es una lástima no haber reproducido esos momentos en los que el cazador, un neurasténico y afligido Joaquín, persigue incansable e infructuosamente a su presa. Carmen se muestra firme y, en cierta manera, es quien le abre los ojos a Joaquín (es verdad que hay una escena, en el capítulo IX, en la que le confiesa haberlo amado). ¿Se puede volver a repetir lo que sucedió en su relación matrimonial con Mariona Rebull? En fin, se echa de menos esa serie de disquisiciones sobre el nacionalismo catalán (capítulo VI) y, sobre todo, uno de los momentos más subyugantes de esta segunda novela, cuando una comisión de industriales, encabezada por Joaquín Rius, se desplaza a Madrid para dialogar con el gobierno del Estado con la intención de reactivar la industria catalana. Al finalizar el encuentro, los de la comisión son agasajados con una cena de etiqueta a la que acuden, contratadas por la administración, ciertas damas de compañía, entre ellas, la sensual, atractiva y seductora Lula. «Rius se perdía en sus ojos, en sus labios». Nada de este encuentro sensual, placentero o vivificante -Rius prolonga su estancia varios días; jamás olvidará los «días madrileños» junto a Lula- se cuenta en la película. Son solo leves insinuaciones, rumores o sobreentendidos. ¿Qué hubieran hecho con este material cineastas tan sugestivos y proclives a la sátira social como Azcona, Ferreri o Berlanga? *El cine que no pudo ser...*

Reina santa (Rafel Gil, 1947)

Rafael Gil
Hibridismos fílmicos

Su cine era clásico, profundamente humano, como él, con su eterna sonrisa asomada a sus ojos y labios.

Amparo Rivelles

Los inicios

Rafael Gil dirigió algo más de setenta películas a lo largo de casi cincuenta años de profesión. Tras repasar minuciosamente toda su filmografía, se puede afirmar sin caer en hipérboles gratuitas: a) que fue uno de los grandes directores de posguerra; b) que en ciertos títulos de los cuarenta se atrevió con un realismo de vocación comprometida; c) que se convirtió en un auténtico maestro en las adaptaciones literarias; y d) que algunas cintas de su etapa crepuscular son detestables.

El 22 de mayo de 1913, Rafael Gil nace en el Teatro Real de Madrid, donde su padre, Felipe Gil trabaja como habilitado. Huérfano de padre desde 1921, atraviesa una infancia complicada y amarga junto a su madre, Presentación Álvarez. Cursa el bachillerato en el Colegio San José, donde se aficiona a la literatura. Pero su auténtica pasión fue siempre el cine, desde que descubre en el Palacio de la Música de Madrid el drama bélico *Hotel Imperial* (Maurice Stiller, 1927) y se convierte en un cinéfilo precoz. Desde muy joven colabora en periódicos, revistas especializadas y en alguna emisora de radio. Participa en actividades culturales promovidas por cineclubes como el Proa Filmófono, o el del Geci (Grupo de Escritores Cinematográficos Independientes). En 1935 se abre paso en el ámbito del cine *amateur*, experimental o vanguardista, en colaboración con José Val de Omar, Gonzalo Menéndez Pidal y Cecilio Paniagua. No será este el único caso de cineasta cinéfilo e intelectual de la posguerra. Cuando estalla la Guerra Civil, Gil se encuentra en Madrid realizando el servicio militar. Reemprende su quehacer cinematográfico en 1937 como segundo ayudante en el film *En busca de una canción*, dirigido por Eusebio Fernández Ardavín. Es movilizado en 1938 y entra a formar parte de un equipo de documentalistas del gobierno republicano para realizar cine propagandístico: *Soldados campesinos* (1938), con Antonio del Amo, *Ametralladoras* (1938) y *Resistencia en Levante* (1939).

De la dura posguerra y otros asuntos de menor importancia

Tras finalizar la contienda fratricida, Gil se sitúa claramente al lado de los vencedores, rodando en 1939 -en la línea del cine militarista- los documentales *La corrida de la Victoria, La Copa del Generalísimo en Barcelona* y *Flechas*. Dos son los hechos fundamentales que jalonan su ocupación profesional en la inminente posguerra. Primero, contacta con el famoso actor e incipiente director Juan de Orduña gracias al cual realiza, entre 1939 y 1940, *La luz de Levante, Luna gitana* y *Feria en Sevilla*; en el primero de ellos lleva a cabo un curioso ejercicio de reconstrucción del punto de vista del dirigente José Antonio Primo de Rivera desde la ventana de su celda en la cárcel de Alicante. Segundo, trabaja prácticamente en exclusiva para Cifesa (1941-1947) y Suevia Films (1947-1950), con un total de dieciséis largometrajes.

Sus dos primeros trabajos están entre lo más reconocido de su obra. Efectivamente, su debut no puede ser más prometedor. Las *comedias humanas El hombre que se quiso matar* (1941) y *Huella de luz* (1942) constituyen un singular díptico en el que, desde un planteamiento cómico, sentimental e irónico, el director aborda de manera directa temas sociales como el hambre o la pobreza, la explotación laboral o las diferencias interclasistas. Todo esto era algo realmente insólito en aquella *nueva* España, donde nada salía a la luz sin pasar antes por la supervisión de la inmisericorde censura.

El asunto central de *El hombre que se quiso matar* es muy sencillo: el humilde trabajador Federico Solá (Antonio Casal, en su segundo trabajo para el cine) es un hombre muy desgraciado; le van muy mal las cosas en el trabajo y en el amor. Es un tipo solitario, amargado, que decide suicidarse, aunque finalmente recapacita, recuperando la alegría de vivir. El film arranca con un ejercicio de contextualización espacial: un trávelin ascendente muestra en gran plano general -lo indica una *voice over* desde una perspectiva omnisciente selectiva- una fotografía de las casas del extrarradio de una ciudad de provincias «apacible y tranquila». Luego, en picado, aparecen los tejados de este innominado sitio donde «un hecho sorprendente ha venido a truncar la paz de los hogares». Irónicamente, la cámara no entra en ninguno de estos «apacibles» hogares, sino que se traslada, en leve contrapicado, al espacio central donde ocurre todo, «una fábrica que se alza majestuosa y espléndida en las afueras de la población; es su única conquista industrial y el orgullo de todos los vecinos de la comarca». De lo general a lo particular: un hermoso, original y bien resuelto plano de larga duración de una enorme efectividad. La cámara desciende del cartel de la fachada (CEMENTOS EL CASTOR) -metáfora del apabullante mundo empresarial-, disponiéndose a presentar a «nuestro héroe, un simple muchacho como a simple vista puede verse que ahora mismo va a contarnos su extraña historia». Solá camina cabizbajo; es interpelado por un viejo operario, que gusta de relatar sus quehaceres cotidianos. Le anuncia que en adelante no volverá a verle más por la fábrica, al tiempo que le relata cómo le acaban de arrebatar un cargo importante que le habían prometido; por enchufismo o por influencias, el puesto ha ido a parar a otro tipo. No entiende estas injusticias, cuando él ha sido siempre un trabajador eficiente, responsable, entregado al estudio del cemento armado. Más adelante se sabrá que es arquitecto, lo que viene a subrayar aún más el *leitmotiv* de las injusticias laborales. Pero la cinta pierde intencionalidad social al adentrarse en los terrenos de la sátira y el costumbrismo. Lo que sigue es otra película muy distinta, con la excepción de algunas escenas que se desarrollan en la humilde pensión donde vive Solá, regentada por Camino Garrigó, la entrañable ancianita del cine de posguerra.

Gil demuestra mucho oficio y atrevimiento. La siguiente escena comienza con un largo trávelin lateral, de izquierda a derecha. Federico pasea por el parque con su novia Juanita. Continúa una sucesión de planos medios. La joven termina de hundirlo aún más, al considerarlo un «fracasado», un «inútil»; él promete cambiar, ser otro, pero necesita su apoyo, tenerla a su lado. Todo esto es pura ilusión: en realidad, es una escena de ruptura, de despedida. Una carta de su padre le da la puntilla definitiva. En el siguiente bloque narrativo -un paseo por las calles de la ciudad- empieza a contemplar en serio la posibilidad de suicidarse. En el tercer y definitivo tramo, el personaje, que ha asumido estoicamente su inminente final, arremete contra los convencionalismos sociales de ciertos individuos.

No anda muy lejos de todo esto el arranque de su siguiente película, la algo más tierna y neorrealista *Huella de luz* (1942), con la que se cierra la trilogía «realista» que Casal interpreta a las órdenes de Gil. No es nada halagüeña la fotografía que se muestra de los hogares de la clase trabajadora, de los precios de algunos productos de primera necesidad (comer en la dura posguerra es algo más que una aventura), de las sucias argucias financieras en el mundo de los negocios, o de ciertos hábitos de jóvenes burgueses adinerados. La cinta se va adentrando en los terrenos de la comedia hollywoodiense, perdiendo consistencia su lado más comprometido. No convence, por otra parte, el inverosímil o forzado final feliz que anuncia el enlace entre el protagonista masculino, Octavio Saldaña (Antonio Casal), un humilde y honrado oficinista, y la joven a la que acaba de conocer, hija de un rico empresario. Al decir de Castro de Paz, el texto original era muy duro y amargo para la época, por lo que «el cineasta y el autor habrían decidido modificar esencialmente el final del mismo, haciendo que los sueños de Saldaña se vean cumplidos y convirtiendo lo patético y fatal en optimista y romántico, con un final feliz en la línea de la comedia americana de Frank Capra» (Pérez Perucha, 1997: 151). Otro de sus puntos flojos es lo poco desarrollado que está el personaje de Lelly, interpretado por la atractiva y casi siempre correcta Isabel de Pomés; ofrecía muchas posibilidades para haber planteado el tema de las diferencias interclasistas desde el punto de vista de los ricos.

El inicio es claramente chaplinesco, una sinécdoque del mundo de la pobreza. En primer plano, la cámara enfoca unos zapatos agujereados, e inmediatamente muestra a un joven feliz que anda recortando unas plantillas. Plano medio. Entra en cuadro su entrañable y hacendosa madre (Camino Garrigó), a la que sigue en rápido trávelin la cámara, mostrando los habitáculos de una casa sencilla y humilde. El hijo le recuerda que es muy tarde, casi la hora de ir a la oficina. Pero todo tiene una explicación: su madre viene de comprar del Mercado de Puerta Vieja porque allí la verdura es mucho más barata. La col es para la cena; tienen, además, potaje de garbanzos y sardinas. No es nada baladí el asunto que se plantea: solo le hubiera faltado a la señora -que no lo hace- mencionar qué comidas se pueden conseguir por el estraperlo, práctica muy habitual en esos oscuros años de posguerra. Unos gatos arramblan con las sardinas. Octavio intenta golpear a uno de ellos con saña, pero termina destrozando el puchero. ¡Ese día -como tantos otros- no se come en casa de los Saldaña!

La segunda escena transcurre en las oficinas de la empresa Manufactoras Sánchez Bey: aquel día, como tantos otros, Octavio llega tarde al trabajo, pero es el último en salir. La imagen ofrecida no puede ser más patética: el miedo de los oficinistas a perder el trabajo, las reprimendas del apoderado, los largos e insufribles horarios... Su vida transcurre entre la monotonía y las pequeñas contrariedades cotidianas. Pero no todo es penuria. Como premio a su trabajo, al verlo tan extenuado, su jefe, el señor Sánchez-Bey (Juan Espantaléon), le invita a pasar unos días en un lujoso balneario. Es allí donde Saldaña conoce a Lelly, o, mejor dicho, disfruta de los placeres de la buena vida a los que él, como reconoce en una de las escenas más emotivas del film -en una comida campestre con su madre al más puro estilo Jean Renoir-, no está acostumbrado. Son escenas muy bien trabadas, de corte clásico, en las que destacan el plano medio (largo), el plano contraplano y una cámara que se mueve solo lo necesario.

Cifesa le ofrece entonces un nuevo proyecto, la comedia ligera, con elementos fantásticos y policiacos, *Viaje sin destino* (1942). Gil escribe el guion técnico a partir de un argumento de José Santugini. Borau, en un sencillo y emotivo homenaje al amigo director, no duda en situar este título al lado de *El hombre que se quiso matar* y *Huella de luz*:

> Aquel tríptico civil, inolvidable por su sencillez, donde la gente corriente y moliente no era descrita en medio de un estrépito de lágrimas y carcajadas, sino que aparecía suavemente perfilada con el lápiz de la sonrisa y bajo una chispa de ironía. Antonio Casal, el galán de las tres historias, recordaba a ese amiguete que nos miraba con susto y reproche cada mañana en el espejo si uno estaba ya en edad de afeitarse. (AA. VV., 1997: 21)

Gil empieza a acumular éxito tras éxito, lo que le permite en adelante escoger sus propios proyectos. *Eloísa está debajo de un almendro* (1943), a partir de una exitosa pieza teatral de Jardiel Poncela, es posiblemente su comedia más alocada y surrealista. Su protagonista masculino, el joven y galante Fernando Ojeda (Rafael Durán), decide investigar las razones que llevaron a su padre a suicidarse tras no haber podido resolver la extraña muerte de Eloísa, una mujer de la que anduvo perdidamente enamorado. La figura del investigador, obsesionado por indagar un extraño crimen, así como la presencia de una mujer fascinante, o el inevitable enredo de la trama detectivesca e incluso amorosa, son elementos narrativos que vuelven a aparecer muy pronto en una de sus mejores películas, *El clavo* (1944), adscrita al género criminal de corte melodramático.

Una trilogía romántica y otras historias de amor

Entre los críticos existe cierta unanimidad a la hora de considerar a Gil como uno de los grandes cineastas españoles en el ámbito de las adaptaciones. No siempre ha sido elogiado por este pertinaz y entusiasmado acercamiento a la literatura española; el propio cineasta ha reconocido en alguna ocasión cómo le han echado en cara «esa influencia literaria» y le han tildado de director «poco creador». Para García de Dueñas, el éxito de su *ciclo literario* (cuarenta y dos películas) se debe sobre todo a estas tres razones: a) «la utilización casi obsesiva de textos literarios de prestigio», b) «[una] puesta en escena asaz académica», y c) el apoyo en «dos valores sólidos: la fotografía de Alfredo Fraile y los decorados de Enrique Alarcón» (Borau, 1998: 411). Dejando al margen el gran clásico cervantino, los intereses de Gil, a la hora de emprender adaptaciones novelescas, van encaminados hacia un tipo de historias de amor con unos patrones narrativos ciertamente muy parecidos; en este sentido, *El clavo* (1944), *La pródiga* (1946) y *La fe* (1947) conforman una especie de «trilogía literaria». Es cierto que existen más concomitancias entre las dos primeras y, asimismo, la tercera formaría parte también de un cine religioso. Gil tiene claro a qué autores acudir a la hora de plantear historias de amores imposibles desde una perspectiva romántica, protagonizadas por personajes redondos, cuyos intereses chocan con la moral imperante de la hipócrita, conservadora o biempensante sociedad española. Dos escritores del Realismo le sirven de inspiración. Primero, Alarcón, junto a Pereda o el padre Coloma, artífice de una narrativa conservadora; el autor enfoca la realidad de sus propias convicciones religiosas católicas, pero al mismo tiempo bebe del Romanticismo. Segundo, Palacio Valdés, quien -con Clarín, Galdós o Blasco Ibáñez- se sitúa en una corriente más liberal o progresista.

El esquema narrativo de las tres películas es muy similar. Por azar, un hombre y una mujer se conocen y de inmediato este sorprendente encuentro concita en uno de ellos la pasión y el deseo de iniciar una relación amorosa. El personaje masculino representa a cierto sector acomodado: el juez Javier Zarco, el diputado liberal Guillermo de Toja y el joven párroco Luis Lastra; los tres papeles los interpreta Rafael Durán. Con todo, es en el trazado o diseño del personaje femenino donde pivota lo más atractivo del texto fílmico, con el empleo de un tipo de mujer independiente, atractiva, sensual y reservada. Amparo Rivelles interpreta a una enigmática y, en principio, apocada y tímida muchacha que viaja en una diligencia; por oscuras razones, intenta ocultarle al juez su nombre y procedencia, escondiéndose bajo la máscara de Blanca: finalmente resultar ser Gabriela Zahara, acusada de asesinato. Más atrevido aún es el personaje de la pérfida e intrépida Marta, a cargo de la misma actriz, que utiliza todo tipo de tretas -entre otras, una inolvidable mirada libidinosa- para seducir al padre Lastra. Por último, el más romántico de los tres, el que más se acerca a ese prototipo o modelo de mujer amante preconizado por Bécquer en su rima XI («-Yo soy un sueño, un imposible, / vano fantasma de niebla y luz; soy incorpórea, soy intangible: no puedo amarte. -Oh, ven; ven tú») es el de doña Julia Castro (la fría actriz italiana Paola Barbara), que ejerce una fuerza increíble y demoledora en los numerosos amantes que ha tenido en su vida, y con un increíble poder de atracción en criados, sirvientes y gentes que viven de sus tierras.

Los títulos de crédito de *El clavo* pasan sobre un fondo de naturaleza nocturna (fotografía de Alfredo Fraile). Sobresalen un espacio escénico de reminiscencias románticas de una absoluta austeridad (decorados de Enrique Alarcón), y una música *in crescendo* claramente melodramática (a cargo de Juan Quintero). Comienza el film con un breve prólogo textual sobre un gran plano general que muestra una diligencia: «PEDRO A. DE ALARCÓN ESCRIBIÓ EL CLAVO INSPIRÁNDOSE EN UNA CAUSA CÉLEBRE DE LA ÉPOCA, COMO SI QUISIERA DEMOSTRAR QUE NADA

HAY TAN INSOSPECHADAMENTE NOVELESCO COMO LA REALIDAD». Efectivamente, se trata de un relato detectivesco y judicial con todos los elementos propios de la narración criminal de corte tradicional. Pero esto viene algo después, tras una trama amorosa realmente subyugante, en la que, sin duda, el diseño artístico y el trabajo de fotografía resultan fundamentales. En casi todas las escenas sobresale un más que evidente juego de contrastes, que adelanta en gran medida el tipo de relación que van a vivir los personajes: a base de trazos claros y oscuros, de cielos nublados, si la acción se sitúa en el exterior; pero también con especial predilección por los espacios interiores (un mesón, una gran fonda, un cafetín).

El clavo es un film nocturno: la omnipresencia de la noche como marco temporal de la historia de (des)amor es otra marca de su indiscutible romanticismo. La primera escena es siempre crucial en el cine de Gil. El juez Javier Zarco se fija en una bella y sofisticada mujer que está a punto de subir a la diligencia. En el interior, con dos focos de luz que apuntan directamente a sus rostros, da comienzo su primera conversación. Es el juez quien habla -no cesa de mirarla-, mostrándose la joven en este primer momento distante, e incluso muy reticente a la hora de hablar de asuntos de amor. El plano fijo da cuenta de ciertos pormenores de la psicología de los personajes. Se cuida mucho esta puesta en escena basada en el juego de miradas y, por supuesto, en los marcados silencios. La joven se limita a contestar con monosílabos las sucesivas preguntas de su acompañante. Corte luego a unos marcadísimos primeros planos. La diligencia se detiene en un mesón: la joven le aclara que no ocurrirá nada entre ellos. ¿Acaso ha adivinado algo en la mirada y en las palabras del juez? Reemprenden el camino. Javier persevera en su intento de conquistar a esta extraña y atractiva mujer; al llegar a su destino, se hospeda, sin que esta lo sepa, en la misma fonda. En este lugar se produce finalmente el primer encuentro idílico entre los amantes. Por diferentes causas y azares, la pareja vuelve a encontrarse en una fiesta de disfraces e inicia el que quizás sea el momento más conseguido del film, un paseo nocturno por las calles de Madrid. Alarcón plantea la escena de manera prodigiosa recreando en toda su plenitud un escenario urbano, nocturno, de fiesta carnavalesca; este es quizás el trávelin más hermoso del cine de Gil. Javier le propone pasar un rato en un entrañable cafetín a donde él se retira a veces cuando le apetece estar lejos de la gente. Le pide que sea sincera: sospecha que su nombre no es Blanca. Pero ella solo se atreve a decirle que no le gusta recordar, y que tiene una historia muy vulgar que algún día conocerá. El diálogo se instala en una puesta en escena tradicional a base del magistral empleo del plano contraplano.

En el camino de vuelta a la fonda -un romántico paseo nocturno en un coche de caballos- se produce la confirmación de esta historia de amor. Es probable que hayan hablado de cosas más íntimas, que se hayan confesado mutuamente su pasión. La cámara se sitúa en un lugar alejado: es como si alguien desde un edificio próximo estuviera contemplando esta íntima escena. En un ingenioso trávelin ascendente se muestra, primero, el interior de la habitación de Blanca -donde, a través de una no menos intuitiva elipsis, se indica que los amantes pasarán la noche- y, luego, la de Javier totalmente vacía. El idilio de la pareja dura algo más; esa escena recrea una especie de luna de miel, o noche de bodas, antes de tiempo, en una granja. Todo es pasión, desenfreno. Los amantes deben separarse durante un mes; o eso al menos creen ellos.

Se ven al cabo de cinco años, pero ya no son los mismos. ¿Es posible reiniciar la hermosa historia de amor del pasado? Nada volverá a ser igual. La próxima vez que coincidan será en circunstancias muy adversas: él, como juez, instruyendo una causa en la que ella ha sido acusada de asesinato. El giro argumental es tremendo: obviamente, *El clavo* es ya otra película y no precisamente de amor. Se trata más bien de un clásico melodrama, un film de personajes redondos no exentos de ambigüedad, bastante alejado de ese otro cine moralizante y ejemplificador. Company ha realizado una interesante lectura metafórica:

> En la figura de un juez que se autocondena con su amante/asesina podemos ver la manifestación masoquista de un Poder flagelándose con sus propias condenas: una notable inversión de los tradicionales papeles de víctima y verdugo, perfectamente contextualizable en el fúnebre ceremonial represor de los años cuarenta. (Pérez Perucha, 1997: 180)

La pródiga presenta ciertos elementos narrativos muy parecidos. Aquí, desde luego, no hay trama criminal, pero se mantiene -incluso en un grado superior- la configuración de la heroína romántica, eso sí, con ciertos ribetes psicológicos que recuerdan a la típica *femme fatale* del cine *negro*, por su capacidad de atraer, de seducir y hasta de hacer enloquecer a los hombres que se acercan a ella. De nuevo comparten cartel dos de los grandes artífices de este cine de *qualité*, Alfredo Fraile y Enrique Alarcón. Estamos de nuevo ante una película de interiores, primorosamente ambientados a base de contrastes lumínicos, pero ahora con especial atención al empleo simbólico de los sonidos; los cielos tenebrosos, la amenazante tormenta, o la fuerza del agua que transcurre por un río desbordado, ofrecen posibilidades escenográficas muy interesantes en la configuración de la trama amorosa.

La acción se sitúa en 1850. El liberal Guillermo de Loja acaba de ser nombrado presidente del nuevo gobierno de la nación. Las primeras imágenes que recibimos de él son las de un hombre agotado, melancólico y vitalmente decepcionado. En el salón de su casa observa con detenimiento un cuadro de marcado carácter romántico, en el que apenas se vislumbra un árbol y un difuso paisaje sin representaciones humanas, sin apenas vida, como su alma solitaria. Comienza un largo *flashback* que abarca la práctica totalidad del film. El trávelin de acercamiento al lienzo invita a entrar en una extraña y atractiva historia de amor, a pesar de que, en sus prolegómenos, parezca un film costumbrista de carácter satírico. Enrique (Guillermo Marín), Miguel (Ángel de Andrés) y Guillermo son tres jóvenes políticos liberales que utilizan todo tipo de estrategias para llegar a ser diputados a Cortes. En plena campaña electoral, recalan en el pequeño pueblo de Abencerraje en el que nada se mueve sin el permiso de la influyente marquesa doña Julia Castro. En esta parte se opta por el esbozo del personaje ausente y por un registro próximo al suspense. Inicialmente, sabemos de Julia por los comentarios que hacen el secretario del ayuntamiento (Félix Fernández) y el alcalde (Manuel Arbó). Sus palabras no pueden ser más certeras en la descripción de la heroína, al tiempo que trascendentales en el desencadenamiento de las acciones que conforman la romántica historia de amor que está a punto de iniciarse.

Un decadente caserón convertido en cortijo es el marco donde transcurre el pasional romance entre Guillermo y Julia. Esta se halla en el crepúsculo de su vida: su turbio pasado está lleno de aventuras amorosas, de infidelidades y de disfrutes; todo ello de acuerdo con una filosofía presidida -hasta ahora- por el ideal del *carpe diem*. Además, es una «manirrota» que gasta su escasa renta en dar de comer a los hambrientos de la jurisdicción, en sacar de la pobreza a los niños que nacen en sus estados. «Con razón le han puesto de mote la Pródiga».

Varios cortes sucesivos, siempre en plano medio, muestran a un ensimismado Guillermo pergeñando una aventura donjuanesca; se nos prepara para la siguiente secuencia en la que, ya sí, el joven diputado cae en las redes de esta enigmática vampiresa. Guillermo ve en ella algo muy distinto: arte, poesía, belleza. Otra vez el héroe romántico pontificando el prototipo de mujer de Bécquer («vano fantasma de niebla y luz»), si bien más cerca -en principio, luego no será así- del *Don Juan Tenorio* de Zorrilla. («Yo amo lo extraordinario. Yo quiero lucha, emociones, vida»). En un plano general de evidente plasticidad y enorme fuerza simbólica, se presenta al fondo de lo que parece un pinar la señorial mansión donde vive la extraña marquesa acompañada de dos sumisos criados, Antonio (Juan Espantaleón) y su hijo Pedro (Fernando Rey), enamorado en secreto de su señora. Probablemente, esta parte es un más que probable homenaje a *Rebeca* (Alfred Hitchcock, 1940), no solo por la importancia dramatúrgica del espacio narrativo, sino también por la articulación de la propia trama amorosa. Plano general. La señora recibe hospitalariamente a los tres candidatos políticos. La maestría de Alarcón es total a la hora de ambientar el decadente espacio en el que vive Julia: paredes cochambrosas, decorado más que minimalista, inexistente, apenas una vieja mecedora. Se desplaza la cámara siguiendo en todo momento a Julia que se mueve entre los hombres con seguridad y delicadeza. Es quizás esto lo que tanto atrae a Guillermo -además de cierta coquetería en la primera mirada que aquella le dirige-, quien no duda en interrumpir su campaña electoral para volver a encontrarse con ella.

Efectivamente, en este punto del film se alternan los silencios de Guillermo -en plano medio con una luminosidad excesiva- y la locuacidad de la heroína, decidida a ayudarles en la captación de votos. Hay ciertos gestos suyos, miradas furtivas e incluso un fingido desinterés por su partida, que claramente están anunciando la atracción que siente por el joven visitante. Dos escenas apuntalan la historia de amor del político y la marquesa. Guillermo necesita verla a solas, hablar con ella sin que nadie se entere. El recibimiento es hostil: este surge de entre las sombras, dispuesto a hablarle de amor, pero solo recibe palabras de desdén. Julia vuelve a encararse con el desenmascarado donjuán, ahora sonriendo al enterarse de que él ya conocía su historia. La heroína vence al héroe en este primer *tour de force*; sus palabras sirven para apuntalar el romance. La escena continúa en un nivel de sinceridad apabullante: ella reconoce haber tenido varios amantes después de la muerte de su marido. («Yo no dejé de volar hasta que me faltaron alas»). No entiende por qué ha venido a buscarla. ¿Acaso pretende ser su esposo, ser su amante, o pasar la noche con ella? No es fácil encontrar una mujer tan fuerte como esta en el primer cine de posguerra.

A partir de aquí comienza el segundo tramo narrativo, que relata la afamada y respetada vida política de Guillermo. La relación amorosa entra en un paréntesis de silencios e incertidumbres. Es precisamente la decepción que Guillermo encuentra en el mundo de la política -le habían prometido una cartera importante- lo que le arroja definitivamente en los brazos de Julia. El tercer tramo desarrolla la auténtica trama amorosa. Guillermo dice haberse retirado al cortijo en busca de la verdad. ¿Está realmente enamorado de Julia? Ella se muestra más segura. A los planes de matrimonio que aquel le propone, responde con un plan de vida alternativo, basado en la convivencia, en el conocimiento mutuo o la confianza: pasar juntos el tiempo necesario para «devolverle la felicidad» y luego, cuando ella vea que no es necesaria su presencia, cuando «moleste», apartarse de su vida... Comienza un auténtico romance: en buena parte del metraje se muestran sus paseos por la campiña, escenas íntimas en las que los amantes proyectan cambiar, modernizar tecnológicamente ese atrasado mundo rural en el que viven. Pero esta idílica vida «en pecado» -así la considera el influyente cura párroco- se acerca a su final. La sociedad les vuelve la espalda; en especial, el rechazo es hacia Guillermo, a quien llaman «el enemigo». Julia entiende que este romance está agotado. Es esta la segunda escena clave de esta hermosa y romántica historia de amor. Le habla de un sueño reciente: está atemorizada porque dice haber reconocido «la voz del invierno». Es entonces cuando, con la misma naturalidad con la que lo recibió por primera vez, se convirtió en su amante (con condiciones, eso sí) y sacrificó algunos de sus principios para hacerle feliz, Julia le pide que se vaya porque sus amores han terminado. En realidad, ella ha tomado una decisión que cualquier espectador avispado esperaría. Parece haber cumplido aquello que, en pleno fervor romántico, anunciaba con extremo deseo el yo poético de una de las rimas más conocidas de Bécquer, y que con tanto acierto tomó prestada Luis Cernuda; Julia, «un alma hecha jirones», opta por «el más horrible y áspero de los senderos», cruza «el más sombrío y triste de los páramos», encaminándose a ese lugar «donde habite el olvido». Plano general, luz crepuscular: un caballo negro, ensillado, atraviesa un río, vuelve solo... «Un pastor lo ha encontrado corriendo por el secano grande».

El amor es, sin lugar a dudas, uno de los temas centrales en la filmografía de posguerra de Gil. Con pequeñas variantes, vuelve a repetirse un modelo argumental de la trama narrativa y una tipología de los personajes. Poco importa el molde genérico seleccionado, si al final lo interesante es relatar historias muy parecidas: amores difíciles, casi imposibles, en muchos casos abocados a la tragedia, con finales muy desesperanzados, trágicos. En los años cincuenta su cine da un giro radical al dejar de abordar estos relatos de amores románticos para centrarse en una temática genuinamente religiosa; se llena de personajes bondadosos que derrochan amor, que viven desinteresadamente para los demás, y muy especialmente para los más necesitados.

El fantasma y doña Juanita (1944) es un ejemplo paradigmático de un cine que, a partir de una historia de amor imposible, reflexiona sobre la auténtica naturaleza del amor. Gil tiene muy claro la calidad del material literario con el que se dispone a trabajar, asumiendo la dificultad de llevar a cabo una buena adaptación. («Es un gran cuento de Pemán. Yo lo considero excepcional y ajeno a su obra general»). Ante la posibilidad de que

Rosita (Mary Delgado) abandone a un joven del que está profundamente enamorada para contraer un matrimonio de conveniencia, su tía doña Juanita (Camino Garrigó) le relata lo que le sucedió a ella hace muchos años cuando se enamoró de Antonio Ruiz, el supuesto contable de un circo (Antonio Casal). La práctica totalidad del metraje lo ocupa este triste y emotivo *flashback*. El joven resulta ser el payaso que interpreta el número más triste o aburrido de todo el espectáculo: el miedo, la cobardía y cierto complejo social le llevan a ocultar su auténtica personalidad; doña Juanita nunca supo quién era ni dónde fue a parar el único hombre que la amó de verdad.

Fueron apenas unas semanas: cuatro encuentros emotivos por la ciudad. A dos minutos del final concluye el largo *flashback* de esta romántica historia de amor. Plano general. Rosita escucha ensimismada el relato de su tía. Doña Juanita nunca supo la verdad y por eso, cuando su amado desapareció, se convirtió para ella en un fantasma, en el recuerdo de un amor al que consagró su vida. Plano general: una puerta se abre. Plano medio. Las dos mujeres se estremecen. En esta maravillosa cinta, en la que se aborda de manera muy sutil el tema del fingimiento o impostura de un individuo frágil, pero de buen corazón, se sigue de cerca el cine de Frank Capra y de Frank Borzage, y muy especialmente el film *Primavera* (Robert Z. Leonard, 1937), protagonizado por Jeanette MacDonald y Nelson Edy. Para Alonso,

> la combinación de comedia y romanticismo que Rafael Gil logra en *El fantasma y doña Juanita* es perfecta, sin que falte la pincelada de humor y el agudo retrato social. Es, en suma, una obra a recuperar y reivindicar, que enseña más sobre el cine español de los años cuarenta que multitud de páginas perezosas escritas con el único objeto de contar lo negativo. El tiempo no ha hecho sino revalorizarla y hoy puede ser considerada como uno de los clásicos indiscutibles del cine europeo en la década de los cuarenta. (Alonso, 1997; 49)

«¿Quién que Es, no es romántico?» cantó el poeta nicaragüense Rubén Darío. En una escena crucial de la interesante *Shakespeare in love* (John Madden, 1998) surge una cuestión que es motivo de una apuesta entre lord Wessex y William Shakespeare, con la mediación de la Reina Isabel I. ¿Puede una obra de teatro [en fin, la literatura] representar en realidad el verdadero amor? Algo similar parece querer estar diciendo Gil a través algunos films en los que los amantes se preguntan una y otra vez qué es el amor, por qué se aman, por qué motivos ha desaparecido la pasión. Es entonces cuando aflora el dolor y el relato se desborda a partir del sufrimiento de uno de los amantes. La mujer no se siente correspondida, percibe desdén o desinterés en la otra parte, por no hablar de olvido o desamor; pero, a pesar de ello, persevera en su intento por salvar la relación. El hombre se siente abatido, incomprendido o abrumado por la fuerza de su amante.

Es el momento de reivindicar un ciclo de películas (ocho en total) que Suevia Films produce con la actriz mexicana María Félix como protagonista, tres de ellas dirigidas por Gil (*Mare Nostrum*, 1948; *Una mujer cualquiera*, 1949; y *La noche del sábado*, 1950). En algunos títulos se recurre a la hipérbole, esto es, «lo que sucede es *más grande que la vida*. Melodramas ejemplares en los que los sentimientos y las pasiones son expandidos hasta límites fuera de lo común» (Zunzunegui, 2018: 471). Sin lugar a dudas, de los cineastas estudiados en este libro, Gil ocupa el lugar más privilegiado en el tratamiento retórico del tema amoroso. La *Reina santa* Isabel de Portugal (Maruchi Fresno) solo obtiene desdén o ninguneo del rey Dinis (Antonio Vilar), que prefiere andar tras las faldas de algunas damas de la Corte, y pese a ello persevera en el amor conyugal; ocupa la mayor parte de su tiempo ayudando a los pobres y enfermos; el film ofrece, además, una subtrama no menos interesante que relata el amor platónico del sufriente noble aragonés Nuño de Lara (Luis Peña) por esta *Reina santa*.

Teatro Apolo (1950) aborda una larga y hermosa historia de amor entre Miguel Velasco (Jorge Negrete), un joven mexicano que viene a España a liquidar unos negocios de su padre, y Celia (María de los Ángeles Morales), una humilde corista que trabaja en el Teatro Apolo de Madrid; buena parte del metraje está dedicado al relato de una vida en común: amor, éxitos, matrimonio feliz, hijos, etc. Para consolidar esta relación amorosa, Celia lucha denodadamente no solo consigo misma, sino también contra fuerzas externas que le son muy adversas. El padre de Miguel no la admite, al considerarla de una clase inferior, o poco menos que un capricho del hijo. Celia cree estar viviendo una situación muy parecida a la que sufren las heroínas de *La dama de las camelias*: se critican duramente los prejuicios sociales, que provocan el rechazo social de la cortesana protagonista, pero también se habla de la abnegación de la heroína en diversos actos, de la perseverancia en su historia de amor. Celia se acuerda también del argumento de *La traviata*, del personaje de «la extraviada», que es como parece sentirse ella en este momento. También habrá momentos de infidelidades: es víctima de los rumores que corren por la ciudad sobre la relación de un ya maduro Miguel con la joven actriz Elena Ramos (María Asquerino).

Pero, sin duda, la heroína más desgraciada, sufriente y maltratada de su cine es la infeliz Nieves Blanco (María Félix) de *Una mujer cualquiera*. Ha habido muchos hombres en su vida, pero ciertamente pocos la han amado. Tras la muerte de su hijo, se separa de su marido (Tomás Blanco), con quien nunca ha sido feliz. Es esta una de las escenas más duras o crueles del film. La cámara inicia un leve trávelin de acercamiento para mostrar los restos de una pareja hecha añicos: la esposa, vestida de un luto riguroso, permanece abatida; el marido, en cambio, parece más entero, con una copa de whisky en la mano. Nieves no cree que merezca la pena hablar de la relación, confiesa que todo fue una equivocación, a lo que el marido de manera nada sutil le responde con calificativos despectivos, considerándola una prostituta. Le recuerda con no escaso cinismo: a) que él siempre fue socialmente superior a ella (de nuevo el *leitmotiv* de la relación interclasista), b) que cuando «la recogió» ella no era nadie («tu madre vendía flores, y tú la ayudabas»), y c) que le ofreció un mundo nuevo. La puesta en escena no puede ser más explícita: el marido, en plano medio, le da la espalda a su mujer, mirando por la ventana hacia esas calles donde -en su opinión- terminará refugiándose. Plano medio. La mirada del marido, intensamente despreciativa; lleno de odio le espeta lo de «caerás bajo, Nieves, volverás a la calle». Efectivamente, su atractiva belleza se convertirá en su mayor problema. Todos los hombres la ven como un instrumento de placer. A pesar de sus esfuerzos, no encuentra trabajo y no puede pagar la habitación que ha alquilado en una humilde pensión. Desesperada, decide «hacer la calle»: en su primera noche conoce a Antonio (su nombre es Luis), un «tipo raro», enigmático y terriblemente seductor (Antonio Vilar), que la va a implicar en una turbia trama criminal. Lo que viene a continuación se parece mucho a *Los amantes de la noche* (1948), el más romántico de los films de Nicholas Ray: Nieves y Luis deciden huir en tren, se alojan con nombres falsos en un hotelito, viajan en un camión a un incierto destino... En esta romántica escapada -así parece entenderlo ella- está a punto de cumplirse este vaticinio sobre la infelicidad de la heroína.

En otras ocasiones es el hombre quien más sufre en estas románticas historias; la amada pertenece a una clase superior, motivo que parece hacer inviable la relación y el compromiso matrimonial. En *Aventuras de Juan Lucas* (1949) se relata la relación entre un ambicioso y singular bandolero andaluz (Fernando Rey) y una hermosa e indulgente joven (Ana -Marie Déa), hija del poderoso conde Gibalbin (Juan Espantaleón). El muy bien dosificado relato de amor interclasista está entre lo mejor de este film ambientado en la Guerra de la Independencia. Pese a llegar a adquirir fama de héroe en la resistencia contra las tropas napoleónicas, y ser admirado y respetado por la sociedad, Juan Lucas solo obtendrá el rechazo del inflexible conde, quien no duda en alentar a su hija para que abandone esta aventura.

Otras veces lo que predomina es la ceguera de un tipo que cae en las redes de una bella y seductora mujer (que no anda lejos del prototipo de la *femme fatale*), incapaz de entender las emociones o los sentimientos de su amante. María Félix, considerada la máxima diva del cine mexicano, protagoniza tres títulos rabiosamente románticos; dos de estas interpretaciones son inolvidables. En primer lugar, la vemos en el papel de la seductora y maquiavélica espía alemana Freya (*Mare Nostrum*), que manipula sentimentalmente a Ferragut (Fernando Rey), capitán de un navío español, para ponerlo al servicio de la causa nazi, rompiendo así la neutralidad española durante la Segunda Guerra Mundial. En realidad, en esta cinta coexisten al menos tres películas superpuestas: la primera es de carácter político y «busca apuntalar la idea de neutralidad exquisita de España en el enfrentamiento [de] las democracias occidentales a los países del Eje»; la segunda y tercera,

> que se funden en una sola sobre el modelo inconfeso del cine del tándem Marlene Dietrich - Josef von Sternberg, combinan una intriga de espionaje con un film de *star*. Y es en esta fusión donde va a residir buena parte del interés de la película. (Zunzunegui, 2018: 472)

María Félix aparece también como protagonista en *La noche del sábado*, en el papel de la ambiciosa Imperio (un seudónimo) que ha seducido a tres hombres: un melancólico escultor, un frívolo y vicioso príncipe y otro príncipe más sentimental y enamoradizo. Solo este último personaje se salva del retrato despiadado que se ofrece acerca del amor como una forma de manipular a las personas y, por ende, de obtener unos fines concretos. Ese es quizás el mayor atractivo de la cinta: desvelar quién está detrás de la máscara, saber qué pretende en cada momento la imprevisible heroína. Al final asoma una subtrama de amor filial que no está entre lo mejor de esta irregular película.

Don Quijote de La Mancha

Sobre una imagen fija, una bella ilustración en la que un ensimismado Alonso Quijano ha estado leyendo durante toda la noche, como sugiere esa mano derecha que sostiene su cabeza, y en un cuarto repleto de libros, con una ventana abierta por la que entra la luz del día, van pasando los títulos de crédito de DON QUIJOTE DE LA MANCHA de Miguel de Cervantes Saavedra / por RAFAEL RIVELLES (como Alonso Quijano.-.Don Quijote) / con JUAN CALVO (como Sancho Panza) / Guion cinematográfico de RAFAEL GIL / Sobre una síntesis literaria de ANTONIO ABAN OJUEL / Asesor de la Real Academia Española ARMANDO COTARELO. El texto fílmico alude a la propensión exagerada del personaje manchego a acumular libros en un aposento de su casa, objeto luego de un durísimo escrutinio tras regresar de su primera salida por los campos de Montiel. Se incide en la enorme afición del antihéroe novelesco por la lectura de las novelas de caballería. En ciertos fragmentos del texto original que aluden a esta afición enfermiza se sitúa el *leitmotiv* central de la lectura que del clásico cervantino ha realizado el director madrileño. ¿Es Gil un trasunto del ferviente lector e imaginativo Alonso Quijano? ¿No se dio él en frecuentar, desde muy joven, las salas de cine? ¿No fue acaso un ferviente aficionado a la lectura de revistas cinematográficas?

El cineasta fija su atención en determinados asuntos del texto a partir de un ejercicio de adaptación basado en procedimientos como la síntesis y la ampliación; por supuesto, se trata de una puesta en imágenes muy meditada. La propuesta del director de sumergirnos en la fascinante historia (por tanto, en su propia película) se gesta desde la primera escena, una elocuente muestra de plano secuencia. Es de noche. La cámara inicia lentamente un largo trávelin de acercamiento, atravesando una de las calles del pueblo totalmente vacía; aparece sobreimpresionado el rótulo «En un lugar de la Mancha, de cuyo nombre no quiero acordarme». Muy pronto se oyen las voces de un hombre que parece estar gritando, discutiendo o simplemente recitando en voz alta. Al fondo de la calle, se atisba la fachada de una casa con cierto aire señorial y un ventanal en el que aparece por sorpresa, con una espada en la mano derecha -en un sugestivo reencuadre; es el foco del relato- un personaje imitando las formas y decires de los caballeros andantes. Unas enormes rejas lo separan de esa calle donde se detiene la cámara. El héroe, atrapado en su aposento, vive absolutamente ensimismado. El resto de la secuencia, hasta que se produzca su primera salida, transcurre en este espacio escénico: por él pasan el ama «que pasaba de los cuarenta», la sobrina «que no llega a los veinte», un «mozo de campo y plaza, que así ensillaba el rocín como tomaba la podadera», el cura y el barbero. El guion es, en esta parte, un ejemplo claro de síntesis cinematográfica: los días que pasa, en el original literario, el hidalgo preparando su salida apenas ocupan unos parlamentos, en esta primera secuencia, en la que en plano general ama, sobrina, barbero y cura escuchan anonadados la determinación de Alonso Quijano de «hacerse caballero andante» y lanzarse al mundo con la intención de acabar con agravios y así obtener gran fama. Es sencillamente magistral la interpretación de Rafael Rivelles, que a lo largo del film sabe enfrentarse con cuidado extremo y exquisitez a un personaje de indudable dificultad sin caer en la sobreactuación.

La famosa aventura de los molinos de viento es otra secuencia muy interesante. Lo que apenas ocupa un brevísimo fragmento -no llega a una página- en la novela se plantea como una secuencia unitaria, independiente, con una estructura tradicional de planteamiento, nudo y desenlace, convirtiéndose en una de los momentos claves del film. Son tres largos y estudiadísimos minutos en los que sobresale una puesta en escena basada en la variedad tanto en la planificación como en el emplazamiento de la cámara: a) los amplios encuadres de conjunto (la sierra de los molinos), b) los planos generales (el caballero dispuesto al ataque ante un incrédulo escudero), c) un largo trávelin lateral con un meditado encuadre en el que sobresale un cielo lleno de nubes, presagio de la «tormenta» que está a punto de comenzar (don Quijote -desde la lejanía- se dispone a embestir a uno de esos «gigantes»; Sancho camina algo más atrasado, con una mano en la cabeza, alarmado por lo que se avecina), o d) ciertos insertos, picados y exageradísimos contrapicados de ciertas partes del molino, en especial de las aspas, muy eficaces, que hacen más viva aún esta emocionante, divertida e inquietante escena. Con el paso del tiempo, este momento del libro (capítulo VIII, 1.ª parte) se ha convertido en un momento mítico de fuerte carga simbólica. No en vano «luchar contra molinos de viento» es un modismo o locución verbal de carácter metafórico, en el sentido de 'pelear contra enemigos imaginarios, luchar contra algo irreal'. También alude a la personalidad de quien está dispuesto, por encima de todo, a luchar contra las fuerzas del mal por un fin que entiende es justo y necesario.

El *Quijote* de Gil es un film excelente, una de las adaptaciones más fieles, rigurosas y atractivas que se han realizado de la novela cervantina. La primera aparición de *Don Quijote* en la pantalla se remonta nada más y nada menos que a 1898, cuando el personaje comparece durante escasos segundos en un film de Gaumont. Desde entonces, su presencia ha sido constante en la cinematografía mundial. Ciertamente, la versión de Gil no está entre las más reconocidas o prestigiosas. Han sido otros los textos fílmicos que han concitado un mayor número de elogios entre la crítica cinematográfica, por la razón principal de tratarse de lecturas más libres o personales de la obra cervantina: la versión musical *Don Quichotte* (Georg Wilhem Pabst, 1933), con el bajo operístico Feodor Chaliapin como protagonista; la soviética *Don Kikoht* (Grigori Kozintsev, 1957), con sus inolvidables alusiones a la lucha de clases; el film de culto *Don Quijote* de Orson Welles (1992), con montaje definitivo de Jesús Franco, en donde se propone recrear una peculiar visión de España a través de los ojos de Don Quijote y Sancho Panza, haciéndolos partícipes de fiestas como los sanfermines, las procesiones de Semana Santa o los festejos de moros y cristianos; o la posmoderna, atrevida e interesantísima *El hombre que mató a Don Quijote* (Terry Gilliam, 2018), uno de los discípulos más aventajados de Welles. Gil se acerca con suma fidelidad, respeto y admiración al texto de Cervantes; su film es absolutamente *cervantino* (el idealista Alonso Quijano es el *alter ego* del director): un prólogo explicativo sobre el hidalgo manchego y su entorno hogareño y familiar; una estructura interna tripartita (una 1.ª salida, en solitario; la 2.ª y la 3.ª, en compañía de su fiel escudero); el papel relevante de personajes secundarios como el bachiller Sansón Carrasco (Fernando Rey) -de manera intermitente, como falso «antagonista»- o los duques -en una subtrama esencial, quizás excesivamente larga-; o, por último, la articulación dentro de la trama principal de un relato intercalado, la historia de (des)amor de Cardenio, Luscinda, Fernando y Dorotea. En definitiva, algo más de dos horas de auténtico cine de calidad, en donde sobresalen la fotografía, el diseño artístico y la excelente composición musical, basamento del mejor cine de posguerra. Para Borau, este *Don Quijote* «continúa siendo la versión más respetuosa rodada a mayor honor y gloria del ilustre Manco» (AA. VV., 1997: 22).

Ha nacido una estrella

Lo que sigue no deja de ser un ejercicio de conjetura interpretativa. Como ocurre en *Don Quijote de la Mancha*, a través de ciertas criaturas fílmicas Gil estaría proyectando una reflexión sobre su oficio. Empeño, interés y pasión, esfuerzo y trabajo constante, o búsqueda de la obra perfectamente acabada, serían algunos de los rasgos más característicos de los artistas que protagonizan algunas cintas suyas. Nos resultan muy familiares este tipo de historias que recrean la vida y obra de un artista en un contexto social no especialmente halagüeño.

Teatro Apolo (1950) es un elocuente homenaje al mundo del teatro, la zarzuela y las distintas formas del género chico, pero, además, contiene una hermosa historia de amor. Al margen de condicionamientos o prejuicios sociales, familiares e incluso personales, Miguel (Jorge Negrete) y Celia (María de los Ángeles Morales) deciden casarse y lanzarse quijotescamente al ingrato, interesado e impredecible mundo del espectáculo musical con el afán de conquistar la fama. No es muy grata la imagen que se ofrece en el primer tramo de la película del lugar que ocupan las mujeres en esta profesión. No ganan mucho: al terminar sus actuaciones, suelen quedar con algunos tipos de la alta burguesía madrileña -como *damas de compañía*- para poder tomar algo en el famoso café Fornos. La primera vez que la humilde Celia habla con el adinerado Miguel le confiesa: «soñaba con ser una tiple, pero me quedé en corista». Se enamoran perdidamente, pero ella ve difícil, prácticamente imposible, este tipo de relación interclasista. Es el arte lo que salva la relación: no les queda más remedio que «luchar contra los molinos de viento» que encuentran a su paso. Su carrera artística comienza en un humilde cafetín. Muy pronto conocen el éxito interpretando los papeles principales de obras como *La Gran Vía*, *La verbena de la Paloma*, o *El puñado de rosas*. Además, el guion incluye reflexiones sobre el devenir de algunos géneros musicales, la necesidad de adaptarse a los gustos del público, y la pertinencia de la obra bien hecha; la relevancia de los detalles está no solo en la interpretación sino también en la puesta en escena. Aflora en este punto el quijotesco empeño de Gil por lograr un acabado perfecto del texto fílmico; un cine de calidad.

Algunas de estas ideas sobre la naturaleza del quehacer artístico (la inspiración, la originalidad) se encuentran en los parlamentos de uno de los personajes secundarios de *La noche del sábado* (1950), el escultor italiano Leonardo Altieri (José María Seoane). Una noche conoce a la atractiva Domina (María Félix), que carga con un oscuro pasado: en un momento determinado de su vida, incitada por su propio padre, se ve obligada a prostituirse. Todo está planteado en los primeros minutos del film, en una escena bellamente iluminada; los planos medios, los primeros planos, las sutiles miradas y los gestos confieren un significado ambiguo sumamente atractivo. ¿Qué buscan estos amantes de la noche? El taciturno escultor y la seductora mujer apenas hablan; Altieri observa su rostro con detenimiento. No desea acostarse con ella, sino contratarla como modelo para emprender la que cree que puede terminar siendo su obra maestra, «La noche del sábado». La realidad cotidiana se convierte en el tema esencial y casi único de la obra artística: es esto, más o menos, lo que viene a decirle el escultor a su musa. Gil estaría proyectando algunas de sus ideas sobre el cine en este creador de estatuas: el arte surge de la contemplación de tipos reales, de seres sacados de la realidad cotidiana; es el creador quien debe desarrollar, manipular estas criaturas hasta hacerlas creíbles, absolutamente verosímiles, símbolos de unos ideales, y no prototipos, algo que, sin duda, empobrecería el resultado artístico. Sigue una breve y silente secuencia de montaje: destacan los primeros planos de la criatura, objeto de la mirada atenta del creador voluntarioso, hacendoso, que persigue alcanzar el definitivo logro artístico.

Otra idea muy interesante es la del espíritu inconformista del creador, alguien que vive en continua búsqueda o replanteamiento de su obra. Esto guarda relación con la trayectoria cinematográfica de un director tan exigente consigo mismo como Rafael Gil, tan dado a la práctica de numerosos registros y estilos. No hay más reflexiones interesantes sobre el arte. A partir de aquí esta caótica película emprende unos derroteros melodramáticos con una subtrama de amor filial e interclasista ciertamente inverosímil y con un final brusco decepcionante.

En su cine posterior no serán infrecuentes estas historias de artistas con un fuerte componente melodramático. *El gran Galeoto* (1951) desarrolla, entre otros asuntos, la historia de una actriz (Ana Mariscal) que sacrifica su exitosa carrera artística al casarse con un destacado político liberal (José María Ladó). Pero el film plantea también, de manera simultánea, la romántica historia de amor que aquella vive con Ernesto, un músico joven y soñador (Rafael Durán). Dos aspectos sostienen buena parte del asunto narrativo: a) el retrato de la hipócrita y maledicente sociedad burguesa; b) de nuevo, la idea del sacrificio o renuncia que implícitamente está asociada a la figura del creador. Ernesto ve muy difícil alternar la gestión del ingente patrimonio empresarial con la composición de un poema sinfónico en cuya gestación ha volcado todas sus ilusiones.

Asimismo, en *De Madrid al cielo* (1952) se vuelve a poner en pie otra melodramática historia de amor, en esta ocasión protagonizada por dos jóvenes artistas en el Madrid de principios del siglo XX. Elena del Río (María de los Ángeles Morales) pretende triunfar en el difícil mundo del teatro lírico; Pablo (Gustavo Rojo) desea llegar a ser un pintor cotizado. Muy pocas veces se suele citar este film como uno de los ejemplos más conspicuos del *cine neorrealista español*. A la estación de Atocha llega una humilde familia cacereña con el deseo de *progresar* (¡qué importante es este verbo en el cine y la literatura de posguerra!), instalándose en un barrio modesto; la madre, que acaba de enviudar, se ocupa de los quehaceres domésticos; la hija pequeña logra un empleo como tendera y es la única que trae algo de comida a la casa; Elena, la hija mayor, deambula por teatros y cutres cafetines intentando abrirse camino como artista. Hay prisa por mostrar los desasosegantes inicios profesionales de la joven. Efectivamente, el ritmo moroso del relato se convierte en un acierto del magistral guion; en un principio, a Elena solo le ofrecen míseros contratos, como mucho cinco pesetas diarias y café los días de función; sufre la envidia de quienes ven en ella una dura aspirante a primera dama de la canción. Lee unos anuncios en la prensa, deambula por las calles de un paupérrimo Madrid, ofreciéndose -no importa dónde o cómo- para trabajar a) como cantante en una orquesta popular, que suele situarse en la esquina de Fornos, b) en una iglesia, c) en un salón donde una marquesa se dispone a dar una fiesta a la que acude lo mejor de la sociedad, con el objeto de recabar donativos destinados a los niños de los arrabales de la ciudad, y d), por fin, en un local muy popular, en el que obtiene el aplauso del público.

El film plantea como *leitmotiv* central la solidaridad entre los ciudadanos de la clase humilde, uno de los estilemas esenciales del neorrealismo; el extravertido cochero Cayetano (Manolo Morán) se pone al servicio de la humilde familia para buscarles vivienda y para ayudar a Elena a encontrar trabajo. Al final, es Pablo, convertido en un exitoso y afamado pintor, quien mueve los hilos con el objeto de que Elena pueda cantar en el Teatro Lírico.

La historia termina en un punto que muy bien podría tener su continuación en otro film con el que guarda no poca relación, *Teatro Apolo*. Dos historias muy parecidas, pero con un planteamiento radicalmente diferente en lo concerniente a la configuración de la heroína, el trazado del ritmo narrativo, la más que evidente significación dramática de la fotografía, el empleo de la elipsis o del *collage*...

El cine espiritualista

La religión aparece de manera reiterativa e insistente en buena parte de la filmografía de Gil, independientemente del género elegido o del modelo de puesta en escena; es -junto al amor- una de las constantes temáticas más habituales en su cine. En *El hombre que se quiso matar*, Federico ha decidido suicidarse a raíz de una crisis profesional y personal; sin embargo, el personaje no ejecuta su decisión por su moral o ideología cristiana; en otras palabras, la esperanza prevalece sobre el pesimismo existencial. El ciclo religioso no se entiende sin la intervención directa de la Iglesia católica, inspiradora directa de muchas de estas cintas. Seguramente sea *La fe* (1947) la película seminal de este cine genuinamente religioso. Las cintas que rueda a continuación no serán sino variaciones formales de un mismo discurso ideológico. De entre los personajes más fervorosamente religiosos, cabe destacar, en primer lugar, la reina Isabel de Aragón y Portugal (Maruchi Fresno), protagonista del film histórico *Reina santa* (1947). El refugio en la religión y su labor altruista para con los pobres le permite sobrevivir en un mundo de reyes, aristócratas y caballeros que no termina de entender. Tampoco es capaz de sobrellevar los flirteos e infidelidades del rey Dionís (Antonio Vilar) con algunas damas de la corte portuguesa. En medio de las intrigas de los cortesanos, Isabel ayuda a los pobres y enfermos, llegando incluso a acoger en palacio a los hijos bastardos del rey; al mismo tiempo, le mortifica en extremo no haber podido darle un heredero a su marido.

Este carácter *espiritualista* constituye una de las señas de identidad de este *ciclo religioso*, que arranca con *Reina santa* y *La fe* y tiene su cénit en los años cincuenta, gracias a cinco títulos rodados para Aspa Films, productora fundada por el escritor, guionista y productor Vicente Escrivá. Ciertamente, son muchas las afinidades temáticas y, por supuesto, las soluciones formales, que presentan estas películas. Gil da un giro radical en su producción con una serie de historias protagonizadas por individuos abnegados, caritativos, altruistas; jóvenes sacerdotes; una artista convertida en monja; e incluso el mismísimo mesías Jesús de Nazaret. Unos seres especiales que alcanzan la perfección moral por su entrega al servicio constante a los demás. En su labor no hacen sino cumplir los dictados de la Iglesia católica a partir del ejemplo y de la palabra del Hijo de Dios. También resulta fundamental la presencia de personajes marginados, como los mendigos, las prostitutas, los leprosos, o individuos comunistas que terminaban redimiéndose, o convirtiéndose. Los protagonistas no dudan en ir a contracorriente para servir a los desheredados, casi siempre en lugares perdidos u olvidados. La configuración psicológica de estos personajes remite a antihéroes idealistas como don Quijote, en su radical empeño por ayudar a los menesterosos, a mujeres y a niños; a aquellos a quienes se les ha arrebatado la libertad; o a los que se les ha inoculado una ideología política marxista o comunista; a Cristo, en su calvario final...

El beso de Judas (1954) puede situarse por su calidad estética entre los mejores títulos sobre la pasión de Jesús (Cecil B. DeMille, Pier Paolo Pasolini, Franco Zeffirelli, Nicholas Ray, George Stevens, Mel Gibson, Martin Scorsese...); en este caso, el relato descansa en el punto de vista de Judas, una cuidadísima y magistral interpretación del veterano Rafael Rivelles. El materialista, rebelde y egocéntrico personaje se siente atraído por la figura de Jesús de Nazaret e intenta por todos los medios entrar en el grupo de «elegidos», que inician ese arduo peregrinaje encaminado a juzgar a las tribus de Israel, a proclamar su reino y ayudar a los más necesitados, recurriendo a veces a los milagros. Lo mejor es, sin duda, el tratamiento del personaje de Judas, su evolución psicológica, que oscila entre la admiración, la duda, la traición, la amargura y la más absoluta soledad; en plena noche, este deambula por las calles: nadie lo acoge en su casa, solo el carpintero que construirá la cruz donde será crucificado Cristo. Finalmente, termina devolviendo las monedas que le entregaron los judíos por delatar a Jesús; su única salida es el suicidio. Llama la atención la decisión de esconder el rostro de Jesús (Gabriel Alcocer) en sus múltiples apariciones, buscando no tanto el misterio o suspense, como una manera respetuosa y sincera de abordarlo. No importa tanto su persona como el mensaje que hay en sus palabras o la lección de una vida entregada a los más necesitados, a los menesterosos. Este es el mensaje final de este film bíblico; en realidad, de todo el ciclo religioso pergeñado con sumo cuidado por Gil y Escrivá.

Se mantiene una misma estructura interna, en la disposición de bloques narrativos, que se articula a partir de un conflicto principal y en la idea de la misión evangelizadora que debe llevar a cabo el personaje protagonista. En este arduo camino, al héroe cristiano no le faltan enemigos, personajes dispuestos a truncar esa «misión»; normalmente, suelen ser seres incrédulos, liberales, ateos o comunistas, que viven al margen de la religión; en ocasiones, se obsesionan con atacar los presupuestos ideológicos o a la propia institución de la Iglesia católica. En la exitosa *La señora de Fátima* (1951) se plantea una historia bastante sencilla: en 1917, en este pueblecito portugués, la Virgen se les aparece a Francisco (Eugenio Domingo), Jacinta (María Dulce) y Lucía (Inés Orsini, el personaje más estilizado y brillante), tres humildes pastorcillos. No se puede soslayar una lectura política del film. Su arranque es muy explícito: una *voice over* habla de cómo este sitio ha sufrido el olvido de todos; así es, atendiendo al contexto histórico, pero sobre todo al argumento de la cinta, este «todos» estaría aludiendo a los políticos liberales, declaradamente marxistas, que son los que gobiernan en ese momento en la comarca; son acérrimos enemigos del clero y, obviamente, no dudan en oponerse a las reacciones que el milagro que está a punto de acontecer en Fátima provoca en esta pobre y olvidada comarca. Al principio son realmente pocos los que creen que la Virgen se les ha aparecido a los niños en una encina: para el cura párroco «son cosas de chicos, paparruchas»; el padre de Lucía llega a la violencia al saber que su hija está en el centro de este acontecimiento... En ciertas escenas, o a través de determinados parlamentos, aflora la ideología anticomunista del director, asunto este que poco a poco se convierte en una auténtica obsesión.

En *Sor intrépida* (1952) la heroína se llama Mercedes Salero (la angelical Dominque Blanchar), una famosa cantante que un buen día, cansada de una vida rutinaria y sin sustancia, decide dar un giro a su vida ingresando en un humilde convento convertido en hospital para pobres. Los unamunianos monodiálogos que la joven novicia -ahora Sor María de la Asunción- entabla con una estatuilla de san Roque está entre lo más estimulante del film. Es, claro está, la voz de su conciencia: unas veces se muestra titubeante o desencantada; otras veces, en cambio, es firme en su determinación de servir a los demás a fuerza de coraje y generosidad. El antagonismo corre a cargo del convincente José Nieto en un personaje nada fácil de abordar: el tipo está gravemente enfermo, se muestra arisco con todos, en especial con el cura, cuyo auxilio evangélico y moral rechaza. Convertir a un personaje agnóstico es quizás la tarea más difícil que tiene entre manos la espiritualista sor María. Evidencia su derrota en este arduo empeño por encauzar religiosamente a un tipo que ya no cree en la vida y menos aún en la religión. Con todo, persevera en sucesivos encuentros en los que trata de animarle, incitándole a que tenga esperanza en la vida. No son momentos de soflamas o de escrituras evangélicas: antes bien, este enfermo tan terco e inexpresivo (en el doble sentido, pues, además de que le queda poco de vida, tampoco cree en Dios) necesita a alguien que le escuche, que sepa de sus aflicciones y de sus deseos, que le entienda. No es difícil imaginar hacia dónde avanza el film: el doliente solicita la presencia del padre para confesarse.

En este punto, no conviene olvidarse de *La guerra de Dios* (1953), una de las obras maestras de Gil, posiblemente una de sus películas temática y formalmente más completas. Se trata de un guion muy trabado, aunque en ciertos momentos pueda ser algo previsible; la fotografía es limpia y perfecta; el diseño de producción, logradísimo, a base de numerosos escenarios, alternando exteriores e interiores, de marcado carácter naturalista. Andrés Mendoza (Claude Laydu) es destinado como cura párroco a Aldemoz, una pobre parroquia minera; don César (José Marco Davó) es el propietario minero, cacique y dueño absoluto de la comarca. «No quiero desanimarle, pero su misión no será sencilla», es lo primero que le transmite el gobernante. ¿A qué se refiere exactamente? Los jerarcas eclesiásticos han enviado a este preparadísimo sacerdote a un lugar perdido del norte de España para llevar a cabo una ardua labor evangelizadora. Esto lo sabremos por confesión del propio obispo al final del film. Andrés intenta poner fin al justificado rencor de los mineros, acabar con la sangrante situación de miseria e injusticia social del lugar; no duda en aliarse con ellos tras haber visto las condiciones de trabajo en las minas, o haber visitado las pobres y humildes casas donde viven. La función de personaje antagonista la cumple Martín (un extraordinario Paco Rabal) que rechaza de plano todo lo que tenga que ver con la Iglesia. A su juicio, la pobreza, las injusticias laborales y el abandono que sufre la clase trabajadora se debe al escaso o nulo compromiso de esta institución, más preocupada por el mantenimiento de ciertos ritos absurdos. Implícitamente, se está sugiriendo la connivencia del sector eclesiástico con las fuerzas vivas de algunas zonas rurales de la España profunda, lo que invita a matizar el supuesto maniqueísmo ideológico del film. Al parecer, en aquella trágica, oscura y tenebrosa década (a ojos de la *nueva* España) la Iglesia resultaba fundamental en la espinosa tarea de encauzar moralmente a una sociedad podrida. Ese es, en el fondo, el mensaje (no necesariamente implícito) de esta (a pesar de tanta soflama política y religiosa) excelente película. La fe del joven, firme e impetuoso cura de *La guerra de Dios* se pone a prueba. Finalmente logra sobreponerse, convirtiéndose en un elemento determinante en la restitución del orden social de una comunidad fracturada en dos mundos, el acomodado de los ricos y el sufriente de los pobres.

Para concluir, resulta pertinente aludir a un film declaradamente político, que suele situarse entre los títulos señeros del *cine anticomunista* de los años cincuenta. *El canto del gallo* (1955) es una extraordinaria y vivísima película nocturna. El padre Muller (Paco Rabal) no cesa de huir de fuerzas externas opresoras, pero también de sí mismo, en una lucha sin retorno por alcanzar un mundo más justo, en el que se pueda vivir en paz, sin miedos, sin angustias existenciales. Es posiblemente una de sus mejores interpretaciones, en las antípodas del personaje del obrero ateo y conflictivo de *La guerra de Dios*. Muller vive en un país comunista; una macabra revolución está acabando con todos los religiosos. El sacerdote empieza a comprender qué es el miedo y la soledad e intenta escapar de esta cacería negando su condición religiosa, su fe y, en el fondo, a Jesucristo. Es detenido y llevado hasta la ominosa Jefatura de Policía; coincide con un antiguo compañero de estudios (Gerard Tichy), convertido en un implacable comisario político. Este es el oscuro mundo en el que a duras penas logra sobrevivir Muller: sospechas, denuncias, delaciones, detenciones, interrogatorios, paseos, fusilamientos... Al final, su mayor empeño no es tanto salvarse de las mortíferas garras del comunismo como *salvar* al compañero, al enfermo, quien *equivocadamente* ha escogido la senda del ateísmo. La religión se entiende como una cruzada emprendida contra los infieles no tanto para vencerlos como para recuperarlos.

La escena final resulta fundamental para entender la base ideológica y humana de este cine religioso. La situación política en el país ha dado un giro radical. Muller intenta ayudar al huidizo comisario comunista; se juega la vida para estar a su lado, para sacarlo de su escondrijo. No quiere delatarlo, sino ayudarlo espiritualmente. La antológica secuencia ha sido rodada con un ritmo extraordinariamente ralentizado, con una muy cuidada puesta en escena que se apoya en la enorme expresividad de los rostros de Rabal y Tichy. Muller -como la Reina Santa, Sor Intrépida, o don Andrés- está a punto de culminar algo más que una ardua misión.

En los años cincuenta la Iglesia se sitúa decididamente en un lugar estratégico con el fin de consolidar un cine católico donde el perdón, la solidaridad, pero también la idea de vivir atentos a ideas que cuestionan la fe o la existencia de Dios, se convierten en temas recurrentes. Franco no hace sino asentir; los jerarcas del DNC se encargan, además, de otorgar premios y créditos a este tipo de cintas.

La calle sin sol (1948)

La calle sin sol te atrapa desde la primera escena y te mantiene en vilo durante 95 minutos. Independientemente de aspectos como la fotografía, la presencia de actores secundarios de lujo, la recreación de espacios genuinamente urbanos, o la maravillosa partitura musical, quizás sean dos los factores que determinan el atractivo de esta inolvidable cinta. En primer lugar, la actuación de Amparo Rivelles y Antonio Vilar como pareja protagonista, que soportan la parte principal de la trama narrativa; en segundo lugar, la disposición textual del guion de Mihura en el que es fácil encontrar formas atribuibles a estilos cinematográficos como el realismo poético, el neorrealismo o el cine negro. Es, pues, un film de enorme hibridismo, nada impostado; un aficionado atento lo vislumbrará desde el primer fotograma.

El inicio es sencillamente mágico. La cámara muestra, en primer plano, un antiquísimo reloj de época que marca las cinco menos diez e inicia una leve panorámica hacia a la derecha para luego avanzar a lo largo de un pasillo de lo que parece una casa noble. Se oye un disparo y un grito de mujer. Se abre la puerta del fondo. Un tipo (Antonio Vilar) camina parsimoniosamente por un espacio que, a todas luces, parece conocer, disponiéndose a extraer de un escritorio dinero o algún objeto de valor. El comedor muestra los restos de una noche de farra: el hombre se sirve una copa y, enrabietado, tira del mantel. La escena siguiente -con una prodigiosa fotografía- sigue los pasos de este extraño tipo: va sin afeitar, con las manos metidas en los bolsillos de un viejo abrigo, cabizbajo; a veces solo vemos su sombra. Plano general. Es este uno de los encuadres más bellos del film: la noche es desapacible; llueve copiosamente; el hombre camina por el centro de una calle oscurísima (con la salvedad de tres puntos de luz: los luminosos de un hotel, de un café y de un semáforo) con lentitud y sosiego. A continuación, en un largo plano general, lo vemos agarrado a un vaso, sin dejar de pedir una y otra vez -en francés- que le sirvan «otro coñac». No se preocupa de recoger el cambio. Por un momento, se tiene la sensación de estar viendo el famosísimo cuadro nocturno de Edward Hopper, lleno de trasnochadores, que se pierden en la soledad de una larga y melancólica barra.

No acaba aquí esta subyugante ambientación nocturna que tanto recuerda al *realismo poético*. Aún no se sabe la identidad de este enigmático tipo: es un ser muy raro, introvertido, taciturno; a lo largo de la película adopta tres nombres (Michel Anders, Mauricio y Albert Legas), algo que muestra a las claras su condición de personaje maldito, perdido, a la deriva, con un pasado oscuro y con pocas ganas de aclararlo. Y es que el desencanto es uno de los rasgos más peculiares de este antihéroe romántico, uno de los personajes más atractivos que hay en el cine de Gil.

Anders se adentra en los muelles de un puerto francés y logra embarcar como polizón en un barco que se dirige a Brasil. Al ser interrogado por el capitán, se limita a decir que subió porque «no tenía dinero y quería dejar mi país», a lo que aquel, con no poca sutileza y perspicacia, le responde que quizás es porque huye de algo. Lo que cuenta Anders es cierto, como repetirá más adelante, cuando confiese quién es en realidad: participó desde el principio en la guerra, y «después [estuvo] prisionero en un campo de concentración». No tiene ni familia ni hogar. Esta huida del culpable viene a constituirse en el *leitmotiv* de la trama criminal, algo que, por otra parte, vuelve a repetirse en la trayectoria del protagonista de *Una noche cualquiera* (1950), el otro film genuinamente *noir* de Gil, interpretado también por Vilar. Finalmente, cerca de la costa, salta del barco y llega nadando hasta el puerto de Barcelona.

A partir del minuto diez comienza otra película, más atractiva, algo así como un cine *neorrealista a la española*. Es una cinta imprevisible. El gran plano general con el que se abre este tramo narrativo es harto elocuente: desde un altozano, Anders contempla la ciudad en toda su extensión, con lo que parece el monte Tibidabo, el pico más alto de la sierra de Cosserola, al fondo. Es esta una hermosa y sutil metáfora de carácter metacinematográfico; el espectador está a punto de visualizar el retrato de la sociedad española del momento desde el punto de vista de un extranjero que intenta aclimatarse a una realidad muy distinta a la de su país, de iniciar, en fin, una nueva vida, olvidando su pasado. La fotografía y el diseño artístico, dos de los puntos fuertes del cine de Gil, también han cambiado. Se privilegia la luz y el rodaje en espacios exteriores: el viajero deambula por las calles de la ciudad hasta llegar a la estatua de Colón. El cineasta emplea amplios picados para mostrar no solo a un empequeñecido Anders, caminando sin rumbo cierto, robando lo que puede para comer, sino también los puestos del mercado, los tenderetes de las casas, o un barrio humilde donde las personas pasan como pueden con lo poco que tienen. Es posiblemente el entorno de lo que se ha conocido siempre como el barrio chino de Barcelona, donde concurren pobres, desarrapados, delincuentes, etc.

Se cuida con mimo el que va a ser el escenario clave del film, una «calle» concurrida, llena de tiendas, en la que apenas entra el sol. ¿Por qué «sin sol»? No parece exagerado afirmar -ni se incurre en una lectura en exceso imaginativa- afirmar que se trata de una sinécdoque de la realidad social de la España de posguerra. Es aquí donde reside su auténtico sentido. Independientemente de la trama criminal, que se va mostrando en pequeñas dosis, algo también habitual en el cine de suspense, el film intenta ser el testimonio honesto de una época. Para Torreiro, un film «excepcional respecto al resto de la producción de la época»:

> el retrato de unos seres sin esperanza, que malviven en una calle malsana y entre los cuales, no obstante, se observa, por debajo de la suspicacia, recios lazos de solidaridad; unas personas que llegarán incluso al asesinato (Luis, por ejemplo) por poder dar a quien aman gustos materiales que saben que jamás podrán alcanzar; y que reaccionan ante el delito con una resignada indiferencia, con el fatalismo de la aceptación de su destino. (Pérez Perucha, 1997: 238)

De esta manera, *La calle sin sol* no se sitúa muy lejos de algunos títulos señeros del neorrealismo, dirigidos por Vittorio de Sica, como *Ladrón de bicicletas* (1948), *Milagro en Milán* (1951) o *El limpiabotas* (1946), por ese deseo de buscar la objetividad en sus historias, por mostrar, a modo de documental, la realidad más auténtica, narrando la crónica de la cotidianidad de tipos o vidas de la España de posguerra. Todo esto con matices, claro está. El film tiene algo de compromiso social, en el sentido de dar testimonio, de mostrar algo que hasta ahora se ha ocultado, e incluso de denuncia de ciertas injusticias, como la pobreza, las penurias económicas, las condiciones infrahumanas de los mendigos, la situación de la mujer...

Anders se detiene en una tienda de comidas que al mismo tiempo es una pensión. En la puerta una mujer ciega interpreta una popular canción española, acompañada de un hombre que toca el acordeón. Son Elvira (Mary Delgado) y Luis (José Nieto), dos mendigos, cuya aparición en el film será intermitente -aquí se forja el empleo de la sinécdoque-, pero al mismo tiempo decisiva a la hora de resolver el conflicto dramático principal. El dueño del local (tienda, restaurante, pensión; pero también un microcosmos donde se privilegia la amistad y la solidaridad) es Basilio (Félix Fernández), si bien la que se ocupa realmente de atender a los clientes es su sobrina Pilar (Amparo Rivelles). Anders se comunica con la joven a través de dibujos: se presenta como Mauricio, aunque su nombre real es otro; se trata de un famoso y exitoso pintor. Le permiten quedarse allí dos meses gracias a una valiosa sortija que les entrega. Pilar lucha denodadamente con su tío para integrar a este extranjero raro, enseñándole español, explicándole ciertas costumbres. No se aparta de él y, como cabía esperar, termina enamorándose.

He aquí la escena clave del film. Un largo plano americano y una leve panorámica. Pilar cruza la calle para colocarse, junto a los dos mendigos, en el lado de la acera donde durante un breve espacio de tiempo puede tomar su «ración diaria» de sol. ¡Qué forma más hermosa de hablar de la esperanza en un mundo hostil! Luis y Elvira pasan hambre: apenas si pueden comer con la colecta que sacan de cantar a diario en esta «calle sin sol» (la España de posguerra); además, les resulta muy difícil encontrar un trabajo. Para Alonso, esta

> es, sin duda, una de las tres o cuatro mejores escenas de toda la historia del cine español. Estos retazos magníficos la convierten en un precedente del mismo *neorrealismo*, años antes de *Surcos* y en el mismo año que *Ladrón de bicicletas*. (Alonso, 1997: 58)

Don Pedro (Alberto Romea), el inspector de policía del popular barrio barcelonés, se presenta por sorpresa en el local de Basilio: anda tras ese extranjero que se ha escapado de un barco, y que, al parecer, ha huido de su patria. Por ahora, el protagonismo recae en el personaje colectivo del barrio chino y, sobre todo, en la simpática, vitalista y solidaria Pilar. Es, sin duda, la típica heroína del cine neorrealista. En una emotiva escena que transcurre en la terraza de la habitación de Mauricio, la joven da cuenta de quién es, de por qué vive allí y, en el fondo, de lo que espera de la vida. Ciertamente, son palabras de un profundo y emotivo lirismo, propias de un tipo de narrativa social.

Mauricio sigue atentamente el relato de Pilar; al escuchar la palabra «guerra», se estremece, pero prefiere no hablar de ello. ¿En qué medida y por qué Mauricio vive en una continua pesadilla? Ciertos hechos y personajes del pasado tiran de él, le atormentan constantemente. Rara es la noche que no tiene alguna pesadilla en la que siempre sale a relucir el nombre de Suzanne. En la parte final emergen de nuevo ciertas formas fílmicas que recuerdan al *realismo poético*; Pilar encuentra a un abatido Mauricio en los muelles del puerto. Este la lleva a su apartamento, dispuesto a desvelarle su identidad (su nombre es Albert y es un pintor muy famoso dentro y fuera de su país) y ciertos hechos (no todos) de su amargo pasado que, como una enorme losa, lleva pegados a su atormentada existencia. («Vino la guerra, fui al frente, y a un campo de concentración después; cuando todo terminó, volví a mi casa, pero ya no existía, había sido bombardeada, no encontré a ninguno de los míos, hui de todo aquel horror»).

Los planos medios más iluminados del film muestran a una radiante y emocionada Pilar. Una parte del pasado de Albert (para Pilar siempre se llamará Mauricio), una especie de subtrama melodramática, no aflora en esta escena; es lo que le ha inducido a huir de su país. ¿Por qué le esconde Mauricio a Pilar este trozo de su vida? Es obvio que su deseo de emprender una nueva vida en Barcelona, retomando su oficio de pintor, habría contribuido al olvido. Pero pesa más aún el amor que siente por la joven: por fin se besan, sin palabras de por medio, sin un rictus de alegría. Sorprende gratamente ese hermoso trabajo de interpretación basado en las miradas que ejecutan Rivelles y Vilar, amantes en ciernes. En el lóbrego pasado de Mauricio hay una mujer ingrata e infiel, un hijo muerto, un posible matrimonio, un disparo... Es de esto, más o menos, de lo que finalmente terminan hablando Mauricio y Pilar en un paseo ulterior por un parque de atracciones. ¡Qué importante es el uso del trávelin lateral en el cine de Gil, esa indiscutible seña de identidad que suele emplear en escenas en las que los amantes confiesan sus amores y tribulaciones!

Sorprendentemente, la censura no puso reparos al tratamiento testimonial de estos temas sociales, ni tampoco a esta romántica historia de amor; hay dos escenas emotivas con besos muy físicos, poco habituales en el cine de los cuarenta. Solo parece preocuparle la idea de que, implícitamente, se esté sugiriendo una defensa del divorcio en la imposible relación entre Mauricio y su infiel esposa, reaparecida en el clímax del film; el guionista hace que esta mujer adúltera sea francesa. Le incomoda que ese matrimonio no llegara nunca a producirse. Pese a todo, la cinta no es del agrado de los espectadores, ni de la crítica de la época.

La tercera parte es menos interesante. Mihura introdujo dos tramas detectivescas recurriendo al procedimiento de la elipsis: la primera, de carácter más psicológico, concluía y tenía que ver con ciertos hechos y determinadas personas que habían empujado a Mauricio a huir de su país; la otra, más propia de un drama social, ocurría en el presente de la narración, durante los meses que Mauricio pasaba en Barcelona. El inspector de policía se ha hecho cargo de un caso de asesinato ocurrido en El Paralelo: «Un hombre ha asesinado a una pobre vieja con un cuchillo, y le ha robado un buen pellizco». Todo el mundo sospecha de Mauricio, que en muy poco tiempo ha logrado incrementar misteriosamente su patrimonio. El personaje, claro está, responde al prototipo del «falso culpable». Pilar anda muy enamorada de Mauricio, confía en su inocencia e intenta averiguar la verdad, pero las circunstancias se confabulan contra él...

Lola Flores (ca. 1941)

El embrujo de Carlos Serrano de Osma

Todos los de mi generación -casi todos- sabemos bien de esta angustia de las esperas, conocemos este devenir constante, esta mezcla terrible de confianza y desazón que es nuestro oficio.

Carlos Serrano de Osma

Olvidos y silencios

No hay seguramente en el cine español de posguerra un profesional tan completo como Carlos Serrano de Osma: director, guionista, productor, ensayista y profesor de cine, y, sin embargo, un auténtico desconocido. ¿A qué se debe este injustificado olvido? ¿Por qué, a diferencia de otros colegas de generación, sus películas no se proyectan en la televisión pública o en los canales privados? No es, en cualquier caso, el único cineasta *olvidado*: conforme nos adentramos en el oscuro cine de los años cuarenta, descubrimos cineastas y películas que desconocíamos. Por ejemplo, la interesante obra cinematográfica de Jerónimo Mihura; las comedias del prolífico Ignacio F. Iquino; el interés de un pionero como Benito Perojo por temas sociales. Nunca habíamos oído hablar de Enrique Gómez, Claudio de la Torre o Gonzalo Delgrás y no sabíamos que Serrano de Osma había sido uno los fundadores del IIEC, ni que, a lo largo de dieciocho cursos, había impartido la materia de Dirección. ¿Por qué no entran sus films en el canon de la historia del cine español? Son muchos los interrogantes que surgen al adentrarse en la breve, original y estimulante obra de este director *maldito*. Lo que sigue es un repaso general de la evolución temática y formal de su obra, en especial de la década de los cuarenta, su etapa más afortunada e interesante.

Un largo y constante periodo de aprendizaje

Serrano de Osma nace en Madrid el 2 de enero de 1916, en el seno de una familia acomodada (su padre es funcionario de Hacienda). Desde muy joven manifiesta una entusiasta e imparable pasión por el cine: comienza a frecuentar asiduamente las salas de la capital, a leer críticas en revistas especializadas, implicándose en todo tipo de actividades en torno a los cineclubes y a las tertulias del Madrid republicano. En 1932 se matricula en Medicina, que, tras ciertos desencantos, abandona al cabo de tres años, centrándose a partir de entonces en el mundo del cine, su auténtica vocación. Sus intereses apuntan al campo de la crítica y de la teoría cinematográfica, publicando -no ha cumplido aún veinte años- en revistas como *Popular Film, Nuestro Cinema, Cinegramas, Gran Film, Filmar...* Serrano de Osma rechaza cierto cine comercial producido en España, en especial las españoladas, las comedias intrascendentes, la adaptación de sainetes y las zarzuelas, a su juicio, por su escaso o pésimo nivel artístico, por estar desprovisto de contenido social, pero sobre todo por la pobreza y repetición de argumentos (gitanos, toreros, bandidos...).

Durante la Guerra Civil se integra en un equipo de rodaje auspiciado por el Comité Provincial del Partido Comunista de Madrid, participando en documentales propagandísticos, trabajos de encargo dirigidos por Antonio del Amo (*Mando único, Industrias de guerra*, 1937) y distribuidos por la productora comunista Film Popular. Es por entonces (verano de 1937) un firme defensor de un cine comprometido, fiel reflejo del momento histórico, y de la importancia del texto fílmico como material educativo en la formación cultural del país. Solo esto explica en gran medida su implicación en algunos proyectos cinematográficos de marcado carácter político. Además, en aquellos años convulsos, colabora como crítico cultural en el liberal, republicano y antifascista diario *Ahora*. Su ideario revolucionario -algo que se da desde su más tierna juventud- va decayendo poco a poco, abrazando, en el verano de 1938, el programa nacionalsindicalista de la Falange, y enrolándose en el ejército franquista. Esto podría explicar que, durante mucho tiempo, incluso una vez instaurada la democracia, cierto sector de la crítica ignorara la filmografía de Serrano de Osma.

Al finalizar la guerra, tiene alguna dificultad para continuar el ejercicio de su profesión. Son tiempos realmente muy difíciles. No es este, por otra parte, el único caso de supervivencia, de reciclaje o reubicación en la industria cinematográfica de posguerra. Serrano de Osma es un cineasta muy trabajador, un apasionado del séptimo arte, uno de los nombres imprescindibles de nuestra cinematografía. Se gana la vida como crítico de cine en *Radiocinema*, locutor radiofónico en Radio España y como ayudante de dirección en una serie de cortos turísticos y etnográficos dirigidos por Antonio Román. En aquella época los cineastas jóvenes iniciaban sus prácticas cinematográficas en el campo del cortometraje, «se trataba de ir quemando metros de película, cuantos más mejor, para ir aprendiendo el oficio, mientras se esperaba, no sin cierta inquietud, la circunstancia propicia que posibilitara el ansiado debut en el largo» (Aranzubia, 2007: 55).

En realidad, Serrano de Osma comienza su carrera en 1941 con un corto de marcado carácter político -algo muy típico en ese primer cine de posguerra, tan dado a la celebración de la Victoria franquista- titulado *Estampas de luz*. Filma otros dos cortos más -los documentales carácter científico *Silicosis* (1943) y *Peste blanca* (1944)-, financiados por la Delegación Nacional de Sanidad de la Falange, que cuentan con el favor del público y de la crítica. Esta serie de documentales se cierra con cuatro títulos más: dos científicos -*Tuberculosis orteo-articular* (1944) y *Escoliosis* (1944)-, otro de carácter turístico -*Compostela, ciudad universitaria* (1944)- y el cuarto, de propaganda -*Infancia recobrada* (1945)-. Publica artículos en textos falangistas auspiciadas por el SEU, como *Haz y Juventud*, en los que, entre otros asuntos, reivindica un cine documental genuinamente español. Asimismo, comienza su labor docente, primero como conferenciante en eventos universitarios sobre cultura cinematográfica, y más tarde como profesor de Realización en el IIEC (1947-1951).

La trilogía telúrica

Es esta, sin duda alguna, la etapa más interesante de su quehacer cinematográfico, con el planteamiento de un mundo muy personal tanto en los contenidos como en el tratamiento de las formas fílmicas. Entre 1946 y 1947, dirige cuatro películas de manera consecutiva; en realidad, fueron tres, pues la cuarta ha desaparecido. Rueda en Barcelona, arropado por un grupo de jóvenes cineastas conocido como los *telúricos*. ¿Qué aportan estos cineastas y cuáles son sus fuentes principales? Ante todo, se presentan como una alternativa clara -una conceptualización estética- al cine de cruzada, histórico, religioso, cómico y folclórico. Frente a modelos muy reconocibles -la narrativa americana tradicional y realista, las comedias italianas de los años treinta y cuarenta y la tradición populista del periodo republicano-, estos plantean un cine formalista, estilizado e innovador, partiendo de referentes como el cine mudo, Eisenstein, Clair, Stroheim, Murnau, Flaherty y Orson Welles.

Abel Sánchez (1946), *La sirena negra* (1947) y *Embrujo* (1947) conforman la «trilogía telúrica» de Serrano de Osma, «tres filmes de abierto talante experimental, tres densos y profundamente estilizados relatos que giran en torno a las pasiones fundamentales, tres tragedias románticas protagonizadas por seres angustiados que se debaten entre la luz y la sombra; en definitiva, tres intemporales poemas de amor y muerte» (Aranzubia, 2007: 22). Dos de ellos parten de novelas trágicas, románticas, protagonizadas por individuos agónicos, introvertidos, ensimismados, autodestructivos. El proyecto de filmación de *Abel Sánchez* tiene mucho que ver con el interés que el cineasta muestra por la adaptación que el entonces joven guionista

Pedro Lazaga hiciera en 1944 de la novela de Unamuno. No dejaba de ser algo insólito en aquella España autárquica el hecho de que se abordara la obra de uno de los autores más controvertidos del panorama literario español. No ha pasado tanto tiempo del famosísimo incidente en el Paraninfo de la Universidad de Salamanca entre el autor de *Niebla* y el estrafalario fundador de la Legión Millán Astray. En la ejecución del proyecto resulta esencial la eliminación de los aspectos más conflictivos de la novela original de 1917, lo que hace posible que la censura no presente reparos al guion. ¿Qué aspectos del texto unamuniano molestan a los jerarcas de la política cultural del Régimen? ¿Qué elementos temáticos y formales del texto narrativo le interesan realmente al cineasta?

Esta es *una historia de una pasión* -este es el subtítulo de la *nivola*, aunque Unamuno, en el «Prólogo a la segunda edición», cree que estaría mejor *Historia de una pasión*-, de un personaje atormentado, un relato de corte existencial con visos de tragedia. De entrada, observamos un basamento argumental que permite ponerla en relación con los otros dos títulos de la trilogía. Lo que sigue son simples conjeturas de un lector, pero también de alguien que se acerca con interés a ese apasionante mundo de las relaciones entre el cine y la literatura. Al director madrileño le entusiasman estas «historias congojosas» en las que no existen atisbos de vidas alegres ni tampoco un probable final esperanzador; las hay, pero no es lo predominante. El tema central de la *nivola* es el odio nacido de la envidia; a su vez, esta es consecuencia de la pobreza de espíritu, de la falta de imaginación. El autor se empeña en mostrar los entresijos del alma podrida de Joaquín Monegro, quien durante toda su vida viene sufriendo una envidia trágica por un amigo de su infancia, Abel Sánchez, por todo lo que este es y lo que representa. Conviene atender a cierto tipo de expresiones o categorías gramaticales que presentan ese sema particular de «lo telúrico», y que permiten establecer claramente un tipo de conexión semántica entre el mundo literario de Unamuno y el universo cinematográfico de Serrano de Osma.

En la *nivola* alternan un narrador omnisciente en tercera persona y otro en primera; Joaquín relata toda su problemática existencial en un texto al que llama *Confesión* dirigido expresamente a su hija. Abel Sánchez y Joaquín Monegro se conocen desde niños y muy pronto se hacen amigos. Representan dos personalidades muy distintas, algo que para Abel no constituye un problema, pero que para Joaquín es motivo de tormento; Abel es «el simpático sin proponérselo, el mimado del favor ajeno» y Joaquín, «un inválido del alma», al tiempo que un tipo lleno de resentimiento. El motivo que desestabiliza la relación entre los amigos es la presencia de una mujer: la «fría y dura» Helena (prima de Joaquín o algo más) se convierte en la esposa de Abel y en la madre de Abelín. Sin duda, este es el conflicto más determinante de toda la novela: Joaquín no aguanta que su mejor amigo se haya casado con la mujer de su vida, aunque en algún momento confiese haberse olvidado de ella. Serrano de Osma gusta de incluir en sus películas este tipo de mujer fuerte e independiente, fría y calculadora, con personalidad y determinación, objeto de deseo y símbolo de la fatalidad que arrastra tras de sí a los hombres. Helena es quizás el personaje más redondo. Joaquín la considera egoísta, cruel y posesiva; en realidad –le dice a su amigo Abel, refiriéndose implícitamente a ella–, «en toda tragedia» hay siempre una mujer. La lectura del *Caín* de lord Byron trastorna definitivamente a Joaquín, lo vuelve un ser odioso; fue terrible, demoledor: le lleva a pensar muy seriamente en la muerte, una obsesión que no le abandona hasta el final de sus días.

Este será también el *leitmotiv* central de los otros dos títulos *telúricos*. A pesar de conocer ciertos momentos de felicidad, de alternar con personajes positivos u optimistas, los antihéroes románticos caminan irremisiblemente hacia el abismo; la muerte acecha –en realidad, esta señora, la Guadañadora, ha vivido siempre a su lado– al obsesivo Gaspar de *La Sirena Negra* y, por supuesto, al melancólico y autodestructivo Manolo de *Embrujo*. ¿Y qué decir de la importancia que tienen los espejos en su cine? Son algo así como una metáfora del mundo interior y de la verdad de las vidas oscuras de algunos personajes. *Abel Sánchez* es una novela donde apenas hay acción, donde interesa más la reflexión, el diálogo y desde luego la meditación. Abel y Joaquín abordan el tema de la importancia de captar la auténtica personalidad o, en el fondo, el inevitable y decisivo asunto de la mirada. Al leer estas páginas se debe reparar no solo en la reiteración del verbo *mirar* sino también en la relevancia de los sentidos, del nivel connotativo de la palabra (una isotopía, en realidad): es magistral la mirada de Unamuno, el escritor español que mejor ha sabido diseccionar los entresijos del alma humana.

Otros elementos convergentes de la novela de Unamuno con el cine de Serrano de Osma son, por un lado, la importancia de la evolución del personaje de Joaquín, la idea de la «conversión», o la necesidad de creer, y, por otro, el reconocimiento de sus errores, o el hecho de pedir perdón al final de su vida. O, asimismo, la plasmación de los conflictos interiores (una constante en Unamuno); en este caso, la presencia permanente de Abel en la mente de Joaquín, una voz interior que le devora «como un cáncer». Seguramente, el carácter metaliterario del capítulo XXIV de la novela original no pasó desapercibido para un director tan atento, culto y sensible como este. Abelín (el hijo de Abel) concluye la carrera de Medicina y, para practicar y conocer bien el oficio, se convierte en ayudante de Joaquín; este «se propuso hacer de él un buen médico y confiarle el tesoro de su experiencia clínica». Al cabo de un tiempo, su discípulo (*hijo* le llama él) le propone recoger sus «observaciones dispersas, todas esas notas y apuntes» para escribir un libro. Es una idea que le ha atraído a Joaquín en algún momento -así se lo confiesa-, pero ahora no tiene ni ganas ni serenidad para hacerlo.

Unamuno habla por su personaje (*alter ego*) de la incomprensión cultural que siempre ha existido en España (un país por naturaleza reaccionario, inmovilista y refractario) hacia el mundo de las ideas, o, en su caso, hacia ciertas aportaciones novedosas (por ejemplo, sus *nivolas*). ¿Acaso no *se puso en ello* Serrano de Osma a la hora de levantar su trilogía *telúrica*? ¿No emprendió una escritura cinematográfica fruto de su larga experiencia como crítico y profesor de cine? ¿No *caería en el olvido* este primer cine suyo, tan distinto, original y estéticamente conseguido? De esta novela tan cinematográfica no se puede soslayar el magistral uso que se hace del recurso de la elipsis para avanzar de manera inexorable en la(s) vida(s) de uno(s) y otro(s). O, por seguir con una terminología de cine, el empleo de un montaje alterno le permite ir saltando de una historia a otra, mostrando las vidas los dos personajes centrales de la novela. Abel es un pintor afamado, está casado con Helena, pero flirtea con otras mujeres y apenas si dedica tiempo a su hijo; Joaquín es médico; le hubiera gustado ser un afamado científico; se ha casado, aunque dice no amar a su mujer, Antonia; finalmente, tendrá una hija, Joaquinita, «mi redención y mi consuelo».

Con todo, lo que quizás atrajo más al director madrileño (continúo con las conjeturas) es ese gusto de Unamuno por los silencios y la mostración de las miradas, algo que recuerda la importancia que tienen los primeros planos en la trilogía telúrica. Tras un periodo de noviazgo, Abel y Helena deciden casarse; para Joaquín es algo parecido a una puñalada, una sensación cercana a la muerte. Desde ese preciso instante, Joaquín vive en un mundo tenebroso, se transforma en un ser diabólico, un tipo lleno de resentimiento y de un odio incontrolable. Un demonio le corroe por dentro; algo que no soporta es mirar cara a cara a Helena. Se repiten una y otra vez esos primeros o primerísimos primeros planos en los que se deja entrever la extrañeza que Joaquín provoca en otros personajes.

Antonia es la hija única de una viuda a quien Joaquín asiste en sus últimos momentos. Terminan casándose; este lo que busca es un «consuelo», alguien que le ayude a soportar y a entender su verdad: odia a Abel y está celoso; al mismo tiempo, necesita encontrar un asidero en la vida, o la fe en Dios. En ciertos momentos, la comprensiva Antonia -«con lágrimas en la voz»- se muestra «llena de miedo ante la mirada» de su marido. Sin duda, al cineasta tuvo que fascinarle la *agónica* criatura de Unamuno (el melancólico Joaquín Monegro, «un personaje trágico, de ánimo torturado, de hondas pasiones»), ese gusto del autor de *Niebla* por los espacios interiores de marcado carácter simbólico, en los que, como figuras fantasmales, se vislumbran unas vidas trágicas.

Serrano de Osma se vuelca por completo en la realización de su ópera prima, a partir de un presupuesto discreto que condiciona el algo descuidado uso de decorados y el limitado rodaje en exteriores. El film sigue muy de cerca el texto unamuniano, que no es otra cosa que una versión muy personal del mito de Caín; con todo, se soslayan -la censura obliga- ciertos diálogos alusivos a la envidia como un mal genuino del carácter sociopolítico de los españoles. En cuanto a los rasgos estilísticos, muchos de ellos repetidos en los otros films telúricos, cabe destacar: el gusto por la iluminación expresionista a base de sombras irreales o claroscuros, la manera tan peculiar con que se ilumina el rostro de los actores, el empleo de una rica y variada planificación (primerísimos primeros planos, picados, ángulos aberrantes, movimientos significativos de la cámara...), la plasticidad de los decorados, la distorsión de imágenes y sonidos y, por último, el uso de espacios interiores, agobiantes y claustrofóbicos. Este es un cine de una enorme, atractiva y sorprendente riqueza expresiva, al tiempo que semánticamente denso y profundo. *¡No apto para todos los públicos!*

Lamentablemente, Serrano de Osma comienza un breve pero intenso periodo de desencanto, frustración y desilusión. Pese a ciertas reseñas positivas de la crítica, el público (sobre todo, el de provincias) le da la espalda a este estilizado y profundo film. Su cine está dirigido a la inmensa minoría. No es una postura elitista, sino una búsqueda directa del espectador cómplice, opuesto al espectador masa, acomodaticio, tan asentado en aquella España de posguerra.

No muy distinto es el mundo de dolor y fatalidad de la novela corta *La sirena negra* (Emilia Pardo Bazán, 1907). Del guion vuelven a hacerse cargo el realizador y su aún ayudante de dirección Pedro Lazaga. De nuevo se trata de una adaptación fiel al texto literario, con la excepción del personaje de *miss* Annie que, según los censores, requería de obligados retoques dado su carácter *lascivo y sexualmente sugerente*. Desde luego, no nos extraña el hecho de que a los mojigatos podadores de imágenes y diálogos les escandalizase esta parte de la novela. Está entre lo mejor. Gaspar se siente «arrollado» por la belleza de *miss* Annie y se convierte en un peligroso *voyeur*; en las redes de esta hermosa dama cae también el lascivo criado Desiderio. Son páginas que sorprenden por su absoluta modernidad -un léxico sugerente, el empleo de la elipsis o la insinuación-, de una frescura increíble y de un más que sugerente erotismo.

¿Acaso el director madrileño se sintió atraído por su inquietante narrador protagonista, por el empleo antitético de espacios interiores versus exteriores, o por su tenebrosa, romántica y apasionante trama narrativa? Gaspar Montenegro es uno de los personajes más misántropos y escépticos de la literatura española. No cree en nada, ni en nadie; el género humano le parece «el vocablo más vacío de sentido». No confía en la humanidad y se considera un tipo «rezagado, romántico, soñador». Es un burgués adinerado, estoico y desconfiado, que practica la vida hedonista y confortable, rodeado de numerosos sirvientes y de una dócil hermana -preocupada por la honra y el patrimonio familiar-, que le hacen la vida más grata; en el fondo, como él mismo reconoce, hace lo que le da la gana, sin atender a las valoraciones de una sociedad siempre ojo avizor en eso de cuidar las formas. Gaspar anda cavilando («meditativo sensual»), rumiando pensamientos de una fuerte carga existencial. El motivo nuclear de sus tétricos pensamientos es la muerte, a la que se siente ligado desde su más tierna mocedad. Todas sus reflexiones confluyen en una consideración fatalista de la vida. En ciertos momentos recuerda al personaje de Mersault, el pasivo, apático y escéptico protagonista de *El extranjero* (Albert Camus, 1942). La diferencia principal estriba en el desapego que este siente no solo hacia la vida sino hacia la propia muerte que excluye de sus consideraciones. En cambio, en Gaspar la muerte es una constante en su quehacer cotidiano; no hay día que no piense ansiosamente en ella (la Seca, la Guadañadora), eso sí, sin tormento ni zozobra, antes bien, con absoluta naturalidad. En uno de sus habituales paseos nocturnos por el viejo Madrid, Gaspar conoce a Rita Quiñones, «una mujer miserable y desquiciada». Se apiada de ella y de su hijo Rafaelín. Mes y medio dura esta relación. No hay otro tema que los distraiga que el de la muerte. Rita es una mujer derrotada, una piltrafa de la sociedad.

A partir de este instante, sigue un bloque narrativo (capítulos IV, V y VI) fundamental para entender el poso telúrico de la novela, una muestra genuina de Naturalismo, movimiento literario que se apoya en rasgos como la elección de asuntos en apariencia desagradables, tratados en toda su crudeza, el embrutecimiento de ciertos grupos sociales y la influencia del medio social en el individuo. Gaspar encuentra una noche a Rita con una hemorragia. El ritmo narrativo de la novela se ralentiza. Busca desesperadamente a un doctor para que la asista, para que la ayude a morir de la forma menos dolorosa, si es que esto es posible a estas alturas del drama. Seguramente, no le desagradaría a Serrano de Osma esa escena en la que Gaspar y el doctor se quedan dormidos velando el cuerpo de la moribunda Rita. Aquel sueña algo monstruoso e indescriptible: una escena grotesca en la que aparecen algunos de sus personajes más íntimos (el padre, la madre, su hermana Camila...), una especie de danza general de la Muerte.

El DRAE define *telurismo* como la «influencia del suelo de una comarca sobre sus habitantes». En el capítulo VIII Gaspar «vuelve atrás la vista» para relatar una extraña experiencia que determinará en adelante su forma de ser, «una crisis de sensualidad desenfrenada» que mina su salud y condiciona su carácter misántropo. Una tarde de su mocedad se paró en la revuelta de la orilla de un río y desde el fondo percibió que alguien le miraba, una fuerza extraña tiraba de él («unas pupilas oscuras» de una figura de mujer), atrayéndolo. Nunca llegó a comprender del todo si aquello aludía a la tentación o la posibilidad de morir. Pero lo cierto es que desde entonces ha sentido siempre «un interés especial» por todo lo que se relaciona con *ella* (la muerte). No duda en considerar a las mujeres como un símbolo de la tentación, de la destrucción; por eso, siempre que ha podido, las ha rehuido. Gaspar se hace con los servicios de *miss* Annie, una criada inglesa, para educar a Rafaelín (en la película, una niña); se retira a un lugar idílico donde ha pasado los mejores años de su infancia y juventud, Portodor. Y es aquí donde va a sufrir la fuerza de la atracción de una arrebatadora mujer. Otro criado suyo, Desiderio Solís, se siente también atraído por esta bella y sensual dama. La mujer enciende el fuego de dos hombres, al tiempo que provoca desesperación, enfrentamiento y tragedia.

El episodio XVII -el penúltimo de la novela- es sin duda el que más se acerca a los intereses temáticos y formales del director. Gaspar da un paseo en barca: necesita meditar sobre el rumbo que quiere dar a su vida. ¿Es oportuno casarse con Trini, una amiga de su hermana Camila, para que el pequeño Rafaelín tenga una madre? ¿No es cierto que se siente atraído por esta mujer? De pronto, «el agua se engalana como para un funeral» y de lo más profundo del río emerge una incierta y borrosa aparición, un cuerpo de sirena que asciende despacio, «ávida y amenazadora», y parece decirle «eres mío, no me huyas». Todo lo que misteriosamente está ocurriendo en el río es un signo premonitorio de que algo dramático está a punto de suceder; esta imagen abismal o telúrica es una obsesión que ha perseguido toda la vida al personaje. Gaspar no es dueño absoluto de su destino. Su otro yo le incita a la crueldad, a la destrucción y a la barbarie. Es difícil olvidar la escabrosa y tremendista escena en la que Gaspar viola a *miss* Annie, algo impensable de reproducir en el film. Lo peor de sí mismo emerge en el que quizás sea el momento más dulce de su vida. Al igual que ocurría con el Joaquín de Unamuno, Pardo Bazán se inserta en la tradición literaria del *doppelgänger*: en ciertos momentos, el doble fantasmagórico o sosias malvado de Gaspar emerge con una fuerza destructora; esta peculiar criatura -atractiva, despreciable- se ajusta muy bien a la etimología de la palabra: *doppel*, 'doble' que solo él conoce, y *gänger*, 'andante', callejero a quien las gentes del viejo Madrid ven a diario, casi siempre de noche, en actitud meditativa. En el film se suaviza el dibujo psicológico del cínico, prepotente e inmoral Gaspar y se opta por un final feliz que sugiere el comienzo de una nueva vida al lado de Trini; los dos ascienden por una montaña en cuya cima se vislumbra una ermita.

La cinta vuelve a obtener la incomprensión de la crítica que no acaba de entender tanto movimiento de cámara, tanto barroquismo en las imágenes, tanto juego de luces y sombras. Y, pese a ser menos abstracta que *Abel Sánchez* y *Embrujo*, el público termina dándole la espalda.

Cineasta a sueldo

A finales del verano de 1947 Serrano de Osma se establece de nuevo en su ciudad natal para ejercer como profesor de Dirección o «Realización Artística» en el recién creado IIEC. El cineasta ha evocado con cierta emoción su participación en aquella primera convocatoria, a la que se presentan más de cien alumnos. Se trataba de un programa absolutamente novedoso, exigente, «muy vocacional», y más bien teórico, que obligaba al estudiante de cine a esperar casi dos años antes de coger una cámara. Por sus aulas pasan, entre otros, Bardem y Berlanga. El sistema de la Escuela era excelente, pues promovía la convivencia entre alumnos y profesores, el intercambio de ideas y la colaboración en determinadas prácticas. Otra cosa es el ambiente o nivel cultural del país, o el modelo industrial del cine español de la época. No tuvo que ser nada fácil en aquella España autárquica poner en marcha un genuino cine español, un deseo generalizado en muchos de los directores aquí estudiados; y menos aún, por supuesto, trabajar por libre, sin la mirada aviesa de ciertos tecnócratas e ideólogos.

La situación personal y profesional del siempre exigente Serrano de Osma no puede ser más desalentadora. Muchos de sus proyectos no llegan a materializarse, en algún caso por la escasa solvencia de las compañías productoras; en especial, merece la pena señalar el inacabado drama rural *Cerco de ira* ambientado en la isla de Ibiza, que ha concebido con la colaboración de Bardem, Berlanga, Florentino Soria y Agustín Navarro, cuatro destacados alumnos del IIEC. A partir de 1948 su cine pierde consistencia, debido a su condición de cineasta a sueldo, a la realización de obras de encargo, trabajos alimenticios, poco relevantes, en los que no parece creer demasiado, alejado de su *barroco* mundo cinematográfico y, por supuesto, de sus intereses argumentales. La escasa rentabilidad obtenida por sus primeros trabajos le obliga a reorientar su obra hacia otros caminos, muy distintos a ese cine denso, estilizado y personal, optando por unas formas más directas y en gran medida previsibles y rutinarias.

Antes de cerrar este panorama general del mundo cinematográfico de Serrano de Osma, sería pertinente comentar algo acerca de *Tirma* (1954), un film en el que aún perviven ciertos elementos formales y temáticos de su primer cine. No es una cinta enteramente suya: él solo participa en la filmación de algunas secuencias que están entre lo mejor de este irregular texto fílmico. El cineasta atraviesa por un periodo de incertidumbre profesional (entre septiembre de 1951 y mayo de 1954); le resulta imposible sacar adelante algunos proyectos, entre otros la filmación de un guion de Bardem titulado *Cómicos*, o una especie de ensayo fílmico sobre el pintor Salvador Dalí trabajando en su estudio (24 horas en la vida de un artista). Para Asier Aranzubia, dos razones explicarían su estancamiento creativo:

> por un lado, en ese considerable descenso del número de producciones nacionales que se experimenta a raíz del contencioso que por estas mismas fechas mantiene la Dirección General de Cinematografía con el poderoso *lobby* americano (MPEAA) que controla la producción y exportación de aquel cine, y por otro, en esa fama de director complicado y poco rentable que Serrano de Osma arrastra desde su época telúrica y que, al parecer, sigue siendo motivo de recelo entre los productores españoles. (Aranzubia, 2007: 224)

Tirma es un film en color que, inicialmente, pretende abordar con rigor histórico el tema de la anexión, en la segunda mitad del siglo XV, de las islas Canarias a la corona de Castilla. Tras un visionado atento, se tiene la sensación de que a Serrano de Osma y a Paolo Moffa -que se hace cargo del film cuando aquel decide, al cabo de un mes, retirarse definitivamente del proyecto- lo que les resulta más atractivo es captar el encanto y la belleza de Silvana Pampanini que encarna el papel de Guayarmina, la hija del soberano guanche. La cinta es una adaptación poco fiel de la pieza teatral homónima, de carácter etnográfico y divulgativo, escrita por Juan del Río Ayala. En los estudios de Sevilla Films se ruedan todas las escenas interiores (unos ochenta y tres planos) y algunos planos exteriores; aquellas pretenden reproducir con fidelidad -en cartón piedra, obviamente- las cuevas donde viven los guanches.

Tres grandes bloques narrativos conforman su estructura interna.

1.º El desarrollo de la trama propiamente histórica aborda la llegada a la isla de Gran Canaria de una expedición de soldados españoles enviada por los Reyes Católicos. En la línea del cine político, se defiende la importancia de implantar la civilización y la religión, algo a lo que se oponen algunos ciudadanos indígenas.

2.º Los indígenas acceden al plan de paz planteado por los reyes. Existe entre los dos pueblos un ambiente de familiaridad, alegría, paz, convivencia... Se desarrolla en este punto una segunda trama narrativa: en pleno bosque, una especie de *locus amoenus*, se produce el idílico encuentro entre Guayarmina y el capitán español Hernán (Marcello Mastroianni). Además, la atractiva princesa es deseada -aunque infructuosamente- por Bentejui (Gustavo Rojo), uno de los jefes indígenas que se opone a los castellanos. Aquí vuelve a aparecer un *leitmotiv* central en el primer cine de Serrano de Osma: la mujer seductora, fuerte e independiente (Helena, *miss* Annie, Lola) concita el deseo amoroso de dos hombres de personalidades antitéticas (Joaquín/Abel Sánchez; Gaspar/Desiderio Solís; Manolo /Roberto). ¿Hasta qué punto fue decisiva la aportación del director madrileño en el asentamiento de este conflicto narrativo? No son pocas las convergencias que un espectador atento encontrará en lo que atañe a la configuración de los personajes centrales.

3.º En el tercer tramo confluyen las dos tramas narrativas: por un lado, el enfrentamiento entre los castellanos y los indígenas, y, por otro lado, la lucha entre Bentejui y Hernán por el amor de Guayarmina. El guion privilegia el lugar de las cuevas como espacio escénico con una fuerte carga simbólica: cabe destacar la austeridad en el diseño de los decorados, así como la presencia de lo telúrico como preservación de la pureza, integridad y libertad de Guayarmina, y de la esencialidad del pueblo indígena. Lo telúrico emerge en un espacio interior evidentemente abstracto. Es aquí donde la Pampanini tiene sus mejores momentos -en un buen ejercicio de contención-, en los que, casi siempre afligida, exterioriza sus sentimientos, temores y pesares; se ha visto obligada, como mujer de Estado, a casarse con un jefe indígena, para salvar a su pueblo (la realidad), pero -como le dice a una de sus sirvientas- solo piensa en Hernán (el deseo).

No obstante, se echa en falta en estas escenas ciertos recursos expresivos que incentiven la subjetividad: así, por ejemplo, algunos soliloquios de Guayarmina, la *voice over* de un narrador omnisciente que, desde una perspectiva parcial, se adentre en su desasosegada mente, o algún primer plano de la afligida princesa guanche... Todo esto recuerda el uso figurado que de la palabra «galerías» realiza Antonio Machado en su primer libro de poesía (*Soledades. Galerías. Otros poemas*, 1907): la connotación de lo subterráneo, de lo oculto, del a veces inexplicable mundo interior. Otra cosa hubiera sido esta película sin ese convencional, empalagoso y decepcionante final feliz en el que Hernán (el héroe) salva *in extremis* a Guayarmina (la heroína) de una muerte trágica ocasionada por el desesperado Bentejui (el antihéroe).

Por último, en el plano formal, las escenas de interiores no hacen sino confirmar que estamos ante un autor consciente del trabajo de puesta en escena. Ciertos rasgos estilísticos remiten a un *look* visual algo especial: el cuidado en la composición del encuadre, los movimientos de cámara (el trávelin de acercamiento), los gestos, movimientos y ademanes de los personajes, así como su ubicación dentro del plano. Parece obvio que el director de *Embrujo* se desenvuelve bastante bien entre los decorados diseñados en los estudios.

El film solo obtiene varapalos por parte de la crítica en los sucesivos y tardíos estrenos en Las Palmas y Madrid. Serrano de Osma se muestra visiblemente decepcionado al tratarse de un proyecto muy querido (como casi todo lo que hizo) y, desde luego, muy costoso. Su aportación al cine de ficción está dando sus últimos coletazos. Cierra su trayectoria dirigiendo tres cortos de carácter cultural -*Ávila* (1958), *Tierras de Soria* y *Soria doce linajes* (1959)-, para lo cual crea la compañía Visor Films, con la que acomete entre 1958 y 1969 un par de proyectos ajenos que hoy en día poca gente es capaz de recordar. En 1960 se estrena su último largometraje, *La rosa roja*, adscribible al cine folclórico de temática flamenca. Una vez más, el estreno (¡tres años después!) de un film suyo se salda con un rotundo fracaso. Vuelve al terreno del cortometraje para filmar varios trabajos sobre asuntos de índole profesional: *Una taza de café* y *Organice su archivo* (1963), *Controle sus archivos* y *Acabado de muebles* (1964). Profundamente decepcionado, abandona la práctica cinematográfica en 1963.

Embrujo (1947)

> *Embrujo no es, a pesar de ese reparto, una película que se enclava en el género del cine folklórico; más aún, es una película de imposible clasificación.*
>
> Diego Galán

El visionado del tercer título de la trilogía *telúrica* es una auténtica epifanía. ¿Qué lo hace tan subyugante? ¿Por qué nos cautivan tanto sus imágenes avasalladoras, su atractivo fondo melodramático? No se cuenta nada nuevo: la típica historia sobre la vida de unos artistas y el no siempre fácil mundo del espectáculo, esto es, el relato sobre el frenesí del éxito y la tragedia del fracaso. Sobre un fondo oscuro, algo tenebroso, van pasando los títulos de créditos de «EMBRUJO»; lo primero que aparece es «con Lola FLORES y Manolo CARACOL», «director coreográfico y primer bailarín JUAN MAGRIÑÁ». «Cuerpo de baile del GRAN TEATRO DEL LICEO de

Barcelona», «Canciones de LEÓN, QUINTERO y QUIROGA». ¿Lo que nos espera es una sarta de bailes y canciones, una endeble trama narrativa, unos personajes inconsistentes, o quizás una puesta en escena impersonal a base de planos generales o de conjunto y, como mucho, un primer plano de los protagonistas? Nada de esto ocurre; la sorpresa es mayúscula, quizás indescriptible. *Embrujo* se basa en un guion que escribe Serrano de Osma -con la colaboración de Pedro Lazaga- mientras está rodando *Abel Sánchez*. La producción cuenta con un trabajo soberbio de dirección artística y un despliegue técnico de primera magnitud (una grúa con trávelin, por ejemplo).

El film se podría segmentar en cinco bloques narrativos.

1.º *Una vida de recuerdos*. La primera sorpresa de la puesta en escena no se hace esperar: un movimiento de grúa en brusca panorámica hacia la izquierda pasa del último rótulo de los títulos de crédito (Dirección Carlos Serrano de Osma) a la mostración de un número de baile de música moderna ejecutado por dos jóvenes bailarines. No hay corte alguno; la cámara inicia -desde una posición elevada- un trávelin de retroceso para enseñar la orquesta colocada en el proscenio. A continuación, emprende otro movimiento -un trávelin de acercamiento- en el momento en el que un presentador informa de que el espectáculo está a punto de concluir. Se está celebrando un emotivo homenaje «a la gran intérprete del arte del alma y de la danza española LOLA». La avejentada artista asiste al espectáculo desde uno de los palcos principales. El tercer plano es otro trávelin: esta vez a través de los músicos que aplauden, mirando hacia donde está situada Lola, que se dispone a escuchar a la joven artista Eugenia Ríos (Julita Molina) interpretando uno de sus números más famosos. Sorprende, por su originalidad formal pero también por su fuerte carga semántica, el plano siguiente: el director sitúa la cámara en el escenario, al lado de Eugenia, que, poco a poco, sale de cuadro; sin cortar, se nos muestra al fondo, en absoluta penumbra, a Lola. Lo tenebroso de la fotografía evoca el crepúsculo de una carrera; la luminosidad que invade el escenario apunta hacia la plenitud de la vida y del arte.

Serrano de Osma es un director muy exigente: lo que vemos a continuación es algo que emerge del mundo interior de Lola, de sus recuerdos y, por qué no, de sus fantasmas. En un suave encadenado se pasa sin transición alguna del número de Eugenia a la mostración de una Lola esplendorosa. No será este el único momento en el que se solapen escenas ocurridas en tiempos distintos. Es este un ejercicio de puesta en escena soberbio que va más allá del realismo cinematográfico. Plano general. El palco está vacío. Física y psíquicamente, su lugar sigue siendo el escenario. ¡Qué idea más brillante!

Son apenas cuatro minutos: el espectador no sale de su asombro. Asistimos a la carta de presentación de un cineasta que se sitúa entre los grandes estilistas de la historia del cine, aquellos que gustan mover la cámara, alargar el plano, apurar el ejercicio interpretativo de los actores. Lola alaba el número de Eugenia; le confiesa que en algún momento creyó ser ella misma, al tiempo que le da algunos consejos sobre las ilusiones y los desencantos del oficio. En sus palabras se vislumbran ideas de las criaturas literarias de Unamuno (Joaquín Monegro) y de Pardo Bazán (Gaspar Montenegro). Repárese en el parecido de los apellidos y en su fuerte carácter simbólico. Cabe insistir en el *leitmotiv* de la influencia del suelo (o lo relativo a la tierra) en el carácter y personalidad: lo subterráneo, a veces, imprevisiblemente, emerge y determina.

Y, efectivamente, comienza un largo *flashback* que ocupa la mayor parte del metraje. Debe insistirse en algo fundamental: no es muy distinto, en su estructura externa e interna, lo que se propone aquí de lo que solemos ver en el clásico musical americano; a saber, unos comienzos difíciles llenos de desencantos y dificultades, la idea de levantar un proyecto determinado -en este caso, un ejercicio colectivo bajo la responsabilidad de un coreógrafo-, la importancia del estreno y de las primeras críticas, el éxito y la posibilidad de emprender una gira que culmina con el estrellato, las condiciones contractuales del empresario jefe, el frenesí del éxito y el cansancio y la melancolía, la soledad, el olvido y el hundimiento del artista...

2.º *Vida profesional*. Los comienzos de Lola no fueron del todo halagüeños. Plano general. La artista canta y baila jubilosamente en el escenario de un pequeño teatro, con acompañamiento de guitarra; el público se muestra entusiasmado con el espectáculo. Corte a primer plano. Un *embrujado* Manolo da muestras de haber encontrado la pieza que necesitaba para un proyecto que anda pergeñando, una coreografía flamenca. Esto se sabrá enseguida, tras encontrarse con ella, entre bastidores, y elogiar su interpretación. También habrá tiempo para que Manolo salga y cante, en el más puro arte flamenco, aquello de «te miro y te estoy mirando, y ya te estoy queriendo».

Pero algo antes se inserta un sorprendente y evocador primerísimo primer plano de los ojos de Manolo; un cine de la mirada es el que está a punto de desvelarse. No hay en esta cinta largos parlamentos, ni tampoco una trama enrevesada, ni mucho menos un final sorprendente. Antes bien, la pieza requiere de un espectador atento, de una mirada centrada en el significado de estas oscuras y enigmáticas imágenes. No faltan momentos en los que parecen haberse borrado las marcas del más puro cine de ficción. El film transcurre principalmente durante la noche: la fotografía cumple un papel transcendental a la hora de evocar cómo se desarrolla este mundo de los espectáculos populares. Es relevante también la presencia de la lluvia. Todo esto nos lleva a pensar en una posible influencia del *realismo poético* francés, movimiento que siempre estuvo entre los preferidos del director madrileño. No es tanto por la presencia de personajes malditos (el desertor, o la prostituta), como por el hecho de que estos estén marcados por un cierto fatalismo; el destino incierto y la fatalidad determinan las vidas de Lola y, sobre todo, de Manolo. Este descubre en Lola no a la gran artista de la que todos ciertamente quedan prendados, sino a un «oscuro objeto del deseo», un amor obsesivo que trasciende los límites de la razón y le hace caer en desgracia. Su propuesta es ejercitar conjuntamente unas «escenificaciones» que dice tener en su cabeza.

A partir aquí entra en juego uno de los estilemos más característicos del primer cine de Serrano de Osma: la inclusión de secuencias de montaje (hasta seis en este bloque; una más en el siguiente). La primera aborda la fase de ensayos. Se opta por alternar (otras veces, por solapar) el inserto de objetos (un metrónomo; y no las hojas de un calendario) con primeros planos de los intérpretes en plena ejecución del número musical; el uso de la sinécdoque es constante: por ejemplo, en la visualización de los pies o en el juego de manos de Lola, o en la forma que tiene Manolo de marcar el compás de la bailaora. Finalmente, se emplea el plano general para mostrar el logro definitivo de la pieza tras largos ensayos. Es esta justamente la significación del metrónomo a lo largo de esta escena.

La pareja actúa en una *tournée* por provincias. El ritmo se dispara. Ahora se opta por una propuesta más convencional; una secuencia de montaje (2.ª) a base de carteles anunciando el lugar donde actúan «LOLA - MANOLO», fragmentos de periódico, insertos de las vías del tren sobre las que aparecen, sobreimpresionados, planos medios de la bailaora y primeros planos del cantaor, interpretando algún número musical, siempre de manera fragmentaria. No faltan otros insertos, como la radio, el micrófono, o los luminosos en las fachadas de algunos locales, para indicar que el éxito de la pareja es ya una realidad. Llama mucho la atención el minimalismo y la mostración fragmentada de los números musicales. Se coloca la cámara donde menos se espera (ciertos picados un tanto alejados) y no deja casi nunca concluir la pieza.

El *leitmotiv* es siempre el de la pena del hombre por el amor obsesivo hacia una mujer que no le corresponde: es como si el espectáculo de Manolo estuviera atravesado por ese asunto tan fatalista. No hay que olvidar que la copla andaluza gira en torno a las pasiones del ser humano: buena parte de su léxico configura una extensa isotopía sobre 'la pena'. Además, hay mucho del mundo de Lorca en este film, y no digamos ya de esos dos autores de la desolación y del desasosiego del ser humano que son Unamuno y Pardo Bazán. La *negrura* temática de las canciones se confirma luego en la ficción: Manolo reclama el amor de Lola, pero solo obtiene reveses; su caída en los infiernos es inminente: con la complicidad del fiel Mentor (Fernán Gómez), como empleado de la empresa que produce el espectáculo, frecuenta asiduamente los garitos, dándose a la bebida. Uno de los pocos reparos que la censura le hace a la cinta tiene que ver con la excesiva presencia de tabernas y borracheras. Manolo solo tiene palabras de reproche hacia ella. No puede quitársela de la cabeza. Manolo es -como Joaquín Monegro o Gaspar de Montenegro-, un personaje obsesionado por una mujer, marcado por cierto fatalismo; apenas espera nada de la vida. Son habituales en este cine *telúrico* los personajes ensimismados, solitarios, misántropos, melancólicos y desde luego muy tristes.

La tercera secuencia de montaje se realiza a partir de un *collage* con imágenes de trenes -numerosos planos de detalle pasan rápidamente- mientras suena una canción interpretada por Manolo que habla de lo rápido que pasan las horas cuando uno no hace otra cosa que darse a la bebida, y de lo bien que sabe el vino en los labios. Estamos a punto de entrar en la parte melodramática. En montaje alterno, se muestra a Lola y a Manolo en espacios distintos: en su camerino, Lola reconoce no estar enamorada de Manolo; este, en una cutre taberna, interpreta una de las piezas más hermosas de la película («Dentro de mi curso te llevo metida / Eres la caldera de mi pensamiento»). Leve picado. Nada de primeros planos. El encuadre tiende a empequeñecer la figura del cantaor. La puesta en escena del film opta por la abstracción, lo onírico y lo extraño.

Posiblemente, en el diseño de la cuarta secuencia de montaje se está queriendo subrayar la situación calamitosa y autodestructiva que atraviesa Manolo. Lo que sigue contiene varios elementos que se ajustan a un tipo de montaje ideológico: el director estaría apelando a las emociones del espectador (siempre en relación a lo que le está ocurriendo a Manolo), basándose en gestos de personajes (un tipo que piensa tras una especie de red, otro que fuma sin parar, una mujer ensimismada que se apoya en una escalera, un primer plano de una mano estática, y otro primer plano de una mano moviendo un vaso a modo de brindis...), objetos (una acumulación de porrones de vino, dos vasos y un solo porrón, una lámpara balanceándose, etc.), una sucesión de imágenes (con cierta tendencia a la representación cubista) que no obedecen a un orden determinado ni pretenden contar nada. Se evita así seguir una única acción y obviamente se altera el orden cronológico de la película. Y, por fin, se incluye un ballet rodado prácticamente en plano secuencia en un espacio escénico entre fantasmagórico y onírico, en el que aparecen los dos personajes representando una escena de deseo (cantaor) y de resistencia (bailaora).

En la secuencia siguiente entra en escena el antagonista de esta imposible historia de amor: Roberto (Joaquín Soler) anda entrometiéndose en el trabajo de Manolo y, a base de ciertas artimañas, logra apartarlo del espectáculo. Se conforma así el triángulo amoroso, basamento sobre el que se edifica la naturaleza romántica del relato. En *Abel Sánchez* la relación amorosa pivotaba sobre Helena, casada, objeto de deseo de Joaquín, y en *La Sirena Negra*, *miss* Annie, a través de un juego muy sutil de acercamiento, seducía a Gaspar y a su criado Desiderio. Lola, en cualquier caso, no alcanza el nivel de *femme fatale* de *miss* Annie ni el cinismo o perversidad de Helena; es, sobre todo, una mujer que se debe a su profesión, que antepone el arte al amor. Este sacrificio es el que conduce al hombre a la tragedia. Pero el desencanto de la bailaora tiene que ver también con la insobornable exigencia del cantaor, responsable de la coreografía del espectáculo. Son dos formas muy distintas de entender la ejecución de la pasión artística. ¡Casi la mata con los ensayos!

3.º *La gira mundial*. Roberto ha logrado su propósito de romper la pareja artística Lola - Manuel. Lo que en principio parece un flirteo amoroso poco a poco va esfumándose. Roberto es un águila como representante de artistas y contratista de espectáculos musicales. A su juicio, Manolo no encaja en el espectáculo que prepara para llevar el arte flamenco por todo el mundo.

Se opta ahora por el uso del montaje alterno en la sucesión de la(s) historia(s): mientras Lola triunfa en los grandes teatros del mundo, Manolo pasa los días y las noches refugiado en el alcohol. Para subrayar este momento autodestructivo, se echa mano de una secuencia de montaje a base de primerísimos primeros planos (focaliza un vaso en los labios del cantaor, sin cortar mientras lo va escanciando en su boca) o primeros planos (con un vaso, esta vez vacío), mientras aparece sobreimpresionado un luminoso con la palabra LOLA, un primer plano de una botella de vino que explota repentinamente, o sucesivos planos picados (unas veces, la figura de la bailaora; otras, el cabizbajo cantaor agarrado, cómo no, a un vaso de vino). El hábitat de Manolo es la taberna; su vida, solo pena y llanto.

Es el momento de hablar de la más estilizada y barroca de las secuencias de montaje, configurada a partir de un *collage* de imágenes distorsionadas, algunas alusivas a una casa rural andaluza y a las calles de un pueblo, que hacen referencia a la situación crítica que atraviesa el cantaor. También se recogen elementos naturales de una fuerte carga metafórica: la alternancia de las olas de un mar bravo, visualizadas posiblemente desde un barco, y de un campo de cactus. El camerino se convierte de nuevo en el espacio de las confesiones; Lola reconoce que es incapaz de olvidar a Manolo. («Es como una obsesión»). Poco después, el tema de la añoranza de Manolo se subraya con el empleo de una imagen prototípica utilizada habitualmente en el arte para representar la melancolía: en plano medio, Lola mira a través de una ventana, apoyando su mano derecha en uno de los visillos. Tras contestar a una llamada telefónica, vuelve de nuevo a la posición anterior, esta vez en plano americano. Pero se trata de la misma imagen: Lola se acerca a la ventana, mueve la cortina, dirigiendo su mirada (es decir, sus pensamientos y sus sentimientos) claramente hacia Manolo. Es de esos planos telúricos cuya significación desborda la representación del encuadre, esto es, el plano dice o sugiere más de lo que nuestros ojos ven. La estancia en la habitación de ese hotel neoyorquino se hace insufrible.

4.º *El retorno.* Lola rompe el contrato. El sentimiento que ha dejado Manolo en ella es demasiado grande; Lola vuelve a España para reencontrarse con su «obsesión». ¡Cuán singular es su imagen en la cubierta del barco con la mirada perdida en idéntica postura al plano comentado! Otra vez, con una fotografía cada vez más marcada a base claroscuros, se insiste en la ruina existencial de Manolo. Se trata de la misma composición del encuadre con leves variantes. Este, en actitud de absoluto abatimiento, apoya una mano en su frente; con la otra abraza un vaso, alrededor de una mesa en la que no falta jamás una negra botella de vino. Sin duda alguna, es este uno de los planos que más se repite (con leves variaciones) a lo largo de esta romántica y desgarradora película.

Lola, por fin, está en España: se le está preparando un gran homenaje. En uno de los planos más hermosos de la cinta se concentra la derrota de Manolo: este fija su mirada en un espejo roto -metáfora de su decrepitud física, moral, profesional- y comprende que no puede presentarse así ante Lola. Finalmente, asiste al estilizado espectáculo flamenco, otro más, de singular belleza, filmado a base de picados y planos generales, con una cámara que -como en los prolegómenos- no deja de moverse. Es como si se hubiera querido captar la emoción que dicho espectáculo provoca en los espectadores del teatro. No se trata solo del punto de vista de Manolo; quizás los planos picados sí se deben a un caso de focalización subjetiva. Los protagonistas terminan desmayándose. Lola se restablece e inmediatamente acude a casa de Manolo, quien, unos segundos antes de morir, le propone montar un nuevo número, volver a formar una pareja artística.

5.º *Final.* Se regresa al presente de la narración. Lola pone fin a este didáctico e ilustrativo relato biográfico; su difícil pero exitosa vida profesional en el mundo del arte flamenco no se puede entender sin la presencia del cantaor Manolo. El film vuelve a hacer uso del *flashback* (esta vez, brevísimo) para dar cuenta del tétrico y singular entierro de Manolo que más bien parece una procesión. Tras interpretar su «último baile», su más honda interpretación artística, en un estilizado espacio, Lola se dispone a poner un ramo de flores en la tumba de Manolo.

Así es, porque así tiene que ser, parecen querer estar diciendo estas telúricas y dramáticas historias escogidas por el director madrileño. Abel Sánchez cae en una profunda melancolía y al final una oscura enfermedad le postra en el lecho; antes de morir, le pide perdón a su mujer Antonia, pero también a Helena, a quien tanto ha deseado. Gaspar, tras haber vivido una breve pero emocionante etapa criando al pequeño Rafaelín, y ver cómo este moría accidentalmente por los disparos de su criado Desiderio, entra también en un estado depresivo, no encontrando más asidero que el deseo de morir. *Embrujo* se muestra en su resolución final algo menos trágica. Lola no opta por el sacrificio. Ni entra en un estado de abatimiento o infelicidad; más bien, tiene ganas de vivir... recordando.

La película más moderna y costosa de la trilogía *telúrica* no obtiene el reconocimiento crítico que a Serrano de Osma le hubiera gustado, aunque el público la acoge favorablemente. ¿Pudo influir en ello el hecho de que trascendiera un romance entre Lola Flores y Manolo Caracol que guardaba ciertas similitudes con el argumento de la cinta? Boga Films SA decide remontar la película con vistas a un mayor éxito comercial, lo que provoca la indignación del director. El film es algo más que la mostración de lo racional; posee, sin duda, un nivel de significación muy profundo. Es subjetivo, onírico, extraño, a veces hermético. Tiene algo de canto elegíaco al placer de mirar y de escuchar. Una obra maestra, una película mágica, una pieza de culto...

Bibliografía

HISTORIA

AGUILAR FERNÁNDEZ, Paloma (2006), "La evocación de la Guerra y del franquismo en la política, la cultura y la sociedad españolas", en JULIÁ, Santos (dir.) (2006), págs. 279-317.

BAHAMONDE MAGRO, Ángel (1993), *La sociedad española de los años 40*, Madrid, Historia 16.

CONDE, David y MARIANO, Lorenzo (2023), *Las recetas del hambre. La comida de los años de posguerra*, Barcelona, Crítica.

GÓMEZ BRAVO, Gutmaro (2023), "Adiós a un tiempo de silencio", *Babelia/El País*, sábado 12 de agosto, págs. 2-3.

JULIÁ, Santos (dir.) (2006), *Memorias de la Guerra y del Franquismo*, Madrid, Taurus / Fundación Pablo Iglesias.

MOLINERO, Carme (2006), "¿Memoria de la represión o memoria del franquismo?", en JULIÁ, Santos (dir.) (2006), págs. 219-246.

PRESTON, Paul (2011), *El holocausto español. Odio y exterminio en la Guerra Civil y después*, Barcelona, Círculo de Lectores.

RIQUER, Borja de (2021), *La dictadura de Franco*, Barcelona, Crítica.

RODRIGO, Javier (2023), "La imposible memoria común", *El País*, sábado 12 de agosto, pág. 9.

TUSELL, Javier (2007), *La dictadura franquista*, Madrid, *El País*.

LITERATURA

AGUSTÍ, Ignacio (1943): *Novela, I. Los surcos. La ceniza fue árbol. Mariona Rebull. El viudo Ríus*, Fundación José Antonio Castro, 2008.

ALARCÓN, Pedro A. de (1853): *La Comendadora, El clavo y otros cuentos*, 9.ª edición, introducción de Laura de los Ríos, Madrid, Cátedra, 1992.

– (1882), *La pródiga*, edición de A. Navarro González, Madrid, Editora Nacional, 1975.

– (1875), *El escándalo*, 2ª edición, introducción de Juan Bautista Montes, Madrid, Cátedra, 1993.

AUB, Max (1971), *La gallina ciega. Diario español*, edición, estudio introductorio y notas de Manuel Aznar Soler, Barcelona, Alba, 1995.

BOSC, Adrien (2022), *La columna*, Barcelona, Tusquets.

BUERO VALLEJO, Antonio (1949), *Historia de una escalera*, 33.ª edición, edición de Virtudes Serrano, Madrid, Espasa-Calpe, 1999.

CARRERE, Emilio (1920), *La torre de los siete jorobados*, prólogo de Jesús Palacios, Madrid, Valdemar, 1998.

CASARES, María (2022), *Residente privilegiada*, edición, prólogo y notas de María Lopo, Sevilla, Renacimiento.

CELA, Camilo José (1942), *La familia de Pascual Duarte*, edición de Adolfo Sotelo, Barcelona, Destino, 1995.

– (1948), *Viaje a la Alcarria*, introducción de José María Pozuelo Yvancos, 27.ª edición, Madrid, Espasa Calpe,1996.

– (1951), *La colmena*, 7.ª edición, edición de Jorge Urrutia, Madrid, Cátedra, 1994.

CERCAS, Javier (2001): *Soldados de Salamina*, edición de Domingo Ródenas de Moya, Madrid, Cátedra, 2017.

CERDÀ, Paco (2022), *14 de abril*, Barcelona. Libros del Asteroide.

DELIBES. Miguel (1948-1954): *El novelista, I*, Barcelona, Galaxia Gutenberg / Círculo de Lectores, 2007.

FERNÁN-GÓMEZ, Fernando (1977), *Las bicicletas son para el verano*, edición de M. López, Barcelona, Teide, 2006. Introducción de Eduardo Haro Tecglen, 24.ª edición, Madrid, Espasa, 2000.

– (1985), *El viaje a ninguna parte*, edición de Juan A. Ríos Carratalá, Madrid, Cátedra, 2002.

– (1990), *El tiempo amarillo. Memorias ampliadas (1921-1997)*, 2.ª edición, Barcelona, Debate, 1999.

GAMONEDA, Antonio (2009), *Un armario lleno de sombra*, Barcelona, Galaxia Gutenberg/ Círculo de Lectores.

– (2020), *La pobreza*, Barcelona, Galaxia Gutenberg.

GARCÍA MONTALVO, Pedro (1988), *Una historia madrileña*, Barcelona, Seix Barral.

GIBSON, Ian (2023), *Un Carmen en Granada. Memorias de un hispanista dublinés*, 2.ª edición, Barcelona, Tusquets.

GÓMEZ PORRO, Francisco (2019), *Las rapadas. Una tragedia española*, Madrid, La Encina Errante.

GONZÁLEZ, Ángel (1982), *Antología poética*, selección del autor, introducción de Luis Izquierdo, Madrid, Alianza, 2003.

HARO TECGLEN, Eduardo (1996), *El niño republicano*, Madrid, Alfaguara, 1998. *El refugio*, Madrid, Suma de Letras, 2001.

LAFORET, Carmen (1945), *Nada*, 3.ª edición, edición de Rosa Navarro Durán, Barcelona, Destino, 1999. Edición de Domingo Ródenas de Moya, Barcelona, Crítica, 2001.

MARGARIT, Joan (2018), "El lenguaje poético es el más duro de todos", *El País*, sábado 19 de enero. Una entrevista de Juan Cruz.

MARTÍN GAITE, Carmen (1987), *Usos amorosos de la postguerra española*, Barcelona, Anagrama, 1994.

MARTÍN-SANTOS, Luis (1961), *Tiempo de silencio*, 38.ª edición, Barcelona, Seix Barral, 1994.

MARTÍNEZ DE PISÓN, Ignacio (2023), *Castillos de fuego*, Barcelona Seix Barral.

MARTÍNEZ SARRIÓN, Antonio (1981): *El centro inaccesible (Poesía 1967-1980)*, Madrid, Hiperión.

MÉNDEZ, Alberto (2004), *Los girasoles ciegos*, 7.ª edición, Barcelona, Anagrama, 2005.

MIHURA, Miguel (1932), *Tres sombreros de copa*, 20.ª edición, edición de Jorge Rodríguez Padrón, Madrid, Cátedra, 1995

– (1948): *Mis memorias*, prólogo del autor, Madrid, Temas de Hoy, 2003.

MORENO DURÁN, Aroa (2022), *La bajamar*, Barcelona, Literatura Random House.

MUÑOZ MOLINA, Antonio (2021), *Volver a dónde*, Barcelona, Seix Barral.

NEVILLE, Edgar (1952), *El baile. La vida en un hilo*, Madrid, Cátedra. *El baile. Cuentos y relatos cortos*, Madrid, Castalia.

PARDO BAZÁN, Emilia (1908), *La Sirena Negra*, en *Obras Completas V*, edición y prólogo de Darío Villanueva y José Manuel González Herrán, Madrid, Fundación José Antonio Castro, 1999.

PASO, Alfonso (1957), *Los pobrecitos*, Madrid, VdB, 2012.

PÉREZ GALDÓS, Benito (1878), *Marianela*, edición, introducción y notas de Agustín Sánchez Aguilar, Barcelona, Vicens Vives, 2018.

RIDRUEJO, Dionisio (1976), *Casi unas memorias*, Barcelona, Península, 2007.

RODRÍGUEZ PUÉRTOLAS, Julio (ed.) (1987), *Literatura fascista española. 2 / Antología*, Madrid, Ediciones Akal.

SENDER, Ramón J. (1942-1966), *Crónica del alba*, 3.ª edición, prólogo de José-Carlos Mainer, Barcelona, Destino, 2001.

TEIXIDOR, Emili (2003), *Pan negro*, Barcelona, Seix Barral / Booket, 2010.

TOMEO, Javier (1995), *El crimen del cine Oriente*, Madrid, Orbis / Fabbri, 1997.

TORRENTE BALLESTER, Gonzalo (1942), *Javier Mariño*, Barcelona, Seix Barral, 1985.

TRAPIELLO, Andrés (2022), *Madrid 1945. La noche de los Cuatro Caminos*, Barcelona, Destino.

UMBRAL, Francisco (1972), *Memorias de un niño de derechas*, Barcelona, Destino.

– (1980), *Los helechos arborescentes*, prólogo de Eduardo Haro Tecglen, Barcelona, Planeta, 2013.

– (1993), *Madrid 1940. Memorias de un joven fascista*, prólogo de Bénédicte de Buron-Brun, Barcelona, Planeta, 2015.

– (1997), *La forja de un ladrón*, Barcelona, Planeta.

UNAMUNO, Miguel (1917): *Abel Sánchez. Una historia de pasión*, edición de Carlos A. Longhurst, Madrid, Cátedra, 1995.

ZUNZUNEGUI, Juan Antonio (1952), *Esta oscura desbandada*, prólogo de Ignacio Soldevila, Madrid, Visor/Comunidad de Madrid, 2005.

CRÍTICA LITERARIA

AMORÓS, Andrés (1991), *Luces de candilejas, Los espectáculos en España (1898-1939)*, Madrid, Espasa Calpe.

BURGUERA, María Luisa (1990), "Introducción", en *El baile. La vida en un hilo*, Madrid, Cátedra.
– (1996), "Introducción biográfica y crítica", en *El baile. Cuentos y relatos cortos*, Madrid, Castalia, págs. 7-37.

CAÑAS, Jesús A. (2022), "Un congreso equipara al franquista Pemán con el exiliado Alberti", *El País*, sábado 19 de febrero, pág. 29.

CERDÀ, Paco (2023): "El último verso en la trinchera", *El País*, 25 de noviembre de 2023, pág. 32.

GAMBOA, Santiago (2021), "Lamento por Almudena Grandes", *El País*, sábado 11 de diciembre de 2021.

GARCÍA, Rocío (2023), "El maestro Antoni Benaiges clama de nuevo por la libertad", *El País*, 8 de julio, pág. 32.

GRACIA, Jordi (2004), *La resistencia silenciosa. Fascismo y cultura en España*, Barcelona, Anagrama.

LÓPEZ IZQUIERDO, Javier (1989), "Introducción", en *Tres sombreros de copa. Maribel y la extraña familia*, Madrid, Cátedra

MAINER, José-Carlos (2006), "Para un mapa de lecturas de la Guerra Civil (1960-2000)", en JULIÁ, Santos (dir.) (2006), págs. 135-161.

MASSOT, Josep (2021), "Cartas en el erial cultural", *El País*, 11 de diciembre de 2021, pág. 27.

SANZ VILLANUEVA, Santos (2010), *La novela española durante el franquismo. Itinerarios de la anormalidad*, Madrid, Gredos.

SOTELO, María (1995), "Introducción", en *El camino* (1950), Barcelona, Destino, 1995

TUSÓN, Vicente y LÁZARO CARRETER, Fernando (1984), *Literatura Española*, Madrid, Anaya.

TUSÓN, Vicente, LÁZARO CARRETER, Fernando y BASANTA, Ángel (1995), *Literatura Española del siglo XX*. COU, Madrid, Anaya.

VILANOVA, Antonio (1951), "El camino de Miguel Delibes", *Destino*, 10-II-1951.

CINE

AA.VV. (1977), *Edgar Neville en el cine*, Madrid, Filmoteca Nacional de España.
– (1997), *Rafael Gil, director de cine*, Madrid, Comunidad de Madrid/Ayuntamiento de Madrid/Centro Cultural del Conde Duque.
– (2021), *El universo de Fernando Fernán Gómez*, prólogo de Emilio Gutiérrez Caba, Madrid, Notorius / AISGAE.

ABAJO DE PABLOS, Juan Julio (1996), *Mis charlas con José Luis Sáenz de Heredia*, Valladolid, Quirón Ediciones.

AGUILAR, Carlos (2017), *Riendo en la oscuridad. Cine cómico español 1950-1961*, prólogo de Analía Gadé, Madrid, Desfiladero Ediciones.

AGUILAR, Santiago (2021), *Sagitario Films. Oro nazi para el cine español*, prólogo de Asier Aranzubia, Santander, Shangrila.

AGUILAR, Santiago y CABRERIZO, Felipe (2019), *La Codorniz. De la revista a la pantalla (y viceversa)*, Madrid, Cátedra / Filmoteca Española.

– (2020), "Aguilar y Cabrerizo + Josetxo Cerdán presentan *Café de París* (Edgar Neville, 1943)", Filmoteca Española - Doré en casa, 27-30 de marzo de 2020. https://vimeo.com/400875409.

– (2021), *Conchita Montes, una mujer ante el espejo*, nueva edición corregida y aumentada, Madrid, Bala Perdida.

– (2021), "Centenario Fernando Fernán-Gómez. En la silla del director", *Dirigido por*, 520, septiembre 2021, págs. 56-66.

ALONSO BARAHONA, Fernando (1997), "Rafael Gil", en AA.VV. (1997), págs. 37-117.

ÁLVAREZ BERCIANO, Rosa (2000), *El cine en la zona nacional 1936-1939*, Bilbao, Mensajero.

AMO, Álvaro del (2009), *La comedia cinematográfica española*, Madrid, Alianza, 2009.

ARANZUBIA COB, Asier (2007), *Carlos Serrano de Osma. Historia de una obsesión*, Madrid, Filmoteca Española / ICAA / Ministerio de Cultura.

AROCENA BADILLOS, Carmen (2005), "Luces y sombras. Los largos años cincuenta (1951-1962)", en CASTRO DE PAZ, José Luis - PÉREZ PERUCHA, Julio y ZUNZUNEGUI, Santos (eds.) (2005).

BARCIELA LÓPEZ, Carlos (2012), "Los años del hambre", 5-II-2012, *El País*. https://elpais.com/economia/2012/02/03/actualidad/1328294324_702765.html.

BARDEM, Juan Antonio (2002), *Y todavía sigue. Memorias de un hombre de cine*, Barcelona, Ediciones B.

BARROSO, Miguel Ángel y GIL DELGADO, Fernando (2002), *Cine español en cien películas*, Ediciones Jaguar.

BENET, Vicent J. (2012), *El cine español. Una historia cultural*, Barcelona, Paidós.

BORAU, José Luis (1998) (dir.) (1998), *Diccionario del cine español*, Madrid, Alianza/Academia de las Artes y las Ciencias Cinematográficas de España.

– (2004), "Memorias de un hombre de acción", en ISASI-ISASMENDI, Antonio (2004), págs. 11-14.

– (2010), *Palabra de cine. Su presencia en nuestro lenguaje*, Barcelona, Península.

BOU, Núria y PÉREZ, Xavier (eds.) (2018), *El cuerpo erótico de la actriz bajo los fascismos: España, Italia, Alemania (1939-1945)*, Madrid, Cátedra.

– (2022), *El deseo femenino en el cine español (1939-1975). Arquetipos y actrices*, Madrid, Cátedra.

BULNES, Amalia (2022): "Viaje al centro del terror del franquismo con el cante de Rocío Márquez", *El País*, martes 14 de junio de 2022.

CABRERIZO, Felipe (2002), "Medio siglo de cine español. Los económicamente débiles", *Dirigido por*, 529, junio 2002, págs. 52-55.

CÁNOVAS ORTEGA, M.ª Carmen (2012), "Cine y género en la posguerra española", Universidad Autónoma de Madrid / *Congreso Internacional de Comunicación y Género (Sevilla 5- 6 y 7 de marzo de 2012)*, https://idus.us.es/bitstream/handle/11441/38471/Pages%20from%20LIBRO%20ACTAS%20I%20CONGRESO%20COMUNICACI%C3%93N%20Y%20G%C3%89NERO-4.pdf?sequence=1&isAllowed=y

CAPARRÓS LERA, José M.ª, CRUSELLS, Magí y ESPAÑA, Rafael de (2007), *Las grandes películas del cine español*, Madrid, Ediciones JC.

CAPARRÓS LERA, José M.ª y ESPAÑA, Rafael (2018), *Historia del cine español*, Madrid, T&B.

CASAS, Quim (2018), "Eloy de la Iglesia, mucho más que el cine quinqui", *El Periódico*, 10 de agosto. https://www.elperiodico.com/es/ocio-y-cultura/20180810/exposicion-tabakalera-san-sebastian-reivindica-eloy-de-la-iglesia-mucho-mas-cine-quinqui-6984350.

CASTRO, Antonio (1974), *El cine español en el banquillo*, prólogo del autor, Valencia, Editor Fernando Torres.

CASTRO DE PAZ, José Luis (2001), "Un cinema herido: huellas textuales de la Guerra Civil en el cine español de los años cuarenta", en FERNÁNDEZ COLORADO, Luis y COUTO CANTERO, Pilar (ed.) (2001), págs. 43-57.

– (2002), *Un cinema herido. Los turbios años 40 en el cine español (1939-1950)*, Barcelona, Paidós.

– (2005), "Conflictos y continuidades. Los turbios años cuarenta (1939-1950)", en CASTRO DE PAZ, José Luis – PÉREZ PERUCHA, Julio y ZUNZUNEGUI, Santos (eds.) (2005).

– (2007), "Cuerpo(s) para nuestras letras: Rafael Gil y CIFESA (1940-1947". Texto publicado como introducción del libro *Rafael Gil y CIFESA*, Madrid, Filmoteca España / Ministerio de Cultura.

– (2010), "Introducción", *Fernando Fernán-Gómez*, Madrid, Cátedra.

– (2012), *Sombras desoladas. Costumbrismo, humor, melancolía y reflexividad en el cine español de los años cuarenta*, Santander, Shangrila.

– (2017), *Cine y exilio. Forma(s) de la ausencia*, prólogo de Santos Zunzunegui, Santander, Shangrila.

– (2018), "Historias de España", en ZUNZUNEGUI, Santos (2018), págs.11-17.

– (2020), "*Noventa minutos* (Antonio del Amo, 1949)". Texto de la hoja de sala para la sección "Doré en casa" de la Filmoteca Nacional.

CASTRO DE PAZ, José Luis, COUTO CANTERO, Pilar y PAZ GAGO, José María (eds.) (1999), *Cien años de cine. Historia, Teoría y Análisis del texto fílmico*, Madrid / A Coruña, Visor / Universidade da Coruña.

CASTRO DE PAZ, José Luis - HIGUERAS FLORES, Rubén (eds.) (2018), *Vida en sombras. El hechizo de la Guerra*, Santander, Shangrila.

CASTRO DE PAZ, José Luis y NIETO FERRANDO, Jorge (2011), *El destino se disculpa. El cine de José Luis Sáenz de Heredia*, Valencia, Generalitat Valenciana / IVAC.

CASTRO DE PAZ, José Luis-PÉREZ PERUCHA, Julio y ZUNZUNEGUI, Santos (eds.) (2005), *La nueva memoria. Historia(s) del cine español (1939-2000)*, A Coruña, Vía Láctea Editorial.

CERDÁN, Josetxo (1999), "De los contextos a los textos, un camino necesario (Reivindicación de los estudios interdisciplinares en la investigación de la historia del cine en España)", en CASTRO DE PAZ, J. L., COUTO CANTERO, Pilar y PAZ GAGO, José María (eds.) (1999), págs. 163-174.

COMA, Javier (2002), *La Brigada Hollywood. Guerra española y cine americano*, Flor del Viento Ediciones.

COMPANY, Juan Miguel (1997), "Formas y perversiones del compromiso. El cine español de los años 40", en CASTRO DE PAZ, José Luis, COUTO CANTERO, Pilar y PAZ GAGO, José María (eds.) (1999), págs. 175-185.

COIRA, Pepe (2004), *Antonio Román. Un cineasta de la posguerra*, Madrid, Editorial Complutense.

CRUSELLS, Magí (2006), *Cine y Guerra Civil Española. Imágenes para la memoria*, Madrid, Ediciones JC.

FANÉS, Félix (1989), *El cas CIFESA: Vint anys de cinema espanyol (1932-1951)*, Valencia, Filmoteca de la Generalitat Valenciana.

FANÉS, Félix (1981), *Cifesa. La antorcha de los éxitos*, Valencia, Institució "Alfons el Magnánim" / Diputació Provincial de Valencia / 2.ª Mostra de Cinema Mediterráneo de Valencia.

FERNÁN-GÓMEZ, Fernando (1995), *Desde la última fila. Cien años de cine*, 2.ª edición, Madrid, Espasa Calpe,

FERNÁNDEZ COLORADO, Luis (2002), "Voces y sombras en una república de las letras. Escritores y cinema en España (1931-1939)", en HEREDERO, Carlos (coord.) (2002), págs. 39-55.

FERNÁNDEZ COLORADO, Luis y COUTO CANTERO, Pilar (ed.) (2001), *La herida de las sombras. El cine español en los años 40*, prólogo de los editores, Academia de las Artes y las Ciencias Cinematográficas de España, *Cuadernos de la Academia*, núm. 9 / VIII Congreso de la Asociación Española de Historiadores del cine (AEHC).

FERNÁNDEZ VALLEJO, Jesús (2002), "Presentación. El cine en la literatura española", *Cuentos de cine*, Madrid, Castalia, págs. 9-15.

FERNÁNDEZ VALLEJO, Jesús (2019), *Esta tierra es mía. Páginas de cine y literatura*, Ciudad Real, Casa Ruiz Morote.

FONT, Domènec (1976), *Del azul al verde. El cine español durante el franquismo*, Barcelona, Avance.

FREIXAS, Ramón y BASSA, Joan (2006), *Diccionario personal e intransferible de directores del cine español (con cinco largometrajes de cada uno como mínimo)*, Madrid, Jaguar.

GALÁN, Diego (1978), *Memorias del cine español.* 14 capítulos, versión corregida y aumentada. www.rtve.es/alacarta/videos/memorias-del-cine-español/

GALÁN, Diego (1997), "El cine español de los años cuarenta", en GUBERN, Román (coord.), *Un siglo de cine español*, Madrid, *Cuadernos de la Academia*, núm. 1, Madrid, AACCE.

GALÁN, Diego (2005), "*Casablanca*. Una película oportuna", Madrid, Telefónica / *El País*.

GANTES, Pablo (2006), *Luis Lucia. Director para todos los públicos*, Valencia, Ayuntamiento de Valencia.

GARCI, José Luis (1996), "Debate en torno a *Vida en sombras*, dirigida en 1948 por Lorenzo Llobet Gràcia", RTVE / Qué grande es el cine, 24 de junio de 1996, https://www.youtube.com/watch?v=uH-VxN_bkJw

– (2009), *Solo para mis ojos*, Madrid, Nickel Odeon / Notorius.

– (2010): *Entrevistas*, edición, notas, bibliografía y filmografía a cargo de Marisa Gutiérrez, Madrid, Notorius.

GARCÍA BERLANGA, Luis (1984): "La lección de Isbert", en PÉREZ PERUCHA, Julio (ed.) (1984), pág. 3.

GARCÍA ESCUDERO, José María (1962): *Cine español*, Madrid, Rialp.

– (1970): *Vamos a hablar de cine*, Madrid, Alianza.

GIBSON, Ian (2013), *Luis Buñuel. La forja de un cineasta universal 1900-1938*, Madrid, Aguilar.

GIL, Fátima (2011), *Españolas en un país de ficción. La mujer en el cine franquista (1939-1963)*, Madrid, Comunicación Social Ediciones y Publicaciones.

GÓMEZ SANTOS, Marino (1977), "Edgar Neville: su estancia en Hollywood y las primeras películas"; en *Edgar Neville en el cine*, Madrid, Filmoteca Nacional de España, págs. 5-24.

GONZÁLEZ GONZÁLEZ, Luis Mariano (2009), *Fascismo, kitsch y cine histórico español*, Cuenca, Ediciones de la Universidad de Castilla-La Mancha.

GORDILLO ÁLVAREZ, Inmaculada (1992), *Nada, una novela, una película (Análisis comparado de modos de representación)*, Sevilla, E. Colmena Editor.

GREGORI, Antonio (2009), *El cine español según sus directores*, Madrid, Cátedra.

GUARNER, José Luis (1984), "Homenaje al señor de la cabeza de huevo", en PÉREZ PERUCHA, Julio (ed.) (1984), págs. 57-58.

GUBERN, Román (1994), *Benito Perojo. Pionerismo y supervivencia*, Madrid, Filmoteca Española / ICAA / Ministerio de Cultura.

- et alii (1995), *Historia del cine español*, Madrid, Cátedra.

- (1998), "Cine de cruzada", en BORAU, José Luis (dir.) (1998).

- (2002), "Mirando hacia otro lado. Literatura y cine en los años cuarenta", en HEREDERO, Carlos (coord.) (2002), págs. 57-76.

- (2006), "La Guerra Civil vista por el cine del franquismo", en JULIÁ, Santos (dir.) (2006), págs. 163-196.

GULLÓN, Germán (2004): "El franquismo y los intelectuales de la posguerra". Reseña del ensayo de Jordi GRACIA (2004). https://www.cervantesvirtual.com/obra-visor/el-franquismo-y-los-intelectuales-de-la-posguerra/html/5cce5511-be82-4321-894e-ddfeb6d2667f_2.html.

HEREDERO, Carlos F. (1993), *Las huellas del tiempo. Cine español 1951-1961*, Valencia, Filmoteca de la Generalitat Valenciana / Filmoteca Española (ICAAA / Ministerio de Cultura.

HEREDERO, Carlos F. (coord.) (2002), *La imprenta dinámica. Literatura en el cine español*, Madrid, Academia de la Artes y las Ciencias Cinematográficas de España / Cuadernos de la Academia.

HERNÁNDEZ RUIZ, Javier y PÉREZ RUBIO, Pablo (2004), *El cine durante la transición española (1973-1982)*, Barcelona, Paidós.

HOPEWELL, John (1989), *El cine español después de Franco. 1973-1988*, traducción de Carlos Laguna, Madrid, Ediciones El arquero.

ISASI-ISASMENDI, Antonio (2004), *Memorias tras la cámara. Cincuenta años de un cine español*, prólogo de J. L. Borau, Madrid, Ocho y medio.

– (2009), *Los días grises. La memoria de un niño de la guerra*, prólogo de Manuel Vicent, Madrid, Aguilar.

LARA, Fernando - RODRÍGUEZ, Eduardo (1990), *Miguel Mihura en el infierno del cine*, prólogo de José Luis García Sánchez, Valladolid, 25 Semana Internacional de Cine.

LLINÁS, Francisco (1995), *José Antonio Nieves Conde. El oficio del cineasta*, Valladolid, 40 Semana Internacional de Cine / SGAE.

MARQUINA, Teresa (1983), "Una semblanza de Luis Marquina", en PÉREZ PERUCHA, Julio (1983), págs. 11-17.

MARTÍNEZ HERRANZ, Amparo (2012) (coord.), *La España de Viridiana*, Zaragoza, Prensas de la Universidad de Zaragoza.

MARTÍNEZ-SALANOVA, Enrique - FERREYA, Ilda (2010), "La guerra civil española en el cine. Antecedentes, contienda y consecuencias en films de ficción y documentales". https://educomunicacion.es/cineyeducacion/historia_guerracivil.htm.

MENÉNDEZ, Marta (2021), "Rojo y Negro, la película prohibida por Franco", *El Independiente*, 25-5-2021. https://www.elindependiente.com/tendencias/cine/2021/05/26/rojo-y-negro-la-pelicula-falangista-prohibida-por-franco/

MONTERDE, José Enrique (1995), "El cine de la autarquía (1939-1950)", en GUBERN, Román (ed.) (1995), págs. 181-238.

MONTES, Conchita (1982), "Edgar Neville: una semblanza", en PÉREZ PERUCHA, Julio (1982), págs. 13-18.

MONTIEL, Sara (2000), *Memorias. Vivir es un placer*, 2.ª edición, con la colaboración de Pedro Manuel Villora, Barcelona, Plaza & Janés.

MORENO RAMÍREZ, Laura (2008), "Cine español y franquismo", UCLM. https://earchivo.uc3m.es/bitstream/handle/10016/17779/cine_moreno_CIHC_2008.pdf?sequence=1&isAllowed=y

NAVARRO, Antonio José y PEDRERO SANTOS, Juan A. (eds.) (2020), *La edad de oro del cine policíaco español (1950-1963)*, Madrid, Calamar.

NIETO FERRANDO, Jorge (2018), *La oposición al franquismo en el cine*, Barcelona, Editorial UOC.

NIETO JIMÉNEZ, Rafael (2014), *Cincuenta años de cine español (1924-1974)*, prólogo de Eduardo Torres-Dulce, Santander, Shangrila.

PAYÁN, Javier Juan (2005), *Las cien mejores películas sobre la guerra civil española*, Madrid, Cacitel.

PÉREZ PERUCHA, Julio (1982), *El cinema de Edgar Neville*, Valladolid, 27.ª Semana Internacional de Cine de Valladolid.

– (1983), *El cinema de Luis Marquina*, Valladolid, 28.ª Semana Internacional de Cine de Valladolid.

– (ed.) (1984), *El cine de José Isbert*, Valencia, Ayuntamiento de Valencia.

– (1989), "Trayecto de secano. Algunos obstáculos que se oponen a la existencia de una Historia del Cine Español", *Archivos de la Filmoteca*, núm. 1, marzo-mayo.

– (ed.) (1995), *Huellas de luz. Películas para un centenario*, Madrid, Asociación 100 años de Cine, 2.ª edición, 1996.

– (ed.) (1997), *Flor en la sombra. Antología crítica del cine español (1906-1995)*, Madrid, Cátedra / Filmoteca Española.

– (1999), "Periferias. Problemas metodológicos para una historia del cine español", en CASTRO DE PAZ, José Luis, COUTO CANTERO, Pilar y PAZ GAGO, José María (eds.), págs. 149-162.

POZO ARENAS, Santiago (1984), *La industria del cine en España. Legislación y aspectos económicos (1896-1970)*, Barcelona, Publicacions i edicions de la Universitat de Barcelona.

Reportajes de la Sexta. El franquismo en España. 10 capítulos. https://www.lasexta.com/temas/el_franquismo_en_espana-1

RÍOS CARRATALÁ, Juan Antonio (1997), *Lo sainetesco en el cine español*, Alicante, Universidad de Alicante.

– (2002), "La semilla y sus frutos. Lo sainetesco en el cine español", en HEREDERO, Carlos (coord.) (2002), págs. 247-261.

– (2007), *Una arrolladora simpatía. Edgar Neville: de Hollywood al Madrid de la posguerra*, Barcelona, Ariel.

RODRÍGUEZ MERCHÁN, Eduardo (2002), "Humor y surrealismo: la poesía del disparate. La otra generación del 27", en HEREDERO, Carlos (coord.) (2002), págs. 272-294.

RODRÍGUEZ TRANCHE, Rafael y SÁNCHEZ-BIOSCA, Vicente (2011), *El pasado es el destino: propaganda y cine del bando nacional en la Guerra Civil*, Madrid, Cátedra.

ROLDÁN USO, Pilar (2019), "Cine español en el franquismo", *El Espectador Imaginario*, núm. 102, mayo 2019. http://www.elespectadorimaginario.com/cine-espanol-en-elfranquismo/

ROMERA CASTILLO, José (1999), "Escritores en Hollywood y testimonios autobiográficos", en CASTRO DE PAZ, José Luis, COUTO CANTERO, Pilar y PAZ GAGO, José María (eds.) (1999), págs. 277-289.

RUSSO, Eduardo A. (1998), *Diccionario de cine, estética, crítica, técnica, historia*, Avellaneda, Paidós.

SALA NOGUER, Ramón (1993), *El cine en la España republicana durante la Guerra Civil (1936-1939)*, Bilbao, Mensajero.

SALA NOGUER, Ramón y ÁLVAREZ BERCIANO, Rosa (2000), *El cine en la zona nacional (1936-1939)*, Bilbao, Mensajero.

SÁNCHEZ-BIOSCA, Vicente (2006), *Cine y Guerra Civil española: del mito a la memoria*, prólogo de José-Carlos Mainer, Madrid, Alianza.

SÁNCHEZ VIDAL, Agustín (1988), *El cine de Carlos Saura*, prólogo de Carlos Saura, Zaragoza, Caja de Ahorros de la Inmaculada de Aragón.

– (1991), *El cine de Florián Rey*, Zaragoza, Caja de Ahorros de la Inmaculada de Aragón.

– (1994): *Luis Buñuel*, 2.ª edición, Madrid, Cátedra.

SANGUINO, Juan y SORIA, Florentino (1990), *José María Forqué*. Murcia, Filmoteca Regional de Murcia.

TALENS, Jenaro (2005), "Otras voces, otra mirada, otra historia", en CASTRO DE PAZ, José Luis - PÉREZ PERUCHA, Julio y ZUNZUNEGUI, Santos (eds.) (2005).

TOLENTINO, Javier (2023): *Basilio Martín Patino*, Madrid, Cátedra.

TORRES-DULCE, Eduardo (2018), *Conchita Montes, femenino singular*. Conferencia impartida el 17 de abril de 2018, Madrid, Instituto Cervantes. https://www.youtube.com/watch?v=6M9oV7G0rOM.

VALLET RODRIGO, Joaquín (2017), "Basilio Martín Patino. El cronista de la España negra", *Dirigido por*, 480, septiembre 2017.

VIADERO CARRAL, Gabriela (2016), *El cine al servicio de la nación (1939-1975)*, prólogo de José Álvarez Junco, Madrid, Marcial Pons.

VICENT, Manuel (2009), "La memoria de Antonio Isasi", en Antonio ISASI-ISASMENDI (2009), págs. 11-12.

VILLASOL, Jorge (2018), "El cine al servicio del nacionalismo español", *elDiario.es* Cantabria, https://www.eldiario.es/cantabria/amberes/cine-servicio-nacionalismo-espanol_132_2128927.html.

VIZCAÍNO CASAS, Fernando (1966), *Diccionario del cine español (1896-1965)*, Madrid, Editora Nacional.

– (1998), *Celuloide casi virgen. Las anécdotas del cine español*, Barcelona, Planeta.

VIZCAÍNO CASAS, Fernando y JORDÁN, Ángel A. (1988), *De la checa a la meca. Una vida de cine*, Barcelona, Planeta.

ZUBIAUR GOROZIKA, Nekane E. (2013), *Anatomía de un cineasta pasional. El cine de Manuel Mur Oti*, Santander, Shangrila.

ZUNZUNEGUI, Santos (1996), *La mirada cercana. Microanálisis fílmico*, Barcelona, Paidós.

– (1997), "*El destino se disculpa*", en PÉREZ PERUCHA, Julio (ed.) (1997), págs. 184-186.

– (2005), *Los felices sesenta. Aventuras y desventuras del cine español (1959-1971)*, Barcelona, Paidós.

– (2018), *Historias de España. De qué hablamos cuando hablamos de cine español*, prólogo de José Luis Castro de Paz, Santander, Shangrila.